Die 7 Disziplinen im Sales-Management

EBOOK INSIDE

Die Zugangsinformationen zum eBook inside finden Sie
am Ende des Buchs.

Nikolaus A. Rauch

Die 7 Disziplinen im Sales-Management

Eine Anleitung für nachhaltige Kunden- und Geschäftsentwicklung im Vertrieb

Mit Zeichnungen von Jan Myszkowski

Springer Gabler

Nikolaus A. Rauch
München
Deutschland

ISBN 978-3-658-04231-8 ISBN 978-3-658-04232-5 (eBook)
DOI 10.1007/978-3-658-04232-5

Die Deutsche Nationalbibliothek verzeichnet diese Publikation in der Deutschen Nationalbibliografie; detaillierte bibliografische Daten sind im Internet über http://dnb.d-nb.de abrufbar.

Springer Gabler

Lektorat: Manuela Eckstein
Zeichnungen: Jan Myszkowski

Gedruckt auf säurefreiem und chlorfrei gebleichtem Papier

Springer Fachmedien Wiesbaden ist Teil der Fachverlagsgruppe Springer Science+Business Media
(www.springer.com)

„Wer die Menschen behandelt, wie sie sind, macht sie schlechter. Wer sie aber behandelt, wie sie sein könnten, macht sie besser."
(Johann Wolfgang von Goethe)

Prolog

„Ich weiß nicht mehr, wo es lang geht“, sagt mir der Geschäftsführer von Fang & Stempel, einem Software-Unternehmen mit dreißig Mitarbeitern aus der Nähe von Hamburg. „Mein Kunde, seit zehn Jahren der Einzige, ist mit dem Fortschritt des neuen und wichtigsten Projekts unzufrieden.“ Durch einen Freund wurde ich gebeten, mich mit Herrn Fang zusammenzusetzen. Er ist kurz davor, alles hinzuschmeißen.

Meine erste Sicht auf das Projekt: Seit zwei Jahren wird bei Fang & Stempel eine neue Steuerung für ein Massenprodukt im Medizinbereich entwickelt, aber es gibt keine Transparenz, weder inhaltlich noch beim Projektmanagement. „Gibt es ein Lastenheft?“ „Ja, seit eineinhalb Jahren.“ „Dann können wir doch daraus den Bearbeitungszustand ableiten, oder?“ „Na ja, die Geschäftsführer unseres Kunden kommen alle naselang mit neuen Anforderungen von Messen und Fachgesprächen.“ „Wer nimmt die auf beziehungsweise im Projekt ab?“ „Niemand! … Na doch, unsere Entwickler.“ „Gibt es ein Angebot zur ursprünglichen Leistung, einen Auftrag?“ „Ja, ich habe dem Kunden eine Aufstellung der Komponenten und Phasen am Anfang geschickt“, sagt Geschäftsführer Fang, „Das war die Basis für den Auftrag.“ „Haben Sie nach dem Vertrag darüber nochmals gesprochen?“ „Nein, die Anforderung war doch klar!“ „Aber heute ist er unzufrieden?“ „Ja, daran ist er aber auch mit Schuld, er könnte uns ja klarer seine Abnahmekriterien nennen!“ „Und?“ „Dazu hat er keine Zeit …“

So oder ähnlich entstehen Krisen in Unternehmen. Es fällt zunächst auf, dass das Hauptproblem nicht so sehr das Projektmissmanagement ist, sondern die ausschließliche Abhängigkeit von einem Kunden. Vor oder nach dem Vertragsabschluss: Ursache für solche Krisen ist fast immer ein mangelndes Kundenverständnis. Ja, nicht einmal auf die Idee zu kommen, den Kunden zu fragen, was er denn eigentlich will. Wo ist das ausgewogene Portfolio an Kunden und Projekten? Vielleicht kommt es erst gar nicht zu einem Projekt, dann fehlen die Aufträge. Fang hat es nicht geschafft, diesen einzigen Kunden mit seinem wichtigsten Auftrag abzuholen. Als erfahrener Experte könnte er die Krisenrisiken deutlich erkennen, bevor sie zu Krisenursachen werden. Und die liegen oftmals in der Beziehungsebene: Manager – Vertriebsmitarbeiter, Vertriebsmitarbeiter – Kunde, Nicht-Vertrieb – Vertrieb.

Sales Management aus der Krise
Wenn Sie als Verantwortlicher für Vertrieb wie die Manager Johannes, Klaus, Robert und Głodny, die Sie später kennenlernen werden, glauben, dass sich wie bei Fang etwas in Ihrer Organisation ändern muss, haben Sie bereits einige der folgenden Aspekte in Unternehmungen entdeckt, die Grund für ausbleibenden Unternehmenserfolg sein könnten. Sehen Sie dazu, wie Sales Management Champions handeln: Die haben nämlich, im Zuge der hier dokumentierten Arbeit, folgende Voraussetzungen als Hebel für erstklassigen Vertrieb und damit für einen anhaltenden Erfolg in ihrem Unternehmen entdeckt:

1. Sie selbst, ihre Mitarbeiter oder auch ihre Führung haben die Veränderung des Käufermarktes nun richtig erkannt und ausreichend wahrgenommen. Sie sorgen nun dafür, dass es keine Zufriedenheit mehr mit dem bisher Erreichten gibt und somit durch Stolz auf die eigenen „unübertrefflichen" Leistungen eine Marketing-Kurzsichtigkeit, wie sie Theodore Levitt 1960 im heute noch gültigen Aufsatz „Marketing Myopia" beschrieben hat (Levitt 2004), entstehen kann.
2. Sie haben erkannt, dass für das Unternehmen nie mehr die Anbieterperspektive mit Fokus auf die eigenen Produkte und Leistungen im Vordergrund stehen darf, sondern immer die Vorstellungen, Bedürfnisse und Visionen der Kunden, der Käufer ausschlaggebend sein müssen.
3. Sales Management Champions achten darauf, dass der Mangel an Bereitschaft oder gar die Unfähigkeit abgebaut wird, über Funktionsbereiche hinweg effizient zu kommunizieren. Vertrieb und Leistungserbringung haben dann kein Kommunikations- und Schnittstellenproblem mehr: Damit sind Produktion oder Dienstleistungsbereich ausreichend mit den Nachbarabteilungen vernetzt.
4. Sie sorgen – daraus resultierend – dafür, dass genügend Detailkenntnis der Leistungsmerkmale und Nutzenargumente im Vergleich zum Wettbewerb in der Zusammenarbeit fachübergreifend entsteht.
5. Es gehen keine vielversprechenden Projekte mehr in der zuvor dominierenden Angebotsmaschine des Proposal Managements verloren, da sie ausreichend selektiert haben, wo sie ein Angebot abgeben wollen und wo nicht – weil sie durch die Gratwanderung zwischen gerade mal ausreichender Kenntnis oder Berücksichtigung des Anbietermarktes und dem Druck in den Geschäftsdurchsprachen, eine positive Umsatzvorhersage zu liefern, das Gespür dafür wiedergewonnen haben, wo es sich wirklich lohnt.
6. Vertriebsorganisationen von Sales Management Champions haben gelernt, transaktionalen Verkauf abzulegen. Diese Methode war einst, mit dem Alleinstellungsmerkmal der einzige Anbieter dieser Leistung zu sein, absolut legitim: Es ging damals darum, Anfragen fehlerfrei zu beantworten. Für den relationalen Vertrieb, der sich auf den Kunden ausrichtet, der die Rahmenbedingungen und Menschen beim Kunden in seine Überlegungen einbezieht, wurde Ihnen die methodische Kenntnis nun vermittelt. Einen Kunden organisatorisch zu erschließen, ist heute gefragt, im Fokus stand früher dagegen immer das Produkt mit seinen Merkmalen, die sich messbar beschreiben ließen. Und das lief bisher immer gut: 50 auf 50 auf 50 cm, 70 g schwer und blau. Die Philosophie

des Autobauers Ford, dass seine Kunden jedes Fahrzeug („Model T") haben könnten, Hauptsache es sei schwarz, scheint tief eingebrannt in die Vertriebsseele. Erst als ihm General Motors und Chrysler mit hübscheren, leistungsfähigeren Modellen den Rang abliefen, konnte ihn sein Sohn, Edsel Ford, überzeugen, ein neues Auto zu bauen.
7. Sales Management Champions haben erkannt, dass sich mittel- und langfristig etwas ändern muss, weil der Kunde Ansprüche stellt, die sie mit der bisherigen Vorgehensweise nicht befriedigen konnten. Und so können sie Mitarbeiter und Kunden zu Geschäften motivieren, weil sie diese neue Perspektive als Triebfeder für Engagement bereitstellen.

Wie viele Führungskräfte im Vertrieb haben Sales Management Champions sich oft zunächst einmal darin bestätigt gesehen, dass ihre Fähigkeiten als Topverkäufer, ihre Kunst des Fire Fightings, das kurzfristige Erreichen der Ziellinie garantieren – doch für einen langfristigen Vertriebserfolg müssen sie heute eher die Rolle eines Architekten übernehmen. Sie wurden wegen ihrer vertrieblichen Expertise und Leistungen in die Leitungsrolle geholt, ohne dass ihnen irgendjemand erklärt hätte, dass im Vertriebsmanagement andere Regeln herrschen als beim Kunden vor Ort. Das haben sie eigenständig nachgeholt und sich als Entscheider im Vertrieb, im Vertriebsmanagement ausbilden lassen. Sie haben neben den üblichen Führungstrainings nach Hilfestellung für ihre Rolle als Coach gesucht – einem Instrument, um die Verkaufssicht der Mitarbeiter zu schärfen und gegebenenfalls zu verändern (Richardson 2008, S. 16).

In einer solchen Weiterbildung wurde den Sales Management Champions das Zusammenspiel von Management und Leadership-Fähigkeiten für die Praxis vermittelt. Nun fühlen sie sich verantwortlich für die aktive Weiterentwicklung der Vertriebsmitarbeiter und das Team Building zwischen den Einheiten und sehen darin einen Vorteil für Wachstum und Prosperität. Es gibt keinen Zweifel mehr daran, dass das Vertriebsmanagement weit über die Administration von Zahlen, Daten, Fakten sowie die messbare Steuerung einer Mannschaft hinausgeht. Sales Management Champions erhöhen durch konstruktive Fragen die Erfolgswahrscheinlichkeit von Geschäftsoptionen; sie haben die Rolle des Vertriebscoachs als wichtiges Hilfsmittel für sich erkannt. Bei einem erwachsenen Menschen Kritik an dessen intellektueller Leistung zu üben, trauen sie sich heute zu. Für sie ist es keineswegs mehr peinlich, wenn Sie Kundentermine oder Verhandlungen beobachten, analysieren und kritisieren, weil dieses „Coaching" – absolut diskret und professionell – die Glaubenssätze, d. h. die individuellen Theorien, warum etwas so und nicht anders ist, der Mitarbeitern und des Unternehmens berücksichtigt.

Während Sie dies lesen, bezweifeln Sie, dass die sogenannten Sales Management Champions, aufgrund der umfangreichen administrativen Verantwortlichkeiten, an denen auch Sie, lieber Leser, gemessen werden, Zeit für derartigen philosophisch-psychologischen Schnickschnack haben. Oder Sie glauben, dass Sie den Vertrieb „nur" mit Eigenschaften wie Abstraktion, Menschennähe und Konsequenz erfolgreich führen können. Aber blass ist alle Theorie. Alles in allem erkennen Sie nun, wie viele Werkzeuge Sie benötigen, um die bisher aufgeführten Schwächen, Fragestellungen und Hindernisse zu bearbeiten, in der Sache und im Prozess, um mit Coaching Vertriebsentwicklung erfolgreich zu gestalten. Zweifellos gibt es immer mehrere erfolgreiche Philosophien, um Vertrieb zu gestalten. Doch es bleibt dabei, dass der Wurm dem Fisch und nicht dem Angler schmecken muss. Berücksichtigen Sie aber bitte, dass es verschiedene Fische, Gewässer und Angelruten gibt.

Der Wandel zu ausdrücklicher Kundenorientierung, weg von Kontakt und Abschluss hin zu inhaltlich anspruchsvollen partnerschaftlichen Beziehungen, betrifft viele auch der selbstbewusst auftretenden Speaker und Trainer. Sales Management findet heute in vielen Unternehmen nur rudimentär statt. Wer erkannt hat, dass professionelle Vertriebsführung das Wachstum und den Ertrag ohne wachsende Ausgaben überdurchschnittlich steigert, wird aus diesem Buch einige Anregungen ziehen und sich nachhaltig um sein Unternehmen verdient machen.

Grundidee

Die Grundzüge modernen Vertriebsmanagements und seiner Strategie beinhalten eine Reihe von positionellen Merkmalen, die – richtig aufgefasst und eingeschätzt – eine passende Bewertung jeder aktuellen vertrieblichen Lage erlauben und somit die nötigen Voraussetzungen dafür schaffen, den objektiv besten Plan zu finden. Diese positionellen Merkmale lassen sich in drei Gruppen einteilen:

- schwache und starke Werteargumente
- Vertriebsstruktur
- Wirkung und Flexibilität der Mitarbeiter

Bedenken Sie dabei, dass diese positionellen Merkmale wechselseitig voneinander abhängen und als System betrachtet werden müssen. Vor Ihnen liegt ein Vertriebslese- und -lernbuch, das Sie bei der Bewertung dieser positionellen Merkmale und der Auswahl der daraus resultierenden geeigneten Vorgehensweisen begleiten wird. Wie im richtigen Leben werden Sie als Geschäftsführer, Vertriebsleiter, Unternehmer in das vertriebliche Geschehen hineingeworfen und sollen sich durch das Netz an bereitgestellten Informationen und Geschichten einen eigenen Weg erarbeiten.

Mitwirkende und ihre Unternehmen

Vier Vertriebsverantwortliche: ein Vertriebsmanager, ein Bereichsleiter, ein Geschäftsführer und ein Vorstand. Darüber hinaus zwei Angestellte und zwei Unternehmer aus den Bereichen Hightech, Beratung, Mittelstand und Industrie. Sie alle werden in ihrer aktuellen Situation vorgestellt. Und alle befinden sich in kritischen Management- und Unternehmenssituationen:

Dr. Johannes Mannsheim, Bereichsleiter bei der Steam Success International KG (s. Kap. 7.3.1, s. 330), mit seinen Mitarbeitern:

- dem marktnahen Antoine aus Lille in Frankreich (s. Kap. 1.3.2, S. 14)
- dem kontaktfreudigen Erik aus Norköpping in Schweden (s. Kap. 2.3.1, S. 72)
- dem überzeugenden Guido aus Köln in Deutschland (s. Kap. 4.3.3, S. 197)
- dem kundenfokussierten Marcos aus Spanien (s. Kap. 6.3.1, S. 274)
- dem anpackenden Mikkel aus Kalundnorg in Dänemark (s. Kap. 5.3.2, S. 229)
- dem technisch versierten Thomé aus Basel in der Schweiz (s. Kap. 3.3.1, S. 138)

Klaus de Yong, Geschäftsführer bei der Fournier Système GmbH (s. Kap. 7.3.2, S. 333), mit seinen Vertriebsmitarbeitern:

- dem rastlosen Bailey aus Redding in Großbritannien (s. Kap. 2.3.2, S. 75)
- der hochkommunikativen Elène aus Huizingen in Belgien (s. Kap. 3.3.3, S. 145)
- dem einfühlsamen Günter aus Alzenau in Deutschland (s. Kap. 6.3.4, S. 285)
- dem materialistischen Owen aus Manchester in Großbritannien (s. Kap. 5.3.3, S. 232)
- dem angriffslustigen Steve aus Monterey in Kalifornien in den USA (s. Kap. 4.3.2, S. 194)
- dem entschlossenen Tobiáš aus Prag in Tschechien (s. Kap. 1.3.4, S. 20)

Głodny Wilk, Vorstand und Inhaber der PIP Power Inside Production S. A. (s. Kap. 7.3.3, S. 335), mit seinen Mitarbeitern:

- der unternehmerischen Agnieska aus Gdańsk in Polen (s. Kap. 1.3.3, S. 17)
- dem optimistischen Dariusz aus Wrocław in Polen (s. Kap. 3.3.4, S. 274)
- der leidenschaftlichen Janina aus Moskau in Russland (s. Kap. 2.3.3, S. 148)
- dem kooperativen Marcin aus Bolesławiec in Polen (s. Kap. 6.3.3, S. 282)
- dem strukturierten Roman aus Gdańsk in Polen (s. Kap. 4.3.3, S. 201)
- der beharrlichen Zuzanna aus Bratislava in der Slowakei (s. Kap. 5.3.1, S. 225)

Robert Ganges, geschäftsführender Partner bei der Terra Consult GmbH (s. Kap. 7.3.4, S. 338), mit seinen Partnern:

- der ausgefuchsten Alicia Christiana aus Dedham in Massachusetts in den USA (s. Kap. 6.3.2, S. 278)
- der optimistischen Doreen aus Dublin in Irland (s. Kap. 4.3.1, S. 191)
- dem weitblickenden Frank aus Halle in Deutschland (s. Kap. 1.3.1, S. 10)
- dem eigennützigen Noé aus Marseille in Frankreich (s. Kap. 5.3.4, S. 236)
- dem verständnisvollen Stefano aus Padua in Italien (s. Kap. 2.3.4, S. 82)
- dem begeisterten Uwe aus Münster in Deutschland (s. Kap. 3.3.2, S. 141)

Anhand der folgenden Fallbeispiele soll veranschaulicht werden, wie diese Personen die jeweiligen, durch das Management vorgegebenen Prinzipien vertrieblichen Handelns umsetzen. In Interviews beschreiben die Chefs jeweils sechs typische Vertriebsmitarbeiterprofile. Wie in der Realität auch, wechselt sich die Arbeit am Markt und mit den Mitarbeitern ab. Sollten Sie Ähnlichkeiten mit real existierenden Firmen, Personen oder Situationen aus Ihrem Umfeld entdecken, ist das durchaus beabsichtigt, aber dennoch rein zufällig. Dann hätte sich die Arbeit an diesem Buch gelohnt.

Steam Success International KG: Dr. Johannes Mannsheim, Bereichsleiter

Heute wird sich die Stadt Basel entscheiden. Dr. Johannes Mannsheim wartet auf den Statusbericht des Schweizer Account Teams. Mit dem Auftrag von über 20 Mio. Schweizer Franken hätte er seinen Plan in diesem Markt übererfüllt und könnte Belgien kompensieren, wo nach drei Projektverlusten zum wiederholten Male der Forecast nach unten korrigiert wurde.

Steam Success International ist voll in den Strudel des Verdrängungswettbewerbs geraten: Es gewinnt immer der günstigste Anbieter, das ist mittlerweile in allen Ländern so, auch im bisherigen „Schlaraffenland" Österreich. Allerdings kann er sich auf den dortigen Vertriebsleiter verlassen, der mit mehr als 50 % Marktanteil und einem respektablen Rohertrag von über 35 % seinen Markt im Griff hat.

Da kommt der Anruf: Leider wurde das Projekt in der Schweiz an den größten Wettbewerber vergeben. Ratlosigkeit macht sich im Gesicht von Johannes breit. Was erzählt er nun nächsten Montag in der Telefonkonferenz dem Geschäftsführer?

Es ist Mittwoch 16.00 Uhr, in einer Viertelstunde muss er zum Frankfurter Flughafen, dort trifft er den Leiter der Entwicklung des Anlagenbauers Helsingoer. Mit diesem Geschäft könnte er die Umsatzschwäche der Dänen ausgleichen. Er hat gelernt: Wenn er nicht selbst anpackt, erreicht er seine Zahlen nicht.

Ach ja, eine Verlustanalyse in der Schweiz wäre hilfreich, aber jetzt geht es nach Frankfurt und von dort nach Dublin. Der Hilfeschrei der dortigen Leitung zwingt zum Handeln: Er muss selbst hin und Hand anlegen, schließlich ist er nicht umsonst als Top Scorer in der Firma für diesen Sales Management Job ausgewählt worden.

Fournier Système GmbH: Klaus de Yong, Geschäftsführer

Klaus de Yong steht mächtig unter Druck: Bereits im dritten Jahr liefert er mit seinen Druckern kein Ergebnis mehr ab. Am Markt herrscht schon seit langer Zeit reiner Preiskampf in allen Produktkategorien. Großkundenprojekte werden nicht gewonnen, können nicht abgewickelt werden oder gehen verloren. Der dramatische Margenverfall im Produktgeschäft ist bereits da oder zeichnet sich allerorten ab.

Die chinesische Mutter des Unternehmens, Chin Hwan aus Daxing, die den französischen Hersteller vor fünf Jahren gekauft hat, erwartet von de Yong höhere Absatzzahlen, denn die Produktion in Daxing darf nicht stillstehen. Und die Wettbewerber wie HP, Xerox und andere schlafen nicht, im Gegenteil: Der Wettbewerb hat die Konvergenz von Druckern und Informationstechnologie zur Chefsache gemacht. Kooperationen und Kauf von Systemhäusern sind an der Tagesordnung.

Martin Powerbeck, Mitglied der Geschäftsführung und Marketingchef bei Fournier, weiß, dass sich die Branche im Umbruch befindet und Printing vor einem Paradigmenwechsel steht: Wer die Konvergenz hin zu IT/ITK–Consulting nicht mitmacht, den bestraft der Markt. Er hat mit den Managed Print Services ein Rundum-sorglos-Paket für den Mittelstand entwickelt – technisch brillant und am Markt erwünscht. Die Account Manager und Print Consultants, wie Klaus de Yong seine Verkäufer nennt, sollen diese Leistungen in den Markt tragen. Strategischer Vertrieb soll für nachhaltige Kundenbeziehungen sorgen und wegführen vom Tropf der Distributoren und Systemhäuser. Doch genau daran beißt sich das Management die Zähne aus. Wie verkauft man statt Produkten Services, wie lernt eine Organisation von exzellenten Transaktionsverkäufern, Relationsvertrieb zu machen? Denn wie Powerbeck sagt: „Service verkauft sich nicht im Regal wie eine Waschmaschine." Zudem hat Fournier durch die Integrationen von kleinen Systemhäusern mit organisatorischer Instabilität zu kämpfen.

Powerbecks Paketlösung wird leider nur halbherzig am Markt angeboten, und damit entsteht für Chin Hwan auch kein Rücklauf der Investitionen. Es wächst die Kluft zwischen der Geschäftsprognose der Holding und de Yongs Geschäftserwartung aus dem Midterm-Plan hinsichtlich Umsatz und Ertrag. Die vorhandene Consulting-Kapazität für das Lösungsgeschäft wird nicht wirklich abgefragt, und damit entsteht die Gefahr, dass Fournier gute Leute verliert. Das Marketingkonzept verkümmert, Widerstand regt sich in der Verkaufsorganisation, Stückzahlen bei steigenden Renditevorstellungen zu erhöhen ist unmöglich. Der Posten des Vertriebsmanagers ist vakant.

PIP Power Inside Production S. A.: Głodny Wilk, Vorstand und Inhaber

Der Breslauer Unternehmer Głodny Wilk steht mit PIP Power Inside Production am Scheideweg. Die EU hat sein Unternehmen bisher stark gefördert, heute ist er Arbeitgeber für zweihundertfünfzig Mitarbeiter in Wrocław und Sponsor des Handballnationalteams. Seine Geräteproduktion begann Głodny mit seiner Frau Basia in der heimischen Küche in Katowice, heute hat er ein nach allen Regeln des Qualitätsmanagements vorbildlich entwickeltes Produktionsverfahren.

Doch die Wachstumsraten sind eingebrochen, das Ergebnis flacht ab, er hängt vom Mittelstand ab – und der ist, außer in Deutschland, im Keller. Seine Vertriebsorganisation ist vornehmlich auf den indirekten Kanal ausgerichtet, ein sogenannter Account Manager verkauft vereinzelt Lösungen an Handelsketten oder Großunternehmen. Er merkt, der Hebel in den Markt ist zu kurz: Wenn die Endkunden Halsschmerzen haben, bekommen die Distributoren und Systemhäuser Schnupfen und PIP eine Lungenentzündung. Marktschwäche und eine fehlende Wachstumsstrategie, Wilk weiß genau, dass nur ein radikaler Umbau PIP retten kann.

PIP befindet sich in einem immer härter werdenden Verdrängungswettbewerb. Anzeichen dafür waren bereits vor sechs Monaten zu erkennen. Die aktuelle Vertriebskompetenz der fünfundzwanzig Innendienstler des Unternehmens kann diese Entwicklung nicht abfedern. Momentan fängt das Distributionsgeschäft den zunehmenden Umsatz- und Ertragsrückgang im Vertrieb der Eigenmarke „Moc dwójka" nicht auf. Die Konsolidierungswelle im Distributionsmarkt wird aber über kurz oder lang auch die PIP S. A. erreichen. Fehlende Neukundengewinnung und Account-Entwicklung haben erst zum Umsatzstillstand, dann zum Umsatzrückgang geführt. Der Führungsstil des Geschäftsführers hat keine Kultur des selbstständigen Handelns zugelassen, dadurch kommen nur wenige Impulse aus der Mannschaft. Im Vorstandsteam diskutieren wir gemeinsam mögliche Lösungen, allerdings beherrscht die Performance des nationalen Handballteams 30 % des Gesprächs.

Terra Consult GmbH: Robert Ganges, Geschäftsführer und Teilhaber
Robert Ganges sitzt erschöpft in seinem Maserati Quattroporte. Es ist Freitag, der 30. Oktober, die monatliche Durchsprache der Projekte mit den Partnern hat wie so oft eineinhalb Stunden länger gedauert als geplant. Wieder verlässt er das Büro mit dem hilflosen Gefühl, der Steuerung seiner Partner nicht wirklich gewachsen zu sein. Glücklicherweise hat er noch einen Termin bei Blue Invest, wo er sich einen Auftrag abholen kann.

Aber der Reihe nach: Robert hat Terra Consult vor sechs Jahren gegründet, sein Dienstleistungsangebot hatte wie eine Bombe im Markt eingeschlagen. Nun hat er nach und nach zehn Partner an Bord geholt, die wie er den Markt aufrollen sollen. Doch das lief bisher ziemlich zäh. „Der Markt ist doch da, reifer geht es nicht", wird er in jeder der „Einzelbestrahlungen", wie die Partner die monatlichen Durchsprachen nennen, nicht müde zu wiederholen. Da ist Noé, eigentlich pflegeleicht: Er erreicht seine Umsätze immer, aber mit hohem Aufwand. Da ist Frank, der Minimalist: Man scheint ihn immer zum Kunden tragen zu müssen, allerdings ist seine Ausbeute erstaunlich, mit der Trefferquote von über 30 % ist er im Unternehmen zweifellos Benchmark. Da ist die instabile Doreen: Diesen Monat hat sie nicht einen Abschluss getätigt, und ihre Projektliste hat „Schwindsucht", wie Robert kommentiert. Er selbst präsentiert zum Abschluss des Partnertages seine Zahlen: Fünfzig Anfragen, den geplanten Umsatz wieder um die Hälfte übererfüllt, seine Besuchsliste macht dem Dax alle Ehre. Mit zwanzig Top-CEO-Terminen ist er mit weitem Abstand der fleißigste Vertriebsmitarbeiter. Aber dann sind da noch die Unternehmenszahlen: Die geplanten Wachstumsraten sind wieder nicht erfüllt, doch darauf beruhte der Investitionsplan. Robert wird heute wieder das Abendessen mit Helga und den Kindern verpassen, dafür schließt er bei Dr. Heidegger von Blue Invest diesen Auftrag ab.

Wie Robert Ganges ergeht es vielen Start-up-Unternehmen: eine geniale Idee, eine außergewöhnliche vertriebliche Begabung und Fleiß. Das reicht gegebenenfalls für einen kurz- oder mittelfristigen Erfolg. Spätestens wenn das Wachstum kein Selbstläufer mehr ist, weil der erste Hype abflacht oder sich Wettbewerb einstellt, braucht es Managementintelligenz, denn die negativen Auswirkungen lassen nicht lange auf sich warten: Cashflow-Schwäche und Umsatzunvorhersehbarkeit.

Danksagung

Ich möchte mich bei vielen Gesprächspartnern bedanken, angefangen bei Eckard, meinem väterlichen Freund, der mir viele entscheidende Hinweise gegeben hat, für die Gespräche mit Johannes (viel Vergnügen im Ruhestand!), Jürgen, Marcus und Rainer, die bei diversen Anwendungen, wenn man so will, Pate gestanden haben, bis zu einigen „Versuchskaninchen", die kritisch Probe lesen „durften", wie Joachim, Erich, Wolfgang und andere mehr. Bei meinem Geschäftspartner und Freund Guido, der mir half, aus mancher Theorie Praxis zu machen und mit dem ich die Managementphilosophie teile, dass Unvermögen der Mitarbeiter in erster Linie eine Führungssache ist.

Auch wenn der eine oder andere Artikel in der Toskana unter Pinien mit Blick auf das Mittelmeer entstand, war es harte Arbeit, ein Studium, das mich nach fünfundzwanzig Praxisjahren demütig gemacht hat vor der Bandbreite vertrieblichen Handelns. Was meinen langjährigen Freund Jan angeht, so sprechen seine ideenreichen Bilder und Karikaturen in diesem Buch für sich.

Mein Dank gilt zu guter Letzt sechs Personen, ohne die das alles nicht gelungen wäre. Zum einen Michael Schickerling, meinem geduldigen Lektor, der nur selten darauf hinwies, dass er mir ja den hohen Aufwand prophezeit hätte, Manuela Eckstein, die mir immer wieder Vertrauen geschenkt hat, Stephanie, die meine Texte (40 Zeilen à 20 Wörter) entziffert, erfasst und in Form gebracht hat, meinem Sohn Johannes, der mein Chaos an Literatur „auf die Reihe brachte" sowie, ganz wichtig, Vati (Jahrgang 1921), dem ich viele Nächte der Reflexion verdanke und der die Veröffentlichung des Buchs leider nicht mehr erleben kann, und meiner lieben Frau Oda, die sehr viel ertragen musste.

Inhaltsverzeichnis

Der Autor

Dr. Nikolaus A. Rauch Jahrgang 1955, gründete 2002 die Business Integrations Services GmbH. Seine Vision ist das optimale Zusammenwirken von Vertrieb, Service und Management. Seit Anfang der 90er Jahre hat er aus unterschiedlichen Perspektiven Vertrieb erlebt und vertrieblich gehandelt: als Verkäufer im Mittelstand, als Account Manager, als Einkäufer von Dienstleistung und Beratung, als Vertriebsleiter, als Geschäftsführer, Berater und aktuell als Partner in der Geschäftsführung des IT-Systemhauses [s.i.g.] in Neu-Ulm. Er verfügt über langjährige Erfahrung im organisatorischen Wandel. So hat er mehrere Jahre in Managementpositionen bei Siemens und Siemens IT Services – dort unter anderem in der Geschäftsführung Deutschland – die weltweite Zusammenführung von Vertrieb und Service verantwortet, den Aufbau einer Service Academy als Vorbild für den Learning Campus des Siemenskonzerns gestaltet und die Integration der Serviceorganisation in die Siemens Business Services GmbH vorbereitet. Er hat in seinem großen Netzwerk bei diversen Firmen in interimistischer Führungsfunktion oder als Berater gearbeitet.

Seine Experten-Schwerpunkte sind Vertriebsmanagement, Vertriebsoptimierungen, Restrukturierungen und Implementierung von Coaching in Vertriebsorganisationen. Zu seinen besonderen Interessenschwerpunkten zählen analoge Analyseverfahren zu Stärken und Schwächen von Vertriebsorganisationen und Integrationsmanagement.

Nikolaus Rauch lebt mit seiner Frau in München-Fürstenried und hat drei erwachsene Kinder. Er spielt verschiedene Musikinstrumente, wandert gern und besucht weltweit Bildergalerien. Sein Motto: Ganzheitliche Fitness ist das Ergebnis von Disziplin und Respekt vor dem Körper wie dem Geist. Seine Mitarbeiter und Coachees erfahren, dass dies und darüber hinaus die Pflege des persönlichen Netzwerks die entscheidenden Kriterien für langfristigen Vertriebserfolg sind.

Ziele 1

You cannot have a vision without a sense of history.
(Kofi Annan)

1.1 Veränderungsfaktor: Commodity

Die Schwellenmärkte werden durch ihr rasantes Wachstum rapide an Bedeutung gewinnen. Die Emerging Markets der Volkswirtschaften mit Entwicklungs- und Wachstumspotenzial werden bis 2050 um das Fünffache wachsen und, mit einem Anteil am Weltbruttosozialprodukt von bisher einem Drittel und bald zwei Dritteln, den globalen Markt grundlegend verändern und den ökonomischen Schwerpunkt nach Süden und Osten verlagern (Apenbrink 2012). Hier ist der Nährboden für neue globale Marktteilnehmer, aber die Entwicklung führt auch zum Verlust von Wettbewerbsvorteilen und treibt den Preiskampf mit den heutigen Industrienationen an. Das hier beschriebene Szenario setzt Vertriebsorganisationen unter gewaltigen Veränderungsdruck. Der Unternehmenszweck und das Selbstverständnis der Beteiligten werden herausgefordert und infrage gestellt.

„Wer das Ziel kennt, kann entscheiden; wer entscheidet, findet Ruhe; wer Ruhe findet, ist sicher; wer sicher ist, kann überlegen; wer überlegt, kann verbessern." Diese Weisheit, die Konfuzius zugeschrieben wird (s. z. B. Konfuzius 1988) umreißt eine Kernaufgabe von Führungskräften im Verkauf: Ziele definieren und Entscheidungen treffen. Diese Ziele sind eingebettet in eine Vorstellung der Zukunft, der Vision, wie das Unternehmen aussehen soll, oder als Arbeitsvision, einer Ableitung aus der Unternehmensvision für eine konkrete Gruppe an Menschen. Mit dem vertrieblichen Leitbild übersetzt der Vertriebsleiter die Unternehmensausrichtung in die praktische tägliche Arbeit. Zugleich bietet dies die Möglichkeit der Rückmeldung an die Unternehmensleitung über den geplanten Kurs.

N. A. Rauch, *Die 7 Disziplinen im Sales-Management*,
DOI 10.1007/978-3-658-04232-5_1

Zielsetzung, Selbstverständnis und der Umgang miteinander sind das „Kleeblatt“ des vertrieblichen wie unternehmerischen Erfolgs.

Die geschilderten Veränderungen am Markt werden meist erst bei geringer werdender Erfolgswahrscheinlichkeit und beim Ausbleiben ausreichender Vertriebsprojekte sichtbar. Dann ist es reichlich spät. Marktveränderungen erfordern Anpassung, diese Anpassungen werden immer häufiger und in immer größer werdendem Umfang nötig. Das gilt auch für die eigenen Veränderungen: Diese geschehen nicht auf Knopfdruck und auch nicht von Einzelnen für sich, sondern immer im Kollektiv.

Die Arbeit am Leitbild ist zu verstehen als eine regelmäßig wiederkehrende Lernübung, die einerseits nach innen das gemeinsame Verständnis erneuert und andererseits nach außen die angenommenen Rahmenparameter für das eigene Unternehmen am Markt überprüft. Auf diese Weise lassen sich wirtschaftliche und soziokulturelle Verschiebungen zeitnah erkennen und eine angemessene Reaktion ist möglich. Somit ist das Leitbild der Kompass, an dem sich alle Aktivitäten der Mitarbeiter und des Managements ausrichten.

Die Entscheidungen, die auf der zweiten oder dritten Ebene zu treffen sind, erfordern immer den Abgleich mit den Zielen. Diese wiederum brauchen als Basis ein unaufgeregtes Grundverständnis: Die Kraft der vertrieblichen Führung liegt in der Ruhe, mit der Ziele Klarheit geschaffen haben, und der Raum zur Reflexion nicht durch Unsicherheit und Existenzangst überschattet wird.

Wer das Leitbild des Unternehmens kennt, kann entscheiden, was er tun wird und was nicht. Jede Entscheidung schafft dann Sicherheit und Ruhe. Die gewonnene Zeit bietet Raum für die Zukunft.

Thesen: Vision, Mission, Werte

- → Sales Leader entwickeln ein Bild von der Zukunft und verkaufen Ihren Teams unablässig „Verkauf“.
- → Klar und eindeutig formulierte Ziele erhöhen den Wirkungsgrad.
- → Ein einvernehmliches Verständnis des Unternehmenszwecks ermöglicht, Kompetenzen und Energien freizusetzen.
- → Gemeinsame Regeln werden vor Spielbeginn vereinbart. Das erhöht Motivation und Erfolg.
- → Der Wechsel von Aktion und Reflexion stabilisiert Richtung und Effizienz.
- → Veränderungsfähigkeit ist die Flexibilität, das Handeln immer wieder infrage zu stellen und sich neu zu erfinden.
- → Wenn Sie Ziele haben und diese verstehen, können Sie die Ziele des Kunden besser nachvollziehen.
- → Einen Standpunkt haben: Verkauf beginnt mit dem Selbstverständnis. Sie brauchen selbstbewusstes Auftreten, eine Mission, um ins Gespräch zu kommen.
- → Ihr Gespür für Ihre Kultur öffnet die Tür in das Wertegebäude Ihres Kunden.

1.2 Themen: Zielfindung

1.2.1 Strategieprozess

Definition und Ziel

Ein Leitbild ist die Chance, Konsens, Zustimmung und Glaubwürdigkeit in Ihrem Team oder in Ihrem Bereich Ihrer Firma zu schaffen. Nutzen Sie den Strategieprozess der Leitbildentwicklung als Führungsinstrument. Ihr Leitbild liegt in Ihrem Einflussbereich. Es bringt die vertrieblichen Ideale zum Ausdruck, indem es an Mitarbeiter, Eigentümer und Geschäftspartner gerichtete Aussagen verdichtet, die in schriftlicher Form über die drei Elemente vertrieblicher Auftrag (Mission), vertriebliche Zielsetzung (Vision) und Vertriebskultur (Werte) Auskunft geben.

Problemstellung

„In unserem Unternehmen gibt es keine Vision. Was es gibt, sind nackte Zahlen: Jedes Jahr utopische 25 % Wachstum bei geringerem Budget und steigender Erwartung an den Ertrag", sagt Johannes Mannsheim im kleinen Kreis. Aber er erkennt auch: „Wir müssen uns unabhängig machen, unser eigenes Ding. Ich stelle mir vor …" Weiter kommt Johannes nicht, das Telefon läutet, die Norweger sind am Apparat: Hiobsbotschaft, Gewinneinbruch wegen eines falsch dimensionierten Projekts.

„Wer ohne langfristige Ziele spielt, reagiert nur und spielt statt des eigenen Spiels das des Gegners. Er springt von einer neuen Situation zur nächsten, kommt vom Kurs ab und beschäftigt sich nur mit dem, was unmittelbar vor ihm liegt, statt mit den eigenen Zielen" (Kasparow 2007, S. 39). Johannes Mannsheim hat sich drei Minuten mit seiner Vision beschäftigt. Umsatz, Ertrag, Qualität sind nur Bausteine eines großen Ganzen, das vor Ort in Norwegen nicht so wahrgenommen wird. In diesen Sog zieht es Johannes hinein. Gareth Morgan nennt es „Strudel", wenn zwischen dem starken Topmanagement und dem Rest der Organisation eine Verbotszone entsteht. Die kann zum Beispiel darin bestehen, dass ein Technologiekonzern peinliche Fragen zu Vertrauen und Konflikt nicht zulässt. Ausgewichen wird dann gerne mit einfachen stereotypen Erklärungsmustern wie „Der ist halt nicht fähig, zu schwach" oder „Da fehlt Erfahrung im People-Management", was sich auf jeder darunterliegenden Organisationsebene wiederholt (Morgan 1993, Kap. 7).

Vorgehen

In Ihrer Führungsaufgabe können Sie entweder Grundaussagen zu Mission, Vision und Werten vorgeben, aus denen Ihre Mitarbeiter konkrete Handlungsschritte ableiten, oder Sie können den gesamten Strategieprozess in die Organisation delegieren und die jeweiligen Ergebnisse supervidieren. In jedem Fall legen Sie innerhalb des Strategieprozesses Rollen und Verantwortlichkeiten fest (s. Abb. 1.1).

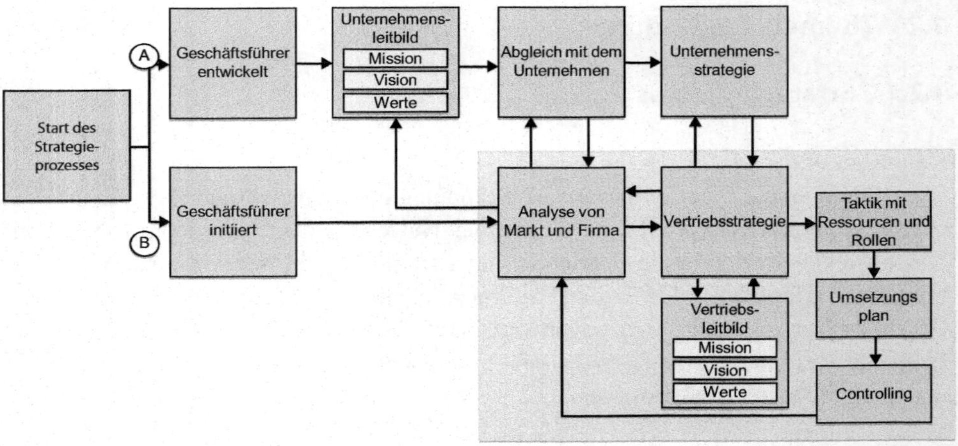

Abb. 1.1 Umsetzungsorientierter Strategieprozess mit oder ohne Einflussnahme der Geschäftsführung. (Quelle: eigene Darstellung)

1.2.2 Mission und Selbstverständnis: Wofür gibt es den Vertrieb?

Definition und Ziel

Beschreiben Sie, was Sie für Ihre Kernaufgabe in Ihrem Unternehmen halten und was Ihre Professionalität dort ausmacht. Vertrieb ist nicht überall gleich: Haben Sie den Anspruch verstanden, der an Sie und die Vertriebsmannschaft gestellt wird? Der Vertrieb ist eingebettet in eine Gesamtorganisation, die von ihm und von der er selbst abhängt. Achten Sie deshalb auf die Verbindungen wie Abgrenzung zu anderen Bereichen. Wie wird die Vertriebsorganisation von den anderen Einheiten wahrgenommen?

So ist zum Beispiel das konkrete Zusammenspiel beziehungsweise die Aufgabenteilung mit dem Service zu bedenken ebenso wie die Form der Kommunikation zur Leistungserbringung und projektumsetzenden Einheiten. Diese Vorgehensweise verringert bestehende Spannungen und Hindernisse. Die Leitplanken definieren Sie gemeinsam mit Ihren Mitarbeitern.

Der Erfolg der Veränderung tritt dann ein, wenn Sie sich als Führungskraft mit den entscheidenden Schlüsselpositionen im Unternehmen und deren individuellen Talenten zusammenschließen und konsequent auch andere einbeziehen, um Veränderungen einzuführen, umzusetzen und zu stabilisieren (Hersey und Blanchard 2005, S. 149), zum Beispiel die firmenweite Kundenzentrierung oder die Serviceausrichtung (Zimmermann 2011).

Erfolgskriterien und Nutzen

Die gelungene Mission hat folgende Eigenschaften:

- Die Kerneigenschaften unserer Professionalität sind erkennbar.
- Sie hilft, dass sich alle Beteiligten damit identifizieren können.

- Sie ist authentisch mit Anspruch formuliert.
- Sie zeigt die Energie und Stringenz, mit der Sie als Team arbeiten.
- Sie beschreibt die vorhandenen oder noch zu entwickelnden Fähigkeiten.

1.2.3 Vision und Ziele: Wohin wollen Sie vertrieblich?

Definition
Die Vision beschreibt die Vorstellung einer idealen zukünftigen Situation. Sie setzt im Hier und Jetzt an und gründet sich auf den Erfahrungen der Vergangenheit. Wie die meisten Ihrer Aktivitäten als Führungskraft ist auch die Vision Handwerk. Dazu gehören Begeisterungsfähigkeit und Überzeugungskraft. Die verschriftlichte Vision ist ein wichtiger Baustein, um das Team zu mobilisieren. Durch das Bild wird eine Idee begreifbar, Sie und Ihr Team kommunizieren sie und erzeugen dadurch positive Energien.

Die Vertriebsvision soll Orientierung geben, sie ist emotionale Grundlage für sehr konkrete Zielsetzungen und realistisches Fundament Zukunft sichernder Erfolge. Die Vision ist der Ausgangspunkt und Kompass, um sinnvolle Ziele bestimmen zu können. Sie ist das erste Glied, an das sich Strategie, Taktik und angemessene Maßnahmen für Ihr tägliches vertriebliches Handeln anschließen. Mit einer Vision hilft die Führungskraft, die gemeinsame Idee zu verbreiten und Identifikation zu schaffen. Die Vertriebsvision, obwohl viel zu selten formuliert und als Führungsinstrument genutzt, kann eine tragende Säule der Vertriebskultur sein.

Ziel
Ihre (vertriebliche) Vision hat die Mitarbeiter angesprochen. Sie hat Fokus und Klarheit in das gemeinsame vertriebliche Arbeitsleben gebracht. Die durch das Tagesgeschäft „müde" gewordene Vertriebsmannschaft ist wieder inspiriert und wird ihre Arbeitsweise danach ausrichten.

Erfolgskriterien und Nutzen
Beschriebene Vision und Ziele erleichtern die Führung und stabilisieren das Arbeitsumfeld. Sich regelmäßig mit den Zielen zu beschäftigen und sie hinterfragen zu dürfen, ohne sie zu boykottieren, erhöhen Akzeptanz und Präsenz.

1.2.4 Werte als vertriebliches Zuhause: Wie arbeiten Sie mit anderen zusammen?

Definition
Fachlich gesehen steht das Wertethema erst an dritter Stelle, nach den ökonomischen Zielen und der Klärung des Unternehmenszwecks. Lange wurde das Wertemanagement nicht ausdrücklich bearbeitet: Ehrlichkeit, Glaubwürdigkeit, Verantwortung und Zuver-

lässigkeit schienen für jedermann selbstverständlich. Erst heute ist mit der Frage nach der Compliance das Thema Glaubwürdigkeit in den Mittelpunkt gerückt. In Politik und Wirtschaft ist die Auseinandersetzung mit Ethik und damit verbundenen Werten nicht mehr wegzudenken.

Die Fragestellung ist nicht neu. Peters und Waterman haben bereits in den achtziger Jahren die Bedeutung eines sichtbar gelebten Wertesystems hervorgehoben und den Führungskräften die Beschäftigung damit ins Gebetbuch geschrieben (Peters und Waterman 1998, S. 321 ff.): „Machen Sie sich Gedanken über Ihr Wertesystem! Werden Sie sich darüber klar, wofür Ihr Unternehmen steht. Auf welchen Teil Ihrer Arbeit sind alle im Unternehmen am meisten stolz? Versetzen Sie sich um zehn oder zwanzig Jahre in die Zukunft: worauf würden Sie mit der größten Befriedigung zurückblicken?“

Der soziale und ökonomische Erfolg gründet auf diesen Wertevorstellungen. Die Kultur der Integrität, des Respekts und der nachhaltigen Leistung muss von allen geprägt und gelebt werden: vom Gründer, Eigentümer, den Führungskräften und Mitarbeitern (Ulrich 2001).

Ziel

Glaubwürdigkeit und Verlässlichkeit sind mit dem Unternehmen beziehungsweise der Vertriebsorganisation fraglos verbunden. Jeder der Betrachter, ob Mitarbeiter oder Kunde, identifiziert diese Eigenschaften mit dem Unternehmen, ohne mündlich oder schriftlich darauf hingewiesen werden zu müssen.

Phasen und Vorgehen

In vier Schritten können Sie ein werteorientiertes Leitbild entwickeln:

1. Wählen Sie Kernmitglieder für den Strategie- beziehungsweise Leitbildprozess aus.
2. Design mit den folgenden drei Phasen: Beschreiben Sie Ihre Stärken und Schwächen, überlegen Sie, wie die Situation in x Jahren aussehen soll, planen Sie die Umsetzung.
3. Kommunizieren Sie die Ergebnisse, gegebenenfalls in mehreren Wellen, in die gesamte Organisation.
4. Verarbeiten Sie die Rückmeldungen und berücksichtigen Sie diese in der Umsetzung.

Bei der Auswahl der Kernmitglieder könnten Sie folgende Kriterien anwenden: Knowhow, Image im Unternehmen und Entscheidungsbereitschaft und -fähigkeit. Wählen Sie ausreichend Mitwirkende aus: Menschen können sich mit einer Vision leichter identifizieren, wenn sie selbst ein Teil der Entwicklung waren.

Es gibt viele unterschiedliche analoge wie kognitive Methoden, eine Vision zu entwickeln. Analoge Methoden sprechen die Sinne an. Das schafft kreativen Raum, um soziale Verhaltensaspekte mit Symbolen, Bildern, Metaphern oder szenischen Darstellungen darzustellen. Kognitive Methoden konzentrieren sich auf den Verstand.

Entwickeln Sie mit Ihrem Team gemeinsam eine vertriebliche Vision. Vermeiden Sie Reglements und Einschränkungen im ersten Schritt. Jede Idee für sich ist erst einmal gut.

Ein gelungenes Vorgehen bei der Entwicklung der Vision lebt die künftige Kultur im Unternehmen vor. Es können schon im Vorfeld an die Teilnehmer Fragen gestellt und die Antworten zusammengefasst bereitgestellt werden. Ich bevorzuge, die Teilnehmer ihre Überlegungen im Plenum präsentieren zu lassen. Allerdings sollte sichergestellt sein, dass sich die Vertriebsmitarbeiter tatsächlich vorbereitet haben.

Leitfragen zur gegenwärtigen Situation könnten lauten: Wie nehmen Sie die aktuelle Situation Ihrer Organisation wahr? Wie wird Ihre Organisation von Ihren Kunden wahrgenommen? Was gefällt Ihnen, was stört Sie? Denkbare Leitfragen zur Zukunft: Wo möchten Sie in drei bis fünf Jahren stehen? Welche Rolle soll unser Bereich innerhalb der Gesamtorganisation spielen? Welche Schlagworte oder Bilder gehen Ihnen durch den Kopf, wenn Sie an die aktuelle Situation denken, und welche, wenn Sie an eine erfolgreiche Zukunft Ihrer Organisation denken? (Details zu den Leitfragen und dem möglichen Vorgehen bei Stolzenberg und Heberle 2006, S. 9 ff.) Sehen Sie deshalb bereits zu Beginn vor, wie die Kaskade der Einbindung aussehen soll, sowohl bei der Entwicklung wie dann auch bei der Kommunikation und Interpretation des gestalteten Textes. Der Text sollte zügig stehen. Ort, Raum und Zeit können eine positive Grundatmosphäre erzeugen.

Anwendung und Fallstricke

Der Boom von Unternehmensleitbildern der letzten Jahre hat dem Anschein nach nicht grundsätzlich zu einer Verbesserung der Unternehmensentwicklungen geführt (Senge 2011, S. 225 ff.). Die Visionen, Leitbilder, Missions- und Kulturstatements als generelle Absichtserklärungen können Sie im Internet nachlesen: Sie wirken oft wie mehr oder weniger gekonnte Remakes von vorgefertigten Beratervorlagen oder mithilfe einer Aufbauanleitung entstanden. Hier eine Zusammenfassung von einem Dutzend Leitbildern von MDAX-Unternehmen:

- Die *Mission* ist ein multi-industrielles Unternehmen mit einer starken Marke. Es bietet Lösungen an, Produkte und Dienstleistungen zum Beispiel mit Engineering Know-how und besonderen Kenntnissen der Kundenanwendungen zu verbinden. Wir arbeiten kontinuierlich daran, das Produkt durch die innovativsten Technologien zu perfektionieren. Wir übertreffen die Erwartungen der Kunden mit attraktiven Lösungen. Operational Excellence: Strukturierte Arbeitsprozesse und Lean-Prinzipien sind die Grundlage für diese herausragende Leistung. Und letztlich: Wir sehen den Kunden als Partner.
- Die *Werte* sind die Grundprinzipien unseres Handelns. Sie sind ein innerer Kompass für alle Aktivitäten. Die Werte bestimmen, wer wir sind und wie wir uns verhalten. Die Begeisterungsfähigkeit und Teamarbeit, die Kultur ist die Suche nach Perfektion, es gibt Leidenschaft für exzellente Qualität und langfristigen Aufbau von Werten durch innovative, nachhaltige, technik- und kundenorientierte Lösungen, Transparenz und kontinuierliche Weiterbildung der Mitarbeiter. Eine Unternehmenskultur wird gefördert, in der sich die Mitarbeitenden entfalten können. Wir setzen hohe Maßstäbe und verhalten uns anderen gegenüber respektvoll. Es gibt engagierte Mitarbeitende.
- Die *Vision* ist, die besten und edelsten unserer Produkte für unsere Kunden zu entwickeln. Wir handeln bedarfsorientiert, sind verlässlich und konzentrieren uns auf Resul-

tate. Dies führt selbstverständlich zu Wachstum und hilft, Marktführer zum Beispiel im Highend-Bereich zu werden. Wir möchten zum Prozess der Schaffung einer wirtschaftlichen, ökologischen und sozialen Veränderung innerhalb unserer Gesellschaft beitragen, um so eine nachhaltige Zukunft für alle zu schaffen. Letztlich schaffen wir Mehrwert für die Aktionäre.

An sich sind die Inhalte richtig und wichtig, und Sie können die Elemente für Ihre Arbeit gerne als Ideen mitnehmen. Allerdings ist das meiste davon aalglatt und beliebig austauschbar. Diese Texte hängen oft eingerahmt in den Räumen der Angestellten und suggerieren eine hohe Qualität der Leitlinien und vor allem, dass diese „Management-Task" erfüllt wurde. Dass dieses Unternehmensleitbild jedoch wirklich Ausdruck der Unternehmenskultur ist, glaubt dort kaum noch jemand.

Positiv gesehen, haben sich die Führungskräfte bemüht, aber der erwartete Wachstumsschub durch Produktivitäts- oder Qualitätssteigerung ist damit noch lange nicht gewährleistet. Somit wird es für die Vertriebsführungskraft schwierig, etwas Spezifisches und Essenzielles herauszuziehen, um daraus ein Vertriebsziel jenseits der Zahlen zu formulieren und einen Beitrag zum Gesamtverständnis des Unternehmens zu leisten.

Stellen Sie sich die Frage, wozu es das Unternehmen gibt, womit Wertschöpfung erreicht wird, was als Kernaufgabe identifiziert werden kann und wie dies vertrieblich zu erreichen ist. Sie können selbst eine eigene Vision mit einer daraus abgeleiteten Strategie und der sich daraus ergebenden operativen Taktik entwickeln, nicht für das Unternehmen, jedoch für die Vertriebsorganisation. Überprüfen Sie, inwieweit Ihre Glaubenssätze, die generalisierte Einschätzung Ihrer Fähigkeiten, Ihre Verhaltensweisen und die Reaktion der Umgebung darauf (Jochims 1995, S. 181 ff.) wie bei Robert Ganges von Terra Consult die gemeinsame Zielsetzung und Wertedefinition dominieren. Mit dem Themenschwerpunkt, sich selbst realistische Ziele zu setzen und diese auch tatsächlich zu erreichen, liefern Michael Behn und Peter Bödeker in ihrem Buch *Meine Ziele, meine Ausreden und ich* (2012) anhand vieler Beispiele konkrete Denkanstöße dafür, sich selbst und seine Ziele zu hinterfragen.

Edward Schein spricht in diesem Zusammenhang von dem Karriereanker und meint damit die verschiedenen Sichtweisen der bei sich selbst wahrgenommenen Fähigkeiten und Begabungen. Seine Grundwerte und Motive, karriereorientiert zu handeln bei Entscheidungen und deren Umsetzung, bilden die Grundfesten seiner Persönlichkeit und seines Selbstbewusstseins. Nach Schein repräsentieren acht Karriereanker die Orientierung von Menschen in der Arbeitswelt: technische und funktionale Kompetenz, Befähigung zum General Management, Selbstständigkeit und Unabhängigkeit, Sicherheit und Beständigkeit, unternehmerische Kreativität, Dienst an einer oder Hingabe für eine Idee oder Sache, totale Herausforderung, Lebensstilintegration (Schein und van Maanen 2013).

Visionen werden sich im Unternehmen niemals verwurzeln, wenn die „vorvisionären" Strukturen das verhindern. Visionen müssen integriert werden. Deshalb müssen Sie die bestehenden Strukturen und deren Herkunft besser verstehen lernen und im Visionsprozess inhaltlich und sprachlich berücksichtigen. Nur durch Reden wird die gemeinsame

Kommunikation griffiger und akzeptabler. Achtung: Haken Sie den Visionsprozess nicht einfach ab, er ist nun Bestandteil des täglichen Arbeitens.

Erfolgskriterien und Nutzen
Das vertriebliche Leitbild:

- ist leicht zu verstehen (vorstellbar)
- ist attraktiv (wünschenswert)
- hat Wiedererkennungswert und ist unverwechselbar (identifizierend)
- vermittelt eine positive Zukunft mit erreichbaren Zielen (fassbar)
- ist verbindlich und dennoch so allgemein genug verfasst, dass Individualität und Alternativen möglich sind (flexibel)
- fördert die Fähigkeit und den Willen zur Leistung (fokussiert)
- ist das Fundament für eine gemeinsame (Vertriebs-)Kultur, steigert das Wir-Gefühl und evoziert Stolz (emotional)

Beispiele
In einem Tages-Workshop hat Johannes Mannsheim mit seinem Länderteam folgende Vision entwickelt:

1. Wir gestalten eine gemeinsame Geschäftskultur der Solidarität und mit dem Besten unserer Unterschiedlichkeiten für ein gemeinsames Ziel.
2. Wir investieren, um unsere Mitarbeiter weiterzuentwickeln, um damit sicherzustellen, dass ihre Talente und ihr Know-how gut gemanagt und effektiv eingesetzt werden.
3. Steam Success International ist Marktführer und Trusted Advisor für technische Managementleistungen in Europa mit nachhaltigem Wachstum.
4. Unsere Aufstellung spiegelt die Kundenwünsche und Anforderungen des Marktes wider.
5. Prozesse, Werkzeuge und Methoden sind vereinheitlicht und auf ein Minimum beschränkt. Das dient dem Vertrieb und der Umsetzung unserer Projekte in hoher Transparenz.

In den folgenden Wochen hat Johannes Mannsheim an den sich aus dem Visionstext ergebenden Fragen gearbeitet:

1. *Was verstehen wir unter Solidarität?* Bekommt der Beste den Kunden zugewiesen und wie bestimmen wir das? Beteilige ich mich an Angeboten und Umsetzung, gleichgültig, welche individuellen Ziele ich gesetzt habe? Wer entscheidet, was das Beste bei unseren Unterschiedlichkeiten ist? Ist es sinnvoll, eine gemeinsame Geschäftskultur zu skizzieren? Wie sieht das gemeinsame Ziel aus? Die Addition der individuellen Ziele: Volumen, Ergebnis oder gegebenenfalls Kundendurchdringung bei Großkunden, die wir gemeinsam bearbeiten (Marktanteil)?

2. *Wie sieht die Investition in die Mitarbeiter konkret aus?* Training, mehr Zeit durch die Führungskraft, den Geschäftsführer, neue Leute, höhere Gehälter? Sind mit „allen" Mitarbeitern auch gemeint Sekretariat und Praktikanten? Wie sieht die Definition von „Talent" und „Know-how" aus? Haben wir eine aus der Vision abgeleitete Strategie?
3. *Usw.*

Die Umsetzung braucht Zeit. Wie Johannes Mannsheim, werden Sie immer wieder daran zweifeln, ob das Ergebnis die eingesetzte Zeit lohnt. Gerade in technisch und umsetzungsorientierten Unternehmen wächst schnell der Druck auf sichtbare Ergebnisse aus diesem Vorgehen. Suchen Sie nach kurzfristig begreif- und erlebbaren Ergebnissen. Sie gewinnen dadurch die nötige Zeit, den Strategieprozess mit Qualität und fundiert durchzuführen.

Mann+Hummel, ein Hersteller für Filtersysteme in Ludwigsburg, liefert auf seiner Internetseite ein überzeugendes Beispiel für das Ergebnis eines Strategieprozesses: Unter der Überschrift „Vision, Werte, Strategie: ein klares Ziel im Blick" verdichtet das Unternehmen in zwei Sätzen Ausrichtung und Zielvorstellung:

> … in den kommenden Jahren durch qualitativ hochwertige Produkte, erstklassigen Service und innovative Technologien unsere Position als ein Marktführer in der Filtrationstechnik zu festigen und auszubauen. Das tun wir auf Basis unserer Unternehmenswerte, die als Leitlinien für unser Handeln gegenüber unseren Kunden, unseren Mitarbeitern und unserem gesellschaftlichen Umfeld dienen. Diese Werte sind:

F ocus / Fokus
I ntegrity / Integrität
L eadership / Führung
T eamwork / Teamarbeit
E xcellence / Bestleistung
R espect / Respekt

Das Apronym „Filter" soll hier eine mehrdimensionale Verbindung herstellen: Filter als wichtiges Portfolioelement von Mann+Hummel, Filter als Assoziation für Hochwertigkeit und Erstklassigkeit sowie Filter als Träger der Werte von Fokus bis Respekt.

1.3 Profile: Stratege, Brancheninsider, Unternehmer und Manager

1.3.1 Der Stratege

Problemstellung bei Terra Consult
Frank beschwert sich, weil es keinen aus seiner Sicht vernünftigen Plan gibt, wo er seinen Schwerpunkt setzen soll. Es fehlt, so meint er, an Personal im Büro, das Angebote ausreichend unterstützt. Er sieht das Problem in der mangelhaften Koordination durch das Management.

Abb. 1.2 Der Stratege. (Quelle: Jan Myszkowski)

Frank, Deutschland (Robert Ganges erzählt)
Frank ist Physiker, lebt alleine ohne Kinder (vgl. Abb. 1.2). Er engagiert sich intensiv im Alumni-Netzwerk der Leipziger Universität. Alles, was er vertrieblich unternimmt, ist genau vorbereitet. Seit wir unseren ersten Vertriebsausflug gemacht haben, nennen wir ihn „den Mann für alle Fälle". Es gibt keine Situation, die er nicht gewissenhaft vorbereitet. Egal, was gebraucht wird, sei es ein Taschentuch, eine Landkarte oder die Adresse der nächstgelegenen Apotheke: Frank hat es dabei.

Genauso gestaltet er seine Vertriebsarbeit, analysiert und plant Lösungen für komplexe Fragestellungen mit Langzeitperspektive. Er glaubt an den logischen, planvollen, nachvollziehbaren Vertriebsansatz. Er braucht einen ausgearbeiteten Sales-Plan und verbringt deshalb ziemlich viel seiner Zeit im Büro, um seine überschaubaren Kundenbesuche und Präsentationen „ordentlich" vorzubereiten. Er ist ein Hundertprozentiger, der grundsätzlich nie unvorbereitet zum Kunden geht – dort müsste er sonst gegebenenfalls Antworten improvisieren. Frank ist stolz auf seine Fähigkeit, komplex denken und langfristig planen zu können. Dafür fehlt ihm die Spritzigkeit von Erich. Der geregelte Vertriebsablauf ist Franks Bibel.

Analyse
Stärken

- **Analysefähigkeit**: Frank ist ein präziser Analytiker. Er hat eine ausgeprägte Fähigkeit, Kundenaspekte heraus zuarbeiten, Eigenschaften von Menschen und Institutionen zu erkennen, Beziehungen von Gegenständen oder Sachverhalten zu erfassen.
- **Zielmarktkenntnis**: Er hat eine gute Marktkenntnis sowohl der Zielkunden und des Zielmarktes.
- **Akzeptanz und Leadership**: Er vermittelt hohe Unternehmensorientierung, besitzt viel Akzeptanz und Leadership in der Organisation. Er sucht nach Macht und schnellem guten Ergebnis.

Generell

Seine Ziele und Planung sind bedacht und *langzeitorientiert*. Er erkennt *präzise* auch die langfristigen Fragestellungen beim Kunden. Er kann mit *Komplexität* hervorragend umgehen. Er verpasst selten *subtile Signale*. Der Kunde schätzt Franks *Konsequenz* und *Verlässlichkeit*.

Schwächen

- **Anwendungs-Knowhow und Innovationsgrad**: Er hat Schwächen im Anwendungs-Knowhow: Die Adaption am Markt oder beim konkreten Kunden und Stellung zum Wettbewerb gelingen ihm nicht. Er kann trotz seiner Marktkenntnis zum Beispiel den Innovationsgrad beim Kunden nicht erklären. Er vermittelt, obwohl er strategisches, analytisches Verständnis besitzt, wenig Sicht auf das Vertriebsgebiet in Summe.
- **Einstellung auf andere**: Er stellt sich mit Mühe auf die unterschiedlichen situativen und kulturellen Kontexte ein. Auch fehlt ihm das Verständnis, sich an die üblichen Rede- und Verhaltensweisen zu halten. Er kümmert sich nicht um die Do's und Don'ts in Verhalten und Auftreten.
- **Wirkung auf andere**: Frank tut sich teilweise schwer, sich selbst zu kontrollieren. So erkennt er nicht immer seine generelle Wirkung auf andere.

Generell

Frank sollte sich mehr auf die *zwischenmenschlichen Aspekte* beim Kunden konzentrieren. Ihm fehlt zeitweise der *praktische, technische* Ansatz. Er wirkt auch beim Kunden manchmal zu *theoretisch*. Er denkt zu viel, *handelt* zu *wenig*. Durch seine Trockenheit vermittelt er *wenig Begeisterung*.

Vertriebsprofil: Stärke und Potenzial (vgl. Abb. 1.3)
Ausrichtung: Planer; Orientierung: Struktur; Stärke: Produkt und Leistung; Potenzial: durchschnittlich

Verbesserungspotenzial
Produkt und Leistung:

- Binden Sie ihn bei komplexen Portfoliofragestellungen der Kollegen als Experten ein.
- Planen Sie mit ihm den Ablauf seiner nächsten Kundentermine: Fokus Persönlichkeit als vom Kunden wahrgenommener Mehrwert der Produkte und Leistungen.
- Klären Sie, welche Schwerpunktthemen die Branche aus seiner Sicht beherrschen und welche Implikationen das auf das Portfolio hat.

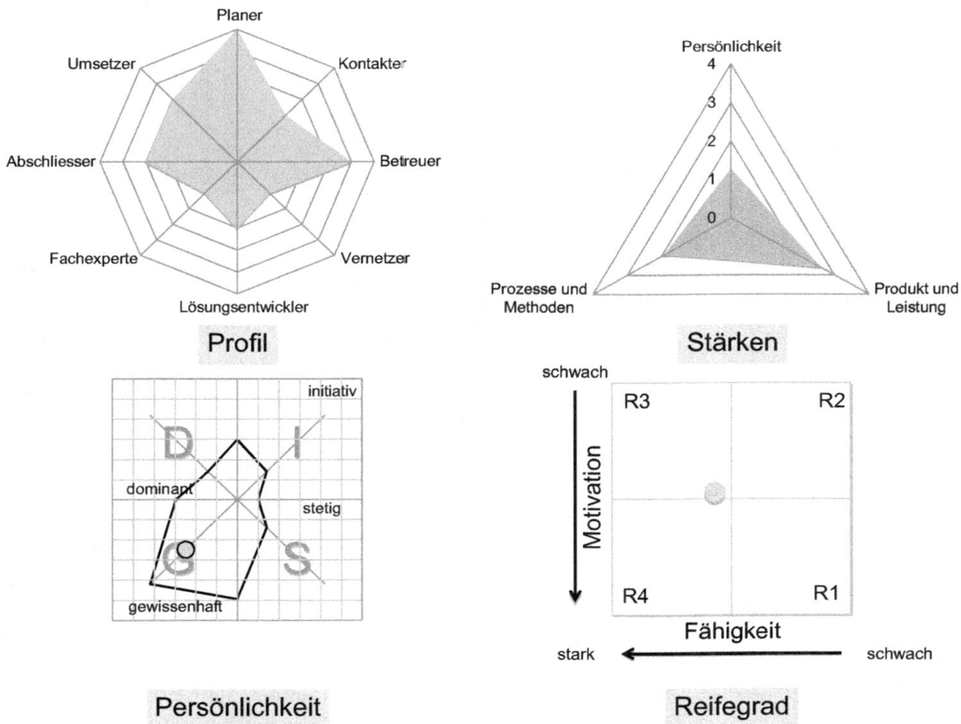

Abb. 1.3 Stratege: Einschätzung von Persönlichkeit, Stärke und Reifegrad. (Quelle: eigene Darstellung)

Methoden und Prozess:

- Nutzen Sie ihn, wie schon gesagt, gezielt bei der strategischen Gesamtplanung.
- Hat er ein (präzises) Verständnis von den Grundbedürfnissen seiner Kunden, kennt deren Entwicklung und Geschichte? Die Ergebnisse dieser Vorarbeiten sollten im Team vorgestellt werden und diese Leistung dort Anerkennung erfahren.

Persönlichkeit:

- Erarbeiten Sie mit ihm den Nutzen seiner Stärken.

Diskutieren Sie mit ihm die Persönlichkeit und Beweggründe seiner Kunden.

Interkulturelle Anregung

Franks Typ des strukturierten, organisierten Planers wird in anderen Ländern zum Teil mit einem gewissen Missfallen als typisch Deutsch eingeordnet. Stellen Sie im Team die Stärken seiner Person und Wesensart heraus.

Abb. 1.4 Der Brancheninsider. (Quelle: Jan Myszkowski)

1.3.2 Antoine, der Brancheninsider

Problemstellung bei Steam Success International
Antoines Pipeline ist so überschaubar wie seine Bestandskunden. Seine Vertriebskosten sind sehr hoch, und er bindet viele Experten in die Erstellung seiner Angebote ein, die zwar exzellent aufbereitet sind, aber immer erst im letzten Moment fertig werden. Seine Fachbeiträge kosten in den Vertriebsmeetings zu viel Zeit, sind zeitweise deplatziert und stören den Ablauf.

Antoine, Frankreich (Johannes Mannsheim berichtet)
Er kennt sich aus in der Branche wie kein anderer im Team (s. Abb. 1.4). Er hat in den Achtzigern an der École nationale supérieure de techniques avancées, der heutigen ParisTech, studiert und kam aus dem Laboratoire d'électrotechnique et d'électronique de puissance de Lille zu uns. Als Hobbyfotograf ist er immer „on the edge", wie er sagt, und plant mit seiner Freundin jedes Jahr minutiös eine Fotosafari. Er kennt auf diesem Gebiet alle Technologien und liest alle gängigen Fachzeitschriften.

So bearbeitet er auch seine Accounts. Er legt großen Wert auf das Kaufverhalten seiner Kunden. Sein Verständnis der Markttrends ist bemerkenswert. Er berichtet in den Teammeetings immer mit etwas Stolz von den neuesten Entwicklungen am Markt. Keine Frage, sein analytischer Ansatz ist hilfreich für die Überzeugungsarbeit. Er drängt mich regelmäßig, die aktuellen Marktrecherchen von Forrester zu kaufen. Wir nennen ihn den „Datenfex". Seine stundenlangen Diskussionen mit den Technikern im „Maschinenraum" sind legendär.

Analyse
Stärken

- **Markthintergrund**: Antoine ist mit der "Geschichte" und den daraus resultierenden Plausibilitäten aus der Vergangenheit gut bis bestens vertraut.
- **Kommunikationsfähigkeit**: Er beherrscht die verbalen und nonverbalen Kommunikationsstrategien. Er kann aus erkannten Mustern zielgerichtete Handlungen ableiten, zum Beispiel zur strategischen Kundenentwicklung.
- **Kontaktaufnahme**: Er bietet sich regelmäßig für Gespräche an, sucht den Kontakt zur Aufnahme von Gesprächen. Daraus resultiert eine hohe Besuchsfrequenz.

Generell

Antoine erarbeitet sehr genau den *Marktbedarf*. Er ist ein Experte für die *Passgenauigkeit* der Lösungen. Er versteht rationales, fachliches *Kaufverhalten* in allen Details. Seine *Wettbewerbskenntnis* ist profund. Es entstehen im Gespräch immer *neue Geschäftsmöglichkeiten*. Die Kenntnis der Trends macht die Angebote für *technische* Entscheider *attraktiv*.

Schwächen

- **Nutzenargumentation**: Kann schwerlich eine Kosten-Nutzen-Ratio herstellen. Ihm fehlt Knowhow zum Erklären von Nutzen und Wert der Leistungen. Daraus resultiert zum Teil eine gewisse Kundenunzufriedenheit.
- **Vertriebliche Abläufe**: Es fehlen ihm Kenntnisse und damit vertriebliche Perfomance. Er hat wenig Knowhow bezüglich der Abläufe und Vereinbarungen.
- **Selbstkontrolle**: Tut sich teilweise schwer, sich selbst zu kontrollieren. Erkennt nicht immer seine generelle Wirkung auf andere.

Generell

Antoine *unterscheidet nicht* zwischen technischer und politischer Lösung beim Kunden. Sein Ansatz kommt bei Entscheidern manchmal zu *theoretisch*, nicht praktisch an. Dadurch übersieht er viele geschäftliche Auswirkungen, also Wünsche der Endkunden. Er *prüft* seine Kenntnisse *zu selten* beim Kunden. Mit seinem extremen Marktfokus kann er es manchmal *übertreiben*, inhaltlich und zeitlich. Er *nutzt* seine (eigentlich) starke Persönlichkeit in der Kundensituation *zu wenig*. Sein Verstand überdeckt die nötige *Intuition und das Gefühl*. Er tut sich schwer, seine Kenntnis im Vertriebsalltag umzusetzen.

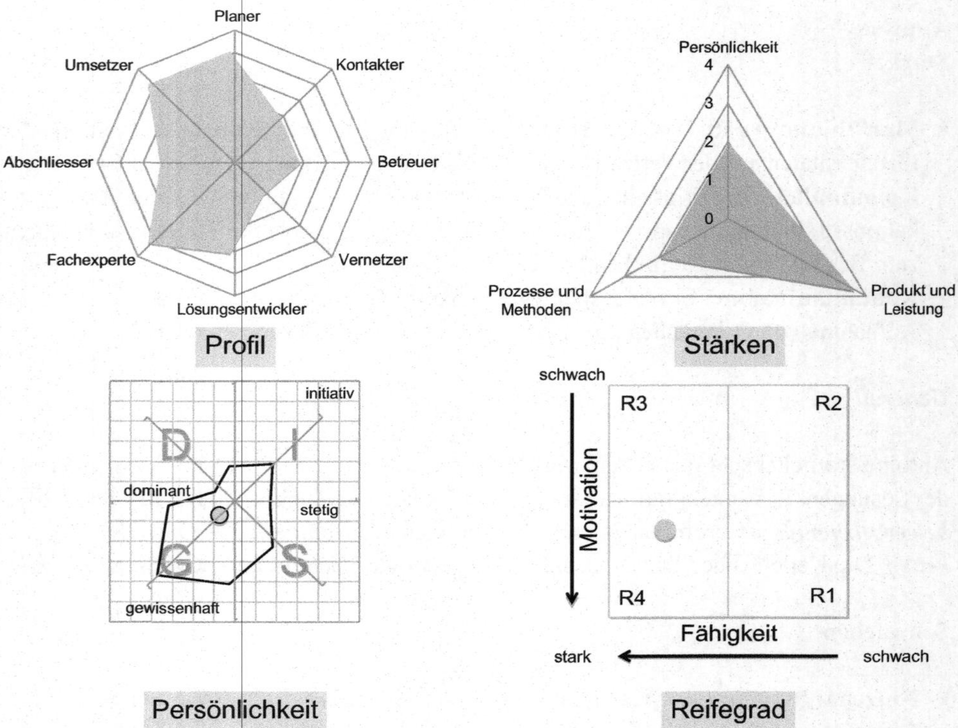

Abb. 1.5 Bracheninsider: Einschätzung von Persönlichkeit, Stärke und Reifegrad. (Quelle: eigene Darstellung)

Vertriebsprofil: Stärke und Potenzial (vgl. Abb. 1.5)
Ausrichtung: Lösungsentwickler; Orientierung: Kundenlösungen; Stärke: technische Expertise in Produkt und Leistung; Potenzial: durchschnittlich

Verbesserungspotenzial
Produkt und Leistung:

- Nutzen Sie bei Angeboten systematisch sein Knowhow.

Methoden und Prozess:

- Klären Sie mit ihm, welche Ansprechpartner beim Kunden die besten Leistungsbewerter sind.
- Erarbeiten Sie mit ihm, wo er im Team und im Rahmen der Portfoliofokussierung sein Knowhow besonders gut einbringen kann.

Persönlichkeit:

- Prüfen Sie gemeinsam, ob er wirklich Vertriebsmann oder lieber Experte sein will.

Interkulturelle Anregung
Überlegen Sie, ob der perfektionistische Ansatz von einer landestypischen grundsätzlichen Ängstlichkeit herrührt, keine Fehler zu machen, um das Gesicht nicht zu verlieren.

1.3.3 Agnieska, die Unternehmerin

Problemstellung bei PIP Power Inside Production
Agnieska beklagt sich über die starren Strukturen und den engen Entscheidungsspielraum. Sie würde gerne eigenständiger handeln dürfen und empfindet das regelmäßige Reporting als Gängelei. Für sie ist es eine große Einschränkung, kein Vertriebsbudget zur freien Verfügung zu haben.

Agnieska, Polen (Głodny Wilks Darstellung)
Sie stammt aus einer alten Unternehmerfamilie aus Gdańsk. Die dreiunddreißigjährige Kauffrau ist ein recht hemdsärmeliger Typ (s. Abb. 1.6). Wenn ich sie wieder einmal mit der Comicfigur, dem Matrosen Popeye, aufziehe, lacht sie. „Wo ist das Problem", sagt sie. Nein, Probleme gibt es für sie nicht. Sie weiß genau, welchen Weg sie gehen will. Sie ist familiär ungebunden und deshalb zeitlich flexibel. Natürlich hat sie ihre Karriere im Sinn.

Ihre Vertriebsprojekte gleichen immer dem Vorgehen eines Unternehmers. Durchsetzungsstark und zielorientiert treibt sie, nicht ohne Charme, ihre Kollegen und Mitarbeiter im Projektteam an. „Wir haben keine Minute für die Vorbereitung zu verschenken und sollten dem Kunden keine Minute zu viel zum Nachdenken lassen", sagt sie, „der

Abb. 1.6 Der Unternehmer. (Quelle: Jan Myszkowski)

Abschluss muss her!" Sie identifiziert sich mit der Rolle der Unternehmerin, übernimmt gerne Verantwortung und fühlt sich wohl als ideenreiche, kreative Innovatorin, die „etwas reißen" will. Sie stößt neue Themen an, zweifellos zum Wohle des Unternehmens. Zu viel Denken macht sie ungeduldig. Sie nimmt Risiken auf ihre Kappe und freut sich über den Freiraum, den der Erfolg ihr ermöglicht.

Analyse
Stärken

- **Marktkenntnis und wirtschaftliche Situation der Kunden**: Sie ist vertraut mit der aktuellen Situation der Hubs im Markt, das ist auch wichtig, um Aktualität zu wahren. Das hilft ihr, sich den Kunden anzunähern. Weiß jede Menge über die wirtschaftliche Lage ihrer Kunden.
- **Vertriebsmethodik und -erfahrung**: Wendet die „Vertriebsgrammatik" effektiv und erfolgreich an. Sie hat umfassend Kenntnis und Erfahrung bezüglich der Vertriebsmethoden. So entstehen laufend Sales-Zyklen und der Füllgrad der Pipeline ist vorbildlich. Die Wirtschaftlichkeit der Angebote ist sichergestellt.
- **Kundennähe und -ausrichtung**: Hat hohe Kundenorientierung. Integriert sich leicht in die unternehmensspezifische Kultur und ist ein gern gesehener Trusted Advisor.

Generell

Agnieskas *Unabhängigkeit* besticht. Ihre *Initiative* und Freude, den Markt zu bearbeiten, sind vorbildlich. Die *Dynamik* ihres Handelns und Kommunizierens treibt die ganze Mannschaft an. Flexibles *pragmatisches Handeln* macht sie zum Vertriebsvorbild. Sie übernimmt anstandslos Risiken. Tatkräftige *Offenheit* und kreativer Spaß sind ihr Motto.

Schwächen

- **Portfolio- und Branchen-Knowhow**: Sie kennt zwar die Branche, ihr Knowhow ist aber oberflächlich. Sie taucht selten in Details ab, was in der Akquise hinderlich sein kann, wenn es um darum geht das Portfolio detailliert darzustellen. Auf fehlt fundierte Kenntnis des Angebotsmarkt incl. der Erfahrung zu Preissituation und erzielbaren Spannen
- **Ableitungsfähigkeit**: Sie besitzt eher weniger die Fähigkeit, zuordnen und abzuleiten.
- **Anpassungsfähigkeit**: Passt sich (auch aus einem gewissen Eigensinn) Personen und Situationen vornehmlich im eigenen Unternehmen nur schwerlich an. Der Umgang mit Kunden ist eher statisch und entwickelt sich nicht sichtbar weiter.

Generell

Agnieska ist nicht immer eine gute *Teamspielerin. Es ist schwer, sie* zu *fassen* zu bekommen, sie entgleitet der Führung. Sie ist manchmal *impulsiv* und verliert unter Anspannung die Distanz. Sie tut sich mit *Unternehmensrichtlinien* schwer, „Sales Prozess" ist für sie ein Schimpfwort. Sie *erfindet* Dank ihrer Geschwindigkeit *Dinge immer wieder neu.* Ihr fehlt zeitweise die *Reflexion,* für die „Lessons learned" fehlt ihr die Zeit.

Vertriebsprofil: Stärke und Potenzial (vgl. Abb. 1.7)
Ausrichtung: Abschliesser; Orientierung: Kontrakt; Stärke: Produkt und Leistung wie Prozesse und Methoden; Potenzial: groß

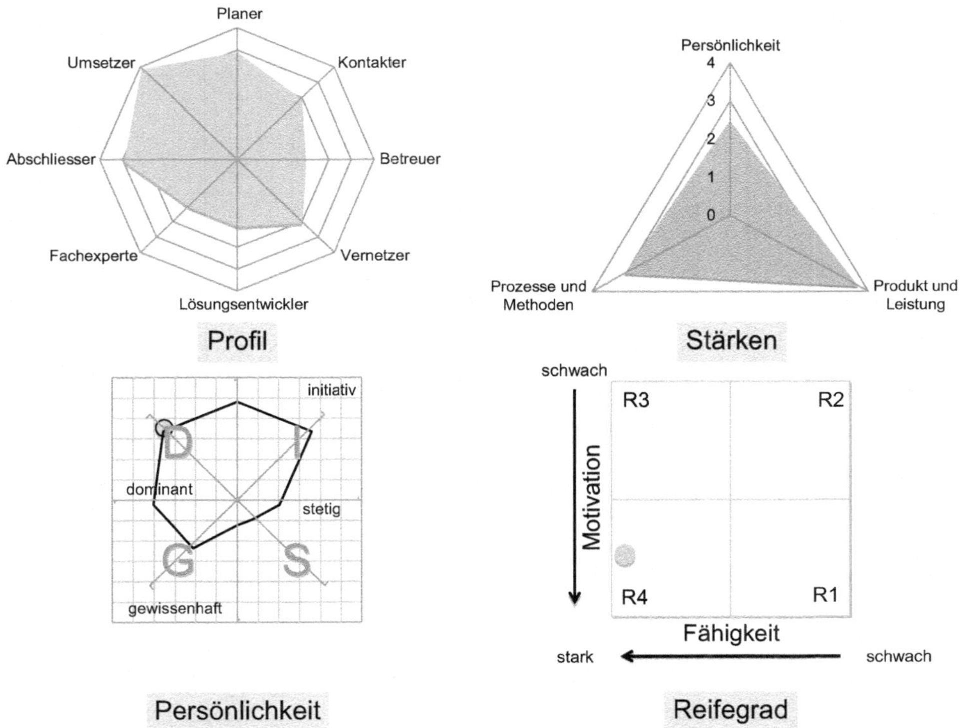

Abb. 1.7 Unternehmer: Einschätzung von Persönlichkeit, Stärke und Reifegrad. (Quelle: eigene Darstellung)

Verbesserungspotenzial
Produkt und Leistung:

- Regen Sie an, dass sie beim Kunden ihr Knowhow evaluiert und diskutieren Sie das Ergebnis.
- Lassen Sie sich einen Vorschlag zur Portfolioentwicklung machen.

Methoden und Prozess:

- Reflektieren Sie gemeinsam mit ihr ihre Erfolgsfaktoren mit dem Schwerpunkt der Einbindung anderer.
- Nach dem Feedback rekapitulieren Sie, wie Sie dieses durchgeführt haben; anschließend dient es als Muster für andere Teammitglieder.

Persönlichkeit:

- Führen Sie mit Agnieska eine Backstage-Betrachtung durch unter der Frage: Wie wirke ich auf andere?
- Suchen Sie gemeinsam nach ihren Karriereankern.
- Klären Sie mit ihr, welche Entwicklungsmöglichkeiten sie im Unternehmen sieht.

Interkulturelle Anregung
Überlegen Sie, inwieweit Agnieskas Erfolgswille auf eine kulturell disponierte eher Ichbezogene Eigenart zurückzuführen ist, woher der Mangel an Teamfähigkeit herrühren kann.

1.3.4 Tobiáš, der Manager

Problemstellung bei Fournier Système
Die vertrieblichen Leistungen von Tobiáš sind gemessen an den vergangenen Jahren inzwischen ziemlich schwach, nachdem er lange Zeit der Topvertriebsmann des Teams war. Seine Motivation scheint stark nachgelassen zu haben, und er eckt in jüngster Zeit bei diversen Kollegen an. Er hat selbst um den Termin mit dem Vertriebsmanagement gebeten, auch wenn er sowieso mit einem ernsten Gespräch rechnen musste.

Tobiáš, Tschechien (Klaus de Yongs Äußerungen)
Ein Nachwuchstalent, polyglott, die Familie stammt aus Prag, mit einer Norwegerin verheiratet, einunddreißig Jahre, eine fünf Monate alte Tochter (vgl. Abb. 1.8). Durch sein Studium an der NTNU in Trondheim hat etwas von der norwegischen Zurückhaltung auf ihn abgefärbt. Sein Verständnis ist heute schon: Konsequenz in der Sales-Arbeit und diszipliniertes Abarbeiten der Möglichkeiten im Vertriebstrichter sind die entscheidenden Erfolgsfaktoren. Das Team weiß längst, dass er für höhere Weihen bestimmt ist, und,

Abb. 1.8 Der Manager. (Quelle: Jan Myszkowski)

offen gestanden, es wird wohl schwer sein, ihn zu halten. Dadurch, dass er mehrsprachig aufwuchs, war für ihn der Umgang mit Unterschieden nie ein Problem. Er versteht es, in der Rolle des Sales Managers die Vertriebsmitarbeiter zu organisieren. Seine „Leadership-Fähigkeiten werden überall anerkannt, hier im Unternehmen wie beim Kunden, der es mag, geführt zu werden.“ Seine stahlblauen Augen unterstreichen seinen klaren Blick auf die Dinge: Dinge umsetzen, Verantwortung übernehmen, das ist die Parole, das braucht der Kunde. Das ist auch Tobiáš Anspruch im Umgang mit Kollegen. Vertriebsarbeit ist Führung.

Analyse
Stärken

- **Portfolio- und Technologie-Knowhow**: Tobiáš hat hohe Fachexpertise und durchdringt mit seinem Portfoliowissen alle fachlichen Fragestellungen. Er hat einen umfangreichen technischen, praktischen Ansatz.
- **Kundenentwicklung**: Er beherrscht die verbalen und nonverbalen Kommunikationsstrategien. Er kann aus erkannten Mustern (z. B. Gesprächsabläufe/organisationale Aufstellung) zielgerichtete Handlungen ableiten, zum Beispiel zur strategischen Kundenentwicklung.
- **Akzeptanz und Leadership**: Er vermittelt eine hohe Unternehmensorientierung. Besitzt viel Akzeptanz und Leadership in der Organisation. Er sucht nach Macht und schnellem guten Ergebnis.

Generell

Tobiáš beweist im Tagesgeschäft, dass er *Verantwortung übernehmen* kann. Seine Persönlichkeit erlaubt es ihm, *Trusted Advisor* des Kunden-CEO zu sein. Er stellt sich jeder aktuellen Aufgabe mit der Einstellung, Verantwortung zu tragen… *Initiativen* gehen häufig von ihm aus. Er ist ein guter Begleiter, gar Mentor seiner Kollegen, vornehmlich jüngerer. Er strahlt durch sein Selbstbewusstsein Vertrauen und Zuversicht aus.

Schwächen

- **Einstellen auf Kontexte**: Tut sich schwer, sich auf<unterschiedliche situative und kulturelle Kontexte einzustellen. Es fehlt ihm das Verständnis, sich an die üblichen Rede- und Verhaltensweisen zu halten. Er kümmert sich nicht um die Do's und Don'ts in Verhalten und Auftreten.
- **Anpassen an Situationen**: Passt sich Personen und Situationen schwerlich an. Der Umgang mit Kunden ist eher Status und entwickelt sich nicht sichtbar weiter.

Generell

Vertriebsarbeit beim Kunden ist zwar notwendig, aber Tobiáš fehlt dazu jetzt die *Motivation*. Er fühlt sich in seiner aktuellen Position *unterfordert*. Er *schafft* Bypässe, indem er Kollegen coacht; darunter leidet mittelfristig sein Auftragseingang. Er hat mehr und mehr Schwierigkeiten, sich ins Team *einzuordnen*. Es wird kurzfristig eine *Rivalität* zu mir, seiner Führungskraft, entstehen.

Vertriebsprofil: Stärke und Potenzial (vgl. Abb. 1.9)
Ausrichtung: Fachexperte; Orientierung: Produkt; Stärke: Produkt und Leistung wie Prozesse und Methoden; Potenzial: sehr groß

Verbesserungspotenzial
Produkt und Leistung:

- Testen Sie seinen Unternehmergeist: Wo sieht er den größten Handlungsbedarf im Markt, und worin besteht aus seiner Sicht seine weiterführende Rolle?

Methoden und Prozess:

- Diskutieren Sie, wie er seine vertrieblichen Fähigkeiten im Customer-Leadership für alle verfügbar machen kann und wie er selbst diese beim Kunden weiter perfektioniert.
- Erarbeiten Sie seine Vorstellung der Managementrolle.

Persönlichkeit:

- Handeln ist möglichst bald angesagt.
- Loten Sie gemeinsam seine Perspektiven aus.
- Planen Sie Voraussetzungen und eine zeitliche Abfolge seines nächsten Karriereschritts.

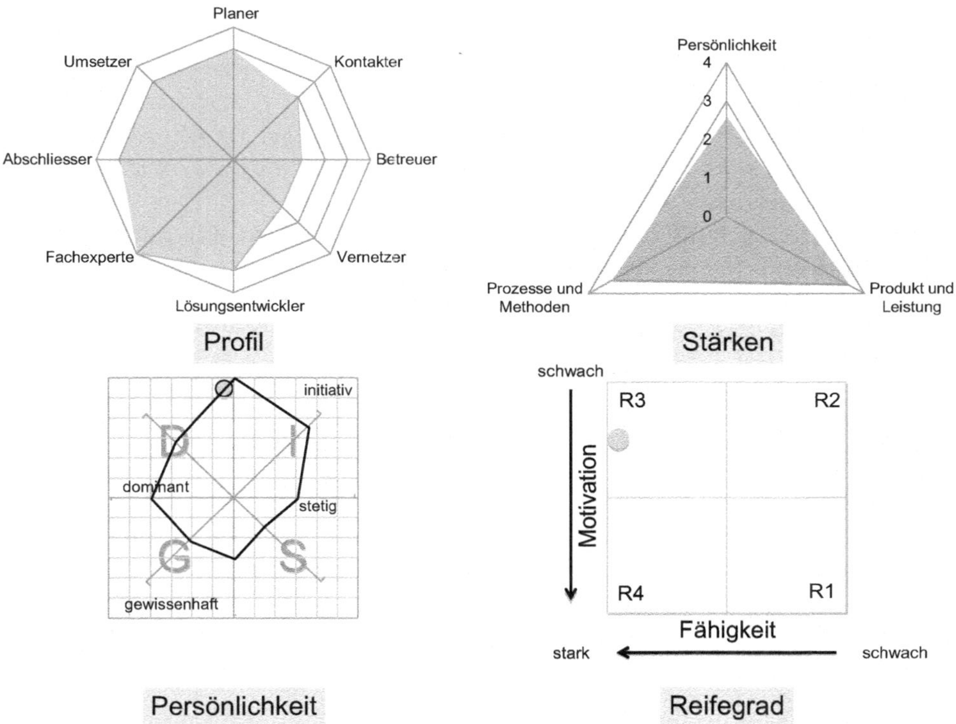

Abb. 1.9 Manager: Einschätzung von Persönlichkeit, Stärke und Reifegrad. (Quelle: eigene Darstellung)

Interkulturelle Anregung
Es könnte eine kulturbedingte Kurzzeitorientierung vorliegen, die Geert Hofstede (2001, S. 292 ff.) den Tschechen attestiert. So sucht Tobiáš gegebenenfalls nach schnellen Erfolgen, ohne die Dauerhaftigkeit seiner Vorgehensweise ausreichend zu prüfen. Begleiten Sie die Planung zu Beginn engmaschiger.

1.4 Coaching-Leitfragen: Planungsphase

1.4.1 Führung

Beteiligen an der Ausrichtung:

- Wie oft denken Sie über die generelle Ausrichtung Ihres Vertriebs nach: Jeden Tag, vor dem Managementmeeting oder danach, einmal während des Budgetprozesses, auf Anfrage, zufällig, nie, da es nicht zur Debatte steht und es nur um die Umsetzung geht?
- Welchen Stellenwert hat die künftige Ausrichtung Ihres Unternehmens für Ihre Mitarbeiter: Einen sehr hohen, denn sie fragen regelmäßig nach, oder keinen, weil alle hauptsächlich beim Kunden sind und Sie Ihren Job im Verkauf sehen?

- Haben Sie aus Vertriebssicht Einfluss auf die Unternehmensstrategie? Wenn nein: Wie gehen Sie damit um? Wenn ja: Wie beteiligen Sie sich und welche Chancen sehen Sie für das Vertriebsteam und die Marktbearbeitung?
- Wie weit blicken Sie mit Ihrem Vertriebsteam, wenn Sie über Vertriebsziele sprechen: das laufende Geschäftsjahr und das vereinbarte Budget, die Möglichkeiten der nächsten zwei Jahre, kurzfristig von Monat zu Monat?
- Sprechen Sie regelmäßig über die Befindlichkeiten in Ihrer Vertriebsorganisation? Welche Assoziation löst die Frage nach einer Vertriebskultur aus?
- Glauben Sie, dass allen Beteiligten der Unternehmenszweck klar ist und sie diesen auch nach draußen erklären können?

1.4.2 Mitarbeiter

Branchen-Know-how:

- Welche Schwerpunkte beherrschen die Branchen Ihrer Kunden, was sind deren Themen?
- In welchen Verbänden sind Sie Mitglied?
- Welche Tagungen interessieren Sie, stehen Veranstaltungen an? Können Sie vielleicht auch selbst aktiv werden, zum Beispiel mit einem Vortrag?
- Werden Sie zu Fachforen oder anderen branchenspezifischen Veranstaltungen eingeladen?
- Wie passt Ihre Erkenntnis aus solchen Aktivitäten zu Ihrer Firmenstrategie?

Kontinuität:

- Passt Ihre Opportunity Performance zu den (sportlichen) Zielen des Unternehmens? In welchem zeitlichen Rahmen generieren Sie neue Opportunities?
- Wie können Sie die Durchlaufzeit von der Kundenansprache bis zum Angebot verbessern?
- Wie lange dauert aus Ihrer Sicht im Schnitt die Kundenentscheidung nach der Angebotsabgabe? Mit welcher Maßnahme können Sie dies verbessern beziehungsweise die Zeit verkürzen?
- Wann schreiben Sie Ihre Opportunity in Ihr CRM-System?

1.4.3 Allgemeine, persönliche Fragen

Individuelle Ziele:

- *Zielvorstellung:* Was wäre anders, und wie würde Ihre Situation aussehen, wenn Sie alle Ihre persönlichen und beruflichen Ziele erreichen würden?

- *Ziele:* Wo wollen Sie in zehn Jahren stehen? Was brauchen Sie dazu?
- *Übernahme von Verantwortung:* Wenn sich hinter Ihren Vorhaben zweifellos erkennen lässt, dass Sie Ihre Ziele erreichen wollen, zeigt welche Ihrer konkreten Aktivitäten dabei Ihre Verbindlichkeit?
- *Ergebnisse:* Wie soll das messbare Ergebnis aussehen, und wann wollen Sie es erreicht haben (Deadline)?
- *Stärken:* Welche Entwicklung würden Sie gerne sehen, wenn Sie Coach wären?
- *(Selbst-)Kontrolle:* Was hindert Sie daran, einen besseren Weg zu erkennen und zu entwickeln oder ein besseres Ergebnis zu erreichen?
- *Zusammenführung:* Wir sind in unserem heutigen Gespräch etwas zwischen den Themen hin und hergesprungen – Sie werden gleich erkennen, wie das zusammenpasst, okay?

1.4.4 Messgrößen

- Account-Management
  - Account-Plan-Qualität
    → Anteil fertiggestellter und aktualisierter Account-Pläne
- Gebiets-Management
  - Kundenaufgaben
    → Zahl von Entscheidern mit zugeteilten Accounts („Contribution to Strategy")
- Vertriebsentwicklung
  - Coaching
    → Häufigkeit des Coachings (pro Woche, pro Monat)
- Vertriebsleistungsfähigkeit
  - Gesamte Vertriebseffektivität
    → WinLossRatio
- Kundenfokus
  - Bestandskundenentwicklung
    → Share of Wallet

1.4.5 Leistungskennzahl: Market-Growth-Rate

Die Leitfrage lautet: In welchem Umfang befassen Sie sich mit zukunftsträchtigen Märkten? Märkte sind im heutigen globalen Umfeld höchst variabel. Darum ist eine regelmäßige Bewertung der Zielkundengruppe unerlässlich. Durch viele Marktteilnehmer und eine hohe Taktzahl bei Investitionen, müssen Sie zeitnah wissen, ob Ihre Vertriebsressourcen optimal eingesetzt werden beziehungsweise Ihre strategischen Ziele und Kundenausrichtung noch stimmen.

$$\text{Marktwachstum in Prozent} = \frac{\text{Marktumsatz dieses Jahr pro Segment}}{\text{Marktumsatz letztes Jahr pro Segment}}$$

Mit Markt ist nur gemeint, was tatsächlich in einem spezifischen Zeitraum beauftragt wurde. Von folgender Basis kann man dabei ausgehen:

- vergebene Projekte
- Investitionsvolumina
- Studien und Veröffentlichungen
- Bilanzen beziehungsweise Berichte des Wettbewerbs (Portfoliozuschnitt beachten)
- eigene Projekte in Bezug auf den Markt (Reibstein et al. 2006)

1.5 Leadership: Vertriebsführung im Strategieprozess

1.5.1 Modelle: Bilder und Buchstaben zur Struktur

Definition
Als Manager wie als Coach sind Sie täglich neuen Problemstellungen ausgesetzt (vgl. Abb. 1.10). Sie haben sicher schon, während Sie über Lösungen nachgedacht haben, ihre Gedanken auf einem Blatt Papier mit einer Skizze visualisiert, sei es mit einer Spiegelstrichliste an Themen, sei es mit einer Abfolge von Pfeilen, Kreisen mit Unterteilung, unterschiedlich schraffiert und so fort. Was ist Ihre Form, sich dem Problem zu nähern und klar zu machen, worum es geht und wie Sie damit umgehen wollen? Haben Sie das schon

Abb. 1.10 Prozesse wollen gelernt sein. (Quelle: Jan Myskowski nach Achieving the Prime Objective (Holden 2002, S. 192))

einmal systematisiert? Beobachten Sie sich selbst: Manche Dinge tun Sie automatisch immer wieder.: Kritzeln Sie Pfeile, Männchen oder Felder beim Telefonat mit dem Kunden aufs Papier? Im Laufe der Zeit werden Sie sich Ihren persönlichen Problemlösungskasten zulegen, denn was Sie intuitiv auf ein Flipchart oder ein Stück Papier skizziert haben, ist der erste Schritt zur Problemlösung.

Im Prinzip haben Sie drei mögliche Ausgangspunkte:

1. die aktuelle Situation
2. das erwünschte Ziel
3. die Problembeschreibung

wobei die Möglichkeiten eins und drei sich überlappen können. Ihnen fällt als Erstes sicher die SWOT-Analyse ein, welche die Stärken, Schwächen, Chancen und Risiken des Betrachtungsgegenstandes beleuchtet.

Die großen Beratungsfirmen leben davon, dass sie solche Problemlösungskonzepte und -methoden aufgestellt, präzise beschrieben haben und bei ihrer Beratung konsequent einsetzen. Dietmar Fink hat in seinem *Management Consulting Fieldbook* (2004) mehrere Dutzend dieser Konzepte zusammengestellt und liefert ein Kompendium für alle Bereiche unternehmerischen Handelns. Neben den betriebswirtschaftlichen stehen in der Literatur eine ganze Reihe allgemeiner Methoden unterschiedlicher praktischer und wissenschaftlicher Herkunft zur Verfügung. Sie arbeiten in aller Regel mit einfachen Bildern, Akronymen, also Kurzwörtern, die aus den Anfangsbuchstaben mehrerer Wörter zusammengesetzt sind oder Apronymen, Kurzwörtern, die aus den Initialen der zu Grunde liegenden Begriffe entstehen und dabei einen Begriff ergeben, der das Konzept beschreibt. Remo Burkhard beschreibt in *Knowledge Vizualisation* (2005), wie Bilder den Wissenstransfer erleichtern und die Wissensbündelung ermöglichen (vgl. Abb. 1.11). Bilder, auch Buchstabenkombinationen als ikonografische Einheiten in ihrer tatsächlichen oder dadurch neu gebildeten Bedeutung gehören dazu.

Bilder visualisieren vereinfachend große und komplexe Zusammenhänge, zeigen synergetisch unterschiedliche Betrachtungsweisen zweidimensional auf einen Blick. Sie bestehen oft aus zwei Achsen (zum Beispiel Wachstum und Ertrag) oder aus vier Quadraten wie die Vierfeldermatrix, dem bekanntesten Konzept des Gründers der Boston Consulting Group, Henderson (1973), (von „Star" bis zu „Poor Dog") für die Bewertung strategisch relevanter Geschäftseinheiten auf Basis zukünftiger Gewinnchancen (Marktwachstum) und der gegenwärtigen Wettbewerbsposition (relativer Marktanteil). Sie kombinieren sachliche und emotionale Facetten, wie zum Beispiel das Eisbergmodell von Floyd L. Ruch und Philip G. Zimbardo (1974) oder das Johari-Fenster von Joe Luft und Harry Ingham (1955), sich wiederholende Buchstaben, wie das 5-Forces-Modell von Michael Porter (1979), das 7-S-Modell von McKinsey oder die vier P des Marketingmixes von Jerome E. McCarthy (1964) und dienen der Wiedererkennung zur selbstverständlichen Anwendung. Tom Peters und Robert H. Waterman (1980, S. 17 ff.) haben beispielsweise für das 7-S-Modell ihre Variablen so umformuliert, dass alle Begriffe mit dem Buchstaben

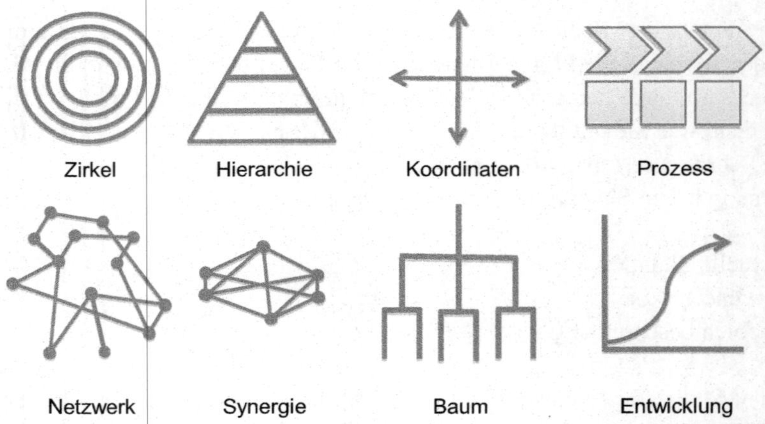

Abb. 1.11 Beispiele für Visualisierungen. (Quelle: eigene Darstellung (nach Burkhard 2005, S. 39))

S beginnen. Diese Alliteration macht es leichter das Modell, das die Effektivität einer Organisation in der Interaktion der verschiedenen harten und weichen Faktoren (von „Strategy" bis „Skills") beschreibt, zu erklären und zu behalten.

Diverse Apronyme, beschreiben damit zugleich die zentrale Eigenschaft des Konzepts. Das Bekannteste und wegen seiner Übertragbarkeit in unterschiedliche Sprachen (Englisch, Deutsch, Französisch, Italienisch etc.) besonders universelle Apronym ist die SMART-Regel für Zielvereinbarungen nach George Doran (Doran, 1981) („Spezifisch, messbar, akzeptiert, realistisch, terminiert"), die John Whitmore (1996, S. 157) um die Apronyme PURE („positively stated, understood, relevant, ethical") und CLEAR („challenging, legal, environmental, agreed, recorded") ergänzte. Als Beispiel eines rationalistischen Handlungsmodells sei hier John S. Hammonds PrOACT-Modell (2001) erwähnt, das in Politik und Wirtschaft als Entscheidungfindungswerkzeug Anwendung findet:

- ***Pr**oblems (Probleme):* Klären des tatsächlichen Entscheidungsproblems
- ***O**bjectives (Ziele):* Definieren der Ziele
- ***A**lternatives (Alternativen):* Vorstellen von Alternativen
- ***C**onsequences (Konsequenzen):* Konsequenzen realisieren
- ***T**rades-offs (Abwägung, Kompromisssuche):* Kosten vs. Nutzen, Risiken vs. Chancen und mögliche Implikationen

Für die Vertriebsarbeit wie das Coaching sind unzählige solcher mnemotechnischen vier bis fünf Buchstaben-Methoden-Modelle, zum Beispiel SPEZI und TIGER für die Wohlgeformtheit bei Zielfindung und Zielbestimmung und das „Verankern", entstanden

(Sommer 2003, S. 30, 78). Am Beispiel PRIME kann das Zusammenspiel von Methode und Vermittlung einer Denkweise besonders gut gezeigt werden: Das Apronym PRIME fasst die für das Value Selling erforderlichen Initiativen zusammen (Oracle 2009; Thull 2005). Gleichzeitig impliziert das Wort „prime“ den Begriff „erstklassig“, also eine hohe Qualität:

- ***P**roof (Prüfen):* Prüfe den Wert oder Nutzen
- ***R**etrieve (Recherchieren):* Suche die fehlende Information
- ***I**nsulate (Isolieren):* Schützen Sie sich gegen den Wettbewerb
- ***M**inimize (Minimieren):* Verringern Sie Ihre Schwächen
- ***E**mphasise (Betonung):* Ermitteln Sie Ihre Stärken

Für Jim Holden ist das „prime objective“ der optimale Zeitpunkt im Vertriebszyklus einer Geschäftsmöglichkeit, zu dem Sie einen Vorsprung gegenüber dem Wettbewerb erlangt haben und das Geschäft abschließen können (Holden und Kubacki 2012).

Problemstellung
Sie treten eine neue Managementstelle an, die Präsentation des Wirtschaftsprüfers offenbart wirtschaftliche Probleme und Risiken in der Vertriebsorganisation, mit denen Sie nicht gerechnet haben, und nach mehreren Jahren konstanten Wachstums gehen die Umsatzzahlen deutlich oder gar dramatisch zurück. Gute Mitarbeiter kündigen, die Stimmung fällt in den Keller. Sie selbst merken an dem flauen Gefühl in Ihrem Magen bei der morgendlichen Fahrt ins Büro, dass etwas nicht stimmt. Sie haben zwar eine vage Vorstellung, woran es liegt, denn die Auswirkungen sind sichtbar, die Ursache aber noch nicht hinreichend geklärt.

Ziel
Sie kennen die wichtigsten Modelle zur Problemlösung, haben einen Favoriten oder sogar eine ganz individuelle Vorgehensweise entwickelt. Dieses Vorgehen wird möglicherweise Ihr Markenzeichen. Sie haben einen individuellen Weg, wie Sie die Problemstellungen auflösen wollen.

Phasen
Haben Sie Ihr persönliches Problemlösungsmodell? Es ist die Kurbelwelle im Managementmotor.

1. Wenn nein, suchen Sie sich möglichst dazu einen Sparringspartner. Wählen Sie „Ihr“ Vorgehensmodell aus.
2. Wenden Sie es an einem kleinen Einzelfall an. Welcher das ist, ist unerheblich.
3. Überprüfen sie, ob das Vorgehen für Sie zeitlich und inhaltlich den gewünschten Erfolg gebracht hat. Klären Sie, wie Ihr Umfeld dieses Vorgehen aufnimmt.
4. Visualisieren Sie Ihr Modell, und machen Sie es zur Grundlage Ihrer Managementarbeit.

Beispiel
Johannes Mannsheim muss Klarheit darüber bekommen, welche Ursachen dazu geführt haben, dass sein Auftragsvolumen stagniert beziehungsweise sogar zu schrumpfen droht. Er hat sich mit verschiedenen Methoden auseinandergesetzt und sich für die folgenden Problemlösungsschritte entschieden:

- Was ist das Problem? Schmerzbeschreibung: **P** wie „pain".
- Wie sieht meine Antwort darauf aus? Lösungsskizze: **I** wie „idea".
- Was ist der Vorteil? Nutzenargumentation: **V** wie „value".
- Was tun wir jetzt? Umsetzungsplan: **E** wie „execution".

Er hat dem Managementteam PIVE vorgestellt und zusammen mit diesem entschieden, die Datensammlung in den Ländern vor Ort durchzuführen. Ergänzt um das zentral verfügbare Reporting ergibt sich für ihn danach folgendes Bild:

- *Der Schmerz (P):* Fast allen Landesorganisationen fehlen vertrieblich ausreichend Kapazitäten und Kompetenz. Steam International ist kaum bekannt. Es gibt in jeder Pipeline zu 90 % Projekte, die vom Kunden angefragt wurden. Neben dieser Vertriebsprojektadministration gibt es keine nennenswerten eigenständig, aktiv akquirierten Geschäftsmöglichkeiten. Die Kundendurchdringung ist außer bei einigen wenigen Bestandskunden schwach.
- *Die Lösungsskizze (I):* Steam International konzentriert sich pro Land auf die drei wichtigsten Kunden und erstellt für jeden Fall einen Entwicklungsplan (Account-Plan). Aus diesen Plänen wird ein Maßnahmenkatalog mit Verantwortlichen, Aufwand und Zeitachse abgeleitet. Es soll regelmäßige Statusrunden zum Verlauf geben. Jedes Land bekommt eine zentrale Unterstützung für das praktische Vorgehen. Alle zwei Monate gibt es eine Gesamtrunde der Länderverantwortlichen.
- *Der Nutzen (V):* Die vorhandenen Mitarbeiter können mit dem fokussierten Vorgehen ihre Ziele erreichen und geben dazu auch ihr Buy-in. Die Planung zeigt den genauen Kapazitätsbedarf auf. Das ist für Johannes Mannsheims Diskussion mit der Geschäftsführung bei etwaigen Budgetnachbesserungen hilfreich. Eine regelmäßige, engmaschige Kommunikation ermöglicht frühzeitiges Eingreifen bei Problemen. Die Vorgehensweise ist einfach, für alle nachvollziehbar und wird von allen unterstützt.
- *Die Umsetzung (E):* Die künftige Regelkommunikation ist anfänglich wöchentlich geplant. Die Kontakte vor Ort werden täglich ausgewertet. Es gibt einen Zeitplan über zwölf Monate. Für jeden Kunden wird ein Vertriebsprojektplan aufgestellt.

Anwendung und Fallstricke
Die Problemanalyse sollte unterschiedliche Blickwinkel berücksichtigen. Es bietet sich an, dies in einer kleinen multidisziplinären Gruppe zu erarbeiten. Es wird schnell ersichtlich, dass die Datenbasis unzureichend ist. Lassen Sie die Teilnehmer selbst das Material aus Zahlen, Daten und Fakten nach eigenen Maßgaben beschaffen. Das Risiko ist, dass

diese Beschaffung zum Selbstzweck wird und besonders für akribische Mitarbeiter nie detailliert genug ausfallen wird. Entscheiden Sie frühzeitig, wann Sie das Ausgangsmaterial auswerten wollen. Johannes Mannsheim ist in jedes Land mit einigen wenigen Fragen zu den aktuellen Auftragszahlen gereist: Sind die aktuellen Zahlen belastbar, wie schätzen die Mitarbeiter in den Ländern generell den Markt ein?

Die Lösungsskizze ist einfach und mit wenigen Sätzen erklärt. Nehmen Sie sich dabei lieber zu wenig als zu viel vor. Der Aufwand der aufgesetzten Maßnahmen ist am Ende mindestens 20 % höher als geplant. Je schneller sich der erste Erfolg einstellt, desto größer ist die Bereitschaft der Mitarbeiter für mehr Einsatz. Verzetteln Sie sich nicht! Regel: Die Durchsprache pro Land sollte in maximal fünfzehn Minuten möglich sein. Wenn das nicht funktioniert, reduzieren Sie weiter die Anzahl an Aufgaben oder überprüfen Sie Ihre Gesprächsführung.

1.5.2 Aus dem Sales-Management-Werkzeugkasten

Zeit und nochmals Zeit

Planen und handeln, wie kann das zeitlich gehen? Ihre individuelle Leistung ist der Garant für Ihr einzigartiges Team, doch die kostet Zeit und diese wichtige Ressource hat einen Haken: Sie ist endlich. Sie können alles in der Welt einkaufen, nur eines nicht: Zeit. Überlegen Sie genau, wofür Sie Zeit investieren und suchen Sie nach den großen und kleinen Zeitfressern. Es gibt viel zu viele Führungskräfte, die an das Limit ihrer Kräfte gehen, weil sie nicht sorgsam mit der wichtigsten Ressource ihres Lebens umgehen. Je mehr Sie auf die Ausgabe Ihrer Minuten und Stunden achten, desto wertvoller werden diese Einheiten.

Gemeinsames Verständnis für Ziele

Große und kleine Ziele: Wenn Sie genau erklären können, warum ein Ziel wichtig ist, können Sie beim Coaching Ihren Mitarbeiter ohne Einschränkungen für die Sache gewinnen. Schaffen Sie einen Kontrakt. Er bestätigt beidseitiges Verständnis und die Motivation, diese Ziele erreichen zu wollen.

Kommunizieren ohne Ende

Geplant, und dann? Man kann nicht oft genug davon reden, Sie können niemals zu viel kommunizieren. Bedenken Sie, dass die Zeit, die jeder einzelne Mitarbeiter mit Ihnen verbringt, nur ein Bruchteil seiner verfügbaren Arbeitszeit darstellt. In der fortwährenden Veränderung brauchen Ihre Mitarbeiter einen regelmäßigen Übersetzer alles Neuen. Wie sieht die neue Organisation aus, welche Verantwortlichkeit hat jeder Mitarbeiter in der Zukunft?

John P. Kotter (1996, S. 85) rät bei der Entwicklung von Vision und Strategie: „The real power of a vision is unleashed only when most of those involved in an enterprise or activity have a common understanding of its goals and direction." Wenn man also eine Sache als Führungskraft vor allem im Vertrieb nicht übertreiben kann, ist es Kommunikation!

Kennen Sie Ihre persönlichen Ziele?
Visionen verlangen Vorbilder: Leider definieren viele Menschen ihren persönlichen Erfolg im Vergleich zu anderen: teure Kleider, ein größerer Wagen, ein ausgefallener Urlaub .... Wenn Sie Ihre Mitarbeiter zu Höchstleistungen bringen und ihnen beim Erreichen ihrer Ziele helfen wollen, müssen Sie sich über Ihre eigenen Ziele im Klaren sein. Erfolg sollte sich für Sie durch selbstdefinierte Ziele auszeichnen. Es wird umso einfacher, Ihre Mitarbeiter für deren Ziele zu begeistern, je besser das Fundament Ihrer Ziele in Ihrem Selbstverständnis gegründet ist, möglichst unabhängig von externen Faktoren.

Schauen Sie Hindernissen und Fehlern ins Gesicht
Ziel, Planung und Korrektur: In der Zielfindung werden Sie immer wieder falsch liegen. Sie werden bei der Mitarbeiterbetreuung immer wieder Fehler begehen. Ihre strategische Ausrichtung wird ebenfalls immer wieder Korrekturen unterworfen sein. Sie sind kein Übermensch. Die Mitarbeiter respektieren Sie gerade wegen Ihrer Normalität und Menschlichkeit, denn der Kontrast von Richtig und Falsch macht den erfolgreichen Weg noch sympathischer und erfolgreicher.

Life Balance and Risk Taking
Ein Leitbild ist kein Zuckerschlecken: Kein Mensch kann sein Leben lang stets ausgeglichen und souverän durchs Leben ziehen. Wichtig ist, dass Sie an einem ausgewogenen Leben arbeiten, besonders als Führungskraft. Sie sehen sich also mitverantwortlich für das, was in Ihrem Unternehmen geschieht. Wägen Sie bei der Vielfalt der Themen und bei der Überfülle an Anforderungen ab zwischen unternehmerischem und individuellem Wohl. Das gilt vor allem für den Vertrieb. Die Höchstleistung Ihrer Vertriebsmitarbeiter lässt sich nicht in Stunden messen, und viele Burn-out-Situationen gründen auf mangelnder Fürsorgepflicht der vorgesetzten Führungskraft.

Übernehmen Sie das Risiko, auch unpopuläre Entscheidungen zu treffen, ganz gleich in welche Richtung: im Hinblick auf den Mitarbeiter, das Team, das Unternehmen. Riskieren Sie, Entscheidungen zu treffen, und halten Sie beim Risiko die Balance.

Regeln und Regelübertretung
Kultur, und wie? Keine Frage, Sie können und sollen sogar Regeln aufstellen: einfache, klare, für alle nachvollziehbare und einhaltbare Leitsätze. Respektieren Sie dabei die Würde des Einzelnen. Zu viel Gängelei führt zu Missmut und Demotivation. Geben Sie die Möglichkeit, aufgestellte Regeln zu hinterfragen und gegebenenfalls zu modifizieren. Schaffen Sie auf leisen Sohlen eine Kultur der Selbstverständlichkeiten, der Vereinbarungen, auf die sich jeder freut, die jeder gerne beherzigt, weil es ja die eigenen sind und das eigene Unternehmen.

Vertriebsleute handeln oft autonom, und das setzt Ihr Vertrauen voraus: Vertrauen in das Einhalten der gemeinsamen Regeln. Sollten Sie feststellen, dass einer bei den Reisekosten „geflunkert" hat, dann ist das nicht nur ein Vertrauensbruch gegenüber Ihrer

Person, sondern auch gegenüber der gesamten Firma. Meist ist in solch einem Fall der „Rauch“ Anzeichen für bereits vorhandenes „Feuer“: Grenzüberschreitungen kommen nach meiner Erfahrung selten alleine vor.

Weitsicht

Ihr Leitbild heißt: „Just do it!“ Planen Sie heute für übermorgen. Wenn Sie schnell auf der Autobahn fahren, blicken Sie sicher auf die Fahrzeuge vor Ihnen und in 100 m Distanz. Sie beobachten, was sich ereignen könnte, wie Ihre Umwelt sich verhält, Sie treffen Vorkehrungen für Regen, Schnee und Eis. Jeder erfahrene Reisende wird bestätigen, dass eine gute Planung Stress vermeidet und Geld spart. Gilt das nicht auch für die Arbeit im Vertrieb?

Wir wünschen am 1. Januar ein erfolgreiches neues Jahr, nicht eine erfolgreiche Kalenderwoche 1 oder einen gesunden Januar. Was für uns im Privaten selbstverständlich erscheint, sollte im Geschäft billig sein. Planen Sie mit Verstand und hinreichend Weitsicht.

Umsetzung

Das Leitbild gibt Ihnen den Rahmen für die Strategie, und diese weist die Richtung. Zwar beschimpfen viele Strategie als etwas Theoretisches, und es gibt tatsächlich viele Strategien à la: „Man könnte, man sollte ...“ Doch auch wenn alle diese Strategien und Pläne richtig sein mögen, gibt es nur eines: „Setzen Sie sie um!“ Dem Indikativ folgt der Imperativ, damit setzen sich seit Aristoteles und Paulus viele Fachleute auseinander. Sorgen Sie dafür, dass die verabschiedete Strategie mit Exzellenz realisiert wird (Ridderbos, 1970).

Fokus und Prioritäten

Nach dem Leitbild kommt der Plan. Weniger ist dabei mehr. Gehen Sie mit gutem Beispiel voran. Fokussierung ist der erste Schritt, die wirklich wichtigen Dinge in Angriff zu nehmen und umzusetzen. Es liegt an Ihnen, wie lange in Gesprächsrunden, auch in Ihren Einzelgesprächen, geredet, diskutiert und zerredet wird, eben um des Redens und Diskutierens willen.

Setzen Sie Prioritäten, und lassen Sie das alle spüren. Das verbietet Ihnen nicht, in Ausnahmesituationen diese Regel zu brechen. Wenn aber diese Ausnahme zur Regel wird, ist Ihr Vorsatz dahin, und niemand glaubt mehr an Ihre Konsequenz. Wie wollen Sie da glaubwürdig Ziele setzen und Ergebnisse bewerten?

Gestern, heute, morgen: Schauen Sie nach vorne

Die Planung setzt in vielen Unternehmen vornehmlich auf den Zahlen des abgelaufenen Geschäftszeitraums auf. Unzählige Wirtschaftsprüfer, Controller und Betriebswirte sind damit beschäftigt, die abgelaufene Periode zu dokumentieren und zu analysieren. Die Planung wird in diesem System zu mindestens drei Vierteln aus der Vergangenheit abgeleitet, nur ein Viertel berücksichtigt wirklich die Zukunft, also das, was kommen wird. Die Qualität Ihrer Planung liegt in der Vorausschau.

1.6 Anwendung und Ergebnisse: Strategieprozess

Steam Success International

Der aufgrund der schlechten Geschäftsentwicklung von der Unternehmensleitung initiierte Strategieprozess ist für Johannes Mannsheim heilsam. „Das Heraustreten aus dem Hamsterrad" zeigt ihm, dass die notwendige Delegation der Vertriebsaktivitäten zu keiner Verschlechterung der Gesamtsituation führt. „Erstaunlicherweise haben sich einige Probleme der Mitarbeiter in Luft aufgelöst", meint er. Sein strategisches Potenzial hatte er bis zu diesem Zeitpunkt noch nicht zu schätzen und damit auch nicht zu nutzen gewusst. Johannes hat sich zu Beginn ein eigenes 3-Phasen-Modell – sammeln, priorisieren und umsetzen – für das Vorgehen im Rahmen des Strategieprozesses entwickelt und kontinuierlich angewandt, was bei seinen Mitarbeitern gut ankommt, sodass er an Anerkennung gewonnen hat. Die Distanz zur Vertriebsbasisarbeit ermöglicht ihm, sich deutlich besser um den Prozess und die Mitarbeiter zu kümmern. Er sieht, dass die einzelnen Krisen schneller gelöst werden, wenn er sie nicht mehr selbst in die Hand nimmt, sondern „nur" begleitet.

Fournier Système

Klaus de Yong von Fournier Système bekommt mit einem neuen Leitbild die Möglichkeit, seine Vertriebsorganisation auf das Lösungs- und Dienstleistungsgeschäft einzuschwören. Durch die gemeinsame Arbeit an Mission und Vision sind die Vertriebsmitarbeiter in der Lage, die Idee der Managed-Print-Services von Powerbeck nachzuvollziehen. In mehreren Leitbild-Workshops wurde ihnen sehr genau erklärt und konnten sie selbst mitgestalten, wie die künftige Ausrichtung aussehen soll. Der Strategieprozess bot Ihnen auch die Möglichkeit, die Marktveränderung der Konvergenz von Drucker- und Informationstechnologie in direkten Zusammenhang zu bringen mit den Serviceüberlegungen des Marketingchefs. Er schafft mit dem gewählten Vorgehen eine hervorragende Integrationsbasis für den neuen Vertriebsleiter.

PIP Power Inside Production

Die Diskussion zur Kultur hat Głodny Wilk nachdenklich gemacht und ihm die Einsicht gebracht, dass man Kultur nicht fordern, sondern nur fördern kann. Ihm ist bewusst geworden, dass sein Verhalten maßgeblichen Einfluss auf die Werteentwicklung seines Unternehmens hat. Rein praktisch kann er zwar von „seinem" Unternehmen sprechen und „seinen" unternehmerischen Erfolgen, Kultur und Werte aber haben keinen Besitzer. Sie sind praktische Nachweise für das Funktionieren von Interaktion und Kommunikation im Unternehmen. Głodny Wilk lernt, dass er als „Mitspieler" die Art des Umgangs im Unternehmen beeinflussen kann und dass sich das auch im Verhältnis zu Kunden und Partnern auswirkt. Er erkennt und erlebt Einzel- und Gruppengespräche unter diesem Gesichtspunkt als vielfältig und sinnstiftend für die Prosperität des Unternehmens. Die gemeinsame entwickelte Unternehmenskultur kann als Triebfeder für die anstehenden Veränderungen zum Wachstum dienen.

Terra Consult

Die Partner bei Terra Consult haben mit großem Engagement das Leitbild mitentwickelt. Sie haben im Verlauf der gemeinsamen Arbeit besser verstehen gelernt, wie Robert Ganges denkt. Sie konnten in der Wertediskussion Feedback geben zu den Spannungsfeldern, die in Interviews aufgedeckt worden waren. Robert Ganges hat sich erst im Verlauf der Diskussionen den seine Person betreffenden Fragen und Themen geöffnet. Er hat gelernt, dass nicht nur er sich in dem Unternehmen wiedererkennen muss und die gemeinsame Identifikation Triebfeder für Wachstum und Qualität ist. Es wird noch eine Weile dauern, bis er in den Einzelgesprächen sich so verhalten wird, wie er es im Kultur-Statement des Unternehmens mitbeschrieben hat. Wenn Robert Ganges diese Zusammenarbeit als neue Voraussetzung für die folgenden Einzelgespräche begreift, kann er in Coachings seine Erfahrungen vielfältig einbringen.

Literatur

Apenbrink, R. 2012. Die Weltwirtschaft 2050. Schwellenländer übernehmen Führungsrolle. *Die Bank* 5:8.

Behn, M., und P. Bödeker. 2012. *Meine Ziele, meine Ausreden und ich. Wie Sie Ihre Ziele finden und erreichen*. Herrnberg: BoD.

Burkhard, R. A. 2005. Knowledge visualization. The use of complementary visual representations for the transfer of knowledge. A model, a framework, and four new approaches. ETH, Zürich, 2005, http://dx.doi.org/10.3929/ethz-a-005004486. Zugegriffen: 15. Mai 2015.

Doran, G. T. 1981. There's a S.M.A.R.T. way to write management's goals and objectives. *Management Review 70* (11): 35–36.

Fink, D. 2004. *Management consulting. Fieldbook. Die Ansätze der großen Unternehmensberater*. München: Vahlen.

Hammond, J. S., R. L. Keeney, und H. Raiffa. 2001. Schnell und wirksam entscheiden. Die neue Methode der Harvard Business School. Düsseldorf, 1.

Henderson, B. D. 1973. *The experience curve – Reviewed. IV. The growth share matrix or the product portfolio*. BCG Perspective *135*. Boston: Boston Consulting Group.

Hersey, P., und K. Blanchard. 2005. *Management of organizational behavior leading human resources*. 8. Aufl. Upper Saddle River: Prentice Hall.

Hofstede, G. 2001. *Culture's consequences: Comparing values, behaviors, institutions and organizations across nations*. Thousand Oaks: Sage.

Holden, J. 2002. *The selling fox. A field guide for dynamic sales performance*. New York: Wiley.

Holden, J., und R. Kubacki. 2012. *The new power base selling. Master the politics, create unexpected value and higher margins, and outsmart the competition*. New Jersey: Wiley.

Jochims, I. 1995. *NLP für Profi: Glaubenssätze und Sprachmodelle*. Paderborn: Jungfermannsche Verlagsbuchhandlung.

Kasparow, G. 2007. *Strategie und die Kunst zu leben. Von einem Schachgenie lernen*. München: Piper.

Konfuzius, L. 1988. *Gespräche*. Leipzig: Reclam.

Kotter, J. P. 1996. *Leading change*. Boston: Harvard Business Review Press.

Luft, J., und H. Ingham. 1955. The Johari window. A graphic model of interpersonal relations. Proceedings of the Western Training Laboratory in Group Development. UCLA, Los Angeles.

McCarthy, J. E. 1964. Basic marketing. A managerial approach. Burr Ridge: R.D. Irwin.

Michael E. Porter. 1979. How competitives forces shape strategy in Harvard Business Review March April 1979, 137–145. http://faculty.bcitbusiness.ca/KevinW/4800/porter79.pdf. Zugegriffen: 5. Feb. 2016.
Morgan, G. 1993. *Imaginization. The art of creative management*. Thousand oaks: Sage.
Oracle. 2009. Viewing PRIME activities. Siebel applications administration guide. Oracle, Redwood City. http://docs.oracle.com/cd/B40099_02/books/AppsAdmin/AppsAdminTargetAcct-Selling11.html.
Peters, T. J., and R. H. Waterman. 1998. *Auf der Suche nach Spitzenleistungen. Was man von den bestgeführten US-Unternehmen lernen kann*. Landsberg am Lech: MVG.
Reibstein, D. J., N. T. Bandle, P. W. Farris, and P. E. Pfeifer. 2006. *Marketing metrics. 50 + Metrics every executive should master*. New Jersey: Prentice Hall.
Ridderbos, H. 1970. *Paulus. Ein Entwurf seiner theologie*. Theologischer Verlag Rolf Brockhaus Witten.
Ruch, F. L., und P. G. Zimbardo. 1974. Lehrbuch der Psychologie. Eine Einführung für Studenten der Psychologie, Medizin und Pädagogik. Berlin: Springer.
Schein, E. H., und J. Van Maanen. 2013. *Career anchors. The changing nature of careers self assessment*. New Jersey: Wiley.
Senge, P. M. 2011. *Die Fünfte Disziplin. Kunst und Praxis der lernenden Organisation*. Stuttgart: Schäffer-Poeschel.
Stolzenberg, K., und K. Heberle. 2006. *Change Management. Veränderungsprozesse erfolgreich gestalten – Mitarbeiter mobilisieren*. Berlin: Springer.
Sommer, J. 2003. *NLP for Business. Mit NLP zum beruflichen Spitzenerfolg*. Offenbach: Gabal.
Thull, J. 2005. The prime solution. Close the value gap, increase margins, and win the complex sale. Chicago: Kaplan Publishing.
Ulrich, P. 2001. Unternehmensethik in sechs Thesen. Vortrag an der Universität Basel. Handout, Basel.
Waterman Jr., R. H., T. J. Peters, und J. R. Phillips. 1980. Structure is not organization. Business Horizons 23 (Des Moines).
Whitmore, J. 1996. *Coaching für die Praxis. Eine klare, prägnante und praktische Anleitung für Manager, Trainer, Eltern und Gruppenleiter*. 3. Aufl. Frankfurt a. M.: Campus.
Zimmermann, D. 2011. Angebotsgestaltung. Wenn Services zu Produkten werden. Business Wissen, Karlsruhe. http://www.business-wissen.de/artikel/services-als-produkt-vermarkten. Zugegriffen: 6. Juni 2011.

Weiterführende Literatur

Annan, K. 2006. Secretary-General's address at the Truman Presidential Museum and Library followed by questions and answers. United Nations, 11. Dezember 2006. http://www.un.org/sg/statements/?nid=2357. Zugegriffen: 15. Mai 2015.
Bosworth, M. T., J. R. Holland, und F. Visgatis. 2010. *Customer centric selling*. New York: McGraw-Hill.
Duncan Haughey. A brief history of SMART Goals. https://www.projectsmart.co.uk/brief-history-of-smart-oals.php. Zugegriffen: 17. März 2016.
Hofstede, G., G. J. Hofstede, Denken Lokales, und Globales Handeln. 2011. *Interkulturelle Zusammenarbeit und globales Management*. 3. Aufl. München: DTV.
Levitt, T. 2004. Marketing myopia. *Harvard Business Review* 82:138–149.

2 Painpoints, zwingende Ereignisse und Projekte

The relationship between the man and the customer, their mutual trust, the importance of reputation, the idea of putting the customer first – always. All these things, if carried out with real conviction by the company, can make a great deal of difference in its destiny.
(Thomas J. Watson Jr.)

2.1 Veränderungsfaktor: Talentkrise

Nach einer Studie von McKinsey bestätigen nur 60 % der befragten Vorstände und Geschäftsführer, dass sie in der Lage sind, ihre Wachstumsmöglichkeiten auszuschöpfen. 2020 werden 71 % der Unternehmen unter akutem Fachkräftemangel leiden. Aus der Erholung der globalen Wirtschaft ergibt sich ein intensiver Kampf um Talente. Nach einer Untersuchung der Aberdeen Group haben Vertriebsorganisationen ein elementares Problem, Top-Performer zu finden (Ostrow 2012). Wie aber kann man ein vertriebliches Leitbild umsetzen, wenn die Mitarbeiter fehlen?

Stellen Sie einen einheitlichen Vertriebsprozess sicher, um Ihre Vertriebsziele laufend überprüfen und somit Vertriebsstrategie und -taktik umsetzen zu können. Grundlage für Ihre Vertriebslandkarten, Pipeline und Vertriebstrichter ist die Kundenstrukturanalyse. Die Problemstellungen bei Kunden sind nicht immer offensichtlich. Neugierige Mitarbeiter stellen ihren Kunden deshalb immer wieder neue Fragen, um herauszufinden, was sie brauchen, was man ihnen anbieten kann. Es gibt kaum einen Kunden, der nichts braucht. Menschen, die keine grundsätzliche Neugierde entwickeln können, sind im Vertrieb fehl am Platz. Sie werden sich bei der Neukundenansprache sehr schwer tun. Interesse am Kunden prägt auch die Vorbereitung für den ersten Termin. Jeder Vertriebsmensch entwickelt für Vor-Ort-Termine seine eigene Logik: Welche Methoden setzt er nun ein, und was nützen sie ihm? Den Aufbau und die Pflege dieses Werkzeugkastens sollten Sie

N. A. Rauch, *Die 7 Disziplinen im Sales-Management*,
DOI 10.1007/978-3-658-04232-5_2

beobachten und begleiten: Jede Kundensituation bietet Möglichkeiten der Verbesserung. Dabei geht es um die generelle Fähigkeit, sich in den Kunden hineinzuversetzen und dazu Fragen zu formulieren.

Fordern Sie eine Bedarfsanalyse. Hat der Vertriebsmitarbeiter eine schlüssige „Story", die authentisch den Menschen wie das Unternehmen repräsentiert? Den Elevator Pitch, die drei Minuten im Aufzug mit dem Unternehmenschef auf den Punkt vom Painpoint über die Vision zur Lösung zu kommen, kann man nie genug üben. Möglicherweise sollten Sie Mitarbeitern sogar das Notebook beim Kundenbesuch wegnehmen, denn ausgefeilte Präsentationen sind austauschbar und der Tod eines jeden Dialogs.

Wenn da nicht die Dokumentation wäre! Die Bitte, alle Erkenntnisse schriftlich festzuhalten, stößt fast nie auf Gegenliebe. Was nur im Kopf ist, gewinnt an Eigendynamik und subjektiver Deutung. Wer den Leidensweg von Herrn Fang aus dem Prolog und den Anforderungskatalog seines Kunden verfolgt und verstanden hat, unterschreibt diese Regel: „Wer schreibt, bleibt." Es scheint schwierig zu sein, Verständnis dafür zu erwecken, dass es gut ist, die Dinge aufzuschreiben; was schriftlich festgehalten ist, wird nicht vergessen und wer schriftliche Zeugnisse hinterlässt, wird nicht vergessen. Wie schaffen wir Vertrauen, dass diese Arbeit jedem Einzelnen wirklich dienlich ist? Ein verlorenes Projekt hat einen „kompensatorischen Rückkopplungseffekt", eine Begrifflichkeit aus den in Peter Senges Buch Die fünfte Disziplin (2011, S. 76) beschriebenen Lernhemmnissen bezüglich vieler kleiner vertrieblicher Unterlassungssünden beziehungsweise Nichthandlungen. Hierbei geht es um das Phänomen negativer Effekte, die aus Handlungen mit positiver Absicht resultieren. Das heißt, der Verlust von Vertriebsprojekten führt dazu, dass Sie noch mehr Anfragen beantworten und die Detailarbeit zugunsten der Beantwortung dieser Anfragen hintanstellen, das führt zu noch mehr Projektverlusten. Je mehr Sie sich ins Zeug legen, um an der Situation etwas zu ändern, desto grösser wird die Misere. Wenn das allen Beteiligten bewusst ist, ist ein erfolgreicher Verkauf gewährleistet. Dazu mehr im Detail in Kap. 7 ebenso wie zur Arbeit an der persönlichen Visitenkarte. Wie verankern wir das Angebot in den Bedarfen?

„Muss er, kann er, will er (kaufen)", sollte zum selbstverständlichen Repertoire jeder Vertriebsperson gehören. Sie, der Coach, stellen das sicher. Projekte werden immer in diesem Dreisprung gewonnen: der Schmerz beziehungsweise das zwingende Ereignis („muss"), das Budget zur Finanzierung („kann") und die Entscheidungskraft zur Umsetzung („will").

Thesen: Know-how und Wahrnehmung durch den Kunden

→ Sales Leader fühlen sich dem ausgewogenen konsistenten Initiieren von Vertriebszyklen verpflichtet.

→ Gut ausgebildete und engagierte Vertriebsmitarbeiter sind fast ausschließlich das Ergebnis effizienter Führung.

→ Die Selbstverständlichkeit des Vertriebstrichters verspricht selbstverständlich konkrete Vorhersagen.

→ Die Qualität der individuellen Vertriebsarbeit steigt mit der Qualität der Pipeline.
→ Einheitliche unternehmensweit adaptierte Vorgehensweisen, Prozesse und Methoden ermöglichen erfolgreiches Vertriebsmanagement.
→ Sie rufen den Kunden an, dann ruft der Kunde Sie an: Der Markt kennt Sie und Ihre Leistungen.
→ Strategie zieht Strategie an: Ihr Plan ist die Voraussetzung, um den des Kunden zu verstehen.

2.2 Themen: Ableitungen aus dem Leitbild für die Vertriebsarbeit

2.2.1 Vertriebsziele und Vertriebsstrategie

Definition

Als Führungskraft sehen Sie sich Ziele von oben wie unten an: von oben im Kontext der allgemeinen Marktgegebenheiten, der Entwicklung der Branche, der Einbindung in das Gesamtunternehmen, von unten im Sinn der wahrgenommenen Realitäten des einzelnen Vertriebsmitarbeiters. Dem Geschäftsführer, Vertriebsleiter kommt dabei eine vermittelnde Rolle zu. Zweifellos wird er im Zug der Zielfestlegung alleine entscheiden, wo und wie er mit den Zielen Prioritäten setzt. Er wird sich dabei auf das Wesentliche konzentrieren, aber kooperativ die Meinung der Mitarbeiter bei der Entscheidungsfindung berücksichtigen. Die Vertriebsziele sollten ein ausgewogener Mix einerseits an Ergebnisorientierung oder Prozessorientierung sowie andererseits an operativer kurzfristiger und strategisch langfristiger Ausprägung sein.

Die Vertriebsstrategie leitet sich aus den vertrieblichen Zielen ab und ist Voraussetzung für deren Erfolg. Sie ist die Basis für Überlegungen, welche Vertriebskompetenzen zu entwickeln sind und wie die Zusammenarbeit mit internen und externen Organisationen aussehen soll. Es geht hierbei um die langfristig planvolle Gestaltung der vertrieblichen Funktion des Unternehmens. Die Ergebnisse von heute fußen auf der Strategie von vor drei bis fünf Jahren. In Auswahl und Struktur legen Sie fest, wie Sie mit Kundenbeziehungen umgehen wollen, wie Ihre Wettbewerbsvorteile aussehen, wie Sie Kunden betreuen sowie die Vorgaben für Konditionen und Preis aussehen. Erst die Existenz dieses Plans ermöglicht mittel- und langfristig erfolgreiche Geschäfte. Letztlich ist die Strategie, wie Fredmund Malik sagt, „bei vernünftiger Interpretation in der Aufgabe für Ziele zu sorgen enthalten" (2006, S. 258).

Ziel

Sie haben die Balance zwischen individuellen und organisationalen Zielen geschafft. Ist das Vorgehen einer gemeinsamen Zieldefinition erst etabliert, verfügen Sie auch über ein wichtiges Werkzeug zur Steuerung der Vertriebsaktivitäten. Die Zielsetzung beschreibt konkrete und messbare Ziele (kurz-, mittel-, langfristig) sowohl strategischer als auch operativer Natur, um den Vertriebs- und Betriebszweck zu erfüllen. Die Formulierung des

Vertriebsziels kann nun dazu genutzt werden, die folgende Planung hinsichtlich Strategie und taktischer Umsetzung zu lenken.

Mit der Vertriebsstrategie haben Sie allen Mitarbeitern die inhaltlichen und quantitativen Rahmenbedingungen vorgegeben, die sie zur Erfüllung ihrer Funktion und Rollen brauchen. Bei der Vertriebsstrategie haben Sie die Kundenauswahl, Kundenbeziehungsstrategie und Personalstrategie aufeinander abgestimmt.

Vorgehen

Da der Aufbau von Beziehungen und Kompetenzen langfristig angelegt sein muss, kommt der regelmäßigen Beschäftigung mit der Vertriebsstrategie auf allen Ebenen eine besondere Bedeutung zu.

Binden Sie Ihre Mitarbeiter mit spezifischen Fragestellungen und einem klaren Zeitrahmen in die Strategieentwicklung ein: Was ist aus Ihrer Sicht die erste Frage, die der Kunde beim nächsten Gespräch stellen wird? Was ist die Erwartungshaltung des Kunden an Sie, kurzfristig für die nächsten zwei bis drei Jahre? Wenn er keine hat, warum? Was müssen wir als Anbieter generell tun oder ändern? Auf welche konkrete Eigenschaft sollten wir bei den fünf wichtigsten Kunden beziehungsweise Ansprechpartnern bezüglich der eigenen Qualität achten?

Strategische Planung braucht neue Ideen, Grenzen und Zurückweisungen sind tödlich. Ermöglichen Sie Ihren Mitarbeitern, aus der Box herauszudenken, auch das Undenkbare zu denken. Neue Märkte und neue Länder erfordern Zeit und Geld für Ausbildung und regelmäßige Reorganisation. Planen Sie beides ausreichend ein, oder reduzieren Sie den Anspruch auf ein realistisches Minimum. Sensibilisieren Sie für den Wettbewerb: Ein Fighting Guide entsteht wie ein Account-Plan. In der Stärken-und-Schwächen-Analyse lernen Sie Ihre Schwächen zu meistern und solidarisieren das gesamte Team. Partner und Zulieferer können dabei gute Dienste leisten: „make or buy" bezüglich der Ideen. Aber es gilt leider auch: ohne Moos nix los. Planen Sie deshalb wirtschaftliche Freiräume, denn das Unerwartete kommt bestimmt.

Phasen

1. Transparenz schaffen: Sammeln Sie die Erkenntnisse der Vertriebsmitarbeiter (Ausgangssituation) und bündeln Sie die Ergebnisse in Clustern (Teil 1). Beispiele: Prozessfragen wie Liefertreue, Qualitätsfragen wie Service oder Preis-Leistung, Bewusstsein der eigenen Vorteile oder des Kundennutzens, Managementanalyse der Stärken und Schwächen zur aktuellen Marktbearbeitung wie der vertrieblichen Durchdringung der jeweiligen Märkte, individuelle Kundennähe, aktuelle Portfolioschwerpunkte, wirtschaftliche Konsequenzen, Brainstorming für nicht ausreichend geklärte offene Felder (im Team oder individuell)
2. Ergebnisse in Clustern bündeln (Teil 2): Legen Sie Schwerpunkte fest wie Zielkunden, Personalführung und -förderung (Kompetenzen und Mengen), Rollen und Verantwortlichkeiten, Kommunikation, Portfolio et cetera

3. Pro Schwerpunkt ein Thema priorisieren, zum Beispiel bei Kunden Lieferzeit oder Kompetenz (CRM-Ausbildung). Sie könnten zum Clustern auch auf das Strategische Linkage-Modell (SLM) der Balanced Scorecards zurückgreifen. Es visualisiert die strategischen Hauptziele und ihren direkten Zusammenhang wie auch die kritischen Erfolgsfaktoren und Leistungstreiber aus den Perspektiven Finanzen, Kunden, interne Prozesse, Lern- und Wachstum (s. Greischel 2003)
4. Maßnahmen definieren lassen, Zielgrößen festlegen und Verantwortlichkeiten festlegen
5. Wiederholen Sie diesen Vorgang mindestens einmal pro Jahr, anfänglich zur Feinjustierung auch in deutlich kürzeren Abständen

Anwendung und Fallstricke

Nicht jeder Mitarbeiter kann mit dieser planerischen Komponente der Vertriebsarbeit etwas anfangen, überfordern Sie sie also nicht. Wenn Sie nicht mindestens 40 % der Teammitglieder für den Strategieprozess gewinnen, werden Sie zwar eine schöne Theorie, niemals jedoch deren Umsetzung erreichen. Lassen Sie sich nicht zu frühzeitigen Aussagen verleiten bezüglich der künftigen Struktur und der von Ihnen benannten handelnden Verantwortlichen.

Üben Sie den Paradigmenwechsel: anders mit Themen umgehen, bestehende Verfahren infrage stellen. Aber ohne Kompetenzaufbau geschieht nichts, wird ein neues Geschäftsfeld, ein Start-up nicht groß und kann sich nicht entwickeln. Achten Sie darauf, dass der Zeitraum für die Umsetzung der in der Strategie festgelegten Maßnahmen und Änderungen ausreichend ist, denn das operative Geschäft frisst Ihnen im Alltag die Zeit weg: Lernen Sie, im Team nach einer Ableitung der Grundregeln von Dwight D. Eisenhower zu arbeiten. Eisenhower unterscheidet in einer grafischen Darstellung bei Aufgaben den Grad an Wichtigkeit und deren Dringlichkeit (s. Abb. 2.1):

Abb. 2.1 Festlegen von Prioritäten. (Quelle: Jan Myskowski)

- Feld A: wichtig und hohe Priorität → Sie erledigen Ihre Aufgaben sofort/selbst
- Feld B: hohe Priorität, aber weniger wichtig → Sie terminieren die Aufgaben
- Feld C: wichtig und niedrigere Priorität → Sie deligieren die Aufgaben
- Feld D: weder wichtig noch hohe Priorität → Sie „vernichten" die Aufgaben

So schaffen Sie es, die planerischen Aufgaben in das operative Tagesgeschäft zu integrieren.

Beispiel: Planung vs. Aktion
Erstmals treffen sich die Vertreter von Steam Success International aus zwölf Ländern in der Pfalz zu einem Strategie-Workshop, so hat Dr. Johannes Mannsheim dieses Teammeeting genannt. Der Markt der Energiebranche ist schwieriger geworden. Er selbst leitet dieses Segment erst seit kurzer Zeit. Die strategischen Unterlassungssünden seines Vorgängers wirken sich aus. An allen Fronten muss er aktiv werden: Umsatz, Ertrag, Qualität. Nun gilt es zusammenzurücken und durch verstärkte internationale Zusammenarbeit sich besser im Wettbewerb zu positionieren.

Am ersten Tag stellen sich die Länder vor. Hochkonzentriert und diszipliniert wird jeder Vortrag, jeder Beitrag aufgenommen. Johannes gibt in seiner Zusammenschau einen Überblick seiner Sicht auf die Geschäftsentwicklung und individuelle Anregungen, was pro Land fehlt beziehungsweise gemacht werden kann.

Am zweiten Tag will Johannes mit den Ergebnissen des Vortags neue Impulse setzen. Er möchte über Marktbearbeitung sprechen, über die Entwicklung der Mitarbeiter. Eine Strategie hat er noch nicht, aber „das ergibt sich dann schon". Eine erste Gruppenarbeit zur Marktbearbeitung, Mannsheim telefoniert währenddessen wegen einer Projekteskalation, die Spannung verfliegt. „Es ist schön, dass er unser Geschäft aus dem Effeff kennt, doch das hilft mir nur zum Teil. Wo geht es mit uns generell entlang?", fragt sich der Schweizer Landesleiter. „Welche Schwerpunkte sollen wir als Unternehmen setzen", überlegt der Belgier.

Johannes bleibt die Antworten schuldig. Erstens ist er gerade dabei, ein Feuer zu löschen und deshalb nicht präsent. Zweitens ist er hin- und hergerissen zwischen der offensichtlichen Notwendigkeit, über einen Plan, eine Strategie zu sprechen, und dem Druck, Aktionen mit konkretem Auftrag und konkreten Ergebniserwartungen zu definieren, welche die Teilnehmer aus der Zentrale sehnsüchtig erwarten. Aktionen, wie sie es bei Steam Success International gelernt haben. Aktionen bedeuteten Einsatz, Motivationsnachweis, Fleiß – nur nicht stehenbleiben! Johannes folgt damit dem Muster vieler Technologen, im bestehenden System hat die Reflexion deshalb einen faden Beigeschmack und keinen echten Platz: „Abgehobene Philosophie und Theorie bringen uns nicht weiter, sie kosten nur Geld!"

In einer Reflexionspause wird ihm klar: „Ich muss zuerst ein eigenes Bild der Zukunft gestalten. Wie sieht mein Leitbild aus, wie schaffen wir daraus gemeinsam eine Strategie?" Damit diese Strategie entstehen kann, wird er Theorie (Vision und Kultur) und Praxis (Ist-Zustand und Maßnahmen) miteinander verbinden müssen.

Erfolgskriterien und Nutzen

Mit einer einfachen, allen einleuchtenden, nachvollziehbaren Strategie schaffen Sie Sicherheit und geben Impulse. Sie stellen eine Verbindung her zwischen Ihren Zielvorstellungen und der Umsetzung im operativen Tagesgeschäft. Setzen Sie sich der Kritik aus, ein Theoretiker zu sein! Übersetzen Sie den Begriff Theorie mit „Ich verstehe es nicht", dann wissen Sie, dass Sie Verständnisfragen abholen und Erklärungen geben müssen. Lassen Sie den kritischen Dialog zu, ohne gleich bei den entscheidenden Positionen einzuknicken.

So sorgen Sie dafür, dass das strategische planerische Denken Teil des Tagesgeschäftes bleibt oder wird. Sie verankern geplantes Tagesgeschäft in der Strategie wie Kundenentwicklungsplanung, die Auswahl der Kunden pro Vertriebsmitarbeiter als Bestandteil des Vertriebstrichters, Planung und Umsetzung von Vertriebsprojekten für eine Opportunity et cetera. Sorgen Sie zügig für die taktische operationelle Umsetzung von Maßnahmen. Kommunizieren Sie auch kleinste Teilergebnisse auf allen Ebenen selbst oder über die von Ihnen eingesetzten Verantwortlichen. Feiern Sie Erfolge, und bringen Sie dadurch die Vertriebsstrategie immer wieder ins Gedächtnis.

2.2.2 Vertriebstaktik

Problemstellung

Viele Vertriebsbereiche verfallen nicht nur dann in Aktionismus, wenn es in Krisenzeiten schwieriger wird, Abschlüsse zu erzielen, nach dem Motto: Wer viel arbeitet, arbeitet gut. Es wird viel Geld und Personal verschwendet. In guten wie in schlechten Zeiten ist eine klare Fokussierung der wertvollen Vertriebskapazitäten auf die Potenziale gemäß Trichter, Pipeline und Portfolio erforderlich.

Vorgehen

Eine gelungene Vertriebstaktik (Zupancic 2009) bietet wirksame Hebel zum optimalen Einsatz von Personal und Geld.

Besuchsfrequenz

Fordern Sie mehr Kontakte, mehr Beratung und mehr Besuche eines jeden Vertriebsmitarbeiters ein. Alle Vertriebsmitarbeiter sind nicht nur in Krisenzeiten aufgerufen, ihrem Kerngeschäft der Kundenpflege nachzukommen. Nicht erst wenn vielleicht die Produktion schon Auslastungsprobleme hat, müssen Sie als Vertriebsteam das Gegenteil tun, nämlich die Schlagzahl erhöhen.

Work smart, not hard

Konzentrieren Sie sich auf die leicht erreichbaren Aufträge. Bei aller Fokussierung auf kurzfristige Aufträge, um den Forecast doch noch zu erreichen, achten Sie unbedingt darauf, dass die Neukundenansprache nicht vollständig ausfällt.

Bestandskunden

Als Fundament: Leider verlieren viele Mitarbeiter in der Hektik der Jagd nach schnellen Aufträgen ihre Stammkunden aus dem Blick. Da diese in der Vergangenheit immer schön brav Anfragen gestellt haben, merkt man gar nicht, dass es sie auch noch gibt. Auch wenn sich dort keine Geschäftsmöglichkeit kurzfristig ergibt, sind diese Kunden sehr wertvoll. Betreuung ist angesagt, was diese Kunden zu schätzen wissen. Andernfalls ist der Katzenjammer im nächsten Jahr noch größer, denn auch Bestandskunden können wechseln. Das ist planerisches Arbeiten!

Ziele

Es gilt vornehmlich für schlechte Zeiten, flexibel genug zu sein, Ziele zu revidieren, die aussichtslos erscheinen. Das Beharren auf starren Zielen führt zu schlechter Stimmung, und ein Coaching Ihrerseits hat dann mit Ihren Mitarbeitern keinen Sinn. Ihre Kunst ist es abzuwägen, wann Vertriebsziele obsolet geworden sind, weil die Grundlagen für die Planung weggebrochen sind. Ihre Mitarbeiter werden sehr wohl jedes ambitionierte Ziel mittragen, wenn sie sehen, dass Sie pragmatisch und realistisch die in guten Zeiten vereinbarten Ziele nicht als Dogma ansehen. Das gilt ebenso für die Anerkennungsregelungen von Boni beziehungsweise der Beteiligung am Vertriebs- und Geschäftserfolg.

Portfoliomix

Nicht nur die Priorisierung der Kunden ist wichtig, auch die des Angebots hat es in sich. Sie werden immer wieder gedrängt, mit der Vertriebsmannschaft das spezielle „Baby" des Geschäftsführers oder der Bereichsleitung forciert anzubieten, obwohl doch aus den Erfahrungsberichten der Mitarbeiter klar ist, dass dafür kein Bedarf vorhanden ist. Hier gilt es, standhaft zu sein und Flagge zu zeigen. Zu viele Vertriebsleiter haben das Unternehmen in den Keller gezogen, weil sie den Konflikt einer verfehlten Portfoliostrategie nicht ausgetragen haben.

Hire and fire

Je besser Sie die Arbeit Ihrer Vertriebsmitarbeiter beobachten, desto schneller erkennen Sie, wo sich die Spreu vom Weizen trennt. Die Entlassung von „faulen Eiern" sollte nicht auf Krisen- und Restrukturierungszeiten beschränkt sein. Ich weiß, die Trennung von Mitarbeitern ist höchst unangenehm und sicher das letzte Mittel. Entscheiden Sie sich deshalb gewissenhaft, aber schnell. Umgekehrt gilt: Drum prüfe, wer sich ewig bindet.

Arbeitsteilung und Schnittstellen

Die Wachstums- wie Umsatzforderungen setzen Vertriebsmitarbeiter immer unter Druck. Leider führt dieser Druck auch dazu, dass sie alles alleine machen, vom Erstkontakt bis zum Abschluss, was nicht besonders ökonomisch ist. Wenn die Vertriebsmitarbeiter aktive versierte Unterstützung aus dem Backoffice erhalten, werden sie diese sicherlich annehmen.

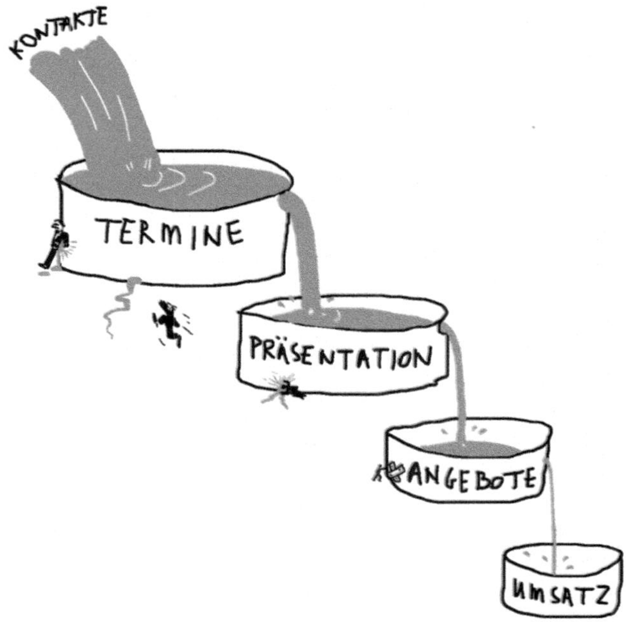

Abb. 2.2 Der Funnel: Visualisieren des Handlungsbedarfs. (Quelle: Jan Myskowski)

Miteinander reden

Kommunikation ist mit Abstand der wichtigste Hebel für die Vertriebsarbeit. Regelmäßige wie außerplanmäßige Kommunikation sollten Sie in guten Zeiten üben, dann trotzen Sie jeder Flaute, jeder Krise, jedem Problem. Als Führungskraft für den Vertrieb sind Sie auch der Kommunikationsmanager.

2.2.3 Vertriebsprozess, Pipeline und Vertriebstrichter

Definition

International und zum Teil auch in Deutschland wird die zur Vertriebsarbeit eingesetzte Methode der Sammlung aller Zielkunden Funnel Management genannt (vgl. Abb. 2.2). Der amerikanische Werbefachmann Elmo Lewis, von dem das AIDA-Modelll stammt, hatte 1898 den Trichter als Metapher für die theoretische „Kundenreise" vom Moment der Marke bis zum Kauf entwickelt. Die Pipeline ist im Unterschied dazu das Instrument, in dem die für den Auftrags- und Umsatzvorherschau relevanten Vertriebsprojekte dokumentiert und gepflegt werden. In der Literatur findet man unterschiedliche Definitionen von Pipeline und Trichter (s. Winkelmann 2005, S. 229; Heupke 2012, S. 118 ff.), so zum Beispiel auch ohne Bedeutungsunterschied als „Vertriebsprojektspeicher" oder auch Wortneuschöpfungen wie Pipeline-Trichter (Lasko 2012, S. 27).

Für das Vertriebscoaching scheint mir die Definition von Michael T. Bosworth (2010, S. 85) am besten gelungen:

Vertriebsprozess

Der Vertriebsprozess ist zu verstehen als eine Reihe von wiederholten oder wiederholbaren Aktivitäten von der Marktwahrnehmung bis zur Leistung beim Kunden. Dies erlaubt bestmögliche Kommunikation des jeweiligen Status über alle Beteiligten hinweg. Jede Aktivität hat einen Verantwortlichen mit einem eindeutigen standardisierten messbaren Ergebnis und führt zur Folgeaktivität. Jeder dieser Schritte kann zum Zweck der Verbesserung bewertet werden: zur Verbesserung der Fähigkeiten der Vertriebsmitarbeiter oder zur Prozessverbesserung an sich.

Vertriebspipeline

Die Vertriebspipeline mit ihren Meilensteinen dokumentiert messbare Vorgänge, die während des Vertriebszyklus stattfinden. Das versetzt Sie in die Lage, den Status der Geschäftsmöglichkeiten zu ermessen, um daraus den Forecast abzuleiten. Idealerweise sind die meisten Meilensteine objektiv und auditierbar.

Vertriebstrichter

Der Vertriebstrichter (in einer freien Übersetzung nach Bosworth et al. 2010, S. 85) dokumentiert mit seinen Meilensteinen messbare Ereignisse von spezifischen Geschäftsmöglichkeiten und versetzt dadurch das Vertriebsmanagement in die Lage, die Vertriebsfähigkeiten einzuschätzen sowie die Anzahl von Schritten, die dafür auf Mitarbeiterebene erforderlich sind. Auch in diesem Fall sollten die Meilensteine objektiv und auditierbar sein.

Pipeline beziehungsweise Trichter beschreiben von zwei unterschiedlichen Perspektiven aus die konkreten Aktivitäten der Vertriebsarbeit, den Aufbau beziehungsweise Ablauf des Zielkundenbestandes und die damit verbundenen Geschäftsmöglichkeiten.

In den letzten Jahren wird verschiedentlich kritisiert, dass diese Betrachtung des Vertriebsprozesses nur unzureichend die Realitäten der individuellen Vertriebszyklen widerspiegelt (Wizdo 2012). Es gibt zweifellos viele kritische Stimmen zum Sinn eines Vertriebstrichters. Allerdings ist das weniger eine Frage des Inhalts als der Form der Umsetzung.

Ziel

Mit dem Vertriebstrichter haben Sie ein einfaches Verfahren, um mit jedem Mitarbeiter dessen Vertriebsaktivitäten, speziell die konkreten Geschäftsmöglichkeiten in ihrem jeweiligen Status, durchzusprechen und dabei Coaching-Methoden einzusetzen. Sie nutzen den Trichter als Planungs- und Lerninstrument. Damit ist der Trichter nicht mehr, wie allgemein verstanden, nur eine Marketingmethode des Demand Managements oder des Lead-to-Revenue-Prozessmanagements, sondern hilft Ihnen bei der Übersicht und generellen Ableitung von Erkenntnissen aus den individuellen Vertriebszyklen.

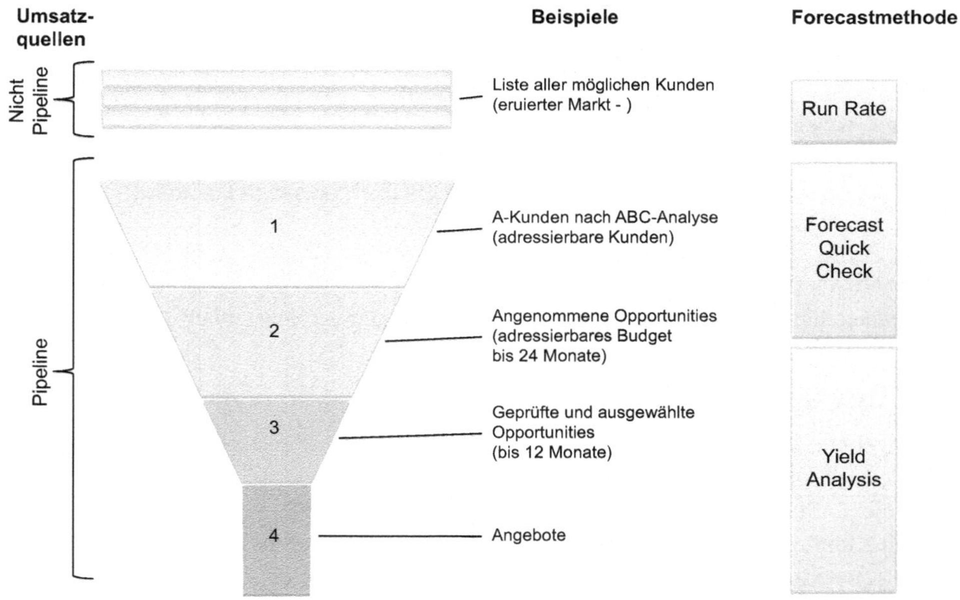

Abb. 2.3 Transparenz des Vertriebsprozesses. (Quelle: Srivastava et al. 2008; Lasko 2012)

Beispiel
Abbildung 2.3 verdeutlicht das Zusammenspiel der Vertriebsaktivitäten sowie die Position der Pipeline innerhalb des Trichters. Das Beispiel nach Srivastava (2008) veranschaulicht auch die unterschiedlichen Forecast-Methoden.

Vorgehen
Der Verkaufsprozess wird im Funnel wie ein Diagramm aufgebaut. Vertikal angeordnet ähnelt er in der Regel der Form eines Trichters, deshalb der Name (Engl. Funnel = Trichter). Da man die Geschäftsmöglichkeiten von oben nach unten Schritt für Schritt abarbeitet, durchläuft man alle Stadien des Vertriebsprozesses. Die Trichterform entsteht rein praktisch aus der Tatsache, dass das realisierbare Potenzial auf jeder Ebene kleiner wird.

Die Stufen des typischen Verkaufstrichtermodells reichen von der potenziellen, uneingeschränkten Opportunity, über den ersten Kontakt zum Zielkunden, bei dessen Interesse einen ersten Termin und eine Diskussion über die Lösungsentwicklung und -präsentation bis zur Kundenbewertung, Verhandlung, mündliche und schriftliche Vereinbarung, Lieferung und Zahlung. Das ist die typische Struktur eines Sales-Funnel-Modells, nicht jedoch der einzige Weg. Die Verkaufsstrategie kann in bestimmten Branchen andere Vorgehensweisen und Stufen erfordern.

Phasen

Kontaktmanagement (Phase 1)

Annahme eines Auftragspotenzials aus der Strategie des Kunden (Idee)
Aussicht einer aussichtsreichen Geschäftsmöglichkeit (aus dem Portfolio)

Lead-Management (Phase 2)

Potenzieller Kontakt (Lead) mit oder ohne eine konkrete Gelegenheit

Proposal Management (Phase 3)

Angebote, die zur Bewertung beim Kunden vorliegen (RFI oder RFP, „Request for information" oder „request for proposal")
Projekt mit Realisierungswahrscheinlichkeit (Opportunity)
Mit Kunden abgestimmte Lösungsvarianten („building vision")
Angebote in der engeren Auswahl (Shortlist)
Angebote in der Endauswahl

Projektmanagement (Phase 4)

Verhandlung
Vertragsabschluss

Es gibt für die Phasen und die darin befindlichen Stufen im Vertriebsablauf keine allgemeingültige Nomenklatur. Sie werden für Ihr Unternehmen, Ihr Vertriebsteam, Ihre individuelle Abfolge von Schritten mit entsprechenden Bezeichnungen finden. Wenn wir später von Opportunity Management sprechen, schließt das alle der oben aufgeführten Phasen der Vertriebsarbeit ein.

In einem perfekten Markt würden Sie jede Geschäftsmöglichkeit durch alle Phasen des Trichters schleusen. Allerdings leben Sie nicht in der Theorie und wissen, dass sich Kunden durchaus anders entscheiden, sich aus der Betreuung verabschieden und eigene Wege gehen. Sie können nun mit jedem einzelnen Verkäufer auswerten, wo er sich verbessern kann, sei es bei der Problemanalyse, der Angebotserstellung, der Verhandlung oder der Kunden- beziehungsweise Marktnähe. Durch die Entnahme von „Proben" aus dem Trichter über einen gewissen Zeitraum, erfahren Sie viel über den Markt, Ihre Organisation und Ihre Vertriebsmitarbeiter.

Nutzen

Erfolge werden Sie möglicherweise nicht unmittelbar einfahren. Erst wenn Sie Vertriebstrichter und ABC-Analyse regelmäßig anwenden, steigern Sie mit dem strukturierten Vorgehen Effektivität und Effizienz.

Vorgehen

Schaffen Sie sich Klarheit über den aktuellen Stand der Vertriebsarbeit Ihres Mitarbeiters mit folgenden Fragen. Diese werden in den folgenden Kapiteln vertieft.

Kontaktmanagement

Wie haben Sie Ihren Zielmarkt definiert, wissen Sie, wo Sie tätig sein wollen? Wie gut kommen Sie mit der Bearbeitung der vorgegebenen Zielkunden klar, welche spezifische Zielgruppe haben Sie ausgewählt und warum? Haben Sie schon für alle ausgewählten Zielkunden Adressen und Ansprechpartner eruiert? Wie sind Sie vorgegangen, um eine Vorstellung der vorhandenen Potenziale zu bekommen? Wie kommen Sie mit Ihrer „verbalen Visitenkarte" (s. Kap. 3.2.1) an? Wie kommen Sie bei Neukunden generell an? Zu wie viel Kaltakquise, wie vielen Neukunden, wie vielen An- oder Aufwärmtelefonaten kommen Sie pro Monat, gemessen am Gesamtpotenzial in der Zielgruppe? Wie zufrieden sind Sie damit, wie Sie die Firmenstory präsentieren? Bekommen Sie Rückmeldungen, falls ja, von wem? Wie hoch schätzen Sie das Potenzial der Ziel- und Intensivkunden inklusive Bestand in Euro ein? Haben Sie die Kunden in kleines, mittleres und großes Potenzial eingeteilt, und was leiten Sie daraus für die Vorgehensweise und die Chancen ab? Wie ist das Prozentverhältnis von Bestandskunden und Neukunden, und ist das, gemessen an der Abschlussrate, ausreichend?

Lead Management

Welchen Leidensdruck haben Ihre Kunden der wichtigsten Zielbranche? Identifizieren Sie drei bis fünf Painpoints, , zum Beispiel Ertragsoptimierung, angespannte konjunkturelle Lage, Auslagerung von Nebenleistungen oder komplexen Dienstleistungen et cetera. Wie viele Kundentermine waren reine Schnuppertermine, in wie vielen Fällen gibt es eine Fortsetzung? Was waren die Erfolgs- oder Misserfolgskriterien? In wie vielen Fällen gab es bereits ein Beratungsgespräch? Haben Sie im Buying Center eingeteilt, wie viele Termine Sie mit dem Topmanagement, dem sogenannten CxO-Level – das Kürzel hat sich für Chief X Officer eingebürgert, X steht als Platzhalter für E („Executive"), F („Financial"), S („Sales") et cetera – oder dem Einkäufer als Fachverantwortlichem machen? Haben Sie dort Geschäftsmöglichkeiten initiiert, Potenziale eingeschätzt? Wie viele Erstbesuche und Aufwärmtermine sind Ihnen dieses Jahr gelungen (Durchschnitt pro Monat), wie viele prognostizieren Sie für den nächsten Monat? Wie zufrieden sind Sie mit dem Ergebnis? Wie viele Terminvereinbarungen schaffen Sie pro Jahr, auch im Vergleich zum Vorjahr? Beherrschen Sie nach dem Aufwärmen beim Kunden die fünf wichtigsten Einstiegsfragen, und wie sehen diese Ihrer Meinung nach aus? Gelingt es Ihnen, die Painpoints herauszufinden und wie viele offensichtliche oder auch unsichtbare Probleme identifizieren Sie? Wie viele Projekte haben Sie für dieses Jahr prognostiziert, dann identifiziert? Haben Sie die Problemstellungen des Kunden schriftlich festgehalten?

Proposal Management

Wie viele Angebote planen Sie voraussichtlich im nächsten Jahr, welche Steigerung im Vergleich zum Vorjahr? Warum fällt eine Steigerung gegebenenfalls schwer, wie lässt sich mehr Klarheit schaffen? Wie viele Angebote sind zufällig auf Nachfrage entstanden, gegebenenfalls nicht in den Phasen 1 und 2 des Vertriebstrichters und wo kommen diese dann her? Wie viele Angebote sind Ergebnis der Vertriebsarbeit vor Ort? Wie viele reine Anfragen gibt es mit geringem bis keinem eigenen Zutun? Bei wie vielen Angeboten kommt es zu einer Präsentation? Wie viel Prozent (erforderlicher) Preisnachlass wurde gewährt, und wie hoch fiel dieser minimal, maximal und im Durchschnitt aus? Haben Sie eine ausreichende Liste mit Nutzenargumenten, und sind die immer gleich? Welche Nutzenargumente kommen gut an, welche weniger? Wie viel Arbeitsaufwand in Stunden sind von Ihrer Seite für ein Angebot mit durchschnittlichem Volumen erforderlich, und was ist zu tun, um den Aufwand dafür zu senken? Haben Sie Zugang zum Entscheider gefunden oder „nur" zu einem Wächter wie Einkäufer oder Projektleiter? Falls neu, warum, was hindert Sie daran?

Projektmanagement

Wie beurteilen Sie Ihre Trefferquote in Prozent zum Vorjahr? Wie hat sich die Zahl an gewonnenen Projekten im Vergleich zum Vorjahr entwickelt? Wie hoch ist zum Beispiel der durchschnittlich verrechnete Tagessatz (im Service) pro Projekt? Wie sieht das Gesamtvolumen des erreichten Rohertrags aus? Was leiten Sie daraus für die künftige Angebots- und Verhandlungstaktik ab? Wie viele Projekte haben Sie mit Neukunden und Bestandskunden gewonnen, und halten Sie dementsprechend Ihr Geschäft für stabil? Welchen Anteil am Budget (Share of Wallet) Ihrer Bestandskunden können Sie schätzungsweise abschöpfen?

Anwendung und Fallstricke

Die oben aufgeführte Liste von Fragen soll Ihnen Anhaltspunkte für regelmäßige Gespräche bieten. Die übliche Praxis, dass der Controller aus dem System eine fertige Tabelle dem Vertriebsleiter oder Geschäftsführer für das Gespräch zu Verfügung stellt, ist hilfreich. Letztlich soll aber der Vertriebsmitarbeiter sein Arbeits- und Zahlenwerk selbst vorbereiten und präsentieren, denn es ist seine Verantwortung und sein Ergebnis. Je mehr

Sie selbst übernehmen, desto weniger fühlt sich der Mitarbeiter für das Ergebnis verantwortlich.

Ich habe Vertriebsorganisationen gesehen, bei denen der Vertriebsleiter aufbereitete Tabellen, Detailanalysen sowie die entsprechenden Ableitungen bereits in zweifacher Ausfertigung fertig auf dem Tisch vorbereitet hatte. Der Vertriebsmitarbeiter betrat den Raum wie zu einem Verhör. Gute Vertriebsmitarbeiter machen so etwas nicht dauerhaft mit. Überlassen Sie es deshalb dem Vertriebsmitarbeiter, sich auf mögliche Fragen zu seinem Vertriebstrichter vorzubereiten.

Stellen Sie die unter „Vorgehen" genannten Fragen und bewerten oder kommentieren Sie zuerst nichts. Versuchen Sie zu verstehen, wie die Leistung zustande kommt, wie Ihr Mitarbeiter den Vertriebstrichter gestaltet und Maßnahmen daraus ableitet. Sehr schnell kann ein solches Gespräch nämlich zu einem reinen Anschuldigungs- und Rechtfertigungsszenario ausarten. Der gemeinsame Erkenntnisprozess bringt Konsequenz und Struktur in die Arbeitsweise: „Wie sind Sie vorgegangen, was können Sie gegebenenfalls noch besser machen, wo sind die Hindernisse, wie können Sie sie selbst aus dem Weg räumen?"

Erfolgskriterien und Nutzen

Stellen Sie sicher, dass der Vertriebstrichter, also mehr als die Pipeline, regelmäßig überprüft wird. Das erhöht die Qualität des Forecasts und der Vertriebsleistung an sich. Gerade Firmen, die Vertriebskostenprogramme auflegen, können mit dieser Trichtermethode bei gleichen Kosten weit höhere Ergebnisse erzielen.

Die Trichtermethode ist ein ideales Coaching- und Selbstlerninstrument. Ihre Mitarbeiter wie auch Sie erkennen so regelmäßig, wo Schwachstellen auf dem Weg von der Neukundenvorarbeit bis hin zum Einkäufer und Entscheider stecken. Gehen Sie pragmatisch vor, und fangen Sie mit der Sammlung der bestehenden Kontakte an, das erhöht die Akzeptanz. Forcieren Sie nicht, denn der Wurm muss dem Fisch (Mitarbeiter) und nicht dem Angler (Ihnen) schmecken.

Beispiele

Frank, Uwe und Ralf von Terra Consult haben einen Vertriebstrichter aufgebaut. Dabei hat sich herausgestellt, dass in dem Augenblick, in dem Robert Ganges sich dafür interessiert und regelmäßig damit auseinandersetzt, auch beim Partner die Akzeptanz für diese Vorgehensweise wächst. Im Falle Terra Consult werden individuelle Ausprägungen des Sales-Trichters zugelassen.

- *Uwe* hat gleich zu Beginn eigenständig den Trichter mit seinen bestehenden Vertriebsaktivitäten gefüllt. Er besitzt genug Antrieb und Kreativität, regelmäßig neue Zielkunden zu identifizieren und zu bearbeiten.
- *Ralf* ist im Stadium der Planung steckengeblieben. Als besonders gewissenhafter Vertriebsmitarbeiter kommt er mit der hier erforderlichen Pragmatik der 80-20-Regel nicht zurecht. Auch hat sich Robert Ganges bisher nicht ausreichend Zeit genommen.

- *Frank* geht locker mit der Situation um: Er hat seinen Funnel induktiv entwickelt und sich ein Areal topografisch und themenspezifisch erschlossen. Er arbeitet wie ein Unternehmer und braucht das Coaching von Robert Ganges nicht.

In einem größeren Unternehmen wie bei Steam International sollte das Vertriebstrichtermanagement eine Norm haben. Ein lesenswertes und gut strukturiertes „Pipeline-Brevier", The Salesforce User's Guide to Pipeline Management, von Zorian Rotenberg und Mike Baker finden Sie unter: http://www.insightsquared.com/ressources/e-books.

2.2.4 Vertriebliche Priorisierung: Kundenstrukturanalyse

Definition
Nicht jeder Kunde ist gleich profitabel. Die Kundenstrukturanalyse hilft dem Unternehmen und jedem Vertriebsmitarbeiter, die Aufwand-Nutzen-Relation zu optimieren, schafft Überblick über die Ist-Situation und dient bei der Planung der Vertriebsaktivitäten, die wesentlichen Kunden und Produkte auszuwählen und zu priorisieren. In der Praxis werden mehrere Modelle zur Analyse der Kundenstruktur angewendet: Kundenportfolioanalyse oder BCG-Matrix (s. Kerth et al. 2011) mit Star-Kunden, Ertragskunden, Entwicklungskunden und Problemkunden bezogen auf Kundenwachstum und Lieferanteil, Klassifikationsschlüssel mit demografischen und geografischen Zahlen, Scoring-Modelle mit aufwändigen statistischen Verfahren, RFMR-Ansatz mit Zeitpunkt, Häufigkeit und Wert des Kaufs. Das RFMR-Modell ist ein aus dem Versandhandel stammendes Kunden-Scoring-Modell, bei dem neben quantitativen Werten auch qualitative Größen Einfluss auf den Kundenwert nehmen. Dieses, in den dreißiger Jahren entwickelte Modell bewertet nach dem Zeitpunkt des letzten Kaufs („Recency of last purchase"), der Kaufhäufigkeit („Frequency") sowie dem Wert des Kaufs („Monetary Ratio"). Am bekanntesten ist vielleicht die ABC-Analyse, die nach Umsatzhöhe und gegebenenfalls Deckungsbeitrag den Kundenstock bewertet: A-Kunden sind jene mit den höchsten Umsätzen (20 % der Kunden bringen in der Regel 80 % des Umsatzes), B-Kunden versprechen geringere Umsätze (30 % der Kunden bringen 15 % des Umsatzes), C-Kunden stellen vermutlich die zahlenmäßig größte Gruppe dar, haben aber den geringsten Umsatzanteil (Henseler, 2003, 49).

Problemstellung und Stressszenario
Johannes Mannsheim hat in seinen Nationalmärkten insgesamt ein Potenzial von einer Milliarde Euro, das sind etwa drei- bis vierhundert Geschäftsmöglichkeiten pro Jahr. Er nimmt an, dass seine Vertriebsteams in Hinblick auf Personaldecke sowie bestehende Kompetenz gerade in der Lage sind, einen Anteil von 10 % des Markts zu erreichen. In einigen Ländern hat Mannsheim erst vor zwei Jahren Vertriebsaktivitäten gestartet. Nun plant er Land für Land, wie die Kunden vertrieblich betreut werden sollen.

In der Summe sieht er sich mit seinem Team folgendem Marktszenario ausgesetzt: Die Sales-Zyklen bei seinen Kunden werden länger und verkümmern immer häufiger in einem Schwebezustand, sie werden als „versandet" gekennzeichnet. Qualifizierte Aufträge werden seltener und lassen sich schwerer identifizieren, weil Bestandslieferanten eine Veröffentlichung hinauszögern: Ihre Pipeline scheint verstopft zu sein. So ziehen sich die verbliebenen Geschäftsmöglichkeiten hin, auch wenn alle an sie glauben: Doch die verrinnende Zeit spricht gegen einen Abschluss.

Der generelle Trend, dass Produkte und auch Lösungen immer vergleichbarer werden, erschwert eine Differenzierung und Verkaufsargumentation. Auch werden Projekte immer kleiner und die Margen zerrinnen zwischen den Händen. Preisnachlässe scheinen unumgänglich, gar die Norm. Dem Ruf nach Topterminen mit den vermeintlichen Entscheidungsträgern steht die Schwierigkeit entgegen, solche Termine überhaupt zu bekommen. Wettbewerber schießen wie Pilze aus dem Boden.

Ziel
Sie erreichen mit der Kundenstrukturanalyse eine maximale Ausschöpfung bei minimalem Ressourceneinsatz: Die Abschlussquote steigt, Ihre Vertriebszyklen werden kürzer, der durchschnittliche Projektwert wächst. Es wird so auch einfacher, Ihre Zahl an Projekten mit Neukunden und Bestandskunden zu erhöhen. Aber weniger ist dabei mehr, denn die Qualität der Vertriebsprojekte verspricht deutlich höhere Gewinnchancen. Die Auswahl ermöglicht eine einheitliche Vertriebsarbeit vom Erstkontakt bis zum Abschluss und sorgt für steigende Effizienz Ihrer Vertriebsressourcen. Die Vertriebsmitarbeiter identifizieren eigenständig ihre Schlüsselkunden für die Arbeit am Vertriebstrichter.

Phasen

1. Erstellen einer Liste von zwanzig geplanten Zielkunden für die Kundenstrukturanalyse.
2. Sehen Sie diese Zielkunden gemeinsam durch.
3. Brainstorming von möglichen Kriterien zu Klassifizierung und Auswahl der wichtigsten fünf. Möglicherweise gewichten Sie diese Kriterien in Prozent.
4. Wenden Sie die Kriterien auf die Zielkundenliste an.
5. Bewerten Sie gemeinsam das Ergebnis.
6. Gegebenenfalls Korrektur der Kriterien und der Gewichtungen.
7. Anwenden der festgelegten Kriterien auf den gesamten Vertriebstrichter.
8. Letzter Blick auf das Ergebnis, um gegebenenfalls „Ausreißer“ zu korrigieren.

Vorgehen
Stellen Sie eine beliebige Liste von Zielkunden für die Kundenstrukturanalyse zusammen. Die Liste sollte maximal fünfundzwanzig Zielkunden umfassen und einen Mix aus Bestand und Neukunden repräsentieren. Mit dieser Musterliste erarbeiten Sie Kriterien zur Bewertung nach A-, B- oder C-Kunden: Welches sind die Gründe, warum Sie diesen Kunden akquirieren wollen?

Jeff und Chad Koser wie bei der Präqualifikationsmethode s.c.o.t.s.m.a.n. (Farrington, 2013) in Selling to Zebras *(*2009*)* hier sieben Grundcharakteristika für Vertriebsprojekte zugrunde, diese finden Sie im Opportunity Check zum Teil wieder: Charakteristika des Unternehmens, Technologie des Betriebs, der Service, Zugang zur „Macht“, Budgets und

Rentabilität. Sprechen Sie alle in der Liste aufgeführten Zielkunden durch. Erarbeiten Sie nun gemeinsam einen Katalog von möglichen Kriterien, nach denen Mitarbeiter später die Wertigkeit der Zielkunden beurteilen sollen. Nach den Regeln des Brainstormings lassen Sie möglichst alle Argumente zu. Es entstehen zwei zusätzliche Nutzen in dieser Phase:

- Ihr Mitarbeiter gewinnt deutlich an Sicherheit im Umgang mit dem Management einer größeren Kundengruppe und sieht planerisch von außen auf seinen Kundenstamm.
- Sie gewinnen im Gespräch einen Eindruck davon, wie Ihr Mitarbeiter mit dieser Planung umgeht, wo seine Stärken und Schwächen im Vorgehen liegen.

Lassen Sie den Mitarbeiter nun fünf Kriterien auswählen, ergänzen Sie diese eventuell aus Ihrer eigenen Erfahrung. Gewichten Sie bei Bedarf zum Beispiel folgenden Kriterien: verfügbares Budget, Einkaufcharakteristik, Größe der zu erwartenden Projekte, vermutete Attraktivität Ihres Angebots beim Kunden, Potenzial für ergänzende Services, wirtschaftliche Situation des Zielkunden et cetera. Lassen Sie den Mitarbeiter die Kriterien auf die Zielkundenliste anwenden.

Bewerten Sie gemeinsam das Ergebnis, und lassen Sie den Mitarbeiter Schlüsse daraus ziehen: Wie attraktiv scheint das Zielkundenpotenzial zu sein? Wie gut kommt er mit der Analyse zurecht, was bedeutet das für seine vertriebliche Arbeit? Müssen die Kriterien oder die Gewichtungen noch korrigiert beziehungsweise feinjustiert werden? Lassen Sie den Mitarbeiter die festgelegten Kriterien auf den gesamten Vertriebstrichter anwenden, was er nun auch alleine tun kann. Sprechen Sie das Ergebnis mit dem Mitarbeiter nochmals durch, und korrigieren Sie mögliche „Ausreißer", also Zielkunden, die Ihrer gemeinsamen Meinung nach falsch priorisiert wurden.

Nutzen

Der Fokus auf ausgewählte Kunden mag im ersten Schritt erschrecken, denn das Verkaufspotenzial Ihres Vertriebstrichters sinkt. Dieser kurzfristige Stress sorgt jedoch für mittelfristig steigende Abschlussquoten und schafft eine stabile Basis im Vertriebstrichter. Das gelingt, weil Sie keine Zeit mehr in Angebote stecken, die Sie voraussichtlich ohnehin nicht gewinnen würden. Aber Sie haben nun zusätzlich Zeit und Ressourcen zur Verfügung, um sich auf die Kunden zu konzentrieren, denen Sie zweifellos Werte liefern, die Ihre Erfolgsaussichten deutlich steigern.

Der Effekt sind hochwertige Leads und geringe Preisnachlässe. Darüber hinaus hilft Ihnen die gemeinsame Analyse, mehr zu erfahren über die Denkweise und analytischen Fähigkeiten Ihrer Mitarbeiter und liefert Ansatzpunkte für deren Weiterentwicklung. So sind Sie nah am Markt und für die künftigen Durchsprachen und Coaching-Sitzungen bestens vorbereitet.

Beispiel

Per Lundqvist bei Steam Success International in Schweden hat für die Zielkundenüberprüfung mit Mannsheim die in Tab. 2.1 dargestellten Kriterien für die Kundenstruktur erarbeitet.

Tab. 2.1 Kundenstrukturliste bei Steam Success International. (Quelle: eigene Darstellung)

Priorisierungskriterien	A	B	C	Wichtigkeit[a]	Anteil (%)
Beziehung	Existiert	Kann leicht aufgebaut werden	Völlig neu	3	17,6
Aktive Einkaufshäufigkeit	Jährlich, fragt mehrfach an	Etwas	Nein	3	17,6
Rahmenvereinbarung	Ja	Könnte geschlossen werden	Nein	1	6,0
Management Meeting zu Budget und Projekten	Einmal pro Jahr oder häufiger	Nur wenn Projekt anliegt	Nein	1	6,0
Marktpräsenz	Haben oft Anforderungen, wachsen stark	Kauf selten	Völlig unklar	3	17,6
Eigenes Portfolio	Viele Elemente könnten passen	Einige Elemente könnten passen	Kleiner Kunde	2	17,6
Einkaufsvolumen und eigener Anteil	Hohes Volumen, unser Ausschöpfung aktuell über 20 %, Wachstum denkbar	Kleinerer Mittelstand, Budget begrenzt, haben bisher keinen oder geringen Anteil	Geringes Budget	3	17,6
					100,0

[a] 1 = unwichtig, 2 = mittelwichtig, 3 = sehr wichtig

Die ausgewählten Kriterien hat das Landesteam beschrieben und den gesamten Kundenstamm bewertet (s. Abb. 2.4). Die Vertriebsmitarbeiter haben dementsprechend die Kunden klassifiziert.

Anwendung und Fallstricke

Die Anwendung dieser Form von Kundenstrukturanalyse birgt die Gefahr, dass Sie aus den Ergebnissen falsche Schlüsse ziehen:

- Kunden mit großem Potenzial müssen für Sie nicht unbedingt die ertragsstärksten sein.
- Kleine Kunden können in größerer Anzahl oder auch in spezifischen Projekten hohe Deckungsbeiträge schaffen.
- Die Konzentration auf A-Kunden bringt zwar durch die Ratio gegebenenfalls weniger Vertriebsaufwand bei mehr Volumen. Krisen bei Kunden gefährden dann aber essenzieller das Geschäft.

In aller Regel arbeitet die Kundenstrukturanalyse gegenwarts- beziehungsweise vergangenheitsbezogen, weil dieses Verfahren einfach zu handhaben und flexibel ist.

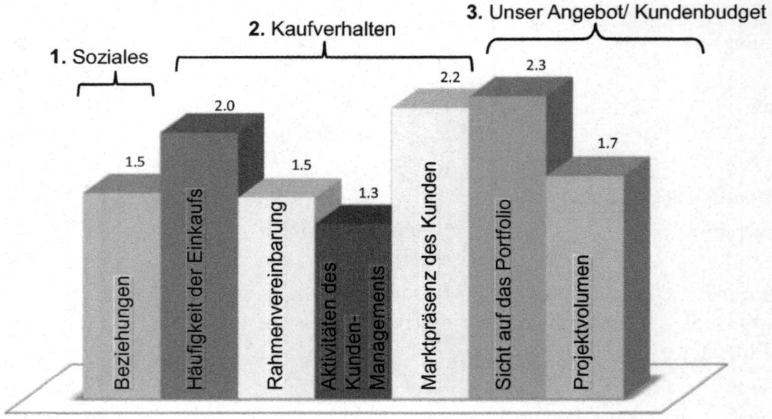

Abb. 2.4 Kundenklassifikation bei Steam Success. (Quelle: eigene Darstellung)

Vorgehen der Kundenklassifikation

Im Anschluss oder parallel dazu werden Sie sich ein logisches Raster erstellen mit einer qualitativ hochwertigen Dokumentationsmethode und, wenn möglich, je nach Umfang an Bestandskunden einer Zuordnung adäquater Begriffe zu den Firmen. Hierzu können Sie entweder anwenderspezifische Indexierungen vornehmen, was auch im Rahmen von CRM-Systemen angeboten wird, oder eine der bekannten Branchenklassifikationen (s. Abb. 2.5) nutzen, zum Beispiel die schon etwas veraltete „Standard Industrial Classification" (SIC) oder die „Klassifikation der Wirtschaftszweige" aus dem Jahr 1993 (WZ 93). In Nordamerika wird seit 1997 das „North American Industry Classification System" (NAICS) eingesetzt. Ein sechsstelliger Code unterteilt die Wirtschaftsbranchen in zwanzig Sektoren und rund 1170 Branchen. Die deutsche Nomenklatur heißt WZ 2008 und kennt rund tausend Klassen mit vierstelligen Notationen, die hierarchisch aufgebaut sind. Die

Abb. 2.5 Aus der ABC-Analyse Branchenschwerpunkte festlegen. (Quelle: eigene Darstellung)

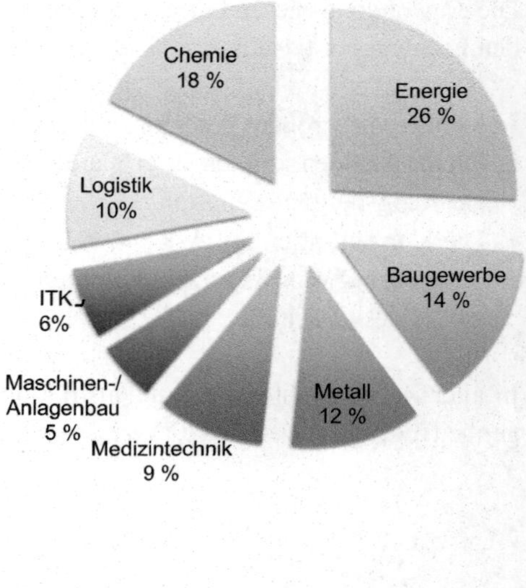

zehn Hauptklassen der WZ 2008 von A (Land- und Forstwirtschaft) bis Q (exterritoriale Organisationen und Körperschaften). Viele Großfirmen haben ihren Branchenvertrieb in fünf Klassen eingeteilt, zum Beispiel in Industrie, Automobil, Mobilität, Finanzdienstleistungen, öffentlicher Sektor.

Wenn Sie dringend an Marktinformationen kommen wollen, weil beispielsweise die Unternehmenssituation schnelles vertriebliches Handeln zur Ausschöpfung der bestehenden Märkte oder zur Erschließung neuer erfordert, gilt es sehr genau zu überlegen, welche Unternehmen und welche Daten man haben will. Je höher die Qualitätsdimension der Unternehmensdaten beziehungsweise -abstracts ist, desto teurer wird der Einkauf. Einige Broker liefern kostenlos Daten (ABC, Who is Who, Wer liefert was), kostenpflichtige Anbieter mit unterschiedlichen Modellen für Adress- und E-Mail-Marketing, Informationen, Informations- und Adressmanagement sind Hoppenstedt, Lünendonck, Kompass, Dun & Bradstreet, Alleco, AZ Bertelsmann oder Schober. Einen Vergleich von Anbietern liefert eine Studie von Wolfgang G. Stock (Stock und Stock 2001). Mittlerweile liefern viele CRM-Systeme solche Services gleich mit.

2.2.5 Forecast

Definition
Vertriebsplanung oder Forecast ist die Prognose über den von Ihnen zu erwartenden Auftragseingang auf Basis der aktuellen Geschäftsmöglichkeiten (Opportunities). Diese Prognose ist die Voraussetzung für die Planung der Vertriebsziele. Forecast ist wie die Wettervorhersage ein prognostisches Frühwarnsystem für die Führung des Vertriebs beziehungsweise des Unternehmens. Er schafft langfristig Sicherheit sowohl für die Budgets und damit auch für die Gehälter, als auch für Investitionen. Eine Reihe von Perspektiven kann dabei berücksichtigt werden: erwartete Steigerung im Auftragseingang generell, pro Produkt oder Portfoliogruppe, geplante Umsatzsteigerung gesamt oder prozentual im Vergleich zu Vormonat, Vorquartal oder Vorjahr mit eingerechneten saisonalen Abweichungen (Ackerschott 2001).

Neben dem Nutzen für das Management ist es auch ein Selbststeuerungswerkzeug für jeden Vertriebsmitarbeiter. Die drei Schlüsselkriterien Auftragswahrscheinlichkeit, Auftragsvolumen und Auftragszeitpunkt bilden die Grundlage für das Opportunity Coaching. Eine qualifizierte Forecast-Ermittlung setzt regelmäßiges, konsequentes Arbeiten am Vertriebstrichter und der Pipeline voraus – was nicht in einem Jahr gelingt. Man wird immer wieder mit den Prognosen danebenliegen, aber insgesamt wächst die Genauigkeit. Aber wie Bernhard Shaw schon sagte: „Wer nicht bereit ist sich lächerlich zu machen, kann kein guter Schlittschuhläufer werden.“

Abb. 2.6 Administration oder Aktion? (Quelle: Jan Myszkowski)

Ziel

Ihre Planung für das Budget ist belastbar. Sie haben eine Ist-Entwicklung Ihres Geschäfts hochgerechnet und wissen, ob und wie die Geschäftsentwicklung von den Soll-Zahlen planerisch positiv beziehungsweise negativ abweicht.

Problemstellung

Der Forecast-Prozess schmeckt keinem außer dem Unternehmer (s. Abb. 2.6). Er kostet die Betroffenen scheinbar unendlich viel Zeit, doch gemessen an der Dauer eines Vertriebsjahrs ist es verschwindend wenig. In mehreren Situationen denkt der Vertriebsmann über Sinn oder Unsinn der Umsatzvorhersage nach: Wenn er zu wenig zu tun beziehungsweise bei der regelmäßigen Planung geschlampt hat oder wenn ihm die Arbeit zu den Ohren heraushängt. Keine Frage, der regelmäßige Forecast ist anerkanntermaßen einer der häufigsten Produktivitätsvernichter in Vertriebsorganisationen. Vertriebsleiter und Geschäftsführer werden von Aufsichtsräten und Bänkern regelmäßig zum Nachschlagen „in der Sternenkunde" gezwungen, genötigt zum jährlichen, monatlichen, wöchentlichen „Malen von Zahlen" – Märchenstunde vor dem Excel-Sheet.

Aber die Sache ist zweischneidig: Wer keine Messkriterien anlegt, kann seine Performance nicht in einer Skala von mangelhaft bis exzellent einordnen. Wer sich keine Ziele setzt, kann auch nicht beurteilen, ob er diese erreicht hat oder nicht. Selbst bei einem so stark auf Beziehungen ausgerichteten Handeln wie Vertrieb brauchen wir Kriterien, die helfen, die Qualität der Arbeit in der Vergangenheit, Gegenwart und Zukunft zu beurteilen beziehungsweise in einem Raster einzuordnen. Sicherlich erwartet kein Mensch die göttliche Vorhersageeingebung beim Berühren der Klinke eines Kundenunternehmens. Wahrscheinlichkeiten gibt es in der Statistik, nicht jedoch im Einzelfall des Vertriebsprojekts. Dort gilt Auftrag oder nicht Auftrag, also 100 oder 0 %.

Beim Vertriebstrichter der Kundenprojekte verhält sich das genauso. Sie arbeiten an Chancen, allerdings hoffentlich nur an solchen, die auch erfolgversprechend sind. Dennoch haben diese Verkaufschancen statistisch betrachtet zum Teil schlechte Chancen.

Phasen

1. Vereinbaren Sie die wichtigsten Parameter für die Forecast-Ermittlung und -Darstellung. Die wichtigsten sind Wahrscheinlichkeit, Auftragsvolumen und Auftragszeitpunkt.
2. Legen Sie die Minimalanforderung für die regelmäßige Vorbereitung fest.
3. Sprechen Sie sowohl individuell wie auch im Vertriebsteam die Ergebnisse und Ihre Ableitungen daraus durch.
4. Überlegen Sie in der Strategierunde Ihres Managementkreises, ob personelle und organisatorische Maßnahmen erforderlich sind und wenn ja, welche.

In ihrem Buch Sales Management liefern Joe F. Hair, Rolph F. Anderson, Rajiv Metha und Barry J. Babin eine kompakte Übersicht zu den unterschiedlichen Forecast-Techniken (Hair et al. 2009, S. 124 f.). Vorzugsweise werden Sie beim Forecast eine Technik der Marktbetrachtung („Breakdown-Approach“), die mit den generellen ökonomischen Bedingungen des Marktes des Landes beginnt und der Ableitung aus der Einzelsituation eines Kundenunternehmens heraus („Build-up-Approach“) endet, einsetzen.

Zweiteres wird uns noch bei der Account-Planung beschäftigen.

Vorgehen
Klären Sie für die Auftragsprognose die Abgrenzung verschiedener Opportunities (vgl. Tab. 2.2). Nicht selten sind vor allem bei größeren Vertriebsprojekten Teile in mehreren Angeboten unterschiedlicher Geschäftseinheiten enthalten. Dabei wird auch zu klären sein, wie sich die Margen zwischen den Einheiten aufteilen lassen; Es besteht die Gefahr des Margin Stackings und damit eines Wettbewerbsverlusts.

2.2.6 Kaufmotiv: Painpoints und Vision

Definition
Ihre Vertriebsmitarbeiter haben dann einen deutlichen Wettbewerbsvorteil, wenn Sie ihre Fragen so formulieren, dass der Kunde erkennt, dass Ihre Leistungen genau das sind, was er braucht und was er haben will (s. Kap. 4.2.5). Alle Kaufmotive, von Sparsamkeit, Risiko- und Sicherheitsdenken über Bequemlichkeit und Genuss bis zu Selbstverwirklichung und Unabhängigkeit sind hier zu berücksichtigen. Der Kunde möchte den aktuellen Zustand ändern, und Sie können ihm dabei helfen. Der größte Teil der Geschäftsmöglichkeiten resultiert aus Bedürfnissen, die sich beim Kunden ohnehin bereits entwickelt haben und für deren Befriedigung er nun einen Lieferanten benötigt. Die Suche nach Befrie-

Tab. 2.2 Opportunity Assessment: Grundprinzip BANT anwenden, die Wahrscheinlichkeit im Trichter klären. (Quelle: eigene Darstellung)

		Budget	Authority	Need	Zeit	Prognose
		Sind Geld oder andere Ressourcen vorhanden und gibt es darauf Zugriff?	Wie wird entschieden, wer entscheidet?	Gibt es Handlungsdruck?	Wie sicher ist, wann das Projekt stattfinden wird?	
Punktzahl		Vorhanden: 5 Punkte	Es besteht direkter Kontakt zu	Sie als Anbieter passen zum Projekt: 5 Punkte	Kurzfristig: 5 Punkte	Summe (maximal): 20 Punkte
		In Planung: 3 Punkte	CEO: 5 Punkte	Sie passen zur Spezifikation: 4 Punkte	Mittelfristig: 3 Punkte	
		Wahrscheinlich: 1 Punkt	Beeinflusser: 4 Punkte	Sie passen eventuell: 2 Punkte	Langfristig: 1 Punkt	
		Unklar: 0 Punkte	Unterstützer: 1 Punkt	Kein genauer Plan: 1 Punkt	Zeit unklar: 0 Punkte	
			Informanten: 0 Punkte	Kein Plan, kein Schmerz: 0 Punkte		
>50 %	Suspect/Prospect					Summe × x %:
	Ihr Portfolio ist relevant.	Opportunity A: 3 Punkte	Opportunity A: 4 Punkte	Opportunity A: 2 Punkte	Opportunity A: 3 Punkte	= 12 × 50 %
						= 12 Punkte
						= 30 %

Tab. 2.2 (Fortsetzung)

		Budget	Authority	Need	Zeit	Prognose
60 %	Lead/Kontakt					Summe × x %:
	Sie erwarten eine Opportunity in den nächsten 24 bis 36 Monaten	Opportunity B: 5 Punkte	Opportunity B: 5 Punkte	Opportunity B: 5 Punkte	Opportunity B: 5 Punkte	= 20 × 60 %
						= 12 Punkte
						= 60 %
70 %	Opportunity					Summe × x %:
	Der Kunde startet in den nächsten 12 Monaten ein Projekt	Opportunity C: 3 Punkte	Opportunity C: 1 Punkt	Opportunity C: 2 Punkte	Opportunity C: 1 Punkt	= 7 × 70 %
						= 4,9 Punkte
						= 34,3 %
80 %	Sales/Projekt					Summe × x %
	Es gibt eine Ausschreibung, Sie machen ein Angebot	Opportunity D: 3 Punkte	Opportunity D: 4 Punkte	Opportunity D: 5 Punkte	Opportunity D: 0 Punkte	= 12 × 80 %
						= 9,6 Punkte
						= 48 %

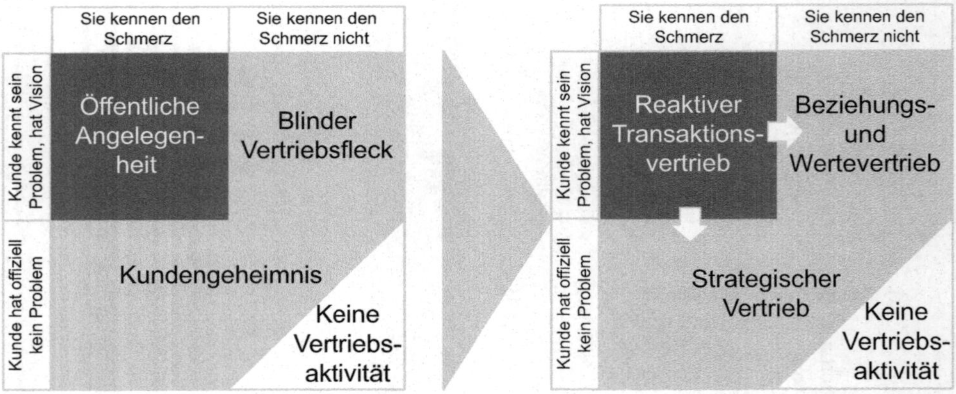

Abb. 2.7 Fokus ist neues Geschäft. (Quelle: eigene Darstellung)

digung des Bedürfnisses wird oft „Schmerz" oder „zwingendes Ereignis" genannt, kurz „Painpoint" – der Grund, warum jemand an der aktuellen Situation etwas ändern möchte. Es gibt zwei „Schmerztypen" (vgl. Abb. 2.7):

- Der **erste Schmerztyp:** Der Kunde hat meistens schon eine grobe bis ziemlich detaillierte Vorstellung, wie die Lösung zur Zufriedenstellung seiner Bedürfnisse aussieht. Es ist ein Glücksfall, wenn wir die Ersten sind, die davon erfahren, und möglicherweise sogar die Einzigen bleiben. Meistens befinden wir uns aber im Wettbewerb mit anderen Anbietern und zahlen unseren Tribut, um beim Verkaufsprozess mitbieten zu dürfen in Form eines niedrigeren Preises.
- Der **zweite Schmerztyp** ist der latente Schmerz (nach Bosworth 1995, S. 4 „latent pain", siehe zur Bezeichnung zum Beispiel Kenney 2012): Der Kunde hat noch kein Kaufmotiv, und wir erzeugen ein solches durch das Gespräch. Es ist deshalb bei der Kaltakquise wichtig, in wenigen Sekunden einen dieser Schmerz- oder Triggerpunkte zu treffen, denn „no pain, no use": Ohne Schmerz kein Grund zu kaufen, könnte die einfache Formel für Kundentermine lauten. Und warum sollte sich der Kunde dann mit Ihrem Mitarbeiter treffen?

Zuzanna von PIP Power Inside Production tut sich schwer, mögliche (neue) Kaufmotive beim Kunden zu finden. Sie hat ihre Zielkunden identifiziert, findet aber keinen sinnvollen Anlass, den dortigen Entscheider anzusprechen. Bei der Kontaktaufnahme wird sie entweder zurückgewiesen oder findet während des Gespräches keine Anknüpfungspunkte. Der jeweilige Ansprechpartner lässt sie entweder gar nicht zu Wort kommen, bietet von sich aus keine Motivation, das Gespräch fortzusetzen oder vertröstet sie auf einen undefinierten späteren Zeitpunkt, zu dem er auf sie gegebenenfalls aktiv zukommen will oder die beiden führen ein freundliches aber belangloses Gespräch.

Ziel

In jedem Gespräch werden die Kaufmotivatoren „abgeklopft". Es gelingt in einer Kurzdiagnose, die generelle Interessenlage des Kunden zu verstehen und damit Themen für weiterführende Fragen zu identifizieren. Der Vertriebsmitarbeiter schafft es nach dem ersten Scan, das Interesse dafür zu wecken, das Gespräch in einem Bereich der Kaufmotivatoren zu vertiefen.

Phasen und Vorgehen

Die zahlreichen Vertriebsmethoden wie „Pain to vision" von Michael T. Bosworth (1995, 60 ff.) oder „A seat at the table" von Marc A. Miller (2010) dienen immer dazu, im Gespräch einen logischen Anknüpfungspunkt dafür zu finden, den Painpoint entweder selbst zu erkennen oder näher zu beleuchten, die bekannte oder noch unbekannte Vision des Kunden zu beschreiben und zu diskutieren und den Kunden durch Fragen im Gespräch zu einem Lösungskonzept zu führen. Allen Modellen ist gemein, dass die spezifische Vorbereitung auf den Termin gewissenhaft durchgeführt wird und der Vertriebsmitarbeiter mit einem gut gefüllten „Rucksack" an Erkenntnissen über den Kunden antritt, an vergleichbaren Erfahrungen und Annahmen, die Fragen aufwerfen. Die genutzten Formeln verstehen sich als sichernde Leitlinien im Gespräch (PAIN *POWER*VISION*VALUE*CONTROL= SALES).

Nutzen

Jeder weitere Kontakt zu den Kundenansprechpartnern, setzt auf den beiderseitigen Erfahrungen der bisherigen Gespräche und deren Verlauf auf. Der Kunde sieht im Vertriebsmitarbeiter einen hilfreichen Gesprächspartner, der seine Belange versteht und begreift das dahinterliegende Portfolio Ihrer Firma nicht als Bedrohung, sondern latentes Angebot, auf das er bei Bedarf gerne zurückgreift.

2.2.7 Kontaktaufnahme und Kaltakquise

Definition

Die Kontaktaufnahme ist das vertriebliche „Samenkorn", das man an der richtigen Stelle im „Acker des Kundenmarkts" einpflanzt. Das Wo und das Wie sind entscheidend für den Erfolg. Die optimale Kontaktaufnahme ist auch eine Frage des Timings, also wann der Kontakt zum Kunden gesucht wird und letztlich auch des Wordings, was wann gefragt und gesagt wird, wie der Anschluss an weitere Termine und mögliche andere Ansprechpartner vorbereitet wird. Alles beginnt mit dem ersten Wort, der ersten Überschrift, der ersten

Mail. Sie können der Schlüssel zu einer möglicherweise langfristigen Kunden-Lieferantenbeziehung sein.

Zum Verständnis: Kaltakquise ist eine Form der Kundengewinnung für das eigene Unternehmen, bei dem der Zielkunde bisher noch keinen Kontakt zu Ihnen hatte. Der erste Kontakt zum Kunden wird meistens per Telefon hergestellt und deshalb als „kalt" bezeichnet, da es im Vorfeld keine Form der Empfehlung über einen Dritten gab oder einen direkten Bezug, wie zum Beispiel eine gemeinsame Mitgliedschaft in einer Organisation oder einem Verband, gemeinsame Kooperationspartner et cetera. Gelingt es, einen Kontakt auf diese Weise erfolgreich herzustellen, kann anschließend der Verkaufsprozess beginnen. Referenzakquise oder Lead-Verfolgung nach Agenturkontakten sind hier nicht gemeint.

Problemstellung
„Das sind doch Basics", werden Sie sagen, der selbstverständliche Einstieg in die Zunft des Verkaufens. Nur sind das wirklich Basics? Cold Calling, also Leute anrufen, die einen noch nicht kennen und die man selbst noch nicht gesprochen hat? Kaltanrufe sind wie Liegestütze: Je seltener man sie macht, desto schwieriger sind sie.

Bevor Sie sich auf irgendwelche operativen, taktischen oder gar strategischen Details der Arbeitsweise beziehungsweise die Kompetenzen Ihrer Vertriebsleute stürzen, sollten Sie mit ihnen „Liegestütze" machen. Kein Wettkampf ohne Übung! Denn Hand aufs Herz, wann haben Sie das letzte Mal gefragt: „Wann machen wir unsere Kaltanrufsitzung?" Ich finde, es ist absolut in Ordnung, auch die Grunddisziplinen regelmäßig zu trainieren so wie die Pflicht beim Eislauf oder die Standards im Fuß- oder Handball.

Es gibt drei Situationen, in denen die Ansprache von Neukunden unumgänglich ist:

- Sie fangen neu an.
- Sie verlieren einen oder mehrere wichtige Bestandskunden.
- Es gehört zu Ihrer Disziplin, dass Sie und Ihre Mitarbeiter regelmäßig, vielleicht sogar täglich neue Kunden anrufen.

Marcos von Steam Success gelingt es nicht oder nur schwer, Kontakt zu neuen Zielkunden aufzunehmen. Er scheitert meist schon am Sekretariat. Da er oft auf ein Nein stößt, entwickelt er negative Gefühle sowohl gegen das Telefonieren als auch gegen seine Arbeit generell – und letztlich gegen sich selbst. Es handelt sich um ein Reiz-Reaktionsmuster, das Tim Taxis (2011, S. 23) in Anlehnung an die sechs Prinzipien des Überzeugens von Robert B. Cialdini (2006) „Klick-Surr-Effekt" nennt. Es wird ausgelöst, wenn Ihr Vertriebsmitarbeiter zur Ansprache sich ein festes Schema angeeignet hat, das immer wieder zur Ablehnung beim Kunden führt. So bildet sich von Anruf zu Anruf ein Regelkreis von Kontaktversuch, Ablehnung und Enttäuschung des Vertriebsmitarbeiters (vgl. Abb. 2.8).

Mit Regelkreisen haben Führungskräfte immer wieder zu tun, zum Beispiel wenn ein Mitarbeiter trotz vermeintlicher Klärung ein Thema immer wieder auf den Tisch bringt oder wenn Ihre (nachvollziehbare) Kritik beim Mitarbeiter zu sinkender Motivation führt

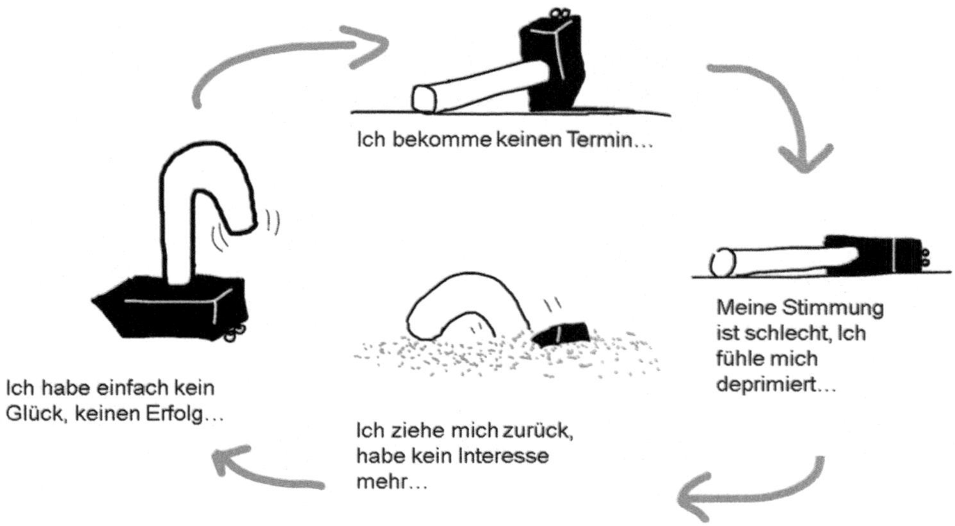

Abb. 2.8 Der Regelkreis der „Kaltakquise-Demotivation". (Quelle: Eigene Darstellung)

und dies wiederum zu weiterer Kritik und so weiter. Die Ablehnung durch den Kunden ist ein problematischer Regelkreis oder „Teufelskreis", bei dem der Mitarbeiter sich chancenlos fühlt (Schulz von Thun 1981, S. 193 ff.).

Beispiel
Warum ist es so schwierig, mit einem Kunden zum ersten Mal in Kontakt zu treten? Hier ist zum Beispiel Michael Treutner, ein typischer Käufer von Managed Print Services, Niederlassungsleiter einer Bank. Es ist 8,25 Uhr, und Michael kommt in seinem Office spät an, weil er die Kinder in die Schule bringen musste. In den letzten achtzehn Monaten hat er sechzig bis achtzig Wochenstunden in der Firma verbracht wegen der anstehenden Unternehmensumorganisation. Während er sich eine Tasse Kaffee holt, schaut er sich sorgenvoll die Präsentation für die Niederlassungsleitersitzung beim Bereichschef durch, die er letzte Nacht fertiggestellt hat, nachdem er die Kinder ins Bett gebracht hatte.

Sein Mobilwecker piept: Nur noch dreißig Minuten bis zur Executive-Präsentation. Michaels Blick richtet sich auf die Mailbox, und er ist froh, dass nur hundertfünfzig Mails angekommen sind. Das Telefon läutet, eine weitere Unterbrechung, wie üblich lässt er den Anruf auf die Voicebox laufen. Michael hat schon vor langer Zeit aufgehört, Anrufe direkt entgegenzunehmen, denn er erstickt in Arbeit. Um zu überleben, weiß Michael, dass er nicht alles tun kann. Er hat einfach genug. Er weiß, ein weiteres Projekt macht den Unterschied, ob er schwimmt oder untergeht. Sein Wecker läutet wieder, nur noch zwanzig Minuten bis zur Präsentation. Zeit, um die E-Mails im Posteingang durchzuforsten und die Voicemails zu löschen. Wenn Michael seine Mailbox leert, schaut er auf den Absender und in die Betreffzeile. Seine Daumenregel lautet: Wenn er den Absender nicht kennt oder das Thema nicht zu seinen augenblicklichen Prioritäten gehört, löscht er die Nachricht.

Nur noch fünf Minuten bis zu seinem Meeting. Michael hört die Voicemail ab, den Finger auf dem Löschknopf. „Guten Tag, hier spricht Marcos de Quintana, ich möchte mich und meine Firma vorstellen …" Zack, gelöscht.

Wie kommt man an diesen Kunden heran? Hilft vielleicht eine Vertriebsschulung mit einem Trainer? Ein namhafter deutscher Trainer argumentiert in seinem 52-Wochen-Blog:

> Welcher meiner Kunden benötigt schon ein Vertriebstraining? Glauben Sie mir: Kaum ein Entscheider will seinen Vertrieb trainieren. Da ist es schon wahrscheinlicher, dass ein Verkaufsdirektor die Leistung seines Außendienstes mindestens 5 Prozent über der des wichtigsten Wettbewerbers halten will. Oder dass ein Geschäftsführer die Genauigkeit der Vorhersagen in seinem Sales Forecast auf 95 Prozent oder mehr steigern will.

Und genau das ist der entscheidende Punkt: Bei allem Respekt für Vertriebstrainer, gerade bei den sensibelsten Vertriebsthemen, der Neukundenansprache und dem ersten Termin vor Ort, ist der Sales Manager bestens geeignet, um den Mitarbeitern das dafür erforderliche vertriebliche Handwerkszeug mitzugeben. Er ist der optimale Sparringspartner, denn er kennt die Rahmenbedingungen, die beteiligten Personen und deren Leistung besser als jeder andere. Ebenso sollte man statt von Kaltakquise besser von Erstkontakt sprechen. Nichts ist kalt, nicht einmal der Telefonhörer. Schließlich sind Sie über die Sache und den Kunden bestens informiert. Das eigene Unternehmen hilft Ihnen und Ihren Mitarbeitern mit der Unterstützung von Experten und geeignetem Informationsmaterial dabei, entspannt und selbstbewusst in jedes Gespräch zu gehen. Denn die Drückermentalität nach dem Motto „Ich kriege jeden Termin, egal wie" oder „Ich kann jedem Eskimo einen Kühlschrank verkaufen" ist weit weg von dem Bemühen, einem Kunden nicht nur per Lippenbekenntnis à la „Ich liefere die Verbesserung von …" helfen zu wollen. Nein, hier ist nichts kalt: Sie haben sich erwärmt für die Fragestellungen des zu kontaktierenden Kunden, Sie sind heiß darauf, dass der Kunde Ihre Leistung sehen und verstehen will, Sie brennen förmlich auf Fragestellungen, Painpoints vom Kunden, die Sie zum attraktiven Beratungs- bzw- Lösungspartner machen. Keine Kälte, kein Eis …

Ziel

Sie haben Ihrem Mitarbeiter geholfen, die Scheu vor der Neukundenakquise zu überwinden. Neukundenakquise gehört zum Standardrepertoire Ihrer Vertriebsorganisation. Der Verkäufer nimmt täglich Kontakt mit Personen auf, die für ihn neu sind. Er hat Lust, neue Menschen kennenzulernen, er erweitert täglich sein Netzwerk und seine Kontaktbasis.

Phasen und Vorgehen

Helfen Sie Ihrem Mitarbeiter, Routinen dafür zu entwickeln, mit den folgenden latenten „Blockern" eines wie auch immer kontaktierten künftigen Kunden umzugehen:

1. Passt mir die Person oder nicht?
2. Warum spricht sie mich an?
3. Bringt mir den Kontakt etwas?

4. Wie lange dauert das Gespräch?

Klären Sie: Was macht Ihren Vertriebsmitarbeiter sympathisch? Was braucht es, damit er ein Okay für ein Gespräch vom Kunden erhält? Helfen Sie Ihrem Mitarbeiter, seine Storys zu schreiben und wiederzugeben. Wie lauten die maximal zwei Sätze, die nicht ermüden, sondern das Interesse nach der Zustimmung aufrechterhalten oder gar steigern? Hier können Sie aus Ihrer Erfahrung Ideen mitgeben.

Aber der Intellekt ist nicht alles. Ein auswendig gelernter Satz wirkt oft hölzern und wenig attraktiv. Helfen Sie Ihrem Mitarbeiter dabei, seine Story, seine Ansprache zur Routine zu machen. Das kann im Trockenkurs oder im Life Coaching sein. Besprechen und üben Sie den individuellen Elevator Pitch, die drei Minuten im Aufzug, in denen der Verkäufer mit dem Unternehmenschef auf den Punkt vom Schmerz zur Lösung kommt. Stellen Sie sicher, dass die Formen des Fragens und zusammenfassenden Zuhörens genutzt werden. Achten Sie darauf, dass jeder Kundenbesuch, soweit möglich, eine Fortsetzung findet und der Erweiterung der Kundenbeziehung dient.

2.2.8 Telefonieren für den Ersttermin

Problemstellung

Uwe spricht mit Robert Ganges (s. Kap. 4.2.5), um mit dem Vorstand einer Holding Kontakt zu bekommen. Robert erklärt Uwe: „Für viele Vertriebsmitarbeiter, wie für Dich, scheint die erste Hürde beim Erstkontakt die Telefonzentrale oder Assistenz. Selten gehen Entscheider selbst ans Telefon. Dein erstes Gespräch mit der Assistenz hat also dieselbe Wichtigkeit, wie das mit dem Entscheider, also die Person mit der Du ins Gespräch kommen willst. Die Assistenz ist die Wächterin am Tor, der Schlüssel, ohne den Du nicht ins Zimmer kommst."

Die Situation dieser Zielperson ist leicht zu beschreiben und deren Verständnis Grundlage des Kontakterfolgs: Zentrale und Assistenz haben die Aufgabe, Gespräche zu vermitteln und in aller Regel auch zu unterscheiden, was wichtig ist und was nicht und zu wem gegebenenfalls vermittelt werden soll. Wenn man sich als „Freund" des Entscheiders ausgibt, werden einen alle möglichen Zwischeninstanzen durchwinken: Alleine z. B. das Wort „Freund" schließt viele Türen automatisch auf. In komplizierteren Fällen holen sich die Zwischeninstanzen eine Bestätigung des Passworts „Freund" beim Entscheider: „Stimmt das Passwort oder nicht?". Wie bei der E-Mail-Verschlüsselung, braucht es einen „Gegenschlüssel". Eine Vielzahl von Vertriebsmitarbeitern versucht normalerweise, über mehr oder weniger inhaltslose Floskeln als eine Art Dietrich diese Tür aufzuschließen. Das gelingt selten.

Ziel

Ihre Vertriebsmitarbeiter schaffen es zu einem großen Teil, einen Termin beim Geschäftsführer beziehungsweise Entscheider zu erwirken.

Beispiel

Wie wirklich ist die Wirklichkeit (Watzlawick 1978)? Folgendes Gespräch zwischen Robert Ganges und Uwe aus Münster soll die Gratwanderung illustrieren, die Sie als Führungskraft unternehmen, wenn es um die Vermittlung von Methoden zur Kundengewinnung geht. Überlegen Sie bitte, ob Sie sich mit den Inhalten des folgenden Dialogs identifizieren können oder es als Anstiften zum Flunkern sehen. Wo hört die erlebte Wirklichkeit auf, wo fängt die Lüge an?

„Das tatsächliche Gespräch zwischen dir und dem Senior der Holding auf dem Kongress hat fünfzehn bis dreißig Sekunden gedauert, stimmt's?"
„Ja, es waren drei Sätze."
„Nun, du hast doch während des gesamten Vortrags des Seniors an ihn gedacht und dir immer wieder Fragen gestellt, zu dem was er sagte, oder?"
„Ja, da waren jede Menge Anknüpfungspunkte zu unserem Geschäft!"
„Sehr gut. ‚Das von dir erinnerte' Gespräch hat also sicher fünf bis zehn Minuten gedauert. Nimmt man den gesamten Vortrag dazu, waren es noch viel mehr. Du hattest also einen ausführlichen „Dialog", auch wenn der sich nur im Kopf abgespielt hat und deine Stimmbänder sich im Schlafzustand gehalten haben. Alles andere wäre während des Vortrags ja unhöflich gewesen. Aber das weiß außer dir niemand!"
„Nein, das ist wahr!"
„Das waren dann mindestens dreißig Sätze. Und was man da alles austauschen kann!"
„Hätten wir die Zeit gehabt beziehungsweise der Senior sie sich genommen, wäre da ein fruchtbares Gespräch entstanden, so viele Fragen und Ideen hatte ich."
„Sehr gut. Und was von diesem (fiktiven) Gespräch wird der Geschäftsführer, den du kontaktieren willst, wissen wollen? Welche Themen könnten zwischen dir und dem Senior behandelt worden sein, die den Geschäftsführer brennend interessieren – sicher nicht unsere Produkt- und Lösungspalette?"
„Nein, das stimmt."
„Wie wäre folgender Einstieg bei der Assistenz: ‚Ich bin ein Bekannter von Herrn Senior. Ich habe ihn beim Vortrag getroffen, und er meinte, ich sollte Ihren Chef sprechen.'
„Halt, er ist doch kein Bekannter von mir!"
„Wieso? Bekannter kommt doch von kennen, und das tut Ihr euch doch, oder? Und die Bandbreite der Wortauslegung von ‚bekannt' ist sehr breit. Wie hoch ist nun die Wahrscheinlichkeit eines Kontakts?"
„Nun, ich glaube, sie ist zu meinem bisherigen Vorgehen per Mail gestiegen."
„Wenn die Assistenz fragt, worum es geht: Führe die Dame (oder den Herrn, denn es gibt auch Assistenten) in die eigene Inkompetenzzone: ‚Es geht um die Umsetzung risikoarmer Effizienzsteigerungen bei M&A-Prozessen!' Na, wie klingt das?"
„Sehr kompliziert!"
„Genau, das soll es auch sein. Der ‚Filter durchlassen oder nicht durchlassen' hat dafür nichts vorgesehen, und die Übersetzung für den Entscheider traut sich die Assistenz nicht recht zu."
„Gut, dann bin ich da vorbei, wie geht es weiter? Der Geschäftsführer ist nämlich eine härtere Nuss."
„Klar, vielleicht so: ‚Ich habe mich mit Senior ausführlich über die Integrationsarbeit von den Firmen X, Y und Z unterhalten. Er meinte, wir sollten uns darüber persönlich unterhalten, da Sie meine Erfahrungen nutzen könnten. Ich habe regelmäßig in Ihrer Gegend zu tun und würde einen der nächsten Termine nutzen, mich mit Ihnen zu treffen.' …"

2.2.9 Sprache und Kommunikation

Über die Sprache und Dialoge mit Kunden ist in vielen Büchern geschrieben worden. Generell sollten Sie die sprachlichen Fähigkeiten aller Vertriebsmitarbeiter überprüfen. Denn diese sind das Aushängeschild Ihres Mitarbeiters und damit der Reputation Ihres Unternehmens.

Jeder Mensch hat eine bestimmte Vorliebe, wie er kommunizieren mag. So gibt es den Scheuen, der lieber zur Feder respektive zur Computertastatur greift und den Spontanen und Redefleißigen, der ohne Scheu und nachzudenken sofort den Hörer in die Hand nimmt oder sogar während der Autofahrt einen unangekündigten Stopp bei einem Kunden macht und diesen „überfällt".

Sorgen Sie bei der Supervision dieser Arbeit dafür, dass der Mix an Kommunikationsmitteln gewahrt bleibt (Schriftliches, Mündliches, Ihr Verhalten…). Es ist wichtig, dass die suprasegmentalen Merkmale der Sprache, der para- und nonverbalen Kommunikation, also Tonfall, Betonung, Artikulation sowie Lautstärke, Höhe, Geschwindigkeit und die nonverbalen Signale ausreichend Berücksichtigung finden. Also: Wann ist der Brief sinnvoll, wann das Telefonat? Welche Frequenz der Kontaktaufnahme ist gut? Wann ist eine E-Mail angeraten? Wie schnell ist auf ein Schreiben des Kunden zu antworten? Wann ist sogar ein handschriftlicher Text von Vorteil?

Briefe schreiben ist nicht jedermanns Sache, so wie für andere die freie Rede. Manchmal geht es um die Hemmschwelle des ersten Satzes, der darüber entscheidet, ob Ihr Mitarbeiter beim Kunden Akzeptanz aufbauen kann oder nicht. Das lässt sich üben und da Sie mit Ihrem jetzigen Status als Vertriebsleiter bewiesen haben, dass Sie die Basis und Routinetätigkeiten des Vertriebs beherrschen, geben Sie diese Erfahrungen weiter. Es lohnt sich.

Besprechen Sie auch, wann wer in die Kommunikation mit dem Kunden eingebunden ist, und wie erkennbar dies sein soll, zum Beispiel via cc bei E-Mails. Wer darf, wer soll was wissen?

Was die Inhalte betrifft: Ihr Mitarbeiter hat inzwischen sicher verstanden, dass beim Ersttermin oder generell nicht seine Leistung, sondern die Kundenproblematik im Vordergrund stehen soll. Welche Signale bedeuten für den Kunden Mehrwert? Ihre Vertriebsmitarbeiter, auch die Erfahrenen, werden es Ihnen danken, wenn Sie konstruktive Rückmeldung, Lob und Verbesserungsvorschläge zu ihrem Sprach- und Kommunikationsstil erhalten. So können Sie ohne Weiteres über die scheinbaren Banalitäten der Konversation, die „Dos" und „Don'ts" in der Wortwahl sprechen.

2.2.10 Terminplanung

Problemstellung
Ein Teil der hohen und ungeplanten Vertriebskosten entsteht durch mangelhafte Vorbereitung von Kundenterminen. Oft ist der Vertriebsmitarbeiter froh, dass er überhaupt einen ersten Termin bekommen hat und ist mit dieser Vereinbarung zufrieden. Nachgefragt, was

er denn dort erreichen wolle, sagt er: „Unsere Firma und unsere Leistungen vorstellen." Bei der zweiten Frage, was sich denn als konkretes Ergebnis des Termins ergeben soll, ist die Antwort dünn: „Einen Nachfolgetermin, um über konkrete Projekte zu sprechen beziehungsweise die Bedürfnisse des Kunden abzufragen." Die zweite Frage nach dem konkreten Ergebnis zeigt, dass ein solches eigentlich noch gar nicht geplant ist.

Natürlich weiß der Kunde, zumindest unterschwellig, dass unser Mitarbeiter ihn besucht, um seine Leistungen anzubieten und ein Projekt zu platzieren. Er fühlt sich aber nicht in der Treiberrolle. Er stellt ein Stück seiner Zeit zur Verfügung, vielleicht hat er darüber hinaus eine sehr konkrete Vorstellung davon, was der Anbieter haben muss oder leisten können sollte und welche Kriterien ihn dazu veranlassen könnten, unseren Mitarbeitern wieder einzuladen oder eben nicht.

Ziel
Sie haben eine konkrete, auch messbare Vorstellung davon, was das Ergebnis des Kundentermins sein wird. Die Konsequenz dieses Ergebnisses ist ein neuer Termin oder eine Absage. Das Ziel des Termins hat zwei Seiten: Die sachliche und die menschliche, wobei beide ineinandergreifen.

- Ergebnis 1: Der Kunde findet Ihre Vertriebsmitarbeiter sympathisch.
- Ergebnis 2: Der Kunde hat Motive geäußert, wo und welche Projekte er sieht.
- Ergebnis 3: Der Kunde hält das Leistungsspektrum Ihres Unternehmens generell für tauglich, ihn bei seinen Projekten und Aufgaben zu unterstützen.

Phasen und Vorgehen

1. Informieren Sie sich über den Zielkunden und über den Ansprechpartner.
2. Machen Sie Annahmen, welche Kaufmotivatoren für diese Unternehmen und seine Ansprechpartner zutreffen könnten.
3. Planen Sie auf Basis der bisherigen Vorarbeit.
4. Halten Sie gewünschte konkrete Ziele des Termins schriftlich fest.

Nutzen
Bei guter Planung wird der Kundentermin in jedem Fall ein Erfolg: weil ein Nachfolgetermin erreicht wurde, weil Ihr Vertriebsmitarbeiter konkrete Vorstellungen entwickeln konnte, was dieser Kunde genau braucht, oder weil die Erwartungen und Annahmen beim Kunden überprüft werden konnten und Sie daraus Lehren für künftige Termine ziehen können.

Beispiel
Bailey bekommt viele Kundentermine und ihm gelingt es, Nachfolgetermine zu erwirken, doch leider kommen nur selten erfolgversprechende Projekte dabei heraus. Fazit: Er versteht es, als erstes Ergebnis eine gute emotionale Beziehung aufzubauen und generell

dem Kunden das Unternehmen schmackhaft zu machen. Allerdings ist er in der Vorbereitung und auch disziplinierten Umsetzung der ersten Bedarfsanalyse schwach. Johannes Mannsheim wird ihn bei den oben genannten Schritten begleiten.

Die wichtigsten Fragen dabei lauten: Haben Sie genügend Wissen über den Zielkunden? Welche Informationsquellen haben Sie genutzt? Welche Themen tauchen in den Broschüren, im Internetauftritt, in Fachforen, in Wirtschaftsfachzeitschriften immer wieder auf? Ist der Ansprechpartner in den sozialen Medien vertreten? Was gibt er von seinen Hobbys oder seiner Persönlichkeit preis? Was ist dementsprechend persönlich, wie sachlich ist der Aufhänger für das Gespräch? Was kann er aus dem Gespräch als Hilfestellung, als positive Erinnerung mitnehmen: einen sympathischen Auftritt, intelligente und weiterführende Fragen? Hat das Leistungsangebot ihn neugierig gemacht?

▶ **Merke**: Wie erwecken Sie Neugier, wie Interesse? Welchen fachlichen Eindruck soll der Gesprächspartner bekommen: Spezialist, breitbandig, beharrlich und konsistent? Überlegen Sie, welche Merkmale Ihrer Person am meisten entsprechen. Vergessen Sie dabei nie: Ihr Ansprechpartner ist das Wichtigste im Gespräch. Das können Sie untermauern durch Körpersprache, indem Sie sich auf den Kunden ausrichten („Rapport-aufbauen"), durch Mitschreiben („Was Sie sagen, ist wichtig."), durch Bestätigen („Was Sie sagen, habe ich verstanden."), durch Hinterfragen („Ich bin sehr interessiert.") oder durch Paraphrasieren („Ich ordne Ihre Aussagen in meine Erfahrungswelt ein und gebe Ihnen hilfreiche Rückmeldung."). Behalten Sie die Gesprächsführung und tauchen Sie nicht zu tief in technische Details ab. Bleiben Sie lieber auf der Gesprächsprozessebene, damit Sie nicht Gefahr laufen, den Kunden zu verlieren.
Kurz: Gehen Sie weg vom Lead, dann kommen Sie schneller zum Ziel!

2.2.11 Elevator Pitch

Definition
Ursprünglich war der Elevator Pitch in den achtziger Jahren ein kurzer Überblick über ein Anliegen, den junge Mitarbeiter ihrem Chef während einer kurzen Aufzugfahrt geben wollten. Heute wird dieser Begriff mit der 30-Sekunden-Präsentation identifiziert, mit der Jungunternehmer ihre Geschäftsidee potenziellen Investoren präsentieren, um finanzielle Mittel zu erlangen. Grundsätzlich geht es um die Fähigkeit, in wenigen Sätzen das Problem oder die Fragestellung, die Idee und die Lösung sowie den spezifischen Nutzen herausstellen zu können, verbunden mit einer Erklärung, warum der Präsentierende die geeignete Instanz zur Umsetzung repräsentiert.

Neben den gelieferten Fakten und Zahlen ist die persönliche Ansprache wesentlich für den Erfolg. Seit 2003 hat sich eine Sonderform dieser Präsentationsart, das sogenannte Pecha Kucha, verbreitet, eine Vortragstechnik, bei der zwanzig Präsentationsfolien für jeweils zwanzig Sekunden gezeigt werden (Fuchs 2009).

Abb. 2.9 Elevator Pitch. (Quelle: Jan Myszkowski)

Ziel

Ihre Vertriebsmitarbeiter sind in der Lage, aus dem Stand zu unterschiedlichen Fragestellungen Elevator Pitches zu liefern (s. Abb. 2.9). Im besten Fall gelingt es Ihnen, dass alle Anliegen in Ihrem Unternehmen nach dem KISS-Prinzip („keep it short and simple") präsentiert werden können. Das „sei-konkret-und-prägnant-Prinzip" ist Grundlage Ihres Unternehmens und Ihrer Vertriebskultur – was ausführliche Diskussionen nicht ausschließt, jedoch effektiver werden lässt.

Problemstellung

Sowohl beim Kunden als auch in den Einzelgesprächen kommt Elène nicht auf den Punkt. Klaus de Yong verliert durch viele kleine Details Zeit und erhält keinen Überblick der aktuellen Situation. Auch bekommt er vom Kunden die Rückmeldung, dass die Gespräche mit Elène nicht zielführend sind.

Phasen

Klaus de Yong führt folgendes grundsätzliches Gesprächsmodell ein:

1. Was ist die Zielsetzung?
2. Wo liegt das Problem?
3. Wie sieht das generelle Vorgehen aus?
4. Was sind die konkreten nächsten Schritte?

Das Elevator-Pitch-Modell einzuführen, dauert seine Zeit. Beginnen Sie bei jedem einzelnen Mitarbeiter mit einem Fall. Erweitern Sie das Vorgehen, bis jede Fragestellung und

Aufgabe jedes Vertriebsmitarbeiters nach diesem Modell besprochen ist. Zweifellos wird es in den Gesprächen auch immer wieder Phasen der Erklärung und Diskussion geben. Die Prägnanz und Konkretheit kosten Konzentration, deshalb sollte zwischen dem Elevator Pitch und der ausführlichen Diskussion abgewechselt werden.

Nutzen
Sowohl in Ihrem Unternehmen als auch beim Kunden wird die Kommunikation stringenter und zielgerichteter sein. Jedes Gespräch hat einen sehr konkreten Charakter. Es ist leichter, hier das Gespräch auch einmal laufen zu lassen, da eine grundsätzliche Gesprächsdisziplin vorherrscht.

2.3 Profile: Versteher, Schrotflinte, Trommler und Freund

2.3.1 Eric, der Versteher

Problemstellung bei Steam Success International
Erik vernachlässigt die Kommunikation im Team hinsichtlich der mit dem Kunden vereinbarten Spezifikationen. Seine Projekte haben deshalb oft Schlagseite. Er hat zwar eine hohe Abschlussquote, aber die Kosten für die nachträgliche Nachbesserung an den Projekten, die nur zum Teil durch Claim Management ausgeglichen werden können, kann ein Gespräch erforderlich machen, um die Vorgehensweise zu ändern.

Erik, Schweden (Gespräch mit Johannes Mannsheim)
Ich habe selten einen so einfühlsamen Mitarbeiter kennengelernt wie den vierundfünfzigjährigen gut ausgebildeten Maschinenbautechniker und vierfachen Familienvater. Der Östergötländer hat seine Frau in Nürnberg kennengelernt. Alle gehen mit ihm pfleglich um, jeder schätzt seine scharfsinnig feinfühlige Art, sei es im Vieraugengespräch oder im Team Meeting. Er besitzt ein sehr breitgefächertes Know-how, macht Vorschläge in jeder Lebenslage (s. Abb. 2.10) und versteht Situationen und menschliche Eigenschaften unglaublich schnell. Ebenso schnell erkennt er Situationen und Bedürfnisse bei seinen Kunden, er riecht sie förmlich. Immer wieder wird er vom CEO Fan Muller von Lankfist Materials Ltd. gebeten, im Technical Management Council zu sitzen und anschließend Feedback zu geben.

Erik kann sich, ich habe es miterlebt, ganz leicht auf seinen Kunden einstellen und hat das Fingerspitzengefühl, das Richtige zu fragen oder zu sagen. Auch wenn sich die Meinung ändert, wenn ein Gespräch in einer Gruppe in Schieflage gerät, kann Erik sich sehr schnell darauf einstellen. Er findet schon in Erstgesprächen schnell einen Türöffner, einen Anhaltspunkt: ein Stichwort und das Gespräch läuft und läuft und läuft. Ich weiß nicht, wie sehr er sich dieser nahezu magischen Fähigkeiten bewusst ist: des Pacings, eines hohen Grades an Koorientierung und der Interpretation feiner individueller Verhaltensnuancen.

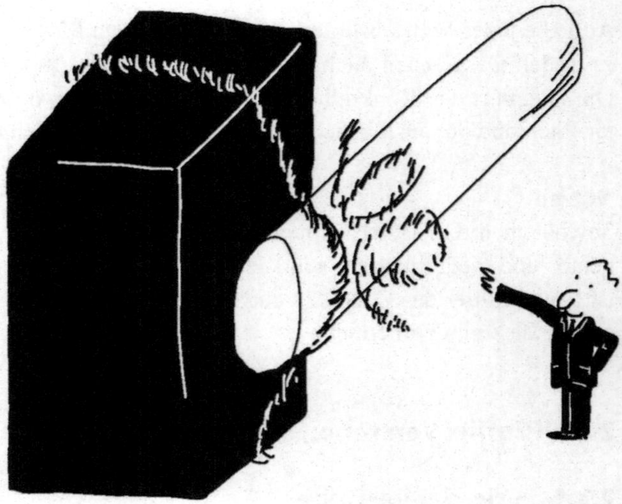

Abb. 2.10 Der Versteher. (Quelle: Jan Myszkowski)

Analyse
Stärken

- **Marktentwicklung und Trends**: Interessiert sich für die Zukunft, die Trends und Entwicklungstendenzen. Das Verständnis für die Wünsche und Visionen des Managements hilft ihm, Boardroom-Capability aufzubauen. So füllt sich sein Funnel rasch.
- **Selbstkontrolle**: Übt in hohem Maß Selbstkontrolle aus und kennt sehr genau seine generelle Wirkung auf andere.

Generell

Erik stellt sich *flexibel* und *schnell* auf neue Situationen ein. Er *liest sehr gut aus Gesten* und Stimmführung den wahren Gehalt einer bestimmten Situation. Wann die Zeit für Themen reif ist, weiß er genau – ein *perfektes Timing*. Neue Geschäftsmöglichkeiten gelingen leicht, weil er *Problemstellungen und Motive* schnell erfasst. *Schlussfolgerungen* kann er mit wenig Informationen oder Anhaltspunkten ziehen. Er adaptiert seine *Verhaltensweise* passgenau an die jeweiligen Rahmenbedingungen.

Schwächen

- **Branchenkenntnis**: Er hat gerunge die Branchenkenntnis, dazu gehört das Portfolio und die Situation des Angebotsmarktes incl. der Kenntnis und der Erfahrung zu Preissituation und erzielbaren Spannen.
- **Analysefähigkeit**. Erkennt nur unzureichend Muster und Kategorien.
- **Leadership**. Er orientiert sich zu wenig an den Zielen des Unternehmens. Er vermittelte kein Interesse an Macht. Ergebnisse sind ihm nicht so wichtig. Es fehlt ihm in der Organisation an Akzeptanz.

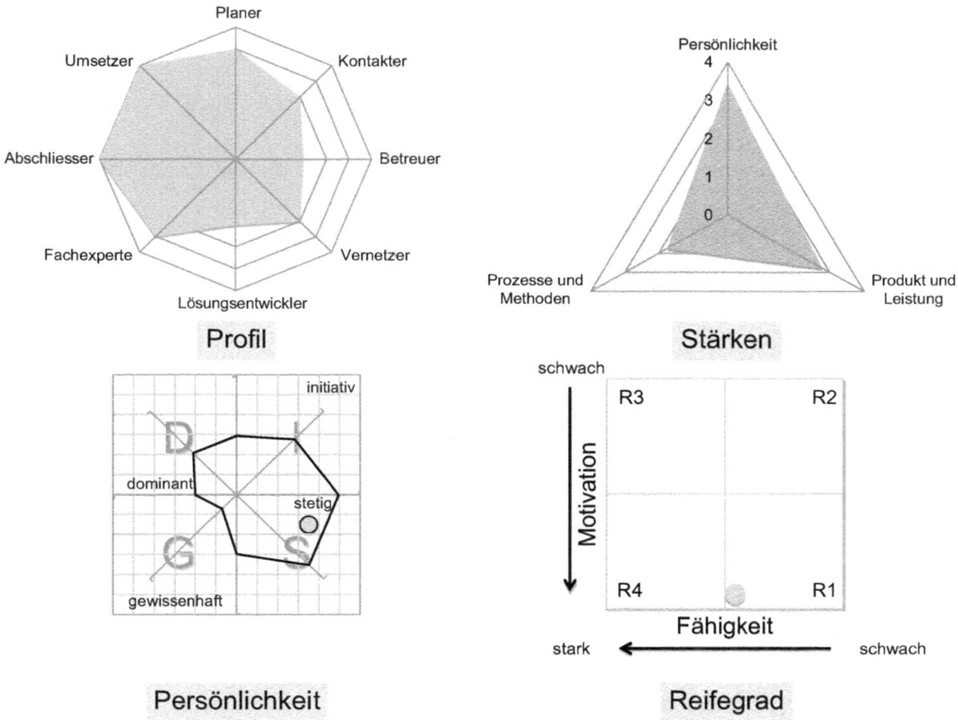

Abb. 2.11 Versteher: Einschätzung von Persönlichkeit, Stärke und Reifegrad. (Quelle: eigene Darstellung)

Generell

Erik fehlt immer wieder die *Konzentration* aufs *Detail*. Er meint, Themen erkannt zu haben, und *schlussfolgert* dann *zu schnell*. Er *missinterpretiert* Situationen immer wieder, besonders dann, wenn er emotionalisiert ist. Er könnte ein Projekt, eine Aufgabe generell *stringenter* angehen. Ihm *fehlt* immer wieder *Struktur*, und er kann sich dann verlieren.

Vertriebsprofil: Stärke und Potenzial (vgl. Abb. 2.11)
Ausrichtung: Abschliesser Orientierung: Kontrakte Stärke: Persönlichkeit Potenzial: groß

Verbesserungspotenzial
Produkt und Leistung:

- Nutzen Sie seine Fähigkeit, vor allem bei der Konzeption von Kundenentwicklungsstrategien, zum Beispiel bei der Buying-Center-Analyse.

Methoden und Prozess:

- Üben Sie, auch anhand von fachlichen Fragenkatalogen, das Abfragen von Details, die für die Angebote wichtig sind.
- Beobachten Sie sein Zeitmanagement und leiten Sie ihn diesbezüglich an, professioneller zu werden.
- Helfen Sie ihm, mehr Struktur in seine Kundentermine zu bekommen, ohne seine Fähigkeit zur feinfühligen Wahrnehmung zu stören.

Persönlichkeit:

- Klären Sie, inwieweit er sich seines Potenzials bewusst ist. Falls nicht, erarbeiten Sie gemeinsam, wie er diese Fähigkeiten noch zielgerichteter einsetzen kann.

Interkulturelle Anregung
Die Anfangsphase des Coaching-Prozesses kann lange dauern. Schweden haben oft einen großen Klärungsbedarf, wenn sie sich auf ein neues Vorgehen einlassen sollen. Haben Sie Geduld, Sie werden belohnt mit Vertrauen und nachhaltiger Umsetzung.

2.3.2 Bailey, die Schrotflinte

Problemstellung bei Fournier Système
Bailey macht zu wenige Abschlüsse. Bei aller Wertschätzung der viel zu wenigen „Hunter" in der Organisation muss die Situation geklärt werden. Eine Trefferquote von fünf Prozent rechtfertigt nicht den hohen Aufwand, den Bailey betreibt, auch nicht die Kosten für die eingebundenen Kollegen. Das ist im Team nicht mehr tolerabel. Manchmal liefert er einen unglaublich umfangreichen Funnel, am Schluss bleibt wenig übrig.

Bailey, Großbritannien (Klaus de Yong berichtet)
Immer fröhlich, lässt er sich durch nichts irritieren. Er hat Computing for Business and Management an der University of Sussex in Brighton studiert und ist vor zehn Jahren in London zu uns gestoßen. „Never stop prospecting", das nimmt er wörtlich, er hat ja genug Zeit, da er, geschieden, seine beiden Töchter nur einmal alle vierzehn Tage bei sich zu Hause hat. Er ist ein Unruhegeist im positiven Sinn. Neben dem „Job" kümmert er sich mit Freunden um ein paar technische Innovationen im Kleidungs- und Genussmittelbereich, wo er zu großen Herstellern den Kontakt aufbaut und hält.

Bailey hat sich der Neukundenakquise zu 100 % verschrieben. Wenn man jemanden einen „Hunter", einen Jäger, nennen kann, dann sicher ihn. Er liebt es, täglich neue Menschen anzurufen und er kommt dabei durch jede Tür. Es ist beeindruckend, mit welcher Verve er vom lokalen Fußballbundesligaverein über internationale Handelsketten bis hin zum Automobilzulieferer alles anspricht, was Rang und Namen hat. Er baut Kontakte auf, nutzt Einladungen, verfolgt Hinweise von Dritten.

Abb. 2.12 Die Schrotflinte. (Quelle: Jan Myszkowski)

Die Durchsprache seiner Pipeline ist immer aufwändig, jedes Mal neue Firmen, neue Themen. Er mobilisiert jeden, Freunde, Verwandte, Kollegen, Kunden, sogar mich, um zu neuen Leads zu kommen. Stolz auf permanente Anrufe von Kunden, Partnern, Kollegen anderer Bereiche stört er fast jedes Team Meeting. Aber es ist schwer, ihm böse zu sein: Alle sagen: „Er meint es nur gut." Ich habe ihn einmal angefleht: „Wenn du doch nur deine Schrotflinte nicht immer sofort nachladen würdest, sammle das Angeschossene doch auch einmal ein" (vgl. Abb. 2.12). Nein, er braucht in hoher Geschwindigkeit Kommunikation – von der Fahrt ins Büro bis zum Einschlafen, ständig auf der Suche. Wenn ich nur an seine Vertriebskosten denke!

Analyse
Stärken

- **Vernetzung**: Ist bestens innerhalb von Markt und Branche vernetzt.
- **An- und Einpassungsfähigkeit**: Versteht den kommunikativen „Eisberg". Weiß bestens, wie die üblichen Rede- und Verhaltensweisen sind und wie man sie einsetzt. Dazu die Kenntnis des „Knigge" über die Dos und Don'ts in unterschiedlichen situativen und kulturellen Kontexten.
- Beherrscht den **Dialog.** Seine Anlagen zur Interaktion mit einer Person sind ausgeprägt. Kann sich gut eigenpositionieren und weiß mit Feedback umzugehen.

Generell

Bailey erzeugt vorbildhaft *laufend neue Leads*. Er schätzt es sehr, *neue Geschäftsmöglichkeiten* zu entdecken. Er bleibt immer *aktiv auf der Suche* nach neuen Kunden und Ansprechpartnern. *Nie* wird er *abhängig* von wenigen einzelnen Kunden. Bis die Geschäftsgelegenheit erkannt und benannt ist, bleibt er *hartnäckig* am Kunden dran. Als großer *Kommunikator* bindet er alle ein.

Schwächen

- **Hintergrundwissen**: Kennt sich in der „Geschichte" der Kunden und des Marktes kaum aus. Er kann selten Plausibilitäten aus der Vergangenheit ableiten.
- **Vertriebsprozess**: Er kennt beziehungsweise beherrscht die Vertriebsgrammatik, also die unternehmensweiten Abläufe, nur unzureichend. Auch kümmert er sich zu wenig um die (regelhaften) Sales-Zyklen der Kunden. So erfährt er wenig über die betriebswirtschaftlichen Painpoints der Kunden.
- **Konzeptionsschwäche**: Ihm fehlt eine Idee bei der Planung und Umsetzung von Besuchen und Gesprächen.

Generell

Bailey konzentriert sich fast *ausschließlich* auf *das Kontakten* und das Generieren von Leads. *Quantität* von *Qualität unterscheidet* er *nur unzureichend.* Seine „Prospects" sind Kraut und Rüben, die echten „Golden Nuggets" erkennt er meist nicht. Dem Fleiß im „Prospecting" steht ein Mangel an *Nachverfolgung* und *Abschluss* gegenüber. Er vergeudet seine Zeit und die anderer, indem er auf *falsche* oder *tote Pferde* setzt, was auch viel Geld kostet. Bestandskunden kann er verlieren, wenn er ihnen mit seiner *Unverbindlichkeit* mittelfristig auf die Nerven geht. „All mouth, no trousers", würde man in seiner Heimat sagen, „große Klappe, nichts dahinter".

Vertriebsprofil: Stärke und Potenzial (vgl. Abb. 2.13)
Ausrichtung: Kontakter Orientierung: Opportunities Stärke: Persönlichkeit Potenzial: groß

Verbesserungspotenzial
Produkt und Leistung:

- Langfristig kann er ein wichtiger Türöffner für neues Portfolio werden.

Methoden und Prozess:

- Überlegen Sie, wie Sie seine hypermotorische Energie für das Team nutzbar machen können.
- Bailey braucht in der Begleitung besonders hohe Konsequenz und Disziplin.
- Zwingen Sie ihn zur Selbstreflexion, und lassen Sie dabei nicht locker.

Persönlichkeit:

- Ob Sie dieses Talent „umbiegen" können, ist nicht sicher, er ist wie ein wildes Pferd. Mit Geduld und Ruhe können Sie jedenfalls die Qualität seiner Pipeline erhöhen und damit Vertriebskosten sparen.
- Bailey braucht enge Führung, regelmäßig Rückmeldung, aber das verträgt er.

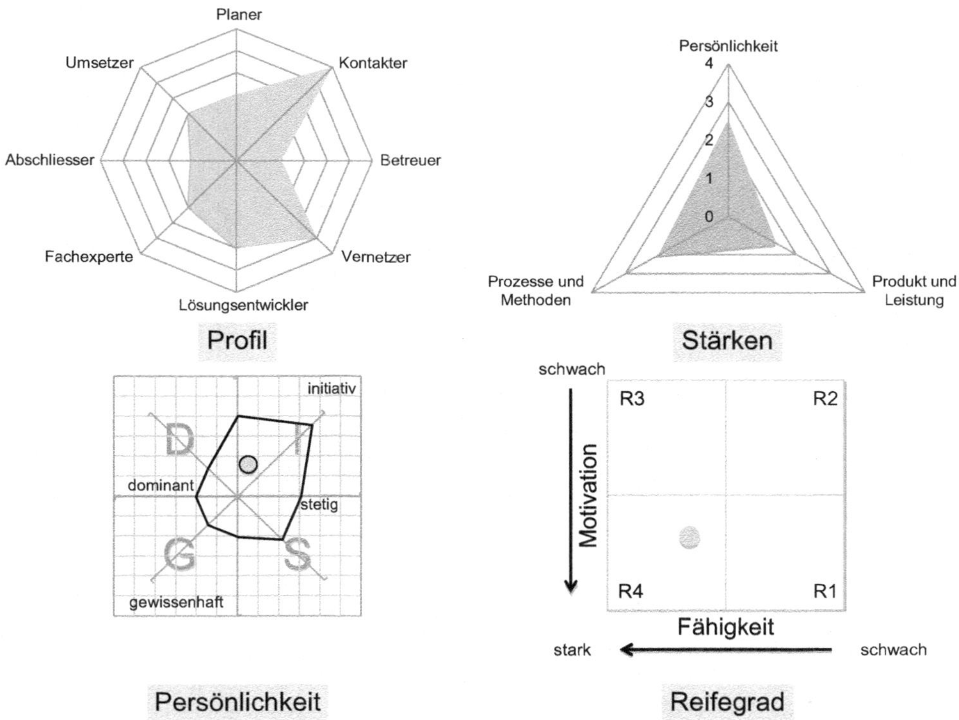

Abb. 2.13 Schrotflinte: Einschätzung von Persönlichkeit, Stärke und Reifegrad. (Quelle: eigene Darstellung)

Interkulturelle Anregung

Gehen Sie mit Kritik, insbesondere bei Gruppengesprächen, sorgsam um. Engländer sind starke Individualisten, Kritik wirkt oft wie eine Strafe. Diese Situation ist für sie beschämend, und sie fürchten, ihr Gesicht zu verlieren.

2.3.3 Janina, die Trommlerin

Problemstellung bei PIP Power Inside Production

Seit Janina ihr Kind versorgt, wird die Kommunikation schwieriger. Sie erreicht zwar ihre Zahlen, die Betreuung der Bestandskunden und die Rückkopplung ins Vertriebsteam hat aber nachgelassen. Vom Kunden und vom Team kommen erste Beschwerden.

Janina, Russland (Gespräch mit Głodny Wilk)

Mit vierzehn Jahren kam Janina mit ihren Eltern aus Moskau. Bevor sie Mutter wurde, hat sie sich in Einzelhandelsgeschäften von der Sekretärin zur IT-Fachfrau und Verkäuferin hochgearbeitet. Nun sitzt sie gewissermaßen zwischen zwei Stühlen: Sie liebt Verkauf von morgens bis abends, und sie liebt ihr Kind, das sie stets um 17 Uhr vom Hort abholt.

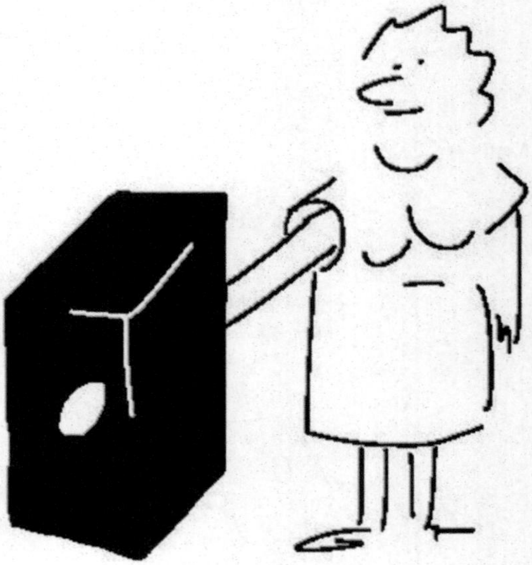

Abb. 2.14 Die Trommlerin. (Quelle: Jan Myszkowski)

Wo sie früher noch bei unseren „Offsides" mitmachte, ist sie nun gänzlich auf zwei Dinge fokussiert: Kind und Kundentermine. So zuverlässig und eigenständig, wie sie ihre Vertriebsarbeit erledigt hat, macht sie das nun auch mit ihrem Kind. Sie ist sehr selbstständig und lehnt jede Hilfe ab.

Wenn man jemanden eine Vertriebsfrau nennen kann, dann sie. Der Stolz, mit dem sie sich als „leidenschaftliche Verkäuferin" vorstellt, wird heute von unseren Karrieristen belächelt, denn die verstehen nicht, wie man sich so „hingebungsvoll" dem Verkauf verschreiben kann. Für Janina steht fest, etwas anderes als Kundenbesuche, Leads und Aufträge gibt es nicht. „Ich bin dafür wie geboren", meinte sie unlängst. Die Provokationen von Kollegen, die sie als „Trommlerin" titulieren (vgl. Abb. 2.14), versteht sie gar nicht: „Man muss für die Aufgabe da sein, das ist eine Profession, Leidenschaft, dem habe ich mich einfach verschrieben. Es ist so vielfältig, was ich draußen beim Kunden machen kann." Manche Vertriebsleiter würden sie als pflegeleicht bezeichnen. Sie kennt alle Finessen der Kundenselektion, der Ansprache, der Vertriebstechniken und des Abschlusses. Für einen Anfänger ist geradezu ideal, bei ihr die Grundlagen der Vertriebsarbeit zu lernen.

Analyse
Stärken

- **Portfoliowissen**: Hat hohe Expertise und durchdringt mit dem Portfoliowissen fachliche Fragestellungen. Sie hat einen umfangreichen technischen, praktischen Ansatz.
- **Erfahrung der Kundenprozesse**: Ihre gute Performance speißt sich zum Teil aus ihrem Knowhow bezüglich der Abläufe.
- **Kundenorientierung**: Integriert sich leicht in die unternehmensspezifischeGKultur und ist ein gern gesehener Trusted Advisor.

Generell

Janina setzt alle *Energie fokussiert* in die Verkaufssituation. Da sie alle Aspekte der Vertriebsarbeit schätzt, hat sie ihre *Vorgehensweise perfektioniert*. Ihre hohe *Identifikation* und ihr *Selbstbewusstsein* sind ein Stabilisator im Team. Bestens vorbereitet auf jedes Gespräch, erzielt sie hohe *Abschlussraten*. Sie nimmt die Rolle des Verkaufs *zuverlässig* wichtig und braucht keinen Anschub.

Schwächen

- **Bekanntheitsgrad**: Hat einen geringen Bekanntheitsgrad in der Branche, es scheint auch wenig Freundschaften, Beziehungen und kaum Kontakte im eigenen Unternehmen und in der Branche zu geben.
- **Vertriebsprozess**: Hat (noch) nicht ausreichend Kenntnis und Erfahrung bezüglich der effektiven Anwendung der Vertriebsmethoden, also der Kombination von „Grammatik“ und Verhalten. Es entstehen so nur unzureichend Sales-Zyklen und der Füllgrad der Pipeline bleibt unzureichend. Es fehlt auch die Wirtschaftlichkeit der Angebote.
- **Interne Akzeptanz**: Ihre Akzeptanz im Unternehmen ist schwach, sie hat wenig Anlage zur Integration in Gruppen, ihr fehlt die Fähigkeit zur Netzwerkbildung. Sie sucht nicht z. B. nach Engagement in Alumnis. Man erkennt wenig Offenheit gegenüber neuen Projekten. Bei der Teilnahme an und Initiative in Meetings wird sie kaum sichtbar. Wenig Leistungsorientierung, kaum interne Competitiveness.

Generell

Für *andere Aufgaben* im *Team* kann Janina sich nicht erwärmen, hat auch keine Zeit dafür. Ihr fehlt schlichtweg das *Verständnis für den Innendienst*, das Angebotsmanagement. Sie *macht alles selbst*, was bei der Umsetzung immer wieder zu Problemen führt. Sie lässt sich zu ihrer Arbeit nicht gerne etwas sagen. Sie ist nach innen *kein guter Kommunikator*, wirkt für manche fast wie ein Autist.

Vertriebsprofil: Stärke und Potenzial (vgl. Abb. 2.15)
Ausrichtung: Betreuerin und Expertin Orientierung: Kundenentwicklung Stärke: ausgeglichen Potenzial: mittel

Verbesserungspotenzial
Produkt und Leistung:

- Sorgen Sie dafür, dass sie mehrere Projekte im Team akquiriert, sowohl in mitarbeitender wie auch in führender Rolle.

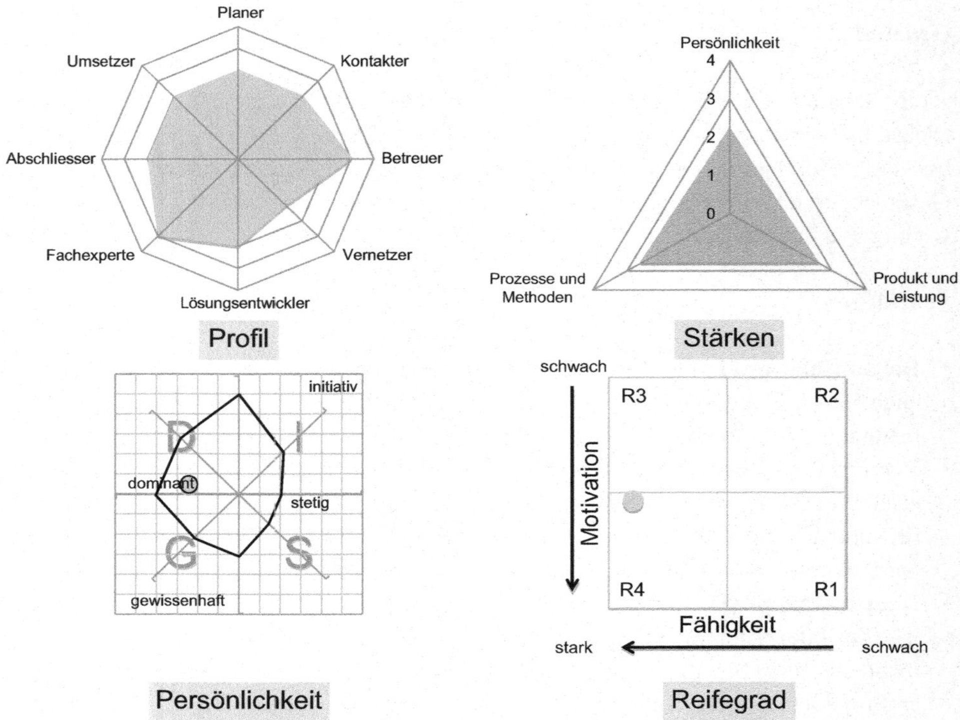

Abb. 2.15 Trommlerin: Einschätzung von Persönlichkeit, Stärke und Reifegrad. (Quelle: eigene Darstellung)

Methoden und Prozess:

- Sie erledigt ihre Vertriebsarbeit sehr intuitiv und erfolgreich. Machen Sie ihr durch Fragen ihre Erfolgskriterien bewusst, erarbeiten Sie die Schnittstellenprobleme.

Persönlichkeit:

- Geben Sie ihr einen Vertriebstrainee zur Ausbildung.
- Ein gewissenhafter Umsetzer braucht Erfahrung im „Teaming". Spielen Sie mit ihr in unterschiedlichen Sitzungen alle Geschäftsmöglichkeiten durch, die in der Umsetzung zu Schwierigkeiten geführt haben.

Interkulturelle Anregung

Bei aller nötigen Sachorientierung spielt für viele Russen die persönliche Beziehung eine sehr große Rolle. Wenn Sie nicht den richtigen „Schalter" finden, kann es lange dauern, bis sie ihr Gegenüber erreichen. Auch scheint es in der Gruppe Integrationsprobleme zu geben. Auch für Janina ist die Gruppe bis jetzt das Fundament des sozialen Lebens.

Abb. 2.16 Der Freund. (Quelle: Jan Myszkowski)

2.3.4 Stefano, der Freund

Problemstellung bei Terra Consult
Es ist nun schon zum dritten Mal ein größerer Auftrag an Stefano vorbeigegangen. Obwohl er nachweislich sehr gute Kontakte zu seinen Bestandskunden pflegt, hat ein Wettbewerber wieder einen großen Auftrag gewonnen. Diesmal haben alle zu spät davon erfahren, beim letzten Verlust eines Großprojekts haben die Konditionen nicht ausgereicht. Was muss sich ändern?

Stefano, Italien (Robert Ganges erzählt)
Stefano ist seit der Gründung des Unternehmens Partner. Zwar sind seine Frau und er erst als Studenten aus Padua nach Deutschland gekommen, dennoch engagieren sich beide leidenschaftlich im lokalen thüringischen Fußballverein. Mit jedem Neuen ist er nach wenigen Minuten per Du. Ganz gleich, wo er hinkommt, hat er die Sympathien auf seiner Seite. Jeder schätzt ihn, er eckt nie an.

Manchmal frage ich mich, was er eigentlich für eine Meinung hat, aber da schaut er einen mit seinem entwaffnenden Lächeln an, hat die richtigen Worte parat und schon ist der Gedanke weg. So geht das auch mit Kunden: Kürzlich wollte ich zwei seiner Kunden einen neuen jüngeren Partner geben, da hat der Geschäftsführer der IT-Aero-Nautic persönlich bei mir angerufen und gebeten, die Betreuung wie bisher zu belassen. Abgesehen davon, dass der sich wirtschaftliche Vorteile davon verspricht, hat er ihn wirklich gerne vor Ort. Ich würde ihn nicht einen Trusted Advisor nennen, aber ein gern gesehener Gast ist er allemal. Ganz gleich wo, man mag ihn, den Sympathieträger, umgänglich, informell, gesellig. „Wenn ich meine Kunden zu Freunden mache, ist der Deal schon fast perfekt (s. Abb. 2.16). Da brauche ich mich um den Wettbewerb nicht zu sorgen."

Analyse
Stärken

Bekanntheitsgrad: Hat einen hohen Bekanntheitsgrad in den Marktsegmenten. Pflegt viele Freundschaften, Beziehungen und hat jede Menge an Kontakten bei Kunden im Markt.

Mustererkennung: Die Fähigkeit, Muster zu erkennen und zu kategorisieren, nutzt er bei der Kunden- und Opportunityanalyse.

Teamorientierung: Findet schnell Akzeptanz. Seine Anlage zur Integration in Gruppen ist auffällig. Er hat eine bemerkenswerte Fähigkeit zur Netzwerkbildung, z. B. Engagement in Alumnis. Er ist sehr offen gegenüber Projekten. Er nimmt gerne aktiv an Meetings teil, ergreift dort auch Initiative. Seine Leistungsorientierung ist offensichtlich. Man spürt seine interne Competitiveness.

Generell
Stefano ist für die Vertriebskultur sehr hilfreich, ein *Vorbild* für das Miteinander. Er schafft schnell und *unkompliziert freundschaftliche* Kontakte zu Kunden. Er wird von den Kollegen *anerkannt* und *geschätzt*. Er vermittelt eine *angenehme, einladende Atmosphäre* und Grundeinstellung. Er hat nie Schwierigkeiten mit Kunden.

Schwächen
Fachexpertise: Hat nicht ausreichend Expertise und die fachliche Durchdringung. Tut sich schwer mit dem Portfolio. Ihm fehlt ein weiterreichender technischer, praktischer Ansatz.

Vertriebsabläufe: Es fehlen ihm Kenntnisse und damit vertriebliche Performance. Er hat wenig Knowhow bezüglich der Abläufe und Vereinbarungen.

Selbstkontrolle: Tut sich teilweise schwer, sich selbst zu kontrollieren. Erkennt nicht immer seine generelle Wirkung auf andere.

Generell

Stefano sieht den (befreundeten) Kunden nicht mehr objektiv und *beurteilt das Potenzial falsch*. Das führt im Forecast zu *falschen Annahmen*. Da er gerne ein angenehmer Freund sein will, kommt er mit dem *Abschluss nur schwer* voran. Bei der Vertriebsprojektarbeit ist er im späteren Stadium des Proposal Managements *nicht praktisch genug* veranlagt. Seine Kunden werden womöglich vom Unternehmen entfremdet und zu *stark* auf ihn als Person *fixiert*. Zurückweisung könnte gegebenenfalls dramatische Auswirkungen haben – auf die Beziehung und eventuell auch auf sein Selbstbewusstsein.

Vertriebsprofil: Stärke und Potenzial (vgl. Abb. 2.17)
Ausrichtung: Kontakter Orientierung: Menschen Stärke: Persönlichkeit Potenzial: mittel

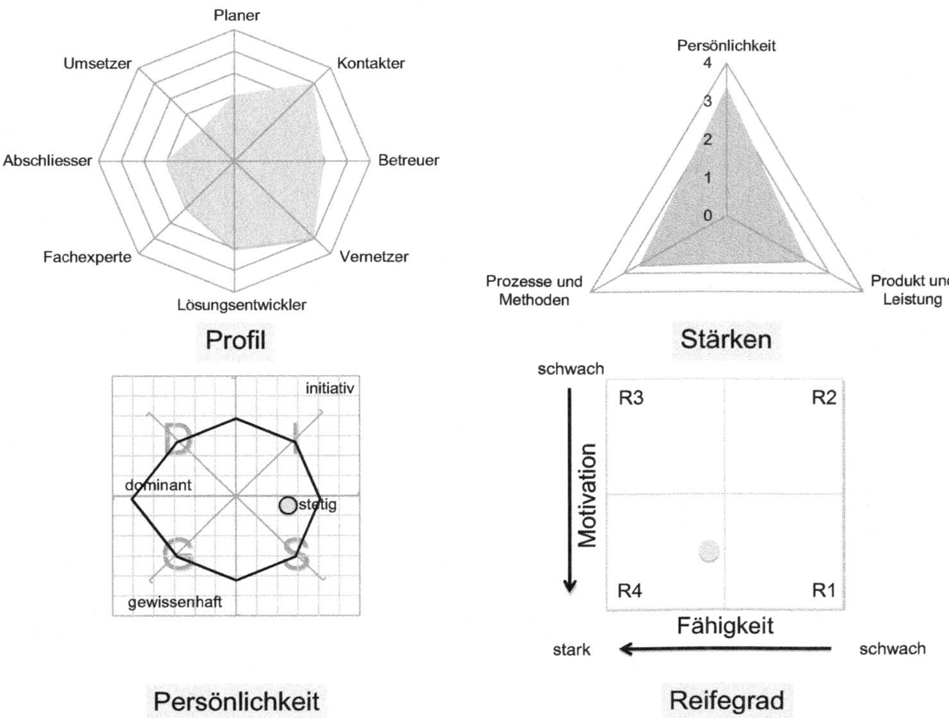

Abb. 2.17 Freund: Einschätzung von Persönlichkeit, Stärke und Reifegrad. (Quelle: eigene Darstellung)

Verbesserungspotenzial

Produkt und Leistung:

Klären Sie die Hindernisse, die er in der Abschlussphase bei Kunden sieht, und besprechen Sie, welche Maßnahmen den Abschluss beschleunigen und Nachlassforderungen reduzieren. Schicken Sie ihn gegebenenfalls zu einem Verhandlungstraining.

Methoden und Prozess:

Besprechen Sie mit ihm regelmäßig die Potenzialanalyse eines Kunden und erarbeiten Sie gemeinsam Fragen und Aufgaben beim Kunden, um das Potenzial besser abschätzen zu können.

Persönlichkeit:

Überprüfen Sie mit ihm sein Engagement in der Angebotsphase, holen Sie sich Feedback von Kollegen, und besprechen Sie mit ihm das Ergebnis.

Lassen Sie ihn selbst zwei Kunden auswählen, bei denen er die Übergabe an einen Kollegen vorbereitet und umsetzt. Sprechen Sie den Vorgang und die Erkenntnisse durch.

Interkulturelle Anregung
Italiener haben tendenziell ein paralleles Zeit- und Arbeitsverständnis. Der flexible Umgang mit Zeit ist normalerweise wichtiger als Pünktlichkeit und eine minuziöse Zeitplanung des Tags. Dies bringt mit sich, dass Themen meist erst dann angegangen werden, wenn es unbedingt nötig ist.

2.4 Coaching-Leitfragen: Kundenbearbeitung

2.4.1 Führung

Umsetzen der Ziele und praktizierte Nähe:

- Wie führen Sie eine neue Sales-Strategie mit einem Team ein, das Schwierigkeiten haben wird, diese umzusetzen?
- Wie verschaffen Sie sich mit wenig Aufwand einen Überblick über die Vertriebsaktivitäten Ihrer Vertriebsmitarbeiter: über Datenbanken (CRM-Systeme), Excel-Tabellen, Einzelgespräche, Teamgespräche?
- Welchen Stellenwert hat für Sie Territory Management, und welchen Einfluss nehmen Sie auf die Struktur und Zuordnung? Wie oft überprüfen Sie den Sinn des aktuellen Vorgehens? Inwieweit haben diese Erkenntnisse Einfluss auf Ihre Vertriebsstrategie?
- Gibt es regelmäßig Durchsprachen, und wie lange dauern diese? Wie realisieren Sie Ihre Regelkommunikation?
- Wie erfahren Sie, wann Sie einen Neukunden gewonnen haben: zufällig oder geplant?
- Wie oft begleiten Sie Kundentermine? Werden Sie dann gefragt, oder geht das auf Ihre Initiative zurück?
- Sind Sie noch am Ball, wenn es eine Führungsebene zwischen Ihnen und dem Vertriebsmitarbeiter gibt?
- Wie gestalten Sie selbst Neukundenansprache? Welche Erfahrungen haben Sie dabei gemacht, und wissen dies Ihre Mitarbeiter?

2.4.2 Mitarbeiter

Füllgrad:

- Nach welchem Ereignis haben Sie entschieden, etwas im CRM-System festzuhalten?
- Wie hoch sind die Budgets Ihrer Kunden, und welchen Anteil haben Sie daran?
- Wann planen Sie die nächste Opportunity Review und zwar mit der Vertriebsleitung, im Team und mit den Kunden?
- Welche Kriterien machen für Sie Wettbewerber interessant?

Besuchsfrequenz:

- Wie sieht das Verhältnis von aktiven und passiven Kundenterminen aus?
- Werden Sie, abgesehen von regelmäßigen Besuchen, aktiv von Kundenentscheidern zu Gesprächen eingeladen?

Portfolio Know-how:

- Bei wie vielen Opportunities besteht die Notwendigkeit, andere Facheinheiten aus dem eigenen Unternehmen oder von Partnern zu beteiligen?
- Um welche Inhalte handelt es sich?
- Von wem werden solche Opportunities eingeleitet: von Ihnen, von anderen Fachexperten, von Partnern?
- Haben Sie für sich eine Übersicht der Geschäftsthemen, der Fachexperten und der Partner?

2.4.3 Allgemeine persönliche Fragen

Arbeit am Kunden und den Opportunities:

- Möglichkeiten: Aus welchen vier bis fünf Opportunities ziehen Sie augenblicklich keinen oder nur geringen Nutzen?
- Prioritäten: Auf welche drei Geschäftsmöglichkeiten wollen Sie sich im folgenden Monat konzentrieren?
- Aktivitäten: Was von dem, wozu Sie heute nicht in der Lage sind, wollen Sie schnell erledigt haben?
- Einstellung: Wie würde sich Ihre Einstellung ändern, wenn Sie in jeden Kundentermin gehen mit der Einstellung, nichts zu verlieren zu haben?
- Interaktion: Darf man Sie, wenn es Verbesserungspotenzial für das Coaching gibt, während der Gespräche unterbrechen, auch wenn Sie gerade erzählen?
- Wahrheit: Ist das, was Sie schildern, wirklich das Problem oder steckt noch etwas anderes dahinter?

2.4.4 Messgrößen

- Call Management
  → Disziplin, den Call-Plan einzuhalten
- Gebietsmanagement
  - Anteile am Vertriebsaufwand
    → Anteil der Kontakte mit Neukunden

- Vertriebsleistungsfähigkeit
  - Fähigkeiten und Know-how
    → Verbesserung spezifischer Fähigkeiten
  - Geschwindigkeit des Vertriebszyklus
    → Anteil der geplanten Opportunities mit Abschluss
    → Verteilung der Opportunities auf einzelne Sales-Phasen
- Portfoliofokus
  - Portfoliovielfalt
    → Anzahl neuer Kunden pro Portfoliogruppe

2.4.5 Leistungskennzahl: Frist-Call-Ratio (FCR)

Leitfrage: „Wie effektiv ist Ihre Vertriebsarbeit"? Sie nehmen auf unterschiedlichste Weise mit Ihren Kunden Kontakt auf: Kontakter, Service, Vertrieb et cetera und dies per Telefon, E-Mail, im eigenen Unternehmen, beim Kunden, bei einer Veranstaltung.

Im besten Fall folgt einer Kundenfrage unmittelbar eine bezahlbare und bezahlte Lösung. Je länger die Zeit zwischen Kontakt und Auftragsumsetzung ist, desto größer wird die Gefahr von Irritation beziehungsweise sinkendem Interesse. Probleme sind so lange akut, wie man an diese denkt oder diese unmittelbar stören. Es liegt an der Technologie und Bereitschaft, das Material für die Auswertung zu sammeln.

$$\text{FCR(First Contact Ratio)} = \frac{\text{Summe aller Anfragen}}{\text{Summe aller Kontakte}} \times 100$$

(Marr 2012, S. 251)

2.5 Leadership: Vertriebsführung für die Kundenarbeit

2.5.1 Stallgeruch: Netzwerke aufbauen

Definition

Zugehörigkeit zu einem Netzwerk mit dem „passenden Stallgeruch" (Oswald 2010) entsteht durch das richtige Auftreten. Dazu gehört das richtige Verhalten, die Art zu reden, also erkennen zu lassen, dass man eine gemeinsame Historie hat, die wichtigen Trends kennt und dazugehört. Jeder Vertriebsmitarbeiter sollte seinen „Stall" kennen. Ein Engagement in geeigneten sozialen Netzwerken kann dazu beitragen, dass man über die gleichen Beziehungen wie die potenzielle Zielgruppe verfügt und so als „einer der Ihren" anerkannt und respektiert wird. Arbeit am oder im Netzwerk dient immer dem Einzelnen und der Gemeinschaft – alles andere hat mit Netzwerken wenig zu tun und mit dem nötigen Stallgeruch noch weniger.

Ziel
Sie haben die Bereitschaft Ihres Mitarbeiters gefördert, seine Vernetzung zu steigern. Er hat seine Kontakte geschäftsrelevant ausgebaut. Über dieses Netzwerk entstehen weitere Kontakte und Beziehungen, aus denen sich für beide Seiten neue Möglichkeiten zur Interaktion ergeben oder entwickeln lassen, zum Beispiel Geschäftsmöglichkeiten. Später gelingt das auch unabhängig vom eigenen Einfluss durch Referenzen. Im Zusammenspiel aller Mitarbeiter ermöglichen Selbstverständnis und persönliche Positionierung jedes Einzelnen es, die Team- und Firmenkultur zu verbessern.

Phasen

1. Legen Sie gemeinsam realistische Ziele für den Netzwerkausbau fest.
2. Suchen und sammeln Sie die aktuellen Kontakte.
3. Erarbeiten Sie gemeinsam, nach welchen Kriterien die Kontaktliste ausgewertet werden soll, zum Beispiel Prioritäten, Themen, Ausgangspunkten, Wertigkeit et cetera.
4. Begleiten Sie teilweise diesen Prozess.
5. Helfen Sie dem Mitarbeiter dabei, seine eigene Position in- und außerhalb des Unternehmens zu bestimmen (Eigen- und Fremdwahrnehmung).
6. Konzipieren Sie miteinander die individuelle Vorgehensweise beim Netzwerkausbau wie ein Projekt.
7. Legen Sie „Boxenstopps" fest zum Rekapitulieren des Erreichten, zuerst engmaschig, später in immer größeren Zeiträumen.
8. Setzen Sie das Thema mindestens zu einem Jahresgespräch auf die Agenda.

Vorgehensweise
Finden Sie heraus, mit welchen Themen Ihr Mitarbeiter bei seinen Kontakten „andockt". Lassen Sie ihn seine Netzwerkliste vorbereiten, und gehen Sie mit ihm eine kleine Auswahl dieser Personen gemeinsam durch. Stellen Sie Fragen zur Anregung, wie er seinen gesamten Bestand weiter bearbeiten soll: Wie sind Sie bei der Zusammenstellung der Liste vorgegangen? Welche Basisdaten haben Sie zugrunde gelegt? Wie konsequent pflegen Sie Ihre Kontakte? Nutzen Sie soziale Medien wie LinkedIn, Xing oder Facebook, und was war der Grund für Sie, dort beizutreten (Hanlon und Williams 2012, S. 133 ff.)? Nach welchen Kriterien nehmen Sie jemanden in Ihre Kontaktliste auf? In welchen Situationen knüpfen Sie besonders gerne neue Kontakte? Umgekehrt betrachten Sie von außen (Backstage): Wie werden Sie wahrgenommen? Wie lautet Ihre Mission, wofür stehen Sie, wie positionieren Sie sich? Mit dem Begriff „Backstage" bezeichne ich beim Vertriebscoaching die 180-Grad-Betrachtung, die der Coachee anstellen soll. Auf der modernen Bühne wird die dem Publikum zugewandte Seite (Stage) von der zum Betriebsbereich gehörenden (Backstage) unterschieden. Der Coachee beobachtet sich selbst von hinter dem Vorhang, wie er auf der Bühne (Stage) wirkt.

Überprüfen Sie gemeinsam, wie Ihr Mitarbeiter bei seinen Kontakten differenziert und wie er mit den unterschiedlichen Typen in der Zukunft umgeht: Was ist ein neuer Kontakt, auch der zu jemand, den man nur vom Hörensagen kennt? Gibt es latente Kontakte, die man im gegenseitigen Bedarfsfall aktivieren kann? Bedeutet regelmäßiger Kontakt mehrmals im Jahr, jeden Monat, jede Woche? Ist das nur auf das Projekt bezogen, und woran mache ich fest, warum und wie oft ich diesen Kontakt pflegen sollte, wenn es vorbei ist? Wie viele Kontakte gehören zu Ihrem beruflichen „Inner Circle“, und wo verläuft die Grenze zwischen beruflicher und privater Freundschaft?

Beispiel
Ich wurde nach zehn Jahren von einem ehemaligen Managementkollegen angerufen. Wie sich herausstellte, hatte er bei unserem vormals gemeinsamen Arbeitgeber gekündigt und eine Abfindung erhalten. Nun wollte er sich selbstständig machen, wie ich durch gemeinsame Kontakte bereits wusste. „Können wir uns einmal treffen?“ Dabei hatte er sich, seit ich das Unternehmen verlassen hatte, nicht einmal zum Ausstand bei mir gerührt. Im ersten Reflex wollte ich ihn abblitzen lassen, beschloss jedoch, ihm meinen Unmut zurückzumelden. Den wahren Wert meines Netzwerkes habe nämlich auch ich erst nach meiner Unternehmenskarriere schätzen gelernt. Für mein offenes Feedback war mein Ex-Kollege dankbar. Lerneinheit für ihn: Netzwerk aufbauen, bevor es gebraucht wird (Ferrazzi und Raz 2006)!

Anwendung und Fallstricke
Lassen Sie sich als Führungskraft nicht von der scheinbaren Erfahrung eines „alten Hasen“ unter Ihren Mitarbeitern beeindrucken, denn auch er kann oft etwas Netzwerkcoaching gebrauchen. Auch wenn Sie selbst nur die eine oder andere Anregung mitnehmen, ist ein solches Gespräch niemals überflüssig. Begleiten Sie die Arbeit an den Kontakten regelmäßig, schätzen Sie die Fortschritte wert. Hochwertiges Netzwerken ist nicht zum schnellen persönlichen Vorteil da! Mancher mag es ziemlich cool finden, bei LinkedIn über tausend Kontakte oder auf Twitter viele tausend Follower zu haben.

Die Intention ist, im Vertrieb Kunden zu generieren. Ihr Ziel muss lauten, den Vertriebsmitarbeitern zu helfen, sich bei den Netzwerkpartnern und möglichen Kunden ins Gespräch zu bringen, um sie dann zu treffen, denn dann gehören sie in den Vertriebstrichter. Die Auswahl macht es: Priorisieren Sie, denn das bringt Qualität und Zeitgewinn.

Passen Sie aber auf: Diese Veränderung im Umgang mit Kontakten beziehungsweise dem Netzwerk des Mitarbeiters kann auch falsch ankommen. Ein neues Kontaktverhalten muss behutsam eingeleitet werden und für den Adressatenkreis nachvollziehbar sein. Bei Teilnahme an Foren oder Kongressen braucht jeder seine Rolle. Die meisten neigen dazu, Menschen zu suchen, die ihnen ähnlich sind – also die Kraftvollen mit den Kraftvollen, die Zurückhaltenden mit den Zurückhaltenden. Wie sieht Ihr Profil aus, wer passt zu Ihnen, was ist Ihr „Beuteschema“? Helfen Sie den Mitarbeitern dabei, den Moment der Wahrheit, nämlich des echten Kontakts, zu stärken: Was hat er als „Geschenk“ für die anderen dabei: Freundlichkeit, Fröhlichkeit, Interesse am Gegenüber und ernst gemeinte Anerkennung?

2.5.2 Aus dem Sales-Management-Werkzeugkasten

Geben und nehmen

Klären Sie mit dem Mitarbeiter, dass das Wichtigste bei der Gründung und Pflege eines Netzwerks die richtige Einstellung ist. Die Beziehungen sollten immer persönlich aufgebaut werden. Überlegungen, was der Mitarbeiter davon hat, wenn er einem Kollegen seine Hilfe anbietet, sind fehl am Platz. Die innere Einstellung muss stimmen.

Es ist wichtig, dass Sie das als Führungskraft genau so vorleben. Die erste Überlegung lautet somit immer: Wem können Sie einen Nutzen bieten? Gelingt dies, entsteht mit der Zeit ganz von selbst eine ausgeglichene Situation. Zweifellos steht im beruflichen Kontakt der wirtschaftliche Aspekt im Vordergrund, alles andere wäre naiv. Aber das läuft subtiler und selbstverständlicher ab, nach dem Motto Senecas: „Manus manum lavat" (eine Hand wäscht die andere). Die Grenze zur Klüngelei kann dann schnell erreicht werden. Man kennt sich, und man hilft sich – aber das muss jeder für sich selbst entscheiden.

Fallstudie: Netzwerk ist nicht Netzwerk

Titsch war zwanzig Jahre lang ein ausgezeichneter Großkundenbetreuer für eine internationale Privatbank im IT-Servicegeschäft. Er erreichte jedes Jahr 120 % Auftragseingang, gleichgültig, wie sich der Markt entwickelte. Für die Übererfüllung war er hoch angesehen. Wenn jemand aus dem Unternehmen mit Vorstandskontakten spielen konnte, dann Titsch. Als man sich entschied, diese Sparte im Unternehmen mit einer anderen zusammenzulegen, bot man ihm, gerade mal fünfzig Jahre alt, eine sechsstellige Abfindung an. Was sollte dabei schon schiefgehen?

Es gab für Titsch ein böses Erwachen: Die ehemaligen Geschäftspartner des Kunden brauchten ihn nicht mehr, seine Ex-Kollegen hatten selbst genug zu tun, für die externen Partner war er nun ein Wettbewerber. Nach längerer Suche fand er mit Mühe zweimal für jeweils vier bis fünf Monate einen „ganz ordentlichen" Vertriebsarbeitsplatz. Er konnte dort aber nie richtig Fuß fassen, die anderen waren „irgendwie so anders". Er legte sich regelmäßig mit der jeweiligen Geschäftsführung an und auch die Mitarbeiter waren ihm nicht passend genug. Seit vier Jahren ist Titsch nun arbeitslos. Er hilft mal da, mal dort als Freundschaftsdienst aus. „Geld verdienen auf meinem Niveau ist das nicht", meint er. Ein Netzwerk, das ihn trägt, hat er nicht. Seine Fähigkeit, Kontakte auf Geschäftsebene aufzubauen, ist nun nichts mehr wert. Er hat sich zu wenig um seine soziale Einbindung gekümmert, es fehlt ihm der Stallgeruch.

Erfolgskriterien und Nutzen

Lassen Sie sich beim Netzwerkdesign und der Vorbereitung Zeit. Helfen Sie Ihrem Mitarbeiter, seine Persönlichkeit in seinem Umfeld besser einzuschätzen. Sorgen Sie durch regelmäßiges Nachfragen dafür, dass die Netzwerkarbeit im Tagesgeschäft nicht untergeht. Machen Sie Netzwerken zum Thema in Ihrem Unternehmen, Ihrer Abteilung oder Ihrem Team. Überprüfen Sie sich selbst!

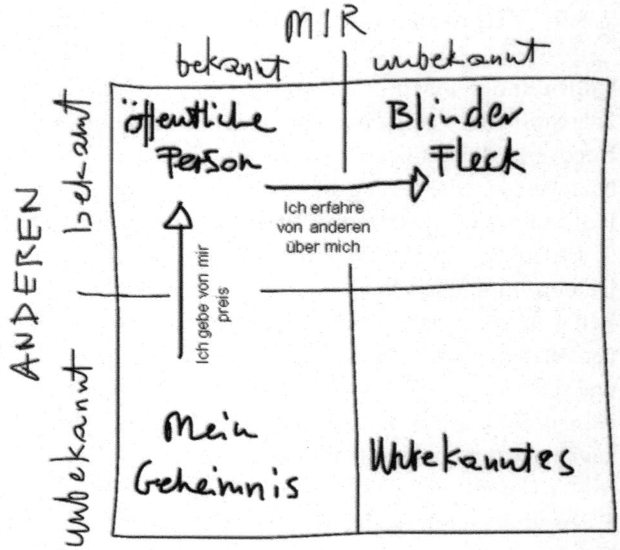

Abb. 2.18 Perspektiven der persönlichen Wahrnehmung. (Quelle: nach Luft und Ingham 1955)

Kennen Sie Ihre Rolle genau?
Selbstverständlich sind Sie für die Zahlen verantwortlich. Die Frage ist nicht ob, sondern wie? Hüten Sie sich vor Fire Fighting: Sie sind nicht dazu da, Aufträge sicherzustellen, Eisen aus dem Opportunity-Feuer zu holen, jeden vermeintlichen Vertriebsfehler auszubügeln. Sie sorgen sich um Ihre Vertriebsmitarbeiter. Darum, welche Mitarbeiter in Ihrem Team sind und welche es sein sollten. Darum, wie Sie ihnen bei ihrer Weiterentwicklung helfen und wie Sie die Topverkäufer halten und deren Leistungsfähigkeit ausbauen können.

Bewusstes und Unbewusstes: Eisbergmodell und Johari-Fenster
Die amerikanischen Sozialpsychologen Joseph Luft und Harry Ingham haben mit einer Kopplung ihrer Vornamen ein Modell benannt, mit dem sie zwischen bewussten und unbewussten Persönlichkeits- und Verhaltensmerkmalen unterscheiden – das Johari-Fenster (s. Abb. 2.18). Dies ist angelehnt an die Idee des Eisbergmodells, das verdeutlichen soll, dass ein großer Teil der Kommunikation unbewusst und verborgen bleibt. Auf diese Weise verdeutlichen sie in einem Vier-Felder-Diagramm die Wichtigkeit von Selbst- und Fremdwahrnehmung sowie deren Verknüpfung.

Respekt
Die Art, wie Ihre Mitarbeiter die ihnen übertragenen Aufgaben erfüllen, ist ein Spiegel Ihres Führungsverhaltens: Ernsthaftigkeit erzeugt Ernsthaftigkeit, Respekt erzeugt Respekt. Wenn Ihnen Mitarbeiter die Ergebnisse ihrer Arbeit zeigen wollen, sollten Sie Zeit dafür aufbringen. Und wenn Sie Aufgaben verteilen, sollten Sie sich wirklich für das Resultat interessieren. Ist das nicht der Fall, stellen Sie den Respekt gegenüber der Aufgabe und der Leistung und, noch schlimmer, den Respekt gegenüber Ihrer Rolle als Vertriebs-

führungskraft und Person in Frage. Ihre Vertriebsmitarbeiter werden sich in dem Maße einsetzen, wie Sie es verdient haben, sie sind der Spiegel Ihrer Einstellung.

Wer schreibt, der bleibt
Vertriebsmenschen sind in aller Regel schreibfaul. Etwas zu notieren hilft, es nicht zu vergessen. Notizen können auch Struktur in ein Gedankenknäuel bringen. Vereinbarte Ziele werden umso wahrscheinlicher umgesetzt, desto fester sie verankert sind. Um die Leistung zu steigern und die Chance zu erhöhen, dass vereinbarte Ziele erreicht werden, hilft als Anker der gute alte Bleistift – natürlich auch ein elektronisches Dokument oder eine E-Mail.

Wenn Ihr Vertriebsmitarbeiter seinen Plan zur Umsetzung von Maßnahmen schriftlich festhält, hat das zwei Vorteile:

- Er muss über die spezifischen Aktivitäten zur Zielerreichung nachdenken. Mündlich wird nämlich viel „Blech" geredet, schriftlich passiert das weniger.
- Ihm wird beim Schreiben noch viel klarer, was er wirklich tun will. Die spontanen Eingebungen durchlaufen sozusagen den Filter der Reflexion, und die Ideen werden reifer.

Mit der Verschriftlichung geht der Mitarbeiter eine Verpflichtung ein, alleine schon gegenüber sich selbst und übernimmt sicht- und lesbare Verantwortung. Zu Beginn mag der Ungeübte das Schreiben als Zumutung empfinden, später wird es zur hilfreichen Selbstverständlichkeit.

Mitarbeiter als Kunde
So, wie wir immer predigen, dass jeder Kunde individuell behandelt und jede Lösung und jedes Angebot auf den Kundenbedarf angepasst werden muss, gilt das auch für den Vertriebsmitarbeiter, den Coachee. Coaching ist im Eins-zu-eins-Verfahren hochspezifisch. Es gibt keine Patentrezepte, sicherlich Erfahrung, aber keine Standardmethode. Qualität und Nachhaltigkeit der Ergebnisse der Diagnose, der Konsequenzen und der Veränderungen hängen zweifelsfrei von der Individualität der Coaching-Gespräche ab. Da jeder Mitarbeiter sein persönliches Verbesserungsareal hat, hilft kein methodisches Allzweckwerkzeug. Ein Individuum spricht mit einem anderen Individuum, und die Einzigartigkeit beider trägt dazu bei, dass sie gegenseitig voneinander lernen. Der Coachee ist dabei König!

Pull, nicht Push
Wenn Sie Coaching nach dem Gießkannenprinzip verteilen, ist das so sinnvoll, „wie den Hund zur Jagd zu tragen". Es verliert an Wert und Effektivität. Ihre persönliche Unterstützung sollte vornehmlich der Zielgruppe zuteilwerden, die es Ihnen mit den besten Ergebnissen dankt. Konzentrieren Sie sich bei der persönlichen Betreuung auf die Höchstleister. Sie werden an zwei Effekten den Sinn dieses Vorgehens erkennen: Der Erfolg

stellt sich schnell und deutlich sichtbar ein, und Ihre Coaching-Leistung gewinnt an Wert und Reputation.

Abhängigkeit

Beim sogenannten Blind Walk wird ein Teilnehmer einer Trainingsgruppe mit verschlossenen Augen von einem anderen Teilnehmer durch den Raum geführt. Ziel ist es, den vertrauensvollen Umgang miteinander zu üben, Sicherheit und Kooperationsbereitschaft zu entwickeln und auszubauen. Da der visuelle Kanal fehlt, simuliert die Situation sehr anschaulich das Zusammenspiel zwischen Vertriebsmanager und -mitarbeiter. Hilfe kann hier nur über das Gehör erfolgen.

Achten Sie dabei aber auf die richtige Dosis. Je mehr Sie sich in Ihrer gegenseitigen Position bekräftigen („Ich bin hier, mir geht es gut!"), desto abhängiger wird der Hörende vom Sehenden und umgekehrt. Sie meinen es gut, wenn Sie sich täglich mehrfach anrufen lassen – aber so wird der Vertriebsmann niemals selbstständig. Erklären Sie Ihren Mitarbeitern diesen Teufelskreis, dann kommt kein Gefühl des Verlassenseins oder der Geringschätzung auf. Auf den Punkt bringt es das englische Sprichwort: „Absence makes the heart grow fonder." Distanz schafft Freiheit, Vertrauen und Selbstständigkeit und bietet Raum, um mit Eskalationen souverän umzugehen.

Talent vs. Motivation

Sie kann intelligent argumentieren, warum was wie lange gedauert hat, sie wird niemals opponieren, sie wird vor sich hinarbeiten, vielleicht eher etwas zu wenig und sicher nie zu viel und wir glauben, sie in ihrer Einstellung ändern zu können: Die talentierte Trägheit kostet uns unkalkulierbar viel Energie. Überreden, überzeugen, umstimmen: Ansichten anderer Menschen zu ändern, ist anstrengend und gefährlich. Hüten Sie sich vor dem Energieschwamm des begabten Phlegmas. Es saugt Ihre Kraft auf und gibt sie selten zurück.

Mache die Menschen wichtig

Der Ton macht die Musik. Es kommt nicht nur darauf an, was Sie sagen, sondern wie Sie es sagen. Die Inhalte der Projekte und Problemstellungen werden bald vergessen sein, die Art und Weise wie Sie Ihre Vertriebsleute ansprechen, macht den Unterschied und wird noch nach Jahren erinnert.

Nutzen Sie die Momente der Wahrheit, das können kritische Situationen, außergewöhnliche Erfolge oder einfach ein guter Moment des Gesprächs sein. Die Rückmeldung kann Jahre auf sich warten lassen: „Ich bin dankbar für die gute Zeit", „Unsere Zusammenarbeit war für mich wegweisend", „Die gemeinsamen Projekte haben mich begeistert und unter Strom gesetzt. Davon profitiere ich heute noch". Gelingt diese Nähe, sind komplexe, auch schwierige Konfliktsituationen leichter zu lösen.

Beachten Sie dabei, dass diese „magischen" Momente einzigartig sind und bleiben sollen. Jeder möchte sich als etwas Besonderes fühlen. Jeder ist auf seine Weise für die Wertschätzung seiner Individualität empfänglich. Der eine hat seine Besonderheiten, seine Vorlieben, seine Hobbys über die man sprechen kann, der andere möchte diskret, nicht zu persönlich behandelt werden. Beobachten Sie, hören Sie zu, dann entstehen gemeinsame Momente, die weit über die sachliche Ebene hinausgehen und Sie schaffen Erfolg.

Individualität zuerst

Fast täglich werden wir mit Patentrezepten gefüttert, sei es in Magazinen, sei es über soziale Medien oder andere Push-Kanäle im Internet: fünf Schritte zum Glück, sieben Wege für erfolgreiche Projekte, 10-Punkte-Checklisten zur gelungenen Karriere. Diese Rezepte sind sehr beliebt, weil sie leicht zu verstehen und zu befolgen sind.

Hüten Sie sich davor, Ihre Mitarbeiter genauso zu behandeln. So einzigartig wie jeder Kunde, sind auch Ihre Mitarbeiter. Um die beste Leistung aus jedem Einzelnen herauszuholen, müssen Sie ihn verstehen lernen und einen individuellen Coaching-Plan aufstellen. Tun Sie das nicht, werden Sie seinen Stärken und Schwächen nicht gerecht. Die Vertriebsführung ist eine Personalentwicklungsaufgabe. Niemand beherrscht die Praxis so gut wie Sie, Sie kennen alle Fallstricke und Tricks. Helfen Sie Ihren Mitarbeitern, individuelle Methoden zu erarbeiten, um ein ebenso erfolgreicher Vertriebsmann zu werden. Sie können nicht für den Skispringer antreten, nur ihm vor dem Sprung beistehen und ihm nachher rückmelden, was Sie gesehen haben – die 120-Meter-Linie an der Schanze wird er ganz alleine meistern.

Das Glas ist halbleer

Er argwöhnt hinter jeder Frage eine Kritik der eigenen Schwäche, er unterstellt gar, wir meinten, er mache alles falsch. Er nimmt jede nicht eindeutig positive Bewertung persönlich, er hegt Selbstzweifel an der eigenen Kompetenz. Bei ihm löst jede Idee den Reflex aus: „Das haben wir schon versucht, geht aber nicht." Der Skeptiker und Zweifler unter den Kunden beschert immer wieder unerfreuliche Momente. Aber mit hinreichend Berufserfahrung wissen Sie, dass Sie solche Menschen mit geeigneten Fragen durch den Prozess der Selbsterkenntnis führen müssen. Den Selbstzweifler unter den Vertriebsmitarbeitern können Sie mit denselben Mitteln coachen. Sie führen ihn durch das Labyrinth der Hindernisse, Schwierigkeiten und Bedenken. Sicherlich zeitintensiv, aber das lohnt sich.

Nehmen oder geben

Sie können Ihre hochdekorierte „Jacke" der erfolgreichen Vertriebsprojekte an den Nagel hängen. Es hilft nichts, über gewonnene Deals, exzellente Kundenbeziehungen und vieles mehr zu berichten, es schadet nur. Es macht Ihre Mitarbeiter kleiner, als sie sein sollten, denn Sie wildern in einem Revier, in dem Sie nichts mehr zu suchen haben. Als Vertriebschef spielen Sie beim aktiven Opportunitiy Management und auch bei der Kundenentwicklung maximal eine untergeordnete Rolle.

Es kann sein, dass Sie als „Träger einer Schulterklappe" beim Kunden vorstellig werden müssen, weil dieser die Chefetage sehen will. Dann geht es aber eben ausschließlich um Hierarchie und Status. Hüten Sie sich davor, in irgendwelche projektspezifischen Details zu gehen, fachliche Diskussionen anzuzetteln oder zu begleiten. Als Vertriebsmitarbeiter war das Ihre Aufgabe: Sie mussten die Aufträge an Land ziehen, Verhandlungen führen, Abschlüsse herbeiführen. Heute machen das andere, denn Sie sind in die Managementebene aufgestiegen und operativ nur Staffage.

Andere realisieren Deals und werden dafür gefeiert. Sie stellen sicher, dass bei Vertriebserfolgen gefeiert wird, dass die erforderliche Anerkennung bei allen Vertriebsleuten ankommt. Je bescheidener Sie auftreten, desto größer wird Ihr Ansehen. In dieser Beziehung sind Sie nicht Macher sondern Unterstützer. Es gibt genügend Betätigungsfelder, auf denen Sie selbst glänzen können – nur nicht beim Kunden.

Was du nicht willst …

Menschen im Vertrieb haben ein feines Gespür für Beziehungen und Situationen. Sie erkennen schnell, ob die Balance zwischen Geben und Nehmen beim Kunden gelingt. Das gilt auch für die eigene Person. Ein Vertriebsmitarbeiter, der den Payback aktiv einfordert, ist nicht der richtige in seinem Job. Beachten Sie die ewigen Jammerer nicht.

Bei berechtigten Beschwerden aber müssen Sie sich die Frage stellen, was Sie vergessen und wie gerecht Sie diesen Mitarbeiter behandelt haben. Was war seine Erwartung, was Ihre und wieso haben Sie das nicht ausreichend zu Beginn der Zusammenarbeit geklärt? Sie selbst wollen ja auch fair behandelt werden. „Was du nicht willst, das man dir tu, das füg auch keinem anderen zu", haben wir als Kinder gelernt. Ich habe viele Manager der mittleren Ebene kennengelernt, die so ein Trauma des sich-betrogen-Fühlens über Jahrzehnte mit sich herumgetragen haben.

2.6 Anwendung und Ergebnisse: Marktbearbeitung

Steam Success International

Steam Success International hat in Schweden einen Vertriebstrichter aller denkbaren Kunden aufgestellt. Der schwedische Vertriebsmitarbeiter Per Lundqvist hat zwar in vielen Fällen bei der Bewertung nur eine Annahme abgegeben, aber er versteht, dass das Ergebnis dennoch einen repräsentativen Überblick bietet. Er ist sichtlich froh, auf Basis dieses Kundenkatalogs seinen Wachstumsplan erstellen zu können. Im Rahmen seines Landesplans kann er jetzt deutlich besser die nötigen Personalressourcen bestimmen. Im internationalen Kontext ermöglicht dieser Funnel (nicht die Pipeline) eine länderübergreifende Übersicht auch zentraler Ressourcen sowie den möglichen Austausch zwischen den einzelnen Ländern. Durch die Funnel-Ergebnisse der Länder erkennt er, wie internationale Kunden arbeiten und wie der Wettbewerb übergreifend agiert.

Fournier Système

De Yong ist es gelungen, bei Fournier Système eine Regelkommunikation einzuführen, welche die Belange von Mitarbeitern und Kunden berücksichtigt, durch den disziplinierten Umgang mit der Ressource Zeit Anfragen flexibel und schnell zu beantworten, interne Schwachpunkte aufzudecken und Lösungen umzusetzen. Da jedes Gespräch konkrete Ergebnisse bringt, jedes Team Meeting und jeder Workshop zielorientiert aufgesetzt und umgesetzt werden, entsteht ein neues Klima: Regelkommunikation wird nicht mehr als Pflicht, sondern als Chance begriffen. Langfristig werden auch Kunden den stringenten Umgang mit Themen als wohltuend erkennen, zweifellos ein Wettbewerbsvorteil. Die Durchsprache von Vertriebstrichter und Pipeline ist in diese Regelkommunikation eingebettet. Der frühere Stress dieser Sitzungen ist einem Gesprächskontinuum gewichen, in dem Sales-Zyklen aus unterschiedlichen Blickwinkeln regelmäßig besprochen werden. Die Qualität der Angebote steigt ebenso wie die Trefferquote.

PIP Power Inside Production
PIP hat mit der Kundenstrukturplanung Key Accounts herausgearbeitet und als drittes Standbein neben Distribution und Händlerbetreuung definiert. Das Unternehmen verspricht sich vom direkten Kanal zu Großkunden mehr Stabilität des Geschäfts. Głodny Wilk hat im Strategieprozess einige Vertriebsmitarbeiter ganz neu kennengelernt, denen er nun mehr Verantwortung übergeben kann. Seine geplante Wachstumsstrategie hat auch die nötigen Basisdaten der Marktpotenziale gebracht. Im Mix von Distribution, Händlern und direktem Großkundengeschäft wird er bald wissen, wie er seine Eigenmarke künftig positioniert. Durch den Aufbau des Vertriebstrichters und durch die Kundenstrukturanalysearbeit hat er ein Frühwarnsystem für die Entwicklung des Markts.

Terra Consult
Durch die gemeinsame Festlegung auf Kernmärkte und Zuordnung zu Territorien verschwinden die regelmäßigen Anfeindungen im Team, wer welchen Kunden bedienen darf. Da jeder Partner selbst vertriebliche Handlungsschwerpunkte am Markt bestimmen kann, steigt die Eigenverantwortung und Motivation, auch über Anfragen hinaus planerische Akzente zu setzen, zum Beispiel durch die Teilnahme an Fachforen, den Aufbau eines Wissenspools, das Geben und Nehmen von Erfahrungen im Partnerkreis. Je mehr dies an Eigendynamik gewinnt, desto öfter kann sich Robert Ganges um strategische Fragen kümmern wie Kooperationen, bei denen er mit der Qualität der entstehenden Kundenlandschaft starke Argumente an die Hand bekommt.

Literatur

Ackerschott, H. 2001. Strategische Vertriebssteuerung. Instrumente zur Absatzförderung und Kundenbindung. Wiesbaden: Gabler.

Bosworth, M. T. 1995. *Solution selling. Creating buyers in difficult selling markets*. Rancho Santa Fe: McGraw-Hill.

Bosworth, M. T., J. R. Holland, und F. Visgatis. 2010. Customer centric selling. New York: McGraw-Hill.

Cialdini, R. B. 2006. Die Psychologie des Überzeugens. Ein Lehrbuch für alle, die ihren Mitmenschen und sich selbst auf die Schliche kommen wollen. Bern: Huber.

Farrington, J. 2013 Introducing s.c.o.t.s.m.a.n. www.topsalesworld.com/topsalesmanagement/ressources/introducing-s-c-o-t-s-m-a-n/ zugegriffen: 3.3.2016

Ferrazzi, K., und T. Raz. 2006. Never eat alone. And other secrets to success. One relationship at a time. Toronto: Doubleday.
Fuchs, C. 2009. Computervortrag-Spektakel. Popstandards des Powerpoints. http://www.spiegel.de/netzwelt/tech/computervortrag-spektakel-popstars-des-power-powerpoint-a-610871.html. Zugegriffen: 5. Mai 2015.
Greischel, P. 2003. Balanced Scorecards. Erfolgsfaktoren und Praxisberichte. München: Vahlen.
Hair, J. F., R. E. Anderson, R. Metha, und B. J. Babin. 2009. Sales management. Building customer relationships and partnerships. Boston: Houghton Mifflin.
Hanlon, M., und C. Williams. 2012. Customers are the answer to everything. How to get and keep all the customers your business wants. New York: Morgan James.
Henseler, J., Hoffmann, T. 2003. *Kundenwert als Baustein zum Unternehmenswert.* Hamburg Dr. Kovac.
Heupke, H. 2012. Wertorientiert verkaufen. Wie Sie den Entscheidungszyklus des Kunden optimal steuern. Norderstedt: Trabalis.
Kenney, J. 2012. Will this deal ever close? A compelling event. http://www.salesbenchmarkindex.com/bid/81016/Will-This-Deal-Ever-Close-A-Compelling-Event. Zugegriffen: 5. Mai 2015.
Kerth, K., H. Asum, und V. Stich. 2011. Die besten Strategietools in der Praxis. Welche Werkzeuge brauche ich wann? Wie wende ich sie an? Wo liegen die Grenzen? München: Hanser.
Koser, J., und C. Koser. 2009. Selling to Zebras. How to close 90 % of the business you pursue faster, more easily, and more profitably. Austin: Greenleaf.
Lasko, W. 2012. Akquisition, Auftrag, Profit. Wie Sie Kunden und Projekte mit Ihren Lösungen gewinnen können. Wiesbaden: Springer Gabler.
Luft, J., und H. Ingham. 1955. The Johari window. A graphic model of interpersonal relations. Proceedings of the Western Training Laboratory in Group Development. UCLA, Los Angeles.
Malik, F. 2006. *Führen, Leisten, Leben.* Wirksames Management für eine neue Zeit. Frankfurt a. M.: Campus.
Marr, B. 2012. Key performance indicators. The 75 measures every manager needs to know. Harlow: Pearson.
Miller, M. 2010. *A s*eat at the table. How top salespeople connect and drive decisions at the executive level. Austin: Greenleaf.
Ostrow, P. 2012. Train, coach, reinforce. Best practices in maximizing sales productivity. http://www.aberdeen.com/research/7924/ra-sales-training-coaching/content.aspx. Zugegriffen: 10. Jan. 2012.
Oswald, G. M. 2010. Der richtige Stallgeruch. http://www.faz.net/aktuell/beruf-chance/arbeitswelt/wie-war-dein-tag-schatz/kolumne-der-richtige-stallgeruch-11070616.html. Zugegriffen: 5. Mai 2015.
Rotenberg, Z., und M. Baker. The salesforce user's guide to pipeline management. http://www.insightsquared.com/ressources/e-books. Zugegriffen: download von w_inse22-2.pdf am 5. Mai 2015.
Schulz von Thun, F. 1981. Miteinander Reden 1. Störungen und Klärungen. Reinbek: Rowohlt.
Senge, P. M. 2011. Die Fünfte Disziplin. Kunst und Praxis der lernenden Organisation. Stuttgart: Schäffer-Poeschel.
Srivastava, R. K., E. C. De Run, und K. S. Fam. 2008. Sales management. New Delhi: Excel Books.
Stock, M., und W. G. Stock. 2001. Informationsqualität. Password 12, Hattingen, Kerpen, Köln.
Taxis, T. 2011. Heiß auf Kaltakquise. So vervielfachen Sie Ihre Erfolgsquote am Telefon. Freiburg: Haufe.
Watzlawick, P. 1978. Wie wirklich ist die Wirklichkeit. Wahn, Täuschung, Verstehen. München: Piper.
Winkelmann, P. 2005. Vertriebskonzeption und Vertriebssteuerung. Instrumente des integrierten Kundenmanagements – CRM. München: Vahlen.

Wizdo, L. 2012. Forget the funnel! Introducing a new metaphor for lead to revenue process management. http://blogs.forrester.com/lori_wizdo/12-11-06-forget_the_funnel_introducing_a_new_metaphor_for_lead_to_revenue_process_management. Zugegriffen: 19. Aug. 2015.
Zupancic, D. 2009. Clevere Vertriebstaktik in Krisenzeiten. http://www.harvardbusinessmanager.de/blogs/a-625119.html. Zugegriffen: 19. Aug. 2015.

Weiterführende Literatur

Jung, Y. 2008. Delegation und Anreize in Vertriebsorganisationen. Hamburg: Diplomica.

Teams 3

Wer als Trainer während des Spiels an der Seitenlinie oder der Trainerbank rumturnt, der macht das entweder für die Galerie oder er hat bei der Vorbereitung geschlampt.
(Jupp Heynckes)

3.1 Veränderungsfaktor: Marktgeschwindigkeit

Nach der jährlichen Studie von CSO Insights werden Vertriebszyklen komplexer und schneller. Gleichzeitig werden Produkte in immer kürzer werdenden Abständen eingeführt. Der Wettbewerb nimmt weiter zu, der Anspruch der Kunden an Leistung und Service steigt. Vertriebsprozesse müssen in zwei Richtungen Dynamik erhalten. Zum einen brauchen Sie für ein und denselben Markt unterschiedliche Akquisemodelle, damit Ihre Vertriebsmitarbeiter immer eine passende Vorgehensweise für den jeweiligen Kontext anwenden. Zum anderen sollte sich das einzelne Vertriebsmodell an die jeweilige Umgebung anpassen können mit technikgestützten Drehbüchern.

Und plötzlich taucht scheinbar aus dem Nichts eine neue Geschäftsmöglichkeit auf. Im Unternehmen ist niemand darauf vorbereitet. Viel Aktionismus und Zeit und Ressourceneinsatz, doch dann scheitert der Auftrag, und niemand will Schuld sein. Mancher wünschte sich nun den von Scott Adams in einem Dilbertbuch (1996, S. 124) karikierten Dogbert als „Blame Consultant", der anbietet, die Schuld bei anderen zu suchen (s. Abb. 3.1). Jeder schiebt die Verantwortung dem anderen zu. Der eine hat zu viele Zusagen gegeben, Erwartungen bei Kunden geweckt, der andere hat auf die Vertriebskostenstelle seine Stunden für die Projektbetreuung gebucht, der dritte findet, dass hier wieder einmal an der Leistungsfähigkeit vorbei dem Kunden ein Wolkenschloss verkauft wurde et cetera.

Ein wichtiges, wenn nicht das wichtigste Erfolgskriterium für Produktivität und Effizienz ist die regelmäßige Kommunikation zwischen der Vertriebsorganisation und der

N. A. Rauch, *Die 7 Disziplinen im Sales-Management*,
DOI 10.1007/978-3-658-04232-5_3

Abb. 3.1 Andere für schuldig erklären. (Quelle: nach Adams (Übersetzung) 1996, S. 124)

Leistungserbringung. Das Selling Center, das Verkaufszentrum, ist ein überaus diffiziles Terrain, mit dem viele Mitarbeiter nie richtig zurechtkommen. Selbst erfahrene Vertriebsmitarbeiter müssen sich die Spielregeln des internen Verkaufs in jeder Organisation neu aneignen. Es geht wie immer in einer Gemeinschaft auch um Politik, um Machtverschiebungen, um Intrigen. Gerade Projekte in internationalen Unternehmen laufen Gefahr, ins Defizit zu laufen, da die „Mutter“, das Stammhaus, es nicht versteht, sich attraktiv und wertschöpfend in der Landesorganisation zu präsentieren, die umgekehrt aus trotzigem Stolz heraus eigene, riskante und weitaus teurere Lösungen anbietet und realisiert. Wie aber pflegen Sie das interne Netzwerk?

Ungenügend gemanagte Kundenwünsche sind oft der Auftakt für später krisenbehaftete Projekte. Hier braucht es den Entertainer, der den Dialog zwischen den Vorstellungen des Kunden (Lastenheft) und dem Fachkonzept des Anbieters vermittelt ebenso wie einen Mediator. Andernfalls verselbstständigen sich die Anforderungen aufgrund der subjektiven Deutungen, und die Sichtweisen von Kunden und Lieferanten driften eklatant auseinander. Aus dem glücklichen „Honeymoon“ der Unterschrift und den ersten Abstimmungsterminen wird die unerträgliche Auseinandersetzung eines Rosenkriegs oder das Führungsdilemma zwischen Vorgesetztem und Mitarbeiter, das möglicherweise beide, Lieferanten und Kunden, in den wirtschaftlichen Abgrund zieht.

In der internen Beziehungsarbeit geht es ebenso darum, sogenannte Coaches, Befürworter beziehungsweise Unterstützer, zu entdecken und entwickeln wie beim Kunden. Die Pflege dieser Value Bridges ist beim Kunden und im eigenen Unternehmen eine Investition in die Zukunft. Eine Qualitätsquelle zwischen uns und den Wettbewerbern ist das interne gemeinsame Verständnis.

Thesen: Zusammenspiel zwischen Ihnen und den Mitarbeitern

→ Sales Leader differenzieren Ihr Team durch individuelle Förderung in Ausbildung und Training.
→ Sales Leader entwickeln Verantwortungsbewusstsein, sie leben, was sie sagen und fordern Respekt.

- → Ziel ist ein gutes Image der Vertriebsorganisation, bei der sich das Team nach draußen wie nach drinnen gut verkauft.
- → Wer ausreichend Personal und Budget verhandelt, schafft seine Ziele.
- → Zwei generelle Ziele sind allen eingebrannt: „on time" und „in budget".
- → Wachstum ist die logische Konsequenz von Vertrauen, Konfliktlösung, Klarheit, hohen Standards und Gemeinsinn.
- → Für dauerhaften Erfolg muss heute für morgen geplant werden.

3.2 Themen: Persönlichkeit Rollen und Profile

3.2.1 Visitenkarte und andere identitätsstiftende Dinge

Auch in und für Vertriebsorganisationen gibt es so etwas wie Personalausweise, Pässe und Landkarten. Alle Menschen brauchen zur Selbstversicherung einen Namen, eine Rolle und Aufgabe und eine topografische Orientierung: Wer bin ich, wo bin ich, und was mache ich hier? Viele Mitarbeiter sehnen sich nach einem Organisationsbild, um sich dort namentlich oder zumindest in einem Abteilungsrahmen wiederzufinden. Mit der Zugangskarte, die in manchen Firmen verpflichtend am Revers zu tragen ist, gibt man sich als Mitarbeiter des Unternehmens zu erkennen, und auf der Visitenkarte finden wir Namen, Abteilungsbezeichnung und Rang. Die hierarchische Positionierung bietet Halt („Wo bin ich aufgehängt?"), Macht („Was verantworte ich") und Perspektiven („An wen berichte ich, und wie könnte meine Karriere aussehen?").

Der Vertriebsmitarbeiter versichert sich implizit oder explizit täglich nach außen seiner Position. Ob die Bezeichnungen auf seiner Visitenkarte tatsächlich seine Position, seinen Rang oder seine fachliche Qualifikation widerspiegeln, bleibt letztlich immer der Reaktion vorbehalten, die seine Person bei Kollegen und Kunden auslöst. Nicht von ungefähr hat sich die Bezeichnung Account Manager in vielen Organisationen für einen Vertriebsmitarbeiter etabliert. Das hängt vielleicht auch damit zusammen, dass die Bezeichnung einen Anspruch vermittelt, nämlich einen Account zu managen und trotzdem sehr allgemein bleibt. Das gilt in gewissem Umfang auch für Führungskräfte. Ein Sales Director kann ebenso zweispännig führen, also seine Mitarbeiter führen wie auch einfach selbst vertrieblich tätig sein. Der eigentlich gleichbedeutende Sales Manager wird oft auch von Vertriebsleuten benutzt.

Die Wichtigkeit der Visitenkarte wird oft unterschätzt. Wir beleuchten sie von zwei Seiten: Einmal den konkreten Akt der Übergabe sowie die Inhalte und Botschaften, die transportiert werden sollen.

In Japan hat die „Meishi" einen hohen Stellenwert. Die genaue Position des Kartenbesitzers im Unternehmen spielt eine wichtige Rolle im Umgang miteinander, auch wird die korrekte Schreibweise gleich lautender Namen durch die Visitenkarte sichergestellt. Die Übergabe einer Karte folgt nach einem festen Ritual: Zuerst übergibt die ältere Person beziehungsweise ranghöhere der jüngeren beziehungsweise rangniedrigeren Person mit beiden Händen die Karte. Die Übergabe endet mit einer Verbeugung, anschließend wird die Karte genau gelesen und keinesfalls sofort weggesteckt. Sie achtlos in die Hosentasche zu stecken wäre ein grober Verstoß gegen den Anstand.

Beispiel Terra Consult
Individuelle Visitenkarte des Partners Noé:

- Was sind meine persönlichen Kernfähigkeiten?
- Was liefere ich als Add-on zu der von mir angebotenen Leistung mit?
- Wie veredele ich mein Angebot?
- Warum sollte der Kunde gerade von mir kaufen?
- Woran sollte der Kunde sich erinnern, wenn er mit mir zusammengekommen ist?
- Was macht mich interessant?

Noé bietet seinen Partnern:

- Einladung ins Netzwerk: Sicherheit, Flexibilität, Wahlmöglichkeit, Vertrautheit, gleichberechtigtes Geben und Nehmen, schnelle Information.
- Beteiligung am Know-how-Transfer: Wissenstransfer, ohne das Rad neu erfinden zu müssen, Verfügbarkeit von Erfahrung, hohe Effizienz.
- Leistung der Terra Consult: Pflege von Netzwerk und Know-how, Vernetzung von Bedarf und Angebot, Moderation des Wissenstransfers.

Phasen und Vorgehen
Fragen des Vertriebsleiters bei der Erstellung der Visitenkarte des Mitarbeiters:

1. „Welche drei bis fünf wesentlichen *Merkmale* Ihrer Person sollen beim Kunden in Erinnerung bleiben" (vgl. Tab. 3.1)? Kurze Erläuterung.
2. „Was sind in Ihrem Berufsleben (lieber Vertriebsmitarbeiter) die Situationen gewesen mit den wichtigsten Erfahrungen?" Station benennen und erzählen und stichpunktartig notieren.
3. „In welcher der von Ihnen genannten Situationen finden sich die Merkmale, die der Kunden erinnern soll, wieder?" Jeweils ein Beispiel zuordnen.

Tab. 3.1 Beispiel für einen Manager in einem großen mittelständischen Unternehmen, der ein starker Methodiker ist. (Quelle: eigene Darstellung)

	Merkmal 1	Merkmal 2	Merkmal 3
1. Merkmale	Managementerfahrung	Methodenkompetenz	...
2. Arbeitsalltag	Probleme verstehen lernen	Lösung in unterschiedlichen Varianten	
3. Erfahrungen	Habe Vertrieb in Mitteleuropa aufgebaut; dazu war Führungsstil mit ausgeprägter Kommunikationsfähigkeit nötig	Sanierung eines Firmenbereichs: klassische Turn-around-Aufgabe wie Neuaufstellung Produktportfolio et cetera	

3.2.2 Leistungspotenzialeisberg: Monitoring und Assessment

Definition
Monitoring und Assessment sind zwei Begriffe zur Beschreibung von Methoden, um die aktuelle Leistungsfähigkeit von Menschen nach festgelegten Parametern zu bewerten sowie die Potenziale zu ermitteln. Im Grunde hat jeder Mensch ein Potenzial von 100 %. Schon weit vor Einstein war bekannt, dass wir nur ungefähr zehn Prozent dieses Potenzials, unseres geistigen Kapitals, abrufen (vgl. Abb. 3.2). Leider wird der Mensch in Führungsetagen oftmals nur an den aktuellen Erfordernissen gemessen. Man spricht nur von den Defiziten und beklagt die fehlenden Skills, selten macht man sich explizit auf die Suche nach dem vorhandenen Potenzial, von dem man gegebenenfalls gar nicht weiß, dass es existiert und erst recht nicht, dass und wie man es nutzen könnte.

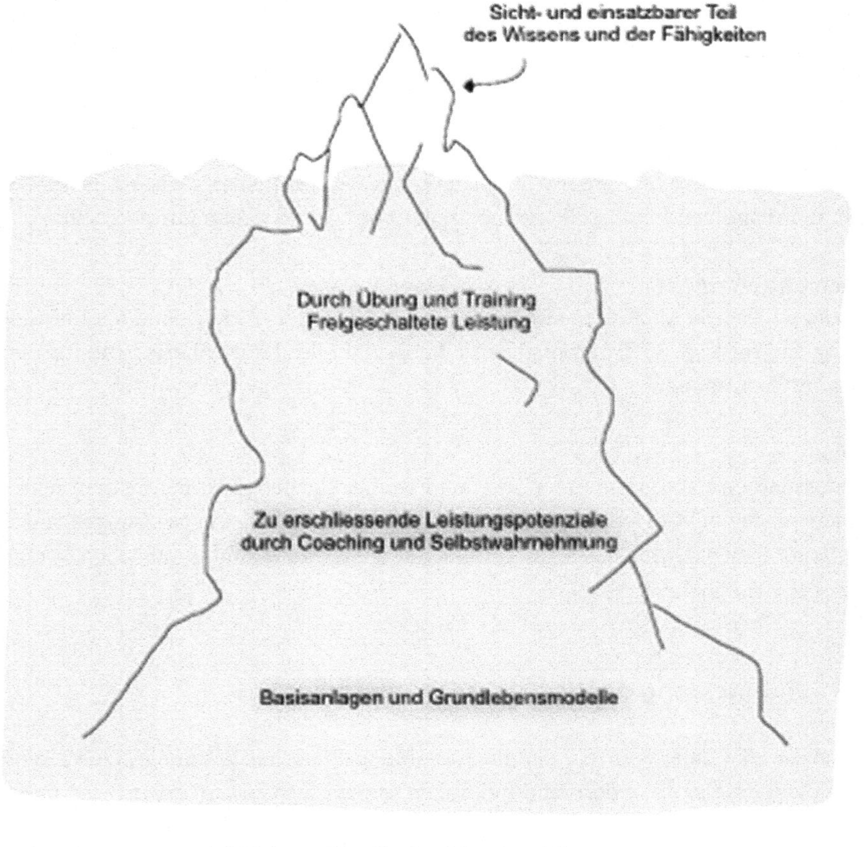

Abb. 3.2 Leistungspotenzial-Eisberg. (Quelle: Jan Myszkowki)

Die meisten Menschen können im Privatleben Verträge schließen, Preise verhandeln, Risiken abwägen, umfangreiche Urlaube wirtschaftlich und inhaltlich planen. All das scheint im innerbetrieblichen Alltag wie weggeblasen. Was unter der Wasseroberfläche zum Potenzialeisberg gehört, wird somit häufig nicht abgerufen oder gar nicht erst in Betracht gezogen, als gäben viele Mitarbeiter ihr Hirn an der Eingangstür ab. Die Überschneidung von Potenzial und Erwartung ist deshalb oft gering. Sie suchen bei vielen Mitarbeitern oft nach Fähigkeiten, die diese in genau der Form scheinbar nicht haben. Die Prüfung im Assessment tut ihr Übriges: Die Sondersituation der theoretischen Bewertung, zum Beispiel eine automatische Auswertung per Webportal oder in einem Excel Sheet lässt meist die Rahmenbedingungen außer Betracht. So kommen Sie an die eigentlichen „golden nuggets" der individuellen Skills gar nicht heran – und so wird es auch schwer, die Menschen und die Organisation zu verändern.

Problemstellung
Klaus de Yong vermutet hinter dem „Hunter" Bailey gerade für das neue Managed-Print-Services-Portfolio hohes Leistungspotenzial. Bailey zeigt bei genauer Betrachtung, dass er im Vertriebszyklus Qualität einbringen könnte. Das hat de Yong noch nicht erkannt.

Ziel
Der Vertriebsmitarbeiter lernt neue Seiten an sich kennen und nutzen. Die Beziehung zwischen Manager und Mitarbeiter wird gestärkt, die Vertrauensbasis wächst. Bailey wird zu einem breitbandigen Schlüsselkundenbetreuer mit Potenzial zum Gruppenleiter.

Phasen und Vorgehen
Sie setzen die nicht abgerufenen Fähigkeiten durch ein stärkenorientiertes Leistungsmonitoring frei (s. Abb. 3.3), automatisiert (Webportal oder Excel Sheets) und im Einzelgespräch mit Leitfragen.

Nutzen
Erschlossene und aktivierte Potenziale sind weitaus kostengünstiger als neu rekrutiertes Vertriebspotenzial. Ein positives Beispiel kann unmittelbare Auswirkungen auf andere Mitarbeiter haben. Durch das Monitoring und die Selbsterkenntnis sind auch Veränderungen in der Grundhaltung möglich.

3.2.3 Entwicklung der Vertriebsmitarbeiter

John Maxwell (2008, S. 6 ff.) nennt drei Gründe für seine Warnung „Don't send your ducks to eagle school" in den zehn Lektionen seines Buchs *Leadership Gold*, und er gibt einen Rat:

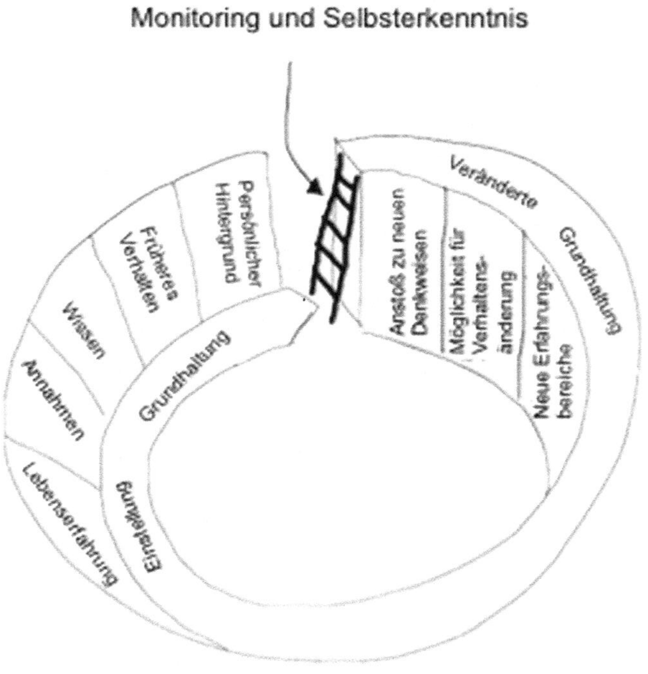

Abb. 3.3 Monitoring und Selbsterkenntnis. (Quelle: Jan Myskowski)

> Wenn Sie Enten in die Adlerschule schicken, werden Sie die Enten frustrieren.... Leadership handelt davon, den richtigen Menschen an der richtigen Stelle einzusetzen, so dass er erfolgreich sein kann. Als Führungskraft sollten Sie Ihre Leute immer aus ihrer Komfortzone bewegen, aber nie aus der ihre Stärkezone. Aber nicht nur Enten, sondern auch Adler können frustriert sein. Wenn Sie Enten zu Adlerschule schicken, frustrieren Sie sich selbst.

Im Sales Management beschreiben wir nun Wege, wie Vertriebsführungskräfte für jeden individuellen Kunden Lösungen finden und mit spezifischen Kompetenzen aus dem Sales Team erfolgreich Geschäfte tätigen. Oft finden wir in unserem direkten Umfeld nicht die passende Konstellation; je frühzeitiger wir diesen Mangel jedoch erkennen, desto eher können wir unsere bestehende Mannschaft darauf ausrichten, weiterentwickeln und neue Qualitäten rekrutieren.

Problemstellung

Klaus de Yong fehlen Neukunden. Da seine Vertriebsorganisation lange Zeit im satten Ernten von bestehendem Standardgeschäft verharrte, hat sie die Fähigkeit verloren, sich bei Bestandskunden mit neuen Themen vorzustellen und überhaupt neue Kunden zu gewinnen. Während der fetten Jahre wurde zudem kein gesteigerter Wert darauf gelegt, hungrige „Füchse“ an Bord zu holen. Es gibt den Standardverkäufer, der Anfragen beantwortet und bei Partnern deren Kunden gegen einen „Obolus“ erntet.

Da noch kein neuer Vertriebsleiter gefunden ist, muss de Yong selbst überlegen, welches Profil die erforderlichen Vertriebsmitarbeiter haben sollen. Er stellt sich die Frage, ob er aus seiner bestehenden Mannschaft die entsprechenden Mitarbeiter rekrutieren kann oder ob er besser neue an Bord nehmen soll.

Ziel
Die Zielorganisation des Vertriebs verfügt über ausreichend Kompetenz, um am kompetitiven Markt das erforderliche Neugeschäft zu generieren und langfristig werthaltige Beziehungen zu Kunden aufzubauen. Die künftige Organisation stellt das Bindeglied zwischen Kunde und Leistungserbringung dar. Das Produkt- und Portfoliomanagement wird beeinflusst, der Vertriebsapparat gibt Impulse für attraktive neue Leistungsklassen.

Phasen und Vorgehen

Charakteristika einer Vertriebsperson (allgemeines Wunschbild)

Die Erwartungen, was ein Vertriebsmitarbeiter an Fähigkeiten mitbringen sollte, sind von Kultur zu Kultur, von Unternehmen zu Unternehmen und dort für jeden Vertriebsleiter verschieden. Was Sie tatsächlich brauchen, variiert dabei auch noch von Kunde zu Kunde. Die optimale Vertriebspersönlichkeit ist wissbegierig, kommunikationsstark, ideenreich und hat eine positive, gesunde Lebenseinstellung, gepaart mit hoher Professionalität. Ein breiter Erfahrungsschatz hilft dem Vertriebsmitarbeiter, sich reaktionsschnell und flexibel an jede Situation anzupassen. Den Kundenstamm entwickelt er in Eigeninitiative weiter. Die Vertriebsperson überzeugt durch Integrität und Ehrlichkeit; sie löst alle Hindernisse eines Vertriebszyklus einfallsreich, sachorientiert und zuverlässig. Sie arbeitet in nachvollziehbaren Schritten, da sie es gelernt hat, prozessorientiert vorzugehen, und alles bestens dokumentiert. Durch ideales Zeitmanagement beweist sie Organisationstalent. Ja, so sieht die „eierlegende Vertriebswollmilchsau" aus: Das Paradigma des Alleskönners spukt in den Köpfen vieler Vertriebsleiter und Geschäftsführer herum.

Individuelle Aspekte herausarbeiten

Was sind aus Ihrer Sicht die fünf wesentlichen Charakteristika eines künftigen Vertriebsmitarbeiters? Bedienen Sie sich aus der obigen Wunschliste. Welchen vertrieblichen Stil sollte er mitbringen: bei der Gesprächseröffnung, beim Finden von Fakten und Opportunities, bei der Präsentation, beim Abschluss? Welche Vertriebsrollen haben Sie vorgesehen: den Netzwerker, Consultant, Guru oder Hardseller? Sie können sich dabei gerne an den Wunschbildern orientieren, die in den letzten zwanzig Jahren im Vertriebsberatungs- und Trainingsgeschäft entwickelt wurden: „Trusted Advisor",

„Fuchs", „Delfin", „Challenger", „Closer", „One-Hit-Wonder", „Guru", „Berater", „Netzwerker", „Hardseller", „Jäger" („Hunter"), „Farmer", „Shopkeeper", „Repairman", „Handyman", „Solution Designer", „Expert Sales".

Die vierundzwanzig Profile, die Sie in diesem Buch begleiten, greifen jeweils ein Stärkenprofil auf. Jede Stärke hat aber auch eine Schwäche. Überlegen Sie, mit welchen Schwächen Sie am besten umgehen können. Eine Auswahl an Fragen finden Sie am Ende dieses Kapitels.

Nutzen
Die individuelle kunden-, markt-, wettbewerbs- oder partnerspezifische Vertriebskompetenzstrategie kostet weniger Geld, dafür mehr Hirnschmalz. Die von Ihnen hier investierte Zeit erhöht die Qualität der vertrieblichen Leistungen exponentiell. Die Flexibilität mit der Sie Opportunities adäquate Vertriebsressourcen zuzuordnen, verkürzt den Zyklus und steigert die Erfolgswahrscheinlichkeit.

Beispiel
Klaus de Yong entwickelt eine eigene Kompetenztypologie für Vertriebsmitarbeiter:

- „Der Löwe" ist für ihn der mit Entscheidungskompetenz ausgestattete repräsentative Vertriebsmitarbeiter.
- „Der Panther" steht für den fachlich versierten und lösungsorientierten Detailkenner.
- „Der Luchs" hat strategisches Gespür und verfügt über hohe konzeptionelle Fähigkeiten.

Angelehnt an die drei Kernprofile baut er Vertriebsteams auf, welche diese Typen optimal repräsentieren.

3.2.4 Bilder, Geschichten und andere Erfahrungen

Problemstellung
Robert Ganges versucht immer wieder, Stefano mit logischen Argumenten von einer Änderung seiner Arbeitsweise im Umgang mit Kunden zu überzeugen. Das gelingt nicht: Je mehr Robert auf seiner logischen Begründung insistiert, desto hartnäckiger und verständnisloser wirkt Stefano. Es wird immer schwieriger, mit ihm dazu ins Gespräch zu kommen.

Ziel
Über eine Metapher oder eine Geschichte schafft es der Geschäftsführer, seinen Mitarbeiter für die zu lösende Fragestellung zu gewinnen. Die Übertragung auf die eigene Verhaltensweise und das Handeln beim Kunden stellt die Brücke zur Veränderung dar.

Metaphern und Geschichten werden zu einem unverzichtbaren Bestandteil des vertrieblichen Alltags, im Unternehmen wie auch mit Kunden.

Nähe durch Geschichten und Bilder
„Wirklich gute Vertriebsleute verkaufen nicht, sie schaffen Nähe und Sympathie durch Imagination", war das Ergebnis einer Studie des Magazins *Fortune* Anfang der neunziger Jahre. Um zu ergründen, was den Unterschied zwischen hervorragenden und sehr schwachen Vertriebsleuten ausmacht, wurden Redakteure ins Feld geschickt, um vierundzwanzig Personen aus verschiedenen Branchen und Funktionen nach den Ursachen Ihrer Topvertriebsleistungen zu fragen. Es waren meist keine bemerkenswerten Präsentationen, die zum Erfolg führten oder ganz spezielle Methoden, nein, der Verkauf gelang meist, ohne dass Anstrengungen offensichtlich wurden: Die Top Performer im Vertrieb beseitigten Skepsis, schufen Vertrauen und führten die Kunden auf ihren Lösungspfad über Geschichten.

Geschichten aus der Praxis schaffen über Bilder und Metaphern die Verbindung zwischen den Anliegen des Kunden und den Lösungen, die andernorts bereits eingesetzt werden oder wurden (vgl. Abb. 3.4). Da diese Geschichten ja stattgefunden haben, kann es auch keine Einwände oder Bedenken geben. Die Kraft der Geschichten macht es dem

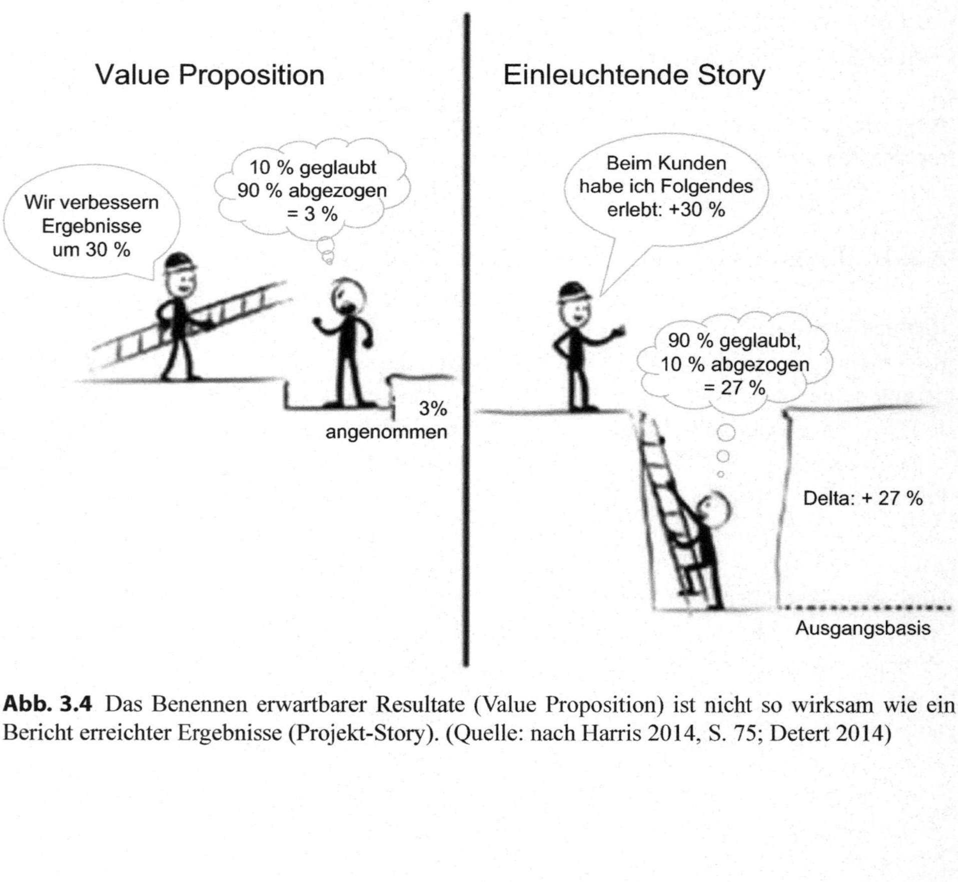

Abb. 3.4 Das Benennen erwartbarer Resultate (Value Proposition) ist nicht so wirksam wie ein Bericht erreichter Ergebnisse (Projekt-Story). (Quelle: nach Harris 2014, S. 75; Detert 2014)

Zuhörer leicht zuzustimmen, ohne sich gleich für etwas entscheiden zu müssen. Erzählungen aus dem beruflichen Alltag schaffen Glaubwürdigkeit und Nähe. Metaphern sind somit nicht bloße rhetorische oder gar poetische Mittel, sondern Bestandteil unserer täglichen Sprache (Lakoff und Johnson 2000). Selbstverständliches und Außergewöhnliches, Kreatives und Alltägliches offenbaren zugleich den Geist des Erzählers. Intelligent angestellt, wird neben dem Appell und der Sache sehr viel Positives zur Beziehung von Sender und Empfänger beigetragen und der Erzähler offenbart sich auf diskrete Weise.

Geschichten und Metaphern helfen Ihren Mitarbeitern und Ihnen selbst, sich von anderen abzuheben, sie könnten zu einer persönlichen Marke werden. Mit Geschichten gelangen Sie in das Gedächtnis Ihres Gegenübers. Sie appellieren, ohne laut zu sein, sie erzeugen Bilder, ohne aufdringlich zu wirken. Sie nehmen Ihr Gegenüber mit auf eine Reise und jeder macht gern Reisen, und Ihr Geschick bringt Ihr Gegenüber in die richtigen Regionen.

Was für den Vertriebsmann wichtig und richtig ist, sollte für die Vertriebsführungskraft billig sein. Wirklich billig sind jedoch ausgelutschte Anekdoten wie die vom Vertriebsleiter, der in einem Lokal für den eintretenden Rosenverkäufer im Nu das ganze Bund Rosen verkauft hat. In Maßen mag das vielleicht witzig sein, dient aber vornehmlich der Selbstdarstellung und lässt sich nicht als Vertriebserfolgsstory nutzen.

Die Neuropsychologie erklärt uns mit der die Asymmetrie des Gehirns, warum Geschichten eine so nachhaltige Wirkung haben, mit den unterschiedlichen Aufgaben der rechten und linken Hälfte: Generell steuert die linke Hemisphäre die motorische Sprachumsetzung für die vielen kleinen Muskelpartien sowie abstrakte Begriffe wie „Freiheit“ und „Anerkennung“, die rechte Hemisphäre ist dagegen verantwortlich für den kreativen Umgang mit Sprache, für räumliches Denken, Zahlenverständnis, Gesichtserkennung und Sprachmelodie. Es beteiligen sich also beide Gehirnhälften, wenn es um bildhafte Redensarten geht wie „das Kind mit dem Bade ausschütten“, „das Handtuch werfen“ et cetera oder Metaphern wie „das Wasser reichen können“ oder „die Nadel im Heuhaufen suchen“.

Damit Sie die passenden Metaphern und Bilder in einem Gespräch anwenden können, müssen Sie zuerst gut zuhören und wahrnehmen, welche Metaphern und Bilder Ihr Coachee verwendet. Wenn Sie sich auf die Bilder Ihres Coachee einlassen, können Sie in seiner Sprache sprechen (Hillert und Buračas 2009).

Vorgehen

Fangen Sie mit einer Geschichte an, zum Beispiel einer für Sie wichtigen Erfahrung, die Sie gerne weitergeben wollen. Die Geschichte sollte kurz und prägnant sein, nicht länger als neunzig Sekunden. Ihre Geschichte beinhaltet vier Botschaften:

- Was ist konkret geschehen?
- Was ist Ihre konkrete Erkenntnis, und was soll der Hörer lernen (Appell und Lessons learned)?
- Was soll Ihr Zuhörer von Ihnen erfahren, was erzählen Sie von sich selbst?
- Welche Konsequenzen leiten sich für Ihren Zuhörer daraus ab?

Themen können zum Beispiel sein: Ein prägnantes Erlebnis und Ihre Erkenntnis daraus oder eine Erfahrung, die Ihrem Leben eine Wende gab. Achten Sie darauf, dass sich Ihre Selbstäußerung, Ihre Marke, Ihr Wertesystem und Ihre Persönlichkeit in Balance mit dem Appell und Informationsgehalt befinden. Übertreiben Sie nicht, und bleiben Sie bei der Wahrheit, außer Sie sind ein begnadeter Erzähler. Je plastischer und farbiger Ihre Geschichte ist, desto besser holen Sie Ihr Gegenüber ab. Dabei wählen Sie aus einem Potpourri unterschiedliche Perspektiven aus:

- Geschichten über die Geschichte Ihres Unternehmens oder besondere Vorkommnisse
- Geschichten mit Menschen und Produkten oder Dienstleistungen
- Geschichten Ihrer Kunden und über Ihre Kunden
- erfolgreiche oder auch kritische, aber lehrreiche Vertriebsgeschichten
- Erzählungen über Gewinner und Verlierer (Loebbert 2003, S. 58 ff.)

3.2.5 NLP und Vergleichbares

Unter dem Kürzel NLP (Neuro-Linguistisches Programmieren) versteht man eine Sammlung von Grundregeln, Techniken und Vorgehensweisen in der Kommunikation zur Beeinflussung psychischer Abläufe im Menschen. Vornehmlich in der Therapie von Klienten eingesetzt, hat NLP bereits vor vielen Jahren Einzug in den Vertrieb gefunden. Hinter der Bezeichnung „Neuro-Linguistisches Programmieren" steht die Idee, dass Abläufe im Gehirn mithilfe der Sprache auf Basis systematischer Handlungsanweisungen änderbar sind.

Folgende Überlegungen sollten Sie für Ihre Arbeit mit NLP berücksichtigen: Die Vorannahmen jedes einzelnen Menschen bilden die außersprachliche Realität nie vollständig und objektiv ab; die Tilgungen, Verzerrungen, Abwandlungen während der Wahrnehmung, verändern die sogenannte Wirklichkeit (s. Watzlawick 1978).

Jeder Mensch wählt innerhalb seiner Vorstellung von der Welt die aus seiner Sicht beste Alternative. Jede Handlung ist positiv motiviert und in dem spezifischen Kontext auch sinnvoll und angemessen, dabei erwünschen sich die „Sender" immer eine bestimmte Reaktion auf ihr Handeln. Sollte die Kommunikationsbemühung beim Empfänger auf Widerstand stoßen, liegt die Ursache allemal in der unzureichenden Flexibilität des Senders und wenn die Kommunikationsbemühung nicht erfolgreich war, gilt es, eine Alternative zu suchen.

Kommunikation ist in aller Regel redundant, da sie in unterschiedlichen Repräsentationssystemen gleichzeitig realisiert wird.Der Mensch nutzt seine Sinne zum Umgang mit Informationen aus der Umwelt über das Sehen, Hören, Fühlen, Riechen und Schmecken. „Ich bin traurig", kann begleitet sein von hängenden Mundwinkeln, Schluchzen, Tränen der sich äußernden Person. Das Gegenüber sieht, hört und ggf. fühlt den Zustand, der in o. g. Satz beschrieben wurde. Diese Repräsentationen finden sich in sprachlichen Redewendungen wieder: „Der ist blind vor Wut", „er strahlt Zuversicht aus", „da bin ich sprachlos", „die hat ein schweres Päckchen zu tragen", „da bleibt mir die Spucke weg",

„das schmeckt mir nicht", „den kann ich nicht riechen", „es stinkt mir" et cetera. Das heißt, dass alle Unterschiede, die Menschen in Bezug auf Ihr Verhalten machen, sich in diesen fünf Repäsentationsebenen wiederfinden und zwar in der internen wie externen Umgebung.

Man kann davon ausgehen, dass jeder Mensch alle Ressourcen und Voraussetzungen mitbringt, um jede von ihm intendierte und erhoffte Veränderung vorzunehmen. Um alles wirklich erreichen zu können, sollten Sie die Aufgaben in Stücke zerlegen, die klein genug sind, um sie in angemessener Zeit bewältigen zu können („chunking"). Dazu gibt es immer Alterativen: Eine Wahl zu haben ist (immer) besser, als keine Wahl zu haben. Grundlage dabei ist Kommunikation sowohl auf der bewussten wie unbewussten Ebene. Wer kommuniziert macht keine Fehler, es gibt nur erwünschte oder nicht erwünschte Ergebnisse derselben beziehungsweise Rückmeldungen der Empfänger. Wer sich am flexibelsten in der Kommunikation zeigt, beherrscht die jeweilige Situation: Er lernt am schnellsten, was sein Gegenüber tut und warum und kann dieses Verhalten „modellieren". Wer das Modell des Empfängers „beherrscht", versteht dessen Welt. Diesen Vorgang nennt man Rapport.

Die eben gemachten Annahmen mögen Ihnen zum Teil radikal, gar naiv vorkommen, gemessen an Ihren persönlichen Erfahrungen. Bandler und Grinder (1981) bringen mit dem Modellieren generell zum Ausdruck, welche Perspektiven sich eröffnen, durch eine nahezu grenzenlose Bereitschaft sich auf das Gegenüber unvoreingenommen einzulassen.

NLP-Kommunikationsbaukasten

Voraussetzung jeder regelmäßigen Kommunikation ist in diesem Kontext „Format": zur gleichen Zeit, am gleichen Ort, die gleichen Personen, die gleiche Agenda. Die Führungskraft, der Coach, der aktive Kommunikator und Sender durchlaufen mit ihrem Gegenüber eine vereinbarte und damit beidseits erwartbare Folge von Kommunikationsschritten.

Der erste Schritt jeder Kommunikation ist der Aufbau von „Rapport". Wenn Sie jeden Brief mit einem „Lieber Herr", „Sehr geehrte Frau", „Guten Tag" beginnen oder beim Treffen die Hand geben, sich verbeugen, umarmen, küssen oder anderes tun, geschieht das zur Anbahnung und Festigung einer gegenseitigen guten Beziehung. Das Werkzeug des Rapportaufbaus macht sympathisch, erzeugt Gemeinsamkeiten. Damit schaffen Sie für die nächsten Schritte die Voraussetzungen für ein ähnliches oder gar gleiches Weltmodell. Das erzeugt auf Dauer Sicherheit und Zuneigung. Dieser Umstand wird durch ein formelhaftes „Mit herzlichen Grüßen" oder das erneute Handgeben, Verbeugen, Küssen bekräftigt. Die Wiederholung dieser „Rituale" schafft Vertrautheit und positive Erwartung.

Während des Gesprächs können Sie durch sichtbares und hörbares Spiegeln des Gegenübers diese Gemeinsamkeit verstärken. Sei es, indem Sie eine spiegelbildlich ähnliche Körperhaltung einnehmen, zum Beispiel mit überschlagenen Beinen, eine ähnliche Gestik, Mimik und Atemfrequenz nutzen, Sie sich eines ähnlichen Vokabulars wie Ihr Gegenüber bedienen (siehe Repräsentationssysteme) oder Sie Stimme, Lautstärke und Geschwindigkeit angleichen. Menschen reagieren auf diese Ähnlichkeiten bewusst oder unbewusst positiv. Das NLP nennt dieses Vorgehen „pacen", sich anpassen, Schritt halten. Wenn sich der Betreffende an Handlungen und Ansichten seiner Gesprächspartner orientiert, liegt nach Herrmann (2012) eine Individualkoorientierung vor. Das geschieht, wenn Sie sich auf die Vorlieben Ihres Gesprächspartners einlassen, zum Beispiel die gleichen Bücher lesen, gemeinsam Wein trinken und darüber philosophieren et cetera. Koorientierung (Herrmann 2012, S. 103 f.) geht über das Pacing hinaus und wird als Begriff von Carsten Reinemann (2003) genutzt. Diese Orientierung findet als versteckter („couvert") oder als sichtbarer („ouvert") Prozess statt. Manche Menschen geben nahezu Ihre Persönlichkeit auf, um anderen zugefallen und so eine engere Beziehung aufzubauen.

Das sogenannte „Leading" ist die fortgeschrittene Stufe des Beziehungsaufbaus. Bei gutem Rapport können Sie Ihr Gegenüber so im Veränderungsprozess führen, dass die Person Ihnen automatisch folgt. Dieses Vorgehen ist nicht unumstritten, da entsprechende Verkaufsgespräche, Verhandlungen und Mitarbeitergespräche vom außenstehenden Betrachter als manipulativ und unseriös eingeschätzt werden könnten. Im positiven Fall erreichen Sie, bei konsequenter Anwendung dieser Techniken, eine höhere persönliche Flexibilität sowie Ihre Ziele mit weniger Aufwand und Widerstand.

Dass Reize und Reaktionen häufig erlernte Koppelungen in unserem Leben sind, zeigte der Medizinder und Physiologe Iwan Petrowitsch Pawlow in seinem Experiment mit einem Hund. Er entdeckte 1918 durch Zufall bei seinen Untersuchungen zur Verdauung bei Hunden Zusammenhänge zur klassischen Konditionierung (Zimbardo 1992, S. 230). Dieser bekam regelmäßig Futter bei gleichzeitigem Ertönen einer Glocke, und Futter erzeugt naturgemäß Speichel. Als nach einiger Zeit nur noch die Glocke ertönte, erzeugte der Hund Speichel, auch wenn das Futter ausblieb. Ein solcher bedingter Reflex ist ein Beispiel für einen Großteil unseres Verhaltens.

Wir haben Dinge gelernt, zum Teil unbewusst, und wenden dieses Verhalten dementsprechend (unreflektiert) an. So wie die Glocke den Hund konditioniert, verursachen vielfältige Ereignisse des Tages Verhaltensweisen, Gefühle und Reaktionen: Genetisch verankerte und reflektorisch zustande kommende Reaktionsweisen haben denselben Effekt auch wenn Sie quasi evolutionär „erprobte" Reaktionsweisen sind. Sei es die Angst bei Dunkelheit mit Donner und Blitz, sei es der auf eine Armlänge eingehaltene Abstand zum Gegenüber oder Stress, der zur Weitung der Pupille führt, um mehr (Dunkelheit) oder besser (Schärfe, fixieren) sehen zu können.

Grundlage einer jeden Kommunikation sollte ein individuelles Ziel sein. Über die Methodik der Zielfindung wurde bereits in Kap. 1 gesprochen. Das Sammeln der Zielkriterien stellt sicher, dass die gewünschten Ziele konkret werden und realistisch bleiben. Folgende Schritte sind dabei hilfreich: Spezifizieren Sie das Thema und die Problemstellung. Lassen Sie das Ziel formulieren. (Wie sieht das Ergebnis aus?) Lassen Sie den Mitarbeiter klären, ob er ausreichend Ressourcen und Kompetenzen in seinem Einflussbereich hat. Betten Sie gemeinsam das besprochene Thema in die aktuellen Rahmenbedingungen, und bestimmen Sie den nötigen Kontext. Mit dem sogenannten „Öko-Test" kann Ihr Mitarbeiter erkennen, ob es Hürden beim Erreichen gibt: Was bedeutet diese Veränderung, welche Folgen hat sie? Visualisieren Sie den Zeitverlauf, und führen Sie den Mitarbeiter durch den gesamten Veränderungsprozess (Draufsicht = Vogelperspektive, Frontsicht = vorausliegender Weg, Innensicht = mitten in der Veränderung, Rückblende = abgeschlossene Veränderung, Bewertung, was nun anders, neu, besser ist).

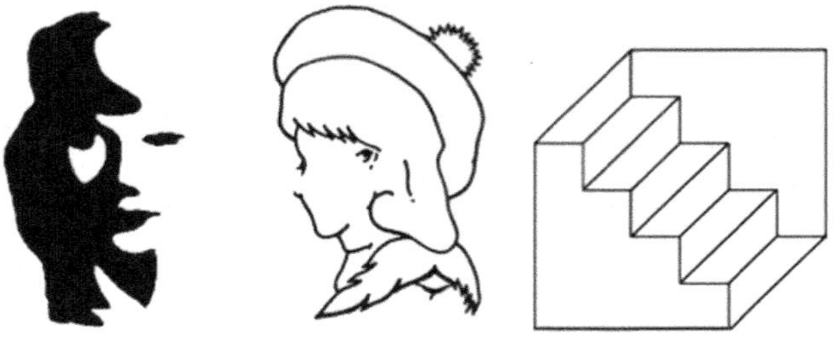

Abb. 3.5 Inversionsfiguren, die zu spontanen Gestalt- oder Wahrnehmungswechseln führen: Saxophonist/Frauenportrait, Vater/Mutter/Tochter, Schrödersche Treppe. (Quelle: Shepard 1990; Schönhammer 2011; Gregory 2000)

Im Veränderungswerkzeugkasten spielt die verbale und nonverbale Sprache eine zentrale Rolle. Die fünf möglichen Repräsentationssysteme können Sie wie unterschiedliche Dialekte oder auch Sprachen verstehen. So, wie einige Aborigines nicht in der Lage sind, Fotos von Gesichtern zu „lesen", können manche Ihrer Mitarbeiter wenig mit visuellen, auditiven oder kinetischen Reizen anfangen. Menschen schaffen sich ihr Bild von der Wirklichkeit. Die Gestaltpsychologie widmet sich diesem Phänomen der Wahrnehmung. Von dort stammen Kippbilder (vgl. Abb. 3.5), die das illustrieren sollen: Das Bild bleibt immer dasselbe, nur sehen unterschiedliche Personen etwas anderes. So kommt eine Bemerkung wie „Das sieht doch schön aus!" beim Kinetiker genauso wenig an wie „Das fühlt sich doch sehr weich an!" beim visuellen Typen. Damit Sie sich auf Ihr gegenüber „sprachlich" einstellen können, nutzen Sie Bandlers B.A.G.E.L.-Modell (Sommer 2003, S. 212 ff. und NLPPortal 2015) (s. Tab. 3.2). Es hilft Ihnen das Repräsentationssystem, also die Sprache, den Dialekt Ihres Gegenübers kennen und verstehen zu lernen.

Bei aller Zuversicht, über die eben genannten Modelle und Vorgehensweisen mit anderen effektiver zu kommunizieren, gibt es Grenzen in der Wahrnehmung. Wir empfangen über unsere Sinne schier unermesslich viele Informationen, die zu unserem Schutz über verschiedene Filter auf ihre Wichtigkeit überprüft werden. Das Nervensystem als neurologischer Filter selektiert den Bruchteil an Informationen, die vermeintliche Bedeutung haben. Es werden schon hier bestimmte Informationen aufgrund ihrer Beschaffenheit erst gar nicht aufgenommen.

Darüber hinaus haben Ihre Gesprächspartner gegebenenfalls eine eingeschränkte Wahrnehmung durch ihre Erziehung und die Kultur, aus der sie kommen oder in der sie leben. Die Wahrnehmung ist von kulturellen und sozialen Mustern geprägt, den soziokulturellen Filtern. Die fünf Sinne eines australischen Ureingeborenen beispielsweise liefern mit Sicherheit ganz andere Informationen als etwa die eines Müncheners. Wortfelder sind von Kultur zu Kultur verschieden. Im englischsprachigen Raum haben Dialekte mehr als ein Dutzend Bezeichnungen für Grautöne und für viele Kongolesen sind Geister Wirklichkeit.

Die individuellen Filter, die durch unsere persönlichen Erfahrungen entstehen, führen zu weiteren Einschränkungen der Wahrnehmung. Im „Cocktailparty-Effekt" wird unsere Selektionsfähigkeit besonders deutlich. Sie können Erwünschtes oder Wichtiges aus einer Geräuschkulisse herausfiltern. Der Musikliebhaber, der Motorradfan, der Fußballbegeisterte: Jeder kann in seinem Themenfeld weitaus mehr Details identifizieren als der durchschnittliche Konsument.

Tab. 3.2 Das BAGEL-Modell. (Quelle: Sommer 2003, S. 113 f.)

	Merkmal/Typ	Visuell	Auditiv	Kinästhetisch
B	„Body Posture" (Körperhaltung)	Hält Kopf und Schultern straff bis hoch gehalten	Balanciert den Kopf leicht nach vorne geneigt wie beim genauen Zuhören, Körper nach vorne mit zurückgezogenen breiten Schultern	Kopf und Schultern sind leicht nach vorne gebeugt
A	„Accessing Cues" (Zugangssignal)	Tonlage: hoch Sprechtempo: schnell Atmung: flach Gesichtsfarbe: blass Augen: leicht zusammengekniffen Muskeln: erhöht angespannt vornehmlich Schultern	Tonlage: ausdrucksvoll, hallend Sprechtempo: bestimmt Atmung: gleichmäßig ruhig Gesichtsfarbe: unauffällig Augen: Augenbrauen zusammengezogen Muskeln: straff unauffällig	Tonlage: eher tief Sprechtempo: langsam bedacht mit längeren Pausen Atmung: tief im Bauch Gesichtsfarbe: eher farbig, gut durchblutet Augen: unauffällig Muskeln: entspannt
G	„Gestures" (Gebärden, Gesten)	Vornehmlich oberer Körperbereich (Kopf Schulter)	Kleinere rhythmische Bewegungen von Kopf und Oberkörper. Berührt beim Sprechen gerne Ohren, Mund und Hals	Fällt durch viel Gestik vornehmlich in Brust- und Bauchregion auf
E	„Eye Movement" (Augenbewegung)	Blick nach oben Rechts: entwirft Bilder Links: erinnert sich an Bilder	Blick gerade aus Rechts: entwirft Klangbilder Links: erinnert sich an Klangbildern	Blick nach unten Rechts: nimmt Gefühle Emotionen auf
L	„Language Patterns" (Sprachtyp und -muster)	Bilder in der Sprache: klar, transparent, anscheinend, einleuchtend, beobachten, Dunkelheit, Licht ins Dunkel bringen	Klang in der Sprache: schrill, auf-/hinhören, klingen, Ton, im Konzert, Musik in meinen Ohren	Gefühl in der Sprache: schwer, fest, betäuben, abwiegeln, Energie, Kraft, auf Draht sein

Außerdem sortieren wir unsere Wahrnehmungen auch über unsere Werte, Einstellungen, Ängste, Bedürfnisse, Glaubenssätze: Aussagen wie „Ich bin immer allein mit meinem Thema" oder „Alle schätzen mich" illustrieren diese Variante selektiver Wahrnehmung. Um mit der außersprachlichen Welt zurechtzukommen oder uns diese Welt auch ein Stück zurechtzulegen, verallgemeinern, tilgen und verändern wir Wahrnehmungen. Diese Generalisierungen, Auslassungen und Verzerrungen schaffen blinde Flecken und machen persönliche Veränderungen schwerer, weil erst die unverfälschte Sicht des Ausgangs- und Zielpunkts es ermöglicht, einen Weg zu gehen.

Die Erkenntnis, dass sogenannte Metaprogramme unsere Wahrnehmung und Sichtweise auf die außersprachliche Realität wesentlich beeinflussen, hilft, die Unterschiede der Menschen und ihr Format besser zu verstehen. Sie sind der Schlüssel zur Verarbeitung von Informationen bei einem Menschen. Es sind unbewusste Filter, wie oben bereits generell erwähnt, welche die Wahrnehmung nach einer bevorzugten Aufmerksamkeitsrichtung der Person aufteilen. Sie werden dazu in Kap. 7 vier Beispielbeschreibungen für Johannes, Klaus, Głodny und Robert lesen.

Folgende sechzehn Programme helfen bei der Analyse von Gesprächspartnern:

- *Ausrichtung* des *Denken:* hin zu, weg von oder beides
- *Form an Aktivitäten:* proaktiv, reaktiv oder inaktiv
- *Arbeitsstil:* im Team, alleine oder beides
- *Art, Themen abzuarbeiten:* optional oder anhand eines vorgegebenen Ablaufs
- *Bevorzugte Phase in einer Arbeit:* am Anfang, mittendrin oder beim Abschluss
- *Geschwindigkeit vor Qualität:* optimieren oder perfektionieren
- *Art der Arbeitskontrolle:* für sich selbst, für andere oder für sich und andere
- *Spiegel auf das eigene Handeln:* intern oder extern, vornehmlich intern mit Blick von außen oder vornehmlich extern mit Blick von innen
- *Herangehensweise an Aufgabe:* Draufsicht und Übersicht oder Detailsicht und Zerlegen in Teile
- *Interessenschwerpunkt:* Menschen, Aktivitäten, Örtlichkeiten, Sachen
- *Sichtweise auf das Handeln:* Dinge tun können (Möglichkeit), Dinge tun müssen (Notwendigkeit, Pflichtorientierung) oder mal so, mal so
- *Bewertung, ob die Aufgabe angemessen bearbeitet wird:* automatisch mit Vorschusslorbeeren, nach ein- oder zweimal, nach dem Motto „Vertrauen ist gut, regelmäßige Kontrolle ist besser" oder mal so, mal so
- *Kanal, über den der Aufgabenstatus wahrgenommen wird:* via Sehen, via Hören, via Lesen oder via Aktionen
- *Vergleich von zwei Aufgaben, Dingen, Menschen:* Gleichheit/Ähnlichkeit, Unterschied oder beides
- *Meinung von der Welt bilden:* sie beurteilen oder sie „nur" wahrnehmen
- *Selbstvergleich:* mit sich selbst („besser als gestern"), mit anderen, andere mit anderen oder mit einem Ideal (Best Practice)

Neben den oben genannten Grundlagen bietet NLP einige Verfahren, die genau diese Filter berücksichtigen und bearbeiten. Dazu gehört unter anderem die Arbeit an der Kongruenz von Verhalten und Aussagen und den universellen Reaktionsmustern von Virginia Satir (Satir et al. 2011) sowie die positiven und negativen Anker (weiterführende Literatur zum Beispiel Bandler 1997 und Sommer 2003).

Ein einfaches, hilfreiches Instrument für die Visualisierung und Erklärung von Kommunikationsvorgängen hat Friedemann Schulz von Thun (1981) mit dem bekannten Kommunikationsquadrat geliefert. Bekannt geworden ist dieses Modell auch als „Vier-Ohren-

Modell“ oder „Nachrichtenquadrat“. In diesem Sinne gibt es erstens ein Sachohr, das hört, wie ein Sachverhalt zu verstehen ist und worüber Informationen geliefert werden, zweitens das Appellohr, das wahrnimmt, wozu man veranlasst werden soll, wie Sie denken und handeln sollen, drittens das Beziehungsohr, welches Auskunft darüber gibt, was andere von Ihnen halten und zu erkennen hilft, wie Sie zueinander stehen und wen der Gesprächspartner vor sich zu haben glaubt und viertens das Selbstoffenbarungsohr, mit dem Sie über den Sender persönliche Dinge erfahren, er etwas von sich preisgibt.

Problemstellung
Robert Ganges kommt mit seiner druckvollen Art bei Stefano, dem Italiener, nicht an. Jedes Gespräch endet mit der beidseitigen Frustration, dass kein Ergebnis für die kurzfristige Arbeit erreicht wurde. Robert denkt: „Das ist doch ganz einfach! Fragen stellen, mehr als Nein sagen kann der Kunde nicht, und das ist auch kein Beinbruch.“ Stefano denkt: „Warum muss Robert so insistieren, er hat doch von meinen Kunden keine Ahnung. Und wenn der einmal Nein sagt, ist der Kunde futsch.“

Ziel
Sie haben eine gemeinsame Sicht entwickelt, beide fühlen sich in der Situation wohl. Intellektuell wie körperlich haben beide eine entspannte Haltung. Das Gespräch für eine gemeinsame Lösung fließt. Sie erreichen eine gemeinsame Sichtweise auf das Ziel.

Phasen und Vorgehen
Schaffen Sie eine angenehme, ungezwungene Atmosphäre. Bauen Sie Rapport auf. Formulieren Sie genau das Problem. Je nach „Härtegrad“ treffen Sie sich gegebenenfalls mehrmals, ohne das Thema direkt anzusprechen. So konditionieren Sie Ihr Zusammensein positiv. Achten Sie auf die Sprache Ihres Gegenübers: Welche Worte benutzt er häufig, und wie nutzt er sie? Stellen Sie sich auf die Sitzhaltung Ihres Gegenübers ein, und spiegeln Sie diese Haltung. Orientieren Sie sich vollständig auf die Inhalte Ihres Gesprächspartners, und versetzen Sie sich in seine Lage. Formulieren Sie die Zielvorstellungen für die Veränderungsarbeit. Klären Sie mögliche Hindernisse beziehungsweise die Ressourcen, die der Vertriebsmitarbeiter besitzt. Machen Sie einen „Ökologie-Check“, bei dem Sie mögliche persönliche Widerstände erkennen und Wege zu deren Auflösung erarbeiten. Testen Sie, ob das Zielszenario wirklich den Wünschen Ihres Coachees entspricht und achten Sie dabei auf alle Merkmale der Kommunikation! Besprechen Sie die neue künftige Vorgehensweise beziehungsweise den positiven Zustand (im Fall von Robert und Stefano heißt das, dass in den künftigen Kundendialogen Stefano mehr „investiert“ und keine Angst mehr vor einem Nein hat).

Nutzen
Je selbstverständlicher der Rapport von Ihnen aufgebaut werden kann, desto besser werden Ihnen Lösungen für die künftige Arbeit gelingen. Die investierte Zeit zahlt sich mittelfristig durch Zeitgewinn aus. Sie verstehen die Beweggründe besser, und die Gespräche sind grundsätzlich konstruktiv und aus Sicht beider Seiten erfolgreich.

3.2.6 Zuhören

„Conversation has to be structured", beschreibt Lou Gerstner (2003) seine Erfahrungen bei IBM. Um einen offenen und ehrlichen Dialog zu erhalten, also Diskussionen mit vollem Engagement, müsse das Management behutsam Struktur und Regeln einführen. Das gilt für Sitzungen, Team Meetings, aber auch für Einzelgespräche. Zuhören ist ein aktiver Vorgang. Doch es gibt dabei einige Barrieren:

- *Müdigkeit:* Wer unausgeschlafen ist, sollte keine ernsthaften Gespräche führen.
- *Ablenkung:* Andere Themen beschäftigen Ihren Geist mehr.
- *Widerspruch:* Sie stimmen dem Sprecher nicht zu.
- *Mangelnde Dissoziationsfähigkeit:* Sie mögen den Sprecher nicht, aus welchem Grund auch immer und können die persönliche, emotionale Wahrnehmungsebene nicht von der Sachebene trennen.
- *Falscher Ort:* Laute Umgebung oder andere Ablenkung stören das Gespräch.
- *Fitness:* Sie fühlen sich körperlich unwohl.
- *Geschwindigkeit:* Sie sind bereits einen Schritt weiter.

Um diese Barrieren zu überwinden, ist es wichtig, sich auf folgende Themen zu konzentrieren:

- *Hier und jetzt:* Konzentrieren Sie sich auf das, was gesagt wird.
- *Fokus:* Schalten Sie Lärm und andere Störfaktoren aus.
- *Dialog:* Überdenken Sie das Gehörte bevor Sie antworten, sagen Sie nicht sofort was Ihnen in den Kopf kommt.
- *Verstehen wollen:* Stellen Sie mit Fragen sicher, dass Sie alles verstanden haben.
- *Zusammenfassen:* Sagen Sie, was Sie verstanden haben, um sicherzustellen und zu zeigen, dass Sie alles richtig verstanden haben.
- *Interesse:* Vergewissern Sie sich, ob Sie die Botschaft Ihres Gegenübers wirklich verstanden haben, bevor Sie Ihre eigene Meinung abgeben,

Woran merken andere, dass Sie zuhören:

- *Augenkontakt:* Schauen Sie Ihr Gegenüber oder das Team an.
- *Aufmerksamkeit:* Machen Sie sich Notizen.
- *Höflichkeit:* Unterbrechen Sie nicht.
- Vers*tändnis:* Benutzen Sie reflektierende Bemerkungen, und zeigen Sie, dass Sie aufmerksam und verständnisvoll sind, ohne eine Bewertung zum Ausdruck zu bringen.
- *Dialog:* Nutzen Sie kurze Einschübe wie „okay" oder „verstanden" oder Gesten wie Nicken, damit Ihr Gegenüber merkt, dass Sie zuhören.

3.2.7 Community of Practice

Definition

Es ist ziemlich ironisch, dass viel Geld ausgegeben wird, um mit unterschiedlichen informationstechnischen Lösungen Wissensdatenbanken aufzubauen und Messinstrumente einzuführen. Dabei ist die beste und günstigste Form, Wissen zu teilen und zu erzeugen, in allen Organisationen seit jeher bekannt: das Gespräch. Głodny Wilk hat vor seinem Unternehmen einen Pavillon bauen lassen. So stehen die Raucher nicht verstohlen an der Ecke neben der Eingangstür, sondern rücken zusammen und tauschen sich aus. Dasselbe gilt für die Tee- oder Kaffeeküchen vieler Unternehmen. In allen Fällen entsteht Wissensaustausch nur rein zufällig. Es gibt jede Menge Modelle, um in einem Gruppenprozess Wissen und Erfahrung zu teilen und Neues zu erzeugen. Helmut Volkman hat mit seinem SATORI-Modell und der Stadt Xenia den modellhaften Versuch unternommen, Wissen aus Gesprächen zu „managen" (Krogh et al. 2000). SATORI steht für „Start" (Was ist passiert?), „Analyse" (Warum ist es passiert?), „Transcendence" (Was wollen wir wirklich?), „Occasion/Opportunity" (Was sollten wir unternehmen?), „Results" (Was sollte dann geschehen?) und „Innovations" (Was haben wir nun genau zu tun?).

Unter einer Community of Practice (CoP) versteht Étienne Wenger (1998) eine praxisbezogene Gemeinschaft von Personen, die informell miteinander in Beziehung stehen und ähnliche Aufgaben bewältigen. Sein Modell der Communities of Practice geht zurück auf die Arbeit mit Jean Lave. Dafür werden Wissenserwerb und Veränderungen nachhaltig im sozialen Kontext gesehen. Lernen ist demnach selbstorganisiert, der Austausch von Erfahrungen gelingt nachhaltiger in der Selbstständigkeit der beteiligten Community-of-Practice-Mitglieder.

Ich habe die Logik der vier Sichtweisen auf eine CoP herausgelöst und in den praktischen Kontext der Vertriebsarbeit gestellt (vgl. Abb. 3.6):

1. *Inhalte (Practice, P):* Was tun wir Vertriebsmitarbeiter bei Kunden im Projekt?
2. *Erfahrung (Experience, E):* Wie lernen wir von und miteinander?
3. *Identität (Identity, I):* Wie gehen wir miteinander um?
4. *Kontext (Community, C):* Wozu gehören wir? Welchen Stellenwert haben wir in unserem Unternehmen und am Markt?

Sie werden die Kürzel P, E, I und C später in den Phasen wiederfinden. Jede einzelne dieser Sichtweisen ist bestens bekannt. Ein Verfahren zu haben, das absichert, dass alle vier, der fachliche und soziale sowie der interne und externe Blick, ausgewogen berücksichtigt werden, scheint neu.

Problemstellung

Das Bonmot „Wenn Siemens wüsste, was Siemens weiß" steht ebenso wie die Metapher vom Rad, das immer wieder neu erfunden wird, stellvertretend für das Leid vieler Vertriebsorganisationen: Erkenntnisse von Veranstaltungen, Kundenbesuchen, Angeboten

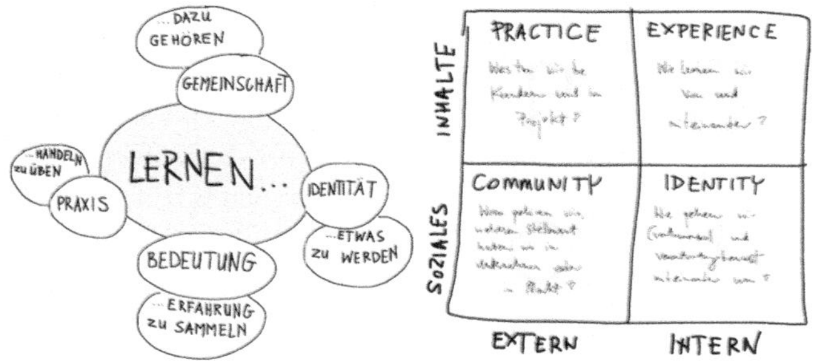

Abb. 3.6 Community of Practice. (Quelle: eigene Darstellung)

und Projekten werden zwar zumindest in einem Teil der Fälle, wenn auch mit Murren, schriftlich festgehalten, gelesen werden diese Erkenntnisse aber so gut wie nie. Selbst in großen Vertriebsprojekten wissen häufig nicht alle Beteiligten über die Aktivitäten des Teams ausreichend Bescheid oder kennen den aktuellen Stand nicht.

Ziel
Durch den regelmäßigen Austausch im Wechsel zwischen der externen und der internen Sicht auf die Sache soll Ihre Vertriebsgemeinschaft ein neues Wir-Gefühl entwickeln, die Bereitschaft und sogar den Wunsch, Projekterkenntnisse ausführlich auszutauschen. Im Gruppengespräch und in der Interaktion werden Sie konkret nutzbare Kreativität erzeugen, Lösungen entwickeln und durch den gruppendynamischen Prozess für die Kultur nachhaltende Erfahrungen und Erlebnisse erzielen.

Phasen

1. Vorbereitung der Community of Practice.
2. Erste Community-of-Practice-Sitzung, maximal ein halber Tag.
3. Individuelles Debriefing.
4. Zweite Community-of-Practice-Sitzung, vier Wochen später, maximal ein halber Tag.
5. Individuelles Debriefing.
6. Dritte Community-of-Practice-Sitzung, vier Wochen später, gegebenenfalls ein Tag.
7. Letztes Debriefing durch Sie als Führungskraft.
8. Gegebenenfalls erste Community-of-Practice-Sitzung ohne Sie, Debriefing erfolgt autonom, die Dauer wird eigenverantwortlich festgelegt.
9. Häufigkeit und Dauer bestimmen ab nun das Team; Sie erfragen nur das Ergebnis und diskutieren dieses im regelmäßigen Vertriebsmeeting.

Wichtig: Die Community-of-Practice-Sitzungen sollen kein Ersatz für regelmäßige Vertriebsbesprechungen sein.

Vorgehensweise
In einem normalen Vertriebsmeeting machen Sie die Mitarbeiter mit den Grundelementen einer Community of Practice vertraut. Sie klären anschließend individuell mit jedem Vertriebsteammitglied, was es für die erste Community-of-Practice-Veranstaltung vorbereiten soll: P und I oder E und C. Das heißt, in den ersten beiden Sitzungen werden jeweils eine fachliche und eine soziale Sichtweise besprochen.

In der ersten Sitzung fassen Sie Ihre Erfahrungen aus den vorbereitenden Einzelgesprächen zusammen. Jedes Teammitglied liefert außerdem einen kurzen eigenen Beitrag zu den ausgewählten Sichtweisen, also zunächst P (zum Beispiel Vorgehen bei einem aktuellen Kundenprojekt, was läuft gut, was schlecht) und dann I (zum Beispiel Zufriedenheit mit der Kommunikation). Nach jedem Beitrag ist eine kurze Diskussion möglich; die Ergebnisse werden vorerst nur als Fotoprotokoll festgehalten. Sie sind in der Rolle des Moderators. Fachliche Beiträge sind nur im Sinne der Klärung von Fragen sinnvoll. Nach der Sitzung führen sie individuelle Debriefings mit den Teilnehmern durch: Prozessverlauf, Ergebniszufriedenheit, Verbesserungsvorschläge für die Interaktion im Team. Sie sammeln die Ergebnisse und liefern dazu ein Protokoll.

Die zweite Teamsitzung enthält die beiden noch nicht bearbeiteten Sichtweisen E (zum Beispiel Bericht der individuellen Methoden wie Opportunity Check, Pricing, Account-Planung, Verhandlungen, Erfolge et cetera) und C (zum Beispiel Wahrnehmung des Unternehmens am Markt, Positionierung des Vertriebsmitarbeiters, Image des Vertriebs im Unternehmen). Die Ergebnisse werden wieder nur als Fotoprotokoll festgehalten.

Häufigkeit, Dauer und Ausgestaltung der Community-of-Practice-Meetings gehen Schritt für Schritt in die Verantwortung der Vertriebsmitarbeiter über. Die Verknüpfung dieser Lerninstanz mit dem Tagesgeschäft schaffen Sie mit gezielten Fragen zur Qualität und den Ergebnissen des Community-of-Practice-Meetings sowie in den individuellen Coaching-Sitzungen.

Anwendung und Fallstricke
Das Arbeiten mit einer Community of Practice verlangt von Ihnen als Führungskraft hohe Disziplin. Beobachten Sie genau, wann der Zeitpunkt Ihrer Beteiligung noch oder wieder erforderlich ist. Die Trennung zwischen regelmäßigen Meetings und der Community of Practice sollten Sie beibehalten.

Je mehr Autonomie und Freiwilligkeit entsteht, desto fruchtbarer wird der Community-of-Practice-Prozess des lebendigen Lernens, wie Ruth Cohn es in ihrem Buch *Von der Psychoanalyse zur Themenzentrierten Interaktion* (1976) nennt: „Die Gruppe ist beteiligt, wenn einer der Teilnehmer von sich selbst spricht; das Gruppenklima ermutigt die Teilnehmer darin, Gefühle wahrzunehmen und auszudrücken. Die Gruppenstruktur ist geeignet, zwischenmenschliche Komplikationen sichtbar zu machen und ihren Ausdrucks- und Realitätsgehalt zu überprüfen.“ Achten Sie darauf, dass die Community of Practice lernt, sich selbst zu disziplinieren, zum Beispiel hinsichtlich Zeitmanagement, schlechter Stimmung et cetera.

Nutzen

Mit der steigenden Zufriedenheit durch die Community of Practice steigt die Qualität der Vertriebsarbeit, zum Beispiel bei der Zahl an Opportunities, der Abschlussrate et cetera. Aus der Sicht Experience entstehen Vorschläge für die vertrieblichen Verfahren. Image und Kommunikation der Organisation erhöhen sich. Die Community of Practice kann sehr wirtschaftlich sein, denn Sie können Lernen ohne zusätzliche Kosten ebenso wie Wissenstransfer mit einfachen Mitteln erreichen. Der vertrauensvolle Umgang schafft Bereitschaft zu hoher Leistung.

Beispiel

Steam Success hat eine Community of Practice der Corporate Account Manager gebildet. Die Teilnehmer, allesamt erfahrene Großkunden-Account-Manager, sind bereit, im Verlauf von zwei Jahren alle Basiswerkzeuge des Vertriebs für sich auf den Prüfstand zu stellen und neu anzuwenden.

3.2.8 Widerstände

Definition

Widerstände entstehen aus nicht behandelten Einwänden. In der Tab. 3.3 finden Sie eine Liste solcher Widerstände. Werkzeuge für deren Behandlung sind Teil des Coaching-Prozesses.

Die Reaktion auf unerwartete, unerwünschte Veränderungen äußert sich direkt oder indirekt. Zustimmung wird meist mit deutlichem Applaus bekundet, anders äußert sich Widerstand. Es ist nicht leicht zwischen Unverständnis, Unbehagen und Ablehnung zu unterscheiden. Widerstände können aktiver oder passiver Natur sein.

Beispiel

Tomé von Steam Success spricht überhaupt nicht mit dem Account Director. Trotz mehrfacher Aufforderung findet er seit Wochen Gründe, warum er keine Zeit für ein Gespräch hat.

Vorgehen

Woher kommt dieser Widerstand? Ergründen Sie die Ursache des Widerstands (vgl. Abb. 3.7): Versagensängste, Unterlegenheitsgefühl, Rivalität und anderes können dafür Gründe sein. Vereinbaren Sie Maßnahmen zur Umsetzung und Verbesserung der Situation beziehungsweise der Beziehung. Verändern Sie gegebenenfalls Ihr Konzept auf Basis der erarbeiteten Erkenntnisse.

Tab. 3.3 Widerstandssymptome im Change-Management-Prozess. (Quelle: nach Kraus et al. 2006, S. 62)

Art des Widerstands	Aktiv (Angriff)	Passiv (Flucht)
Verbal (Reden)	Widerspruch	Ausweichen
	Gegenargumentation	Schweigen
	Vorwürfe	Bagatellisieren
	Abwertung	Blödeln
	Gerüchte	Ins Lächerliche ziehen
	Streit	Nebensächliches debattieren
	Drohungen	
	Polemik	
Nonverbal (Verhalten)	Aufregung	Lustlosigkeit
	Abwertende Gestik und Mimik	Unaufmerksamkeit und Müdigkeit
	Aktive Verhinderung einer Umsetzung	Innere Kündigung
	Intrigen	Fernbleiben
	Cliquenbildung	Krankheit
Symptome beim Individuum	Häufiger Widerspruch, Negativsicht	Abwesenheit vom Arbeitsplatz
	Gegenargumentation	Lustlosigkeit und Müdigkeit
	Kritik gegenüber Vorgesetzten	Kopfmonopol (Informationen bunkern und nicht weitergeben)
	Aufregung und Beschwerden	Unaufmerksamkeit
	Sturer Formalismus	Ratlosigkeit
	Ausreden für Passivität	Dienst nach Vorschrift
	Arbeiten unbearbeitet zurückgeben	Kein Engagement
		Labilität und Fluchtverhalten
		Rückzug
Symptome in der Gruppe oder Organisation	Mitarbeiter greifen sich gegenseitig persönlich an	Angespannte Atmosphäre
	Sündenbocksuche	Entscheidungsunfähigkeit
	Cliquenbildung	Hoher Krankheitsstand
	Machtspiele	Debatten über Unwichtiges
	Gerüchte	Hohe Fluktuationsrate
		Mangelnde Kooperation

3.2.9 Persönlichkeiten

Jede Person und jedes Ereignis sind einzigartig und doch gibt es Zusammenhänge zwischen Menschen und ihren Lebensgeschichten. Bestimmte Verhaltensweisen scheinen be-

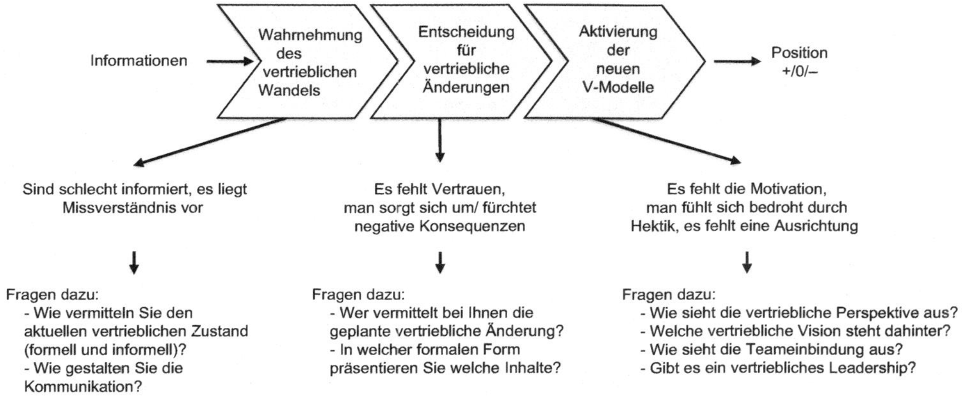

Abb. 3.7 Widerstände klären, Lösungen finden. (Quelle: nach Mohr und Wohe 1998, S. 77)

stimmten Mustern zu folgen – damit beschäftigt sich die Persönlichkeitspsychologie. Seit der Antike mit Aristoteles hat man sich mit der Ableitung des Charakters eines Menschen aus dessen körperlichen Merkmalen beschäftigt und damit die menschliche Persönlichkeit erforscht. Bereits der Arzt und Anatom Galenos von Pergamon unterschied vier Temperamenttypen:

- *Sanguiniker:* ein kraftvoll, energiereicher, schwungvoller Mensch heiteren, eher optimistischeren Gemüts
- *Phlegmatiker:* ein Mensch, der sich meist durch Trägheit, Inaktivität und wenig Tatendrang auszeichnet und gerne zurückzieht.
- *Melancholiker:* ein sorgenvoller, introvertierter Pessimist, emotional instabil, der schnell resigniert und keine Hoffnung ausstrahlt.
- *Choleriker:* ein Mensch, der wie ein Vulkan zu übertriebenen Reaktionen neigt, extrovertiert, leicht reizbar und schwierig zu befriedigen.

Der deutsche Psychologe Hans Jürgen Eysenck identifizierte Mitte des 20. Jahrhunderts wesentliche Dimensionen, mit denen sich das menschliche Temperament beschreiben lässt. 1981 führte Lewis Goldberg den Begriff „Big Five" ein. In der Unternehmenspraxis werden diese Big Five für die Einstellung und Beurteilung von Menschen eingesetzt. Der Myers-Briggs-Typenindikator und das Insights-DISG-Modell haben diese zur Grundlage und werden in unterschiedlichen Varianten in Form kostenloser Persönlichkeitstests im Internet angeboten. Es haben sich auch einige Methoden entwickelt, diese Typologien für die Arbeit mit Kunden zu nutzen.

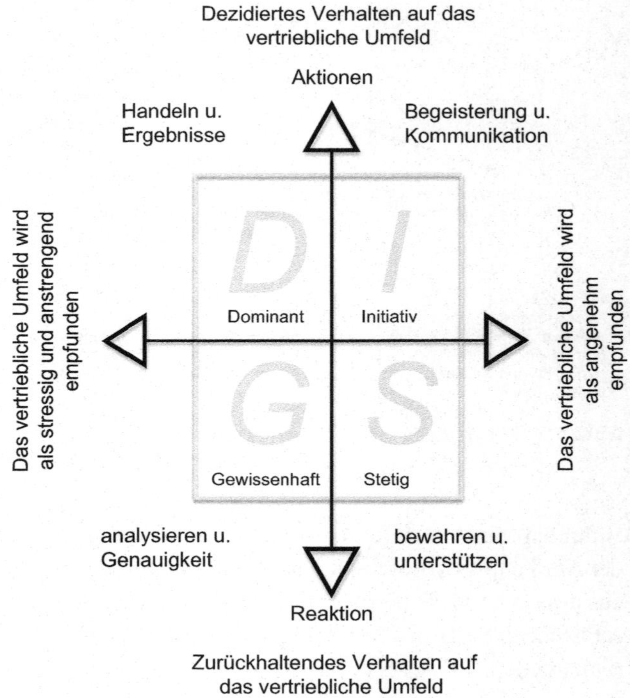

Abb. 3.8 DISG-Modell aus vertrieblicher Sicht. (Quelle: eigene Darstellung)

Zunächst ein kurzer Überblick zu den Stärken der Typen im DISG-Modell (s. Abb. 3.8), bevor Sie mit einer Auswahl an Gegensatzpaaren üben können und noch mehr Sensibilität entwickeln, um Ihre Mitarbeiter besser zu verstehen und dementsprechend zu behandeln.

Persönlichkeiten im Vertrieb

Feste Typisierungen bergen das Risiko, dass sie wie Schubladen wirken. Einmal hineingesteckt, ein Vorurteil und der Beurteilte steckt fest drin. Jeder Mensch ist einzigartig, und jede Situation unterscheidet sich von der vorherigen. Deshalb sollten Sie die unterschiedlichen Gegensatzpaare von Typen auf den folgenden Seiten als Kompendium begreifen, um Ihren Blick zu weiten. In der Nachbetrachtung werden Sie Teile der Aussagen der vierundzwanzig im Buch aufgeführten Mitarbeiterprofile wiederfinden und unter einem breiten, geschärften Blickwinkel sehen.

- *Der dominante Vertriebstyp* ist ein entschlossener, herausfordernder, mutiger Mensch, der gerne ergebnisorientiert in Konkurrenz zu Kollegen und auch Kunden geht. Er wirkt sehr bestimmend und durchsetzungsfähig, nahezu stur. Seine direkte Offenheit im Vertriebszyklus erscheint oft aggressiv, sehr anspruchsvoll und hartnäckig. Er beeindruckt im Vertriebsteam wie auch bei Kunden damit, wie er ruhelos seine Ziele verfolgt.

- *Der initiative Vertriebstyp* ist vornehmlich beziehungsorientiert. Er versteht es, andere in seiner Emotionalität zu begeistern und zu beeinflussen. Die unterhaltsamen Gespräche mit ihm bei Kunden und im Team sind vielseitig, anregend und inspirierend. In seinem Optimismus wirkt er freundlich verspielt. Er freut sich auf spontane Vertriebssituationen, neue Menschen kennenzulernen. Im Kontakt besticht er durch seine gesellige, nette und fröhliche Art.
- *Der stetige Vertriebstyp* zeichnet sich aus durch menschliche Konstanz. Er sucht loyale und zuverlässige Kollegen und hat ein Feingespür dafür, wo er uneigennützig Hilfe im Vertriebsteam leisten kann. Seine Bescheidenheit und Bereitschaft zu unterstützen, wird sehr geschätzt. Für ein friedvolles Miteinander nimmt er über die Maßen Rücksicht. Gutmütig ist er immer, meist auch in den Verhandlungen, auf Ausgleich bedacht. Er hat viel Geduld und wird von den Kollegen als beständig und verbindlich wahrgenommen.
- *Der gewissenhafte Vertriebstyp* braucht Ordnung und geklärte, stabile Rahmenbedingungen. Er analysiert mit hoher Disziplin seine Aufgaben sorgfältig. Seine Pipeline ist bestens gepflegt, und alles ist genau dokumentiert. Genauigkeit ist ihm besonders wichtig. Er bevorzugt in einer sachlichen Atmosphäre Fakten, die er sorgfältig analysieren kann, um dann hohe Standards zu erreichen. Dabei ist er sich selbst und anderen gegenüber recht kritisch. Systematisch berücksichtigt er alle wichtigen Details, in die er sich allerdings zu verlieren droht.

Resümee
In den in Tab. 3.4 aufgeführten Vertriebsprofilen sind neun Blickwinkel auf die Persönlichkeit von Mitarbeitern aus dem vereinfachten DISG-Modell zusammengefasst. Sie werden die Typen nach der Lektüre sicherlich zuordnen können, sowie dies ja auch als Anleitung für die Entwicklung der Fähigkeit der Menschen zu verstehen ist. Letztlich dient die typologische Erkenntnis dem personen- und situationsadäquaten Umgang mit den Vertriebsmitarbeitern.

Ein risikoorientierter Vertriebler fühlt sich durch Ihre sicherheitsausgerichtete Tendenz eingeengt. Umgekehrt fürchtet sich der sicherheitsliebende Vertriebsmitarbeiter vor den riskanten Vorschlägen und Ideen seines Coachs. Wer möchte schon ins Wasser geworfen werden, wenn er glaubt, (noch) nicht schwimmen zu können.

Der beziehungsausgerichtete Coach versucht, mit viel Einfühlungsvermögen die Fragestellung des sachorientierten, gewissenhaften Verkäufers nachzuvollziehen. Dennoch besteht das Risiko, dass dieser Vertriebsmitarbeiter die für ihn nötige Distanz vermisst und sich bedrängt fühlt. Harmlose Fragen quittiert er mit Irritation und Abweisung, obwohl Sie es gut gemeint haben und sich nun brüskiert fühlen. Umgekehrt werden bei einer starken Sachorientierung viel zu viele fachliche Argumente und Vorschläge einen Beziehungsmenschen möglicherweise daran hindern, sein Vorgehen zu verbessern. Diese Anregung stößt höchst wahrscheinlich auf Gegenwehr und hat geringe Erfolgschancen.

Tab. 3.4 Persönlichkeitstypen im Vertrieb mit Beispielen. (Quelle: eigene Darstellung)

Typ 1	**Extraversion**	**Introversion**
Merkmale	Kontaktfreude und Gesellschaft	Alleinsein
	Sichtbare Stimmungslage	Zurückhaltung
	Mittelpunkt	Hintergrund
	Kommunikation	Schweigen
Team	Ich treffe ihn meist im angeregten Gespräch mit anderen. Er schätzt offensichtlich die Geselligkeit. Er arbeitet an Lösungen meist für sich, im Team beteiligt er sich nur sehr sporadisch	
Arbeit	Er braucht immer einen Plan, eine Struktur, damit er seine Kundenbesuche, Präsentationen, Angebote und Termine zu seiner Zufriedenheit erledigen kann	
Zu zweit	Ermahnungen, negative Urteile hinsichtlich seiner vertrieblichen Leistungen sind ihm unangenehm und missfallen ihm offensichtlich. Er empfindet dies als Strafe. Nimmt Kritik gelassen hin	
Typ 2	**Gewissenhaftigkeit**	**Unbeschwerte Leichtigkeit**
Merkmale	Aufgabenerfüllen und Pflicht	Freizügigkeit
	Ordnung und Plan	Großzügigkeit
	Prinzipien und Regeln	Freiraum und Spontaneität
	Genauigkeit	Nachlässigkeit
Team	Im Team oder auch beim Kunden kritisiert er selbst kleine Fahrlässigkeiten. Er nimmt aber fachliche Teamentscheidungen entspannt zu Kenntnis	
Arbeit	Er braucht immer einen Plan, eine Struktur, damit er seine Kundenbesuche, Präsentationen, Angebote und Termine zu seiner Zufriedenheit erledigen kann	
Zu zweit	Ermahnungen, negative Urteile hinsichtlich seiner vertrieblichen Leistungen sind ihm unangenehm und missfallen ihm offensichtlich. Er empfindet dies als Strafe. Kritik nimmt er gelassen hin	
Typ 3	**Sicherheit**	**Risiko**
Merkmale	Ruhe und Geborgenheit	Bewegung
	Frieden	Widerspruch
	Beherrschen	Überraschung
	Rahmenbedingungen	Offener Raum
Team	Im Vertriebsteam fühlt er sich besonders wohl. Die Geborgenheit, als Teil einer Gemeinschaft im Vertriebsprojekt zu sein, macht ihn glücklich	
Arbeit	Er erwartet ein stressarmes Vertriebsleben ohne unkalkulierbare unerwartete Situationen	
Zu zweit	Langjährige Bestandskunden zieht er den Neukunden vor. Wenn sich ihm die Möglichkeit bietet, sucht er bequeme, friedliche Ansprechpartner und konzentriert sich auf sichere Themen und Deals	

Tab. 3.4 (Fortsetzung)

Typ 4	**Aufrichtigkeit**	**Zweideutigkeit**
Merkmale	Vertrauenswürdigkeit und Rechtschaffenheit	Unehrlichkeit
	Unbestechlichkeit	Unredlichkeit
	Verschwiegenheit	Indiskretion
	Integrität	Parteilichkeit
Team	Gespräche mit ihm lassen vermuten, dass er über andere schlecht denkt. Und über Umwege ist zu erfahren, dass er sogar Gerüchte in die Welt setzt.	
Arbeit	Er scheint vermutlich nicht immer korrekt zu agieren, ist bereit, auch halbseidene Geschäfte einzugehen, Halblegales ist bei ihm im Bereich des Möglichen	
Zu zweit	Er ist leider oft indiskret und erzählt Details aus Besprechungen oder berichtet über Themen beim Kunden, die er unter dem Siegel der Verschwiegenheit erfahren hat	
Typ 5	**Leistung**	**Untätigkeit**
Merkmale	Champion	Mitläufer
	Anerkennung und Bewunderung	Wenig Beachtung
	Energie	Trägheit
Team	Sein Maßstab zählt, und er hält sich selbst für den besten Mitarbeiter im Vertriebsteam, was er allen (regelmäßig) zu verstehen gibt	
Arbeit	Sein Bedürfnis, Ergebnisse und Ziele zu erreichen, ist überdurchschnittlich	
Zu zweit	Auch wenn er es nicht immer äußert, wird deutlich, dass er großes Verlangen nach Wertschätzung und Anerkennung seiner vertrieblichen Leistungen hat. Das äußert sich zum Beispiel bei erfolgreichen Präsentationen, Angeboten und natürlich beim Projektgewinn	
Typ 6	**Macht**	**Zurückhaltung**
Merkmale	Kühnheit	Schüchternheit
	Willensstärke	Gutmütigkeit
	Unbesiegbarkeit	Beherrschung
	Kraft	Willigkeit
Team	Sowohl beim Kunden als auch in unserer Organisation sucht er nach Einflussnahme und Möglichkeiten, seine Interessen einzubringen oder gar durchzusetzen	
Arbeit	Die Wahl der Maßnahmen, um Vertriebsplan und Geschäftsmöglichkeiten umzusetzen, gibt er ungern aus der Hand. Er will selbst darüber entscheiden und „seinen" Vertrieb steuern	
Zu zweit	Die Tricks von Politik und Einflussnahme, um zu verkaufen, schätzt er nicht, sondern hält andere Werte für wichtiger	

Tab. 3.4 (Fortsetzung)

Typ 7	**Stabiles Verhalten**	**Labiles Verhalten**
Merkmale	Furchtlosigkeit	Angst
	Entscheidungskraft	Unsicherheit
	Ausgeglichenheit	Innere Unruhe
	Entspanntheit	Sorgen und Grübelei
Team	Er hat seine Emotionen oft nicht im Griff, das kann bei Verhandlungen sein oder bei internen Diskussionen zur Arbeit im Vertriebsteam generell	
Arbeit	Er geht beim Kunden keine Risiken ein, zum Beispiel hinsichtlich des Angebots oder der Verhandlung. Er wirkt wie ein ängstlicher Typ	
Zu zweit	Er ist sehr gefühlsbetont. Seine Emotionen ergreifen ihn immer wieder, gerade wenn er mit anderen über seine Vertriebsarbeit beim Kunden spricht	
Typ 8	**Offenheit**	**Verschlossenheit**
Merkmale	Ideen und neue Dinge	Beständigkeit
	Neugier	Zurückhaltung
	Diskussion	Schweigen
	Alternative	Status quo
Team	Er ist über die neuesten Entwicklungen informiert, weiß, was im Team beim Kunden gerade passiert. Sein Interesse und seine Wissbegier grenzen an Indiskretion. Er geht jedenfalls allen vertrieblichen Fragestellungen auf den Grund	
Arbeit	Er hat immer wieder Vorschläge, Ideen für das Portfolio oder Verbesserungen für den Vertriebsablauf parat. Er ist auch den Ideen anderer gegenüber aufgeschlossen	
Zu zweit	Er ist ein Vertriebsbewahrer, er möchte keine Änderungen, möglichst den Status quo beibehalten. Kritische Gespräche quittiert er mit größter Zurückhaltung	
Typ 9	**Verträglichkeit**	**Unverträglichkeit**
Merkmale	Freundlichkeit	Streit
	Auseinandersetzung und Egoismus	Hineinversetzen in andere
	Laune	Höflichkeit
	Hilfe und Dank	Eigennutz
Team	Wenn es im Vertriebsteam Streit gibt, ist er immer wieder beteiligt. Weil er konfliktbereit ist, können auch Auseinandersetzungen mit Kunden vorkommen	
Arbeit	Seine persönlichen Belange ordnet er leicht den Anforderungen des Vertriebsteams oder des Kunden unter	
Zu zweit	Sehr diszipliniert lässt er schlechte Laune nie an Kollegen aus, auch nie in Kundensituationen	

3.2.10 Profil von Verkäufern und Account Managern

Die Wunschliste der erstrebenswerten Eigenschaften eines Vertriebsmitarbeiters ist lang. Hier das Beispiel eines Systemintegrators:

- will oder kann die Extrameile gehen
- kann begeistern
- setzt Vertriebsziele um
- versteht die Neukundenentwicklung
- versteht die Bestandskundenentwicklung
- identifiziert beim Kunden Projekte als Trusted Advisor
- beherrscht das Proposal Management und kann ein Proposal Team steuern
- praktiziert zum Kunden und innerhalb des Unternehmens Beziehungsmanagement
- stellt sich aktiv der Umsatz- und Ergebnisverantwortung
- versteht sich als zentrale Führungsperson für das Team
- betreibt von sich aus Herstellermanagement, also Kontakte zu den Account Managern der Fokushersteller (also die bevorzugten Zulieferer und Partner).
- kann Businesspläne erstellen
- sorgt für Kundenzufriedenheit durch regelmäßige Besuche bei Kunden und die zuverlässige Begleitung der Projekte
- kennt die wesentlichen Eigenschaften eines Trusted Advisors
- überwacht die Qualität der Leistungserbringung der internen Abteilungen und pflegt den Kontakt dorthin
- plant und koordiniert die Durchführung von Kundenterminen und -veranstaltungen
- Beratungsgespräche, Präsentationen, Briefings, Workshops gehören zu seinem Standardrepertoire
- gestaltet für seine Accounts die Gewinn- und Verlustrechnung
- arbeitet stets zielorientiert und hochmotiviert
- bringt Vertriebserfahrung aus Großprojekten mit
- kann komplexe Themen und Sachverhalte schnell erfassen
- versteht es, Lösungsansätze darzustellen
- ist gut in Rhetorik- und Präsentationstechniken
- praktiziert eine strukturierte und analytische Arbeitsweise ist nach innen und außen kommunikationsstark und nicht konfliktscheu
- ist ein Teamplayer und Teamintegrator

Aus den vier Erklärungsmodellen menschlichen Handelns (s. König und Volmer 2014, S. 13 ff.):

- Eigenschaftsmodell: erklärt das menschliche Tun aus stabilen Eigenschaften heraus
- Handlungsmodell: Menschen handeln so, wie ihre Gedanken das vorgeben
- Verhaltensmodell: Das menschliche Verhalten kann wie bei einer Maschine mit einem Schalter an- und ausgestellt werden
- Systemmodell: die Sichtweise von außen auf das ganze System, in dem sich der einzelne Mensch bewegt und das ihn beeinflusst

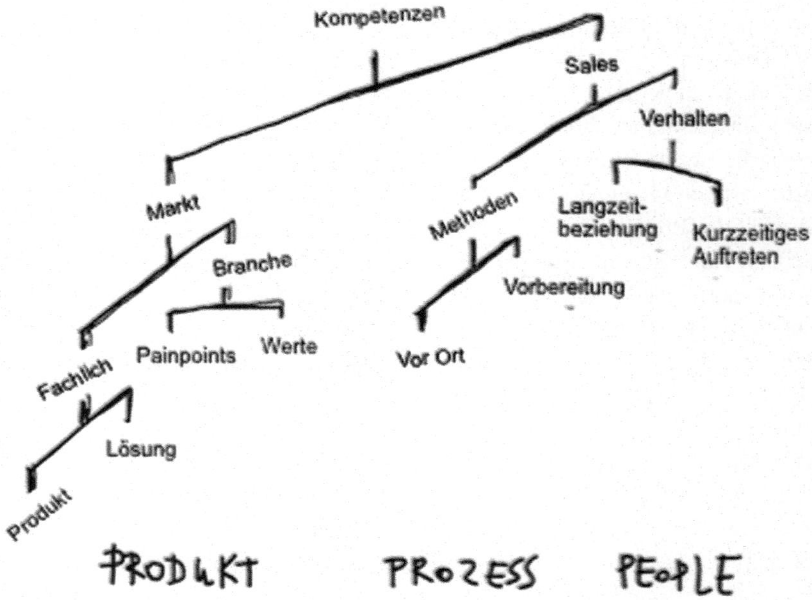

Abb. 3.9 Kompetenzwaage der vertrieblichen Fähigkeiten. (Quelle: Jan Myszkowski)

lassen sich drei Kompetenzbereiche (vgl. auch Abb. 3.9) ableiten:

- *Produkt:* alle Erfahrungen und Kenntnisse bezogen auf die Leistungen sowie die zu adressierenden Märkte
- *Prozess:* alle Fähigkeiten wie Rollen- und Methoden-Know-how zur Begleitung und Gestaltung des Vertriebsprozesses
- *People:* intra- und interpersonelle Fähigkeiten zum Auf- und Ausbau von Kundenbeziehungen

Unsere Erwartungen an einen Verkäufer beinhalten also folgende Eigenschaften: Er ist wissbegierig, kommunikationsstark, ideenreich, voll Freude und fröhlich, anpassungsfähig, reaktionsschnell, eigeninitiativ, flexibel, integer, ehrlich, zuverlässig und prozessorientiert. Was wollen wir mehr? Jemand, der unsere Schwächen ausgleicht und uns in unseren Stärken nicht das Wasser reichen kann.

Grundlegende Elemente des Modells von Eigenschaften
Produkt („Was“: Inhalte in der Ausrichtung auf Systeme):

- *Marktkenntnis:* Zielkunden und Zielmarkt
- *Geschichte:* Plausibilitäten aus der Vergangenheit zu Markt und Kunden
- *Gegenwart:* aktuelle Situation der „Hubs“ im Markt, um Aktualität zu wahren, zum Beispiel Annäherung an den Kunden

- *Zukunft:* Trends und Entwicklungstendenzen, zum Beispiel Boardroom Capability oder Wünsche und Vision verstehen, Füllgrad des Funnels
- *Branchenkenntnis:* Wissen über Portfolio und Angebotsmarkt
- *Expertise:* fachliche Durchdringung und Kenntnisse, zum Beispiel Portfolio-Know-how
- *Anwendungs-Know-how:* Adaption am Markt oder beim konkreten Kunden und Stellung zum Wettbewerb, zum Beispiel Innovationsgrad beim Kunden
- *Werte:* Know-how zum Erklären von Nutzen, zum Beispiel Kundenzufriedenheit
- *Konnektivität:* Grad der Netzwerkbindung innerhalb von Markt und Branche
- *Bekanntheitsgrad in den Marktsegmenten:* Freundschaften, Beziehungen und Kontakte bei Kunden im Markt
- *Bekanntheitsgrad in der Branche:* Freundschaften, Beziehungen und Kontakte im Unternehmen und in der eigenen Branche.

Prozess („Wo" und „wann": Vorgehensweise in der Ausrichtung auf Handlungen):

- *Kenntnisse oder Performance:* Know-how bezüglich der Abläufe und Vereinbarungen
- *Vertriebsgrammatik:* Kenntnis beziehungsweise Beherrschen der unternehmensweiten Abläufe wie auch im (regelhaften) Sales-Zyklus des Kunden, zum Beispiel Pitching
- *Eisberg:* Kenntnis beziehungsweise Anwenden der üblichen Rede- und Verhaltensweisen, zum Beispiel Dos und Don'ts oder Knigge in unterschiedlichen situativen und kulturellen Kontexten
- *Vertriebsdiskurs und -methoden:* Kenntnis und Erfahrung bezüglich Vertriebsmethoden, die es schaffen, „Grammatik" und „Eisberg" miteinander zu verbinden, damit Sales-Zyklen entstehen, zum Beispiel Füllgrad der Pipeline
- *Kompetenz:* Fähigkeit zur Konzeption, Mustererkennung und Kategorisierung
- *Konzeption:* Fähigkeit, Aspekte, Eigenschaften, Beziehungen von Gegenständen oder Sachverhalten zu erfassen
- *Mustererkennung und Kategorisierung:* Fähigkeit der Zuordnung
- *Strategie:* Beherrschen von verbalen und nonverbalen Kommunikationsstrategien, um aus erkannten Mustern zielgerichtete Handlungen abzuleiten, zum Beispiel zur strategischen Kundenentwicklung

People („Wie": Persönlichkeit in der Ausrichtung auf Verhalten):

- *Selbstkontrolle:* generelle Wirkung auf andere
- *Visualität:* Umgang mit dem eigenen Erscheinungsbild
- *Sprache:* Einsatz und Kontrolle der verbalen und nonverbalen Sprache inklusive Kinetik und Olfaktorik (das heißt das Bewusstsein über Körper und Geruch für die eigene Außenwirkung)
- *Dialogfähigkeit:* Anlagen zur Interaktion mit einer Person oder auch einer Gruppe, mit Eigenpositionierung und Umgang mit Feedback bidirektional
- *Näherung:* Intra- und Extraversion sowie Grad des Sicherheitsbedürfnisses in der Kommunikation

- *Motivation:* Grad an Offenheit und genereller Verträglichkeit, Fähigkeit, Menschen anzuziehen, zu beeinflussen und zu steuern, zum Beispiel beim Deal Closing
- *Frequenz:* passive und aktive Vereinbarung und Aufnahme von Gesprächen, zum Beispiel generelle Besuchsfrequenz
- *Sozialisierung:* Handlungs- und Lernfähigkeit im Umgang mit anderen
- *Unternehmensorientierung:* Akzeptanz und Leadership in der Organisation, Machtorientierung
- *Teamorientierung:* Akzeptanz, Anlagen zur Integration in Gruppen, Fähigkeit zur Netzwerkbildung, Offenheit gegenüber Projekten, Teilnahme an und Initiierung von Meetings, Leistungsorientierung, interne Competitiveness
- *Kundenorientierung:* Integrationsfähigkeit in die unternehmensspezifische Kultur, zum Beispiel als Trusted Advisor

Je nach Rolle, Funktion und Situation ändern sich die erwarteten oder erwartbaren Fähigkeiten des Vertriebsmitarbeiters. Beachten Sie das Zusammenspiel von Aufgaben beziehungsweise Fähigkeiten und Rollen und Funktionen bei der Auswahl und Zuordnung von Mitarbeitern und Kandidaten. Mit Tests erhalten Sie immer eine momentane Sicht, die bei einer Wiederholung situationsabhängig stark variieren kann.

Wie zu erwarten, variieren die formalen Aufgaben und Anforderungen im Vertrieb laut einer Studie von Pakize Schuchert-Güler am IMB Institute of Management Berlin (2009) je nach Berufsfeld innerhalb des Vertriebes. Bemerkenswert erscheint, wie mit durchschnittlich circa 80 % die Stellenausschreibungen der Account Manager sehr genau beschrieben wurden, während bei Vertriebsleitern der Wert nur bei 55 % und bei Vertriebsmitarbeitern gar nur noch bei 35 % liegt (vgl. Tab. 3.5).

Vor dem Hintergrund der zu erwartenden beziehungsweise vorhandenen Fähigkeiten eines Vertriebsmitarbeiters sollten Sie sich der THESEN bewusst sein, die Ihre Wahrnehmungsfähigkeit beeinflussen oder gar fehlleiten können. Mit diesem Apronym sind gemeint die Theorien und Deutungen (T), die Hoffnung (H), dass hinter einer Verhaltensweise doch das steckt, was Sie sich vorgestellt haben, die Erzählungen und Geschichten Ihrer Mitarbeiter (E), die Sie glauben machen, warum etwas so oder so gelaufen ist, die unausgesprochenen Standpunkte und Annahmen (S), die zu großen Missverständnissen führen werden und ihre vielen Nachsichtigkeiten, mit denen Sie alle Mängel, auch die eigenen wegargumentieren können. Beachten Sie also folgende zehn Wahrnehmungsfallen (Rosen 2008):

- die Angst vor Fehlern
- der Drang zu Perfektionismus
- die Überzeugung, alles selber machen zu können, und dies tatsächlich auch zu tun
- der Glaube, alles schon probiert zu haben, sodass jede weitere Überlegung sinnlos sei und nichts bringe
- die „Ist-doch-alles-okay-Denkweise“
- die Verantwortungsfalle („Was nicht auf der To-do-Liste steht, ohne Plan und ohne Commitment, ist nicht meine Sache.“)
- der Reaktionismus-Klassiker („Ich habe keine Zeit, meine Zeit zu planen, dadurch gibt es keine Routinen und auch keine Verantwortlichkeit.“)

Tab. 3.5 Ergebnisse der Analyse des Zusammenhangs zwischen Aufgabe und Berufsfeld. (Quelle: Nach Schuchert-Güler 2009, S. 26)

Kategorie	Stellenanzeigen	(Key-) Account-Manager (%)	Sales-Manager, Verkaufs- und Vertriebsleiter (%)	Vertriebsmitarbeiter, Junior Sales-Manager (%)	Außendienstmitarbeiter, Vertriebsprofi (%)
Repräsentieren, Botschafter des Unternehmens	Nicht vorhanden	9,5	31,9	31,8	59,1
	Vorhanden	90,5	68,1	68,2	40,9
Beziehungen aufbauen und pflegen	Nicht vorhanden	14,3	47,8	68,2	68,2
	Vorhanden	85,7	52,2	31,8	31,8
Analyseaufgaben	Nicht vorhanden	19,0	58,0	77,3	77,3
	Vorhanden	81,0	42,0	22,7	22,7
Förderung und Erhalt des Vertriebspotenzials	Nicht vorhanden	23,8	34,8	63,6	72,7
	Vorhanden	76,2	65,2	36,4	27,3
Externe Informationsaufgaben	Nicht vorhanden	4,8	43,5	50,0	31,8
	Vorhanden	95,2	56,5	50,0	68,2
Gestaltung der Vertriebsleistung	Nicht vorhanden	28,6	24,6	54,5	68,2
	Vorhanden	71,4	75,4	45,5	31,8
Interne Informationsaufgaben	Nicht vorhanden	28,6	55,9	86,4	77,3
	Vorhanden	71,4	44,1	13,6	22,7
Controllingaufgaben	Nicht vorhanden	38,1	58,0	86,4	95,5
	Vorhanden	61,9	42,0	13,6	4,5
Schnitt	Nicht vorhanden	20,8	44,3	64,8	68,8
	Vorhanden	79,2	55,7	35,2	31,2

- das „Ich-muss-mich-um-meine-Kunden-kümmern-Syndrom", ergo keine Zeit für meinen „Saustall"
- das Gefühl, permanent von Unterbrechungen getrieben zu sein
- die frustrierte „Ich-armes-unschuldiges-schlecht-behandeltes-Lämmchen-Pose"

Die eben genannten Wahrnehmungsfallen hat Virgina Satir et al. (2011, S. 49 ff.) in vier universellen Reaktionsmustern beschrieben, von mir hier auf den Vertriebsmitarbeiter bezogen: Abwiegler, Ankläger, Vernünftige und Ablenker (s. Tab. 3.6).

Besitzt nun Ihr Mitarbeiter beziehungsweise Kandidat das erforderliche Wissen, und woran machen Sie fest, dass er das Potenzial hat? Vermuten Sie es nur, weil er so selbstbewusst auftritt und die richtigen Buzz Words benutzt? Wie wird Ihre Sicht beeinflusst? Verbirgt er Verhaltensweisen, Erfahrungen oder Kenntnisse aus taktischen Gründen? Wie schaffen Sie Objektivität, was falsch, unklar oder richtig ist.

3.2.11 Erkennen der Stärken

Folgende Fragen helfen Ihnen, die Stärken Ihrer Vertriebsmitarbeiter zu erkennen:

- Für wie erforderlich halten Sie es, dass einige Vertriebsmitarbeiter die Geschichte der Branche und des Zielunternehmens wie auch Erkenntnisse und Neuerungen aus Wirtschaft und Wissenschaft zurate ziehen?
- Wenn Sie einen Kollegen in Ihren Vertriebsalltag einführen und ihm Ihre Pipeline zeigen, was würden Sie ihm zu den einzelnen Kunden und Projekten erzählen?
- Für wie wichtig halten Sie es, sich regelmäßig mit Insidern Ihrer Kundenbranche auszutauschen? Wie halten Sie sich generell fit, um auf dem aktuellen Stand Ihrer Kundenbranche zu sein?
- Manche Kollegen sagen, es sei wichtig, immer über den neuesten Stand der Entwicklung informiert zu sein: Welchen Stellenwert hat das für Sie?
- Wie oft können Sie mit Ihrem Kunden über seine Markttrends sprechen? Worum geht es dabei konkret? Ist das Beziehungspflege, oder mündet solch ein Gespräch auch in eine Opportunity?
- Sind Sie mit dem gesamten Umfang Ihrer Angebotspalette in allen Details vertraut? Wie wurde das Leistungsportfolio mit Ihnen besprochen, und sind Sie damit zufrieden?
- Wie fühlen Sie sich, wenn der Kunde mit Ihnen über Wettbewerbsalternativen am Markt diskutiert: innovativ und bestens vorbereitet oder unsicher, sodass Sie auf das letzte Mittel, den Preis, zurückgreifen? Welche Erfahrungen haben Sie mit Ihren Wettbewerbern gemacht in der Pre-Sales-Phase und bei Angeboten?
- Wie zufrieden sind Sie mit den Ihnen zur Verfügung stehenden Nutzenargumenten? Wie funktioniert das Zusammenspiel zwischen Business Development und Marketing einerseits und Ihnen und Ihren Erkenntnissen andererseits beim Kunden?
- Da ein wichtiger Teil Ihrer Arbeit beim Kunden stattfindet: Welche Möglichkeiten sehen Sie für die generelle Beziehungspflege und Gespräche mit Kunden? Was sind Ihre

Tab. 3.6 Satir-Kategorien aus der Beobachtung der Führungskraft. (Quelle: nach Satir et al. 2011, S. 49 ff.)

	Der Abwiegler („Placater")	Der Ankläger („Blamer")	Der Vernünftige („Computer")	Der Ablenker („Distractor")
Sprache	Er stimmt Ihnen zu, entschuldigt sich unentwegt, wirkt subaltern bis zur Schleimigkeit, pflichtet Ihnen bei, devot, opportunistisch: „Danke für Ihre Unterstützung bei meinen Kundenproblemen. Ich bin sehr froh über Ihre Hilfe", „Ich kann von Glück reden, in diesem Vertriebsteam gelandet zu sein", „Ich möchte meinen Beitrag zum Gelingen Ihrer Ziele leisten"	Sieht erst einmal „das Haar in der Suppe" und stimmt nicht zu, fordernd, kränkt, angreifend: „Ohne Ihre permanenten Nachfragen hätte ich genügend Zeit für Kundenbesuche", „Immer dann, wenn ich vertriebliche Unterstützung bräuchte, sind Sie nicht erreichbar. Wo bleibt da eigentlich die Führung?"	Redet besonnen, rational, distanziert, gibt sich unemotional, trocken: „Bei genauer Sicht auf den Markt kann man den Schluss ziehen, dass …", „Wenn man diesen Funnel gewissenhaft prüft, kann man den Fleiß, der hier eingesetzt wurde, erkennen"	Zusammenhanglos, nichtssagend, abstrakt, ohne Beziehung: „Zu Ihrer Frage oder der Zusammenarbeit mit dem Kollegen fällt mir gar nichts ein …", „Ach, der Kundenanruf … Ich habe augenblicklich eine andere sehr wichtige Aufgabe, die ist auch höchst interessant …"
Sprachstruktur	Relativiert und schränkt Aussagen ein: „für den Fall dass, wenn, nur, ja aber …" Oft gebraucht er Konjunktive: „Ich könnte bei X anrufen …", „Das würde gegebenenfalls passen …" Er liefert zustimmend wirkende Unterstellungen: „Sie wollten bestimmt, dass ich hier …?"	Verallgemeinernde Wortwahl: „alle, keine, jeder, sämtliche, nirgends, niemals" Begründen von angenommenen Zusammenhängen: „Wenn ich das so mache, dann …", „Weil Sie nicht erreichbar waren, konnte ich nicht …" Negative Fragen: „Warum liefern Sie keinen Plan …?" Modalwörter: „Ich muss …", „Wir dürfen …", „Sie, sollten …"	Passivformen oder Tilgung von Bezugsindices zur Abstrahierung: es, man, Leute Nominalisierungen: Nominalisierung von Verben: „Freiheit, Leben …" Lange Bandwurmsätze, weitere Worte: „Diese Vorgehensweise scheint mir sinnvoll, einleuchtend, logisch, sachlich, vernünftig …"	Die Aussagen bieten keine Anknüpfungspunkte Es entstehen (lange) Pausen Zusammenhänge und Bezüge fehlen Es wird schwer einen Dialog zu gestalten

Tab. 3.6 (Fortsetzung)

	Der Abwiegler („Placater“)	Der Ankläger („Blamer“)	Der Vernünftige („Computer“)	Der Ablenker („Distractor“)
Stimme	Wenn er spricht, klingt das jämmerlich, bedauernswert teilweise auch winselnd, leise, piepsig.	Laut, grell, eisern, präsent, angespannt	Trocken, eintönig, farblos, leer	Schnell, nahezu hastig, stark modulierend wie ein Singsang
Körperhaltung	Man könnte sich vorstellen, dass diese Person vor Ihnen kniet, den Blick mit gefalteten Händen flehend nach oben gerichtet: „Bitte helfen Sie mir armem Vertriebsmitarbeiter …“	In angespannter „Kämpferhaltung“, flache gepresste Atmung, leicht nach vorne geneigt: „Ich brauche mir vertrieblich nichts sagen zu lassen!“	Nahezu bewegungslos, steif, gespannt, zeigt wenig Reaktion auf das, was um ihn herum geschieht. „Was da geschieht: ich sehe das gelassen, ohne jede Hektik und ruhig auf mich zukommen.“	Verlagert stetig den Standpunkt, in ständiger Bewegung, dabei wirkt das recht unkoordiniert
Was geht ihm im Kopf um?	Möglicherweise denkt er: „Chef, alleine schaffe ich das nicht. Ohne Sie bin ich vertrieblich erfolglos und ziemlich verloren“	Er hat vielleicht folgende Gedanken: „Ich bin alleine und ohne Erfolg.“, „Gelingt es mir, dass andere auf mich eingehen, meine Einlassung ernstnehmen und mir die Arbeit abnehmen, habe ich mich durchgesetzt“	Folgende Gefühle kann man annehmen: „Wie es mir tatsächlich geht, ist nur meine Sache“, „Da bin ich schnell ausgeliefert …“	Er hat vielleicht folgende Befürchtung: „Ich muss achtgeben, dass ich nicht den Boden unter den Füssen verliere“, „Aus mir macht sich eh keiner etwas“, „Da fühle ich mich ganz schön allein“
Er missachtet	Sich selbst	Die anderen	Sich und andere	Sich selbst, die anderen und den Kontext
Ressource	Einfühlungsvermögen	Durchsetzungskraft	Denken	Spontanität

drei wichtigsten Methoden und Mittel, um dem Kunden näherzukommen und ihn besser zu verstehen?

- Wie viel Zeit können Sie sich für firmeninterne Gespräche leisten, unabhängig von der Regelkommunikation? Wie tauschen Sie Erfahrungen aus Projekten und Terminen beim Kunden mit anderen Abteilungen, Kollegen oder auch Partnern aus? Gibt es so etwas wie Geschäftsfreundschaften, und wie sehen diese aus?
- Da das Beantworten von Anfragen und Entwickeln von Bedarfen eine große Bandbreite besitzt: Kommen Sie hauptsächlich zum Schreiben von Angeboten, oder können Sie erstaunlich viele Themen platzieren? Was muss man Ihrer Ansicht nach beachten, um frühstmöglich neue Themen beim Kunden zu erkennen? Wie entstehen dort aus Ihrer Sicht Projekte?
- Jedes Unternehmen hat eine hausinterne Kultur: Wie stehen Sie dazu, und welche Rolle spielt das für Sie? Wie finden Sie heraus, was Sie sich beim Kunden an Fragen und Kontakten ohne Rückfrage erlauben können?
- Es gibt unterschiedliche Vertriebsmethoden und -ansätze: Wie haben Sie das bisher erlebt, hatten Sie dazu Schulungen und wenden Sie eine oder mehrere Methoden regelmäßig an? Wie helfen Ihnen die Kenntnisse und Erfahrungen von Vertriebsmethoden beim Erreichen Ihrer Ziele?
- Von der Begrüßung an der Kundenpforte bis zum Zustand des Chefschreibtisches kann viel beobachtet werden: Ist das für Sie eher unwichtig, oder tauschen Sie sich darüber mit Kollegen regelmäßig aus? Wie verwerten Sie all die Erfahrungen und Erkenntnisse bei Kundenbesuchen, und was ist für Sie dabei besonders wichtig?
- Wie beurteilen Sie generell Besuche bei Ihren Kunden? Ist jeder Kontakt und jeder Besuch unvergleichlich, oder kennen Sie Ihre Pappenheimer und wissen, wie sie zu nehmen sind?
- Meinen Sie, dass die strategische Kundenentwicklung im Unternehmen ein wichtiges Mittel ist, um Aufträge zu generieren? Theorie und Wirklichkeit prallen im Vertrieb oft aufeinander: Wie gehen Sie mit der Planung der Kundenentwicklung konkret um, was sind für Sie die wichtigsten Maßnahmen?
- Wie viel Zeit widmen Sie Ihrem Äußeren vor einem Kundentermin? Was ist der wichtigste Aspekt aus Sicht des Kunden bezogen auf Ihr äußeres Erscheinungsbild?
- Wann glauben Sie, den richtigen Ton getroffen zu haben: Reden Sie so, wie Sie es gewohnt sind, und machen sich nicht sonderlich viele Gedanken, oder stellen Sie sich in Inhalten und Wortwahl auf Ihre Ansprechpartner ein? Was ist Ihre wichtigste Erfahrung bei den Gesprächsinhalten und der Art der Rede bei Ihren unterschiedlichen Kundenansprechpartnern?
- Vom Erstkontakt bis zum Auftragsabschluss ergeben sich vielfältige Aufgaben: Ergibt sich für Sie eher automatisch, welche Aufgaben Sie erledigen müssen, oder möchten Sie die Ziele und Aufgaben genau verteilt wissen? Wer sollte beim Angebot die Sachdiskussion aus Ihrer Sicht steuern beziehungsweise moderieren?
- Ist es Ihrer Erfahrung nach besser, sich in Kundengesprächen zurückzuhalten und abzuwarten, oder schätzen Ihre Ansprechpartner Ihre offene Art, auf sie zuzugehen? Wie verstehen Sie Kundennähe generell? Was ist dabei Ihr Erfolgsrezept?

- Schätzen Sie im täglichen Umgang mit Kunden klare Regeln und Einvernehmen im Fachgespräch, oder brauchen Sie viel Flexibilität und Freiheit für persönliche Gespräche? Mit welchen Themen können Sie nach Ihrer Erfahrung einen Kunden am besten für sich gewinnen?
- Ihr Vertriebstrichter ist ein Spiegelbild Ihrer Vertriebsaktivitäten: Versuchen Sie in wenigen Terminen zum Abschluss zu kommen oder glauben Sie, dass eine Kundenbeziehung Zeit und häufigen Kontakt braucht? Welche generellen Erfahrungen bezüglich der Häufigkeit haben Sie bei der Planung von Kundenterminen?
- Hinsichtlich Ihrer Position und Rolle im Unternehmen: Machen Sie Ihr Ding und holen Hilfe, wenn sie diese brauchen, oder binden Sie andere frühzeitig ein und konzentrieren sich auf die Koordination? Wie, glauben Sie, ist Ihr Image in Ihrer Vertriebseinheit beziehungsweise in Ihrem Unternehmen?
- Das Zusammenspiel im Vertriebsteam kann Teil des Erfolgs sein: Machen Sie bei Workshops mit, wenn es nützlich ist, oder gestalten Sie den breiten Austausch an Erfahrungen gerne mit? Wie finden Sie die aktuelle Regelkommunikation in Ihrem Unternehmen, wöchentliche Durchsprachen, monatliche Vertriebsmeetings, individuelle Opportunity Checks et cetera?
- Empfinden Sie sich bei Ihren Besuchen beim Kunden eher als Eindringling im Wettkampf mit der Konkurrenz oder eher als gern gesehener Berater, dessen Vorschläge aufgegriffen werden? Was halten Sie vom Begriff des Vertriebsmanns als Trusted Advisor beim Kunden?

3.3 Profile: Techniker, Enthusiast, Kommunikator und Frohnatur

3.3.1 Thomé, der Techniker

Problemstellung bei Steam Success International

Der Account-Direktor hat die Vorgehensweise von Thomé kritisiert. Er gehe alleine, ohne Absprache, zu seinem Kunden und mache Vorschläge, die zwar fachlich gut seien, aber nicht in das Account-Konzept passten. Thomé stellt sich störrisch. Das Thema muss unbedingt geklärt werden.

Thomé, Schweiz (Johannes Mannsheim resümiert)

Er ist ein leidenschaftlicher Sportler. Er hat Service beim Militär in Lenzerheide gelernt und hat mit sechsundzwanzig die Technikerschule in Baden absolviert. In seiner Garage hat er ein perfektes Fitnessstudio mit allen Features, alles vernetzt, sodass er am Computer seine Leistung auswerten kann (s. Abb. 3.10).

Wenn es um Strategie oder Planung geht, wird er immer ganz unruhig: „Die beste Gewähr, Aufträge zu bekommen, ist der gute Job, den wir vor Ort leisten. Dazu brauche ich keine Planung." Im Bereich der Elektrotechnik bei Steam Success International ist er der Experte schlechthin, für das Proposal Team ein Glücksfall wegen seines grundlegenden Know-hows der Produkte und Services. Es scheint, als wäre ihm sein Fachimage gleich-

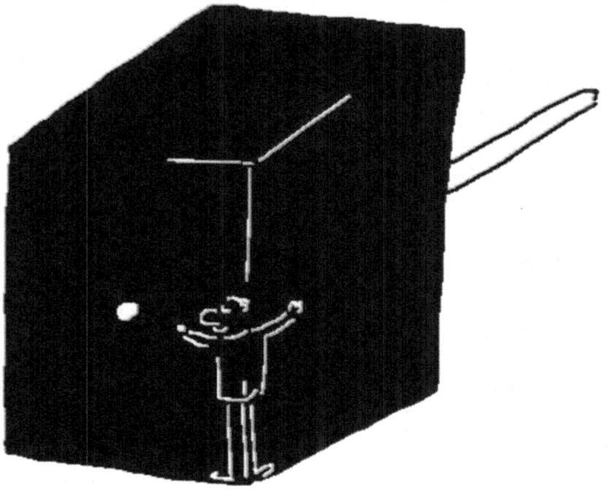

Abb. 3.10 Der Techniker. (Quelle: Jan Myszkowski)

gültig, doch das glaube ich ihm nicht. Natürlich ist er darauf stolz, manchmal, so denke ich, lässt er uns durch einen Tag Krankheit in einer wichtigen Angebotssituation bewusst zappeln.

Unter seiner Führung werden Angebote perfekt und da er gerade bei den technischen Leitern unserer Kunden sehr beliebt ist, bekommt er die entscheidenden Auswahlkriterien frei Haus geliefert. Da gibt es immer wieder Rivalitäten mit dem Account-Direktor für einen Großkunden, weil der „nicht einen Bluffer, sondern geballte Fachkompetenz am Tisch gegenübersitzen haben will". Wer hat dem Kunden diesen Satz wohl diktiert?

Analyse
Stärken

- **Technisches Knowhow**: Hat hohe Expertise und durchdringt mit dem Portfoliowissen fachliche Fragestellungen. Er hat einen umfangreichen technischen, praktischen Ansatz.
- **Vertriebsprozess**: Wendet die „Vertriebsgrammatik" effektiv und erfolgreich an. Er hat umfassende Kenntnis und Erfahrung bezüglich Vertriebsmethoden. So entstehen laufend Sales-Zyklen und der Füllgrad der Pipeline ist vorbildlich. Die Wirtschaftlichkeit der Angebote ist sichergestellt.
- **Frequenz der Kundenkontakte**: Bietet sich regelmäßig für Gespräche an, sucht den Kontakt zur Aufnahme von Gesprächen, hat eine hohe Besuchsfrequenz.

Generell

Thomé kann jedes *technische Problem lösen*, findet immer das passende Konzept. Seine *Expertise* macht den Unterschied bei den Angeboten aus. Er liefert fachlich *überzeugende Präsentationen.* Seine *Hartnäckigkeit* beim Fragenstellen bringt *hohen Tiefgang* und gegebenenfalls den Wettbewerbsvorteil. Die Stärken und Schwächen des Wettbewerbs kennt er genau. *Komplexe Fragestellungen* hilft er, (mit Leichtigkeit) zu lösen.

Schwächen

- **Valueargumentation**: Kann schwerlich eine Kosten-Nutzen-Ratio herstellen. Ihm fehlt Knowhow zum Erklären von Nutzen und Werte der Leistungen. Daraus resultiert zum Teil eine gewisse Kundenunzufriedenheit.
- **Analysefähigkeit**. Erkennt nur unzureichend Muster und Kategorien.
- **Interne Akzeptanz**: Seine Akzeptanz im Unternehmen ist schwach, er hat wenig Anlage zur Integration in Gruppen, im fehlt die Fähigkeit zur Netzwerkbildung. Er sucht nicht z. B. nach Engagement in Alumnis. Man erkennt wenig Offenheit gegenüber neuen Projekten. Bei der Teilnahme an und Initiative in Meetings wird er kaum sichtbar. Wenig Leistungsorientierung, kaum interne Competitiveness.

Generell

Nichttechnische Ansprechpartner beim Kunden kommen mit Thomé nicht zurecht. Bei seinen fachlichen „Tiefgängen" *vergisst er das große Ganze*. Bei der Fachorientierung bleiben der *Nutzen* des Kunden und mögliche Politik *auf der Strecke*. Er nutzt vornehmlich eigenes Knowhow und holt *zu wenig Expertise von außen*. Sozial ist er zeitweise *im Team ungenießbar*, weil sehr fokussiert auf die Sache.

Vertriebsprofil: Stärke und Potenzial (vgl. Abb. 3.11)
Ausrichtung: Fachexperte Orientierung: Produkt Stärke: Produkt/Leistung Potenzial: mittel

Verbesserungspotenzial
Produkt und Leistung:

- Nutzen Sie ihn als Sparringspartner für Angebote von Teamkollegen, zum Beispiel in der Rolle des Angebotsbewerters.

Methoden und Prozess:

- Überlegen Sie gemeinsam, in welcher kundennahen Rolle er seine Stärken noch besser einbringen kann.
- Klären Sie Ihr gemeinsames Verständnis von Teamspiel und Alternativen im Vorgehen.

Persönlichkeit:

- Konfrontieren Sie ihn mit Ihrer Einschätzung seiner Person. Gehen Sie in gleicher Weise auf seine Stärken wie auch auf seine Schwächen ein.

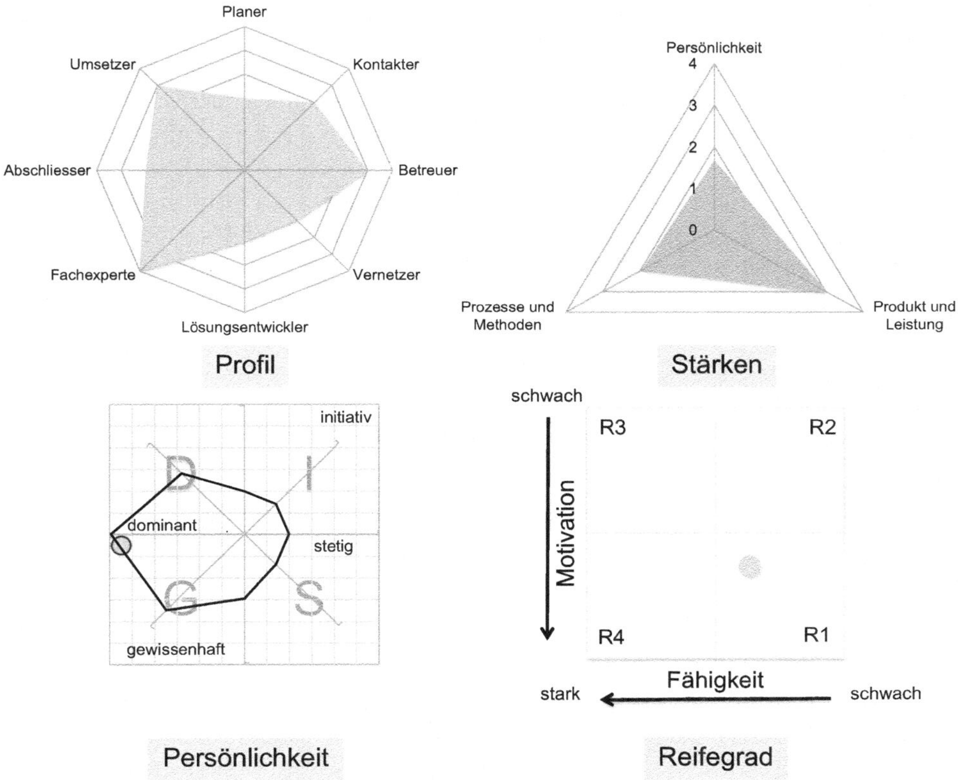

Abb. 3.11 Techniker: Einschätzung von Persönlichkeit, Stärke und Reifegrad. (Quelle: eigene Darstellung)

Interkulturelle Anregung
Schweizer legen in aller Regel sehr viel Wert auf Ihre Eigenständigkeit. Das kann, muss aber nicht ein Grund für Thomés Verhalten sein.

3.3.2 Uwe, der Enthusiast

Problemstellung bei Terra Consult
Uwe ist im Vergleich zu den anderen Partnern noch relativ jung. Er hat um das Gespräch gebeten, weil er sich von den Kollegen nicht ernst genommen fühlt und deren Unterstützung vermisst. Im Gegenteil fühlt er seine Arbeit von anderen ausgenutzt. Vor allem der Verlust der letzten zwei Projekte hat ihn in seinen Augen Reputation gekostet.

Uwe, Deutschland (Protokoll mit Robert Ganges)
Er pendelt am Wochenende immer zwischen dem Vertriebsstandort und Köln, wo seine Freundin wohnt. Nach der Promotion am Institut für Geografie an der Universität Hamburg war er Assistent des geschäftsführenden Partners einer Beratungsfirma. Terra Consult hat ihn wegen seiner Beratungsexpertise und zugänglichen Art engagiert.

Wo immer er auftaucht, ist er in seiner fröhlichen, lauten Art nicht zu überhören und übersehen. Sein Tanzstil ist phänomenal, kein Wunder, er leitet ehrenamtlich den lokalen Tanzverein. Ich habe den Eindruck, je mehr Kundentermine er wahrnimmt, desto mehr Energie hat er. Sein heiteres geselliges Auftreten grenzt manchmal an Exaltiertheit. Der Enthusiasmus, den er ausstrahlt, wenn er im Team ein Projekt vorstellt, steckt sogar die Zurückhaltenden an (vgl. Abb. 3.12). Zu viele solche Dynamitpakete braucht es natürlich nicht.

Er hat gelernt, mit seiner Emotionalität bei Kundenterminen das Eis zu brechen, eine gute Atmosphäre zu schaffen. Wer ihn gesehen, gehört, gesprochen hat, vergisst ihn nie wieder. Er versteht es, unsere Leistungen mit seiner Persönlichkeit als Triebmittel und Duftmarke anzureichern: „Lieber Kunde, unsere Produkte, Lösungen und Services sind dynamisch und erfolgreich und erzeugen in Ihrem Unternehmen so viel Enthusiasmus wie ich."

Analyse
Stärken

- **Branchenkenntnis**: Beherrscht das Portfolio und die Bedingungen am Angebotsmarkt. Er kennt die Preissituation und hat Erfahrung, in diesem Umfeld mit Spannen zu kalkulieren.

Abb. 3.12 Der Enthusiast. (Quelle: Jan Myszkowski)

- **Vertriebsabläufe**: Beherrscht die "Vertriebsgrammatik": Er handelt "regelkonform" nach den unternehmensweiten Abläufen. Er kennt und nutzt den Sales-Zyklus des Kunden, zum Beispiel beim Pitching. Er weiß, wie man betriebswirtschaftliche Painpoints der Kunden kennenlernt.
- **Kundenorientierung**: Integriert sich leicht in die unternehmensspezifische Kultur und ist ein gern gesehener Trusted Advisor.

Generell

Uwes *Persönlichkeit* kann das i-Tüpfelchen für ein erfolgreiches Projekt sein. Seine *Emotionalität* enteist viele angespannte, verfahrene Situationen. In Kombination mit einem gut *durchdachten Plan* ist seine Art sehr wirksam. Er kann seine *Kunden zu außergewöhnlichen Zugeständnissen* bringen. Seine *Präsentationen* sind brillant. Mit seiner emotional *hohen Identifikation mit unserem Portfolio* schafft er oft den entscheidenden Wettbewerbsvorteil.

Schwächen

- **Trends und Entwicklungen**: Er ist über die Trends und Entwicklungstendenzen nicht im Bilde. Er kann deshalb, da er die Wünsche und Visionen nicht versteht, kaum Boardroom-Capability aufbauen. Dadurch wird es schwer, den Funnel zu füllen.
- **Anpassungsfähigkeit**: Passt sich Personen und Situationen schwerlich an. Der Umgang mit Kunden ist eher Status und entwickelt sich nicht sichtbar weiter.

Generell

Es besteht die Gefahr, dass Uwe von Experten (zu Unrecht) als *„Bullshitter"* abqualifiziert wird. Ihm fehlt häufig die *Dosierungsfähigkeit* für seine Auftritte. Das mag im Team des Kunden noch angehen, *auf Vorstandsebene* ist sein Auftritt möglicherweise kontraproduktiv und kann eine gespannte Atmosphäre erzeugen. Sowohl nach *außen zum Kunden wie nach innen wirkt sein Auftritt unecht*. Wer ihn lange kennt, kann das einschätzen, bei Neukunden kann das ein Risiko sein. Für manchen wirkt er *unreif und naiv*, was sich auch auf die Bewertung des Angebots auswirken kann.

Vertriebsprofil: Stärke und Potenzial (vgl. Abb. 3.13)
Ausrichtung: Betreuer Orientierung: Kundenentwicklung Stärke: Persönlichkeit Potenzial: mittel

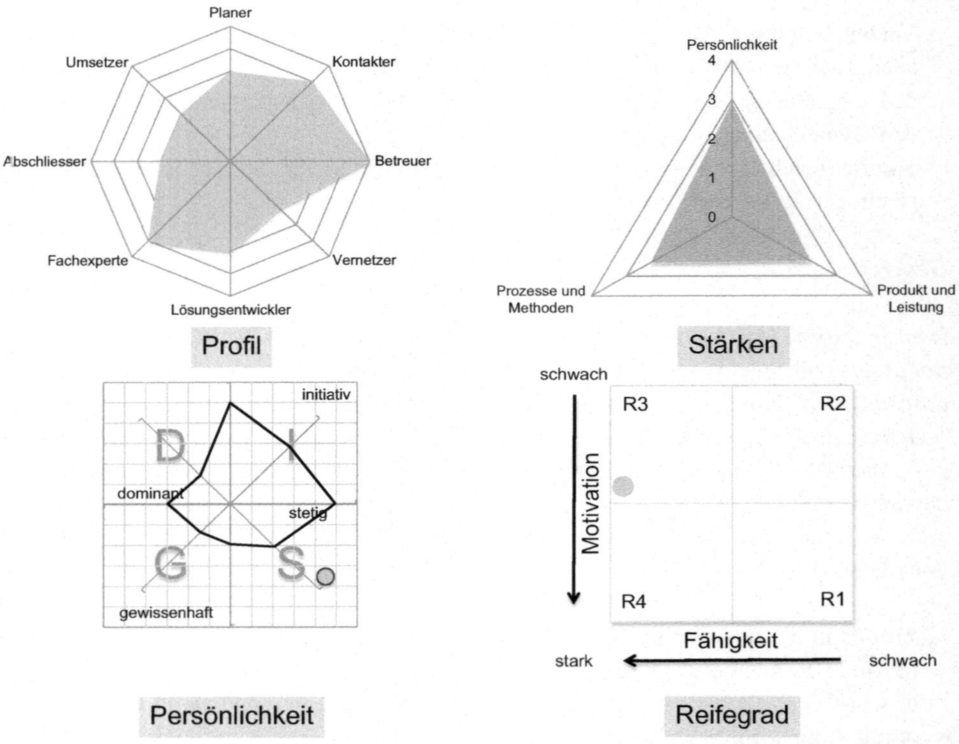

Abb. 3.13 Enthusiast: Einschätzung von Persönlichkeit, Stärke und Reifegrad. (Quelle: eigene Darstellung)

Verbesserungspotenzial
Produkt und Leistung:

- Helfen Sie ihm, beim Portfolio in den Übersichtsmodus umzuschalten, also von der „Tiefenbohrung" in die „Helikoptersicht" zu wechseln. Wie sehen die Gesamtzusammenhänge am Angebotsmarkt aus?
- Wie sehen mögliche Anforderungen an die Leistungen auf C-Level aus? Wie erzeugt er auf Boardroom-Ebene Leistungsbedarfe? Wie hebt er die Wahrnehmung der Fragestellung bei seinen bisherigen Ansprechpartnern auf das Top-Level im Kundenunternehmen?

Methoden und Prozess:

- Klären Sie, welche Adressaten für das bisherige vertriebliche Vorgehen sehr gut, welche weniger geeignet scheinen und welche Alternativen denkbar sind.

Persönlichkeit:

- Sprechen Sie das Ergebnis durch: Was ist ihm bewusst, was ist neu, wie stellt er sich den Themen (Johari-Fenster)? Zuerst erarbeiten Sie, wie er seine Stärken noch zielgerichteter einsetzen kann: bei wem, zu welchem Zeitpunkt und wie. Gehen Sie dann auf das kritische Feedback ein.
- Üben Sie miteinander, Sachargumente von emotionalen und nicht greifbaren besser zu unterscheiden.

Interkulturelle Anregung
Deutsche Kollegen legen besonderen Wert auf eine gerechte Behandlung. Das ist vor allem im bilateralen Verständnis wichtig und muss nicht im Team gezeigt werden. Uwe fühlt sich dadurch ernst genommen, und die weitere Zusammenarbeit wird erleichtert.

3.3.3 Elène, die Kommunikatorin

Problemstellung bei Fournier Système
Elène bekommt jede Menge Termine und scheint bei den Kunden anerkannt zu sein. Bei der schriftlichen Zusammenfassung der Kundentermine fehlt häufig die konkrete Anforderung des Kunden – sie bleibt in strategischen Allgemeinplätzen hängen, um daraus ein Angebot entwickeln und formulieren zu können. Ihre Entwürfe der Spezifikation sind selten in die Sprache des Kunden übersetzt, was der Kunde, weil er sich nicht wiederfindet, bei Durchsicht des Angebotsentwurfs regelmäßig moniert.

Elène, Belgien (Gespräch mit Klaus de Yong)
Seit sie geschieden ist, lebt sie in Straßburg und arbeitet vom Homeoffice aus. In ihrem Garten pflegt sie Hunderte von Bonsai in einem Gewächshaus. Das Team nennt sie deshalb Bonsai, wir kennen auch schon die Hälfte der Arten: die aufrechte Form Moyōgi und Chokkan, der Mehrfachstamm, Kengai die Luftform …

Sie hat in Brüssel Produktmarketing studiert. Wenn wir unsere Portfoliofachrunden drehen, ist sie zweifellos ein Bringer. Ein Teil der Fachtexte stammt ja von ihr – fundiert und auch sprachlich geschliffen, als hätte sie diese auswendig gelernt. Nein, sie ist ein Naturtalent. Trotz Ihres zeitweise recht druckvollen Auftrittes braucht sie Bestätigung. Sie liefert mit dem nötigen Tiefgang einen Abriss von Fachinformation, sei es den Kunden oder uns im Team. Sie nimmt bei den kritischen Punkten kein Blatt vor den Mund, und unsere Schwächen haben beim Kunden eher eine positive verstärkende Wirkung. Dabei weiß sie, ihre Position im Team gut einzuschätzen und versteht es, sich gut zu integrieren.

Mit ihrer direkten informativen Ansprache fühlen sich die Gesprächspartner ernst genommen und gewinnen sehr strukturiert in Kürze einen guten Überblick über unser

Abb. 3.14 Die Kommunikatorin. (Quelle: Jan Myszkowski)

Angebot. Sie schafft Vertrauen durch ehrliche Rede und Antwort, sie überzeugt durch Fakten und Detailwissen. Sie nimmt sich Zeit und den Kunden ernst, das ist ihr Erfolgsrezept: die Macht der Kommunikation (s. Abb. 3.14).

Analyse
Stärken

- **Vertriebsabläufe**: Sie beherrscht die „Vertriebsgrammatik": Sie handelt „regelkonform" nach den unternehmensweiten Abläufen. Sie kennt und nutzt den (regelhaften) Sales-Zyklus des Kunden, zum Beispiel beim Pitching. Sie weiß, wie Sie betriebswirtschaftliche Painpoints der Kunden kennenlernt.
- **Selbstsicherheit**: Sie bewegt sich entspannt und sicher.
- **Branchenkenntnis**: Beherrscht das Portfolio und die Bedingungen am Angebotsmarkt. Sie kennt die Preissituation und hat Erfahrung, in diesem Umfeld mit Spannen zu kalkulieren.

Generell

Elène schafft *Vertrauen* durch versierte *Offenheit*. Ihre Informationen und „Schulungen" schaffen einen hohen *Loyalitätsgrad*. Sie bietet jede Menge *sachlicher Anknüpfungspunkte*, die auch vom Kunden genutzt werden. Weil sie keine Scheu hat und Kunden wissen, wie sie mit ihr umgehen müssen, ist sie für *Neukunden* bestens geeignet.

Schwächen

- **Detailgenauigkeit**: Erfasst nur unzureichend Aspekte beim Kunden, Eigenschaften in den Kundenprozessen, Beziehungen von Gegenständen oder Sachverhalten in den Unternehmen.

- **Anwendungs-Knowhow**: Die Adaption am Markt oder beim konkreten Kunden und Stellung zum Wettbewerb gelingt nicht. Sie kann zum Beispiel den Innovationsgrad beim Kunden nicht erklären. Sie hat wenig Sicht auf das Vertriebsgebiet in Summe.
- **Auftreten**: Kann ihr eigenes Erscheinungsbild nur bedingt einschätzen.

Generell

Elène *informiert häufig zu wenig* über die zwingenden Ereignisse beim Kunden, sie *hört nicht genug zu* und ist bereits in ihre überzeugende Story verliebt. Sie *überrascht und überrumpelt* den einen oder anderen; der Schuss kann nach hinten losgehen. Sie *redet zu viel*, stellt zu wenig, zeitweise sogar keine Fragen. Kundentermine verlieren immer wieder den *Fokus*, die *Prioritäten* verschieben sich.

Vertriebsprofil: Stärke und Potenzial (vgl. Abb. 3.15)
Ausrichtung: Fachexperte Orientierung: Produkt Stärke: Leistung Potenzial: mittel

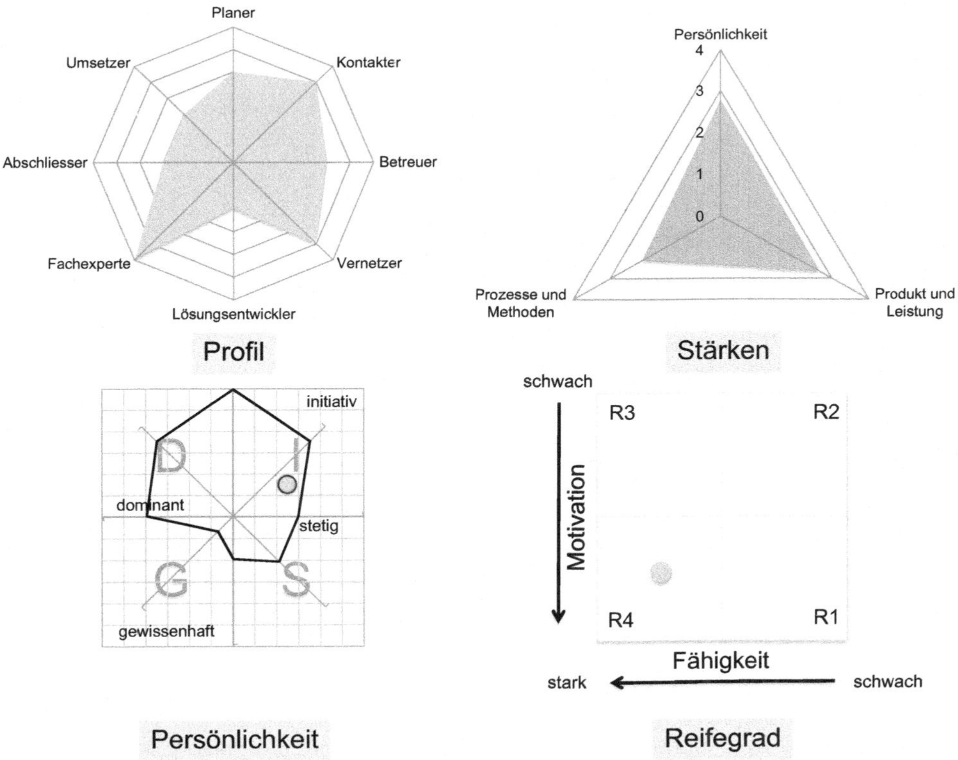

Abb. 3.15 Kommunikatorin: Einschätzung von Persönlichkeit, Stärke und Reifegrad. (Quelle: eigene Darstellung)

Verbesserungspotenzial
Produkt und Leistung:

- Sie können sie bestens zum Entwickeln von Nutzenbeschreibungen einsetzen.
- Machen Sie sie für die Einführung des nächsten Produkts verantwortlich. Bei den anschließenden Lessons learned kontrastieren Sie nochmals die Rolle des Verantwortlichen für Produktmarketing mit der Rolle der Vertriebsbeauftragten.

Methoden und Prozess:

- Planen Sie mit ihr Kundentermine, setzen Sie ihr Ziele bezüglich der Kenntnis zu Projekten im Unternehmen.

Persönlichkeit:

- Begleiten Sie sie bei Terminen und nehmen Sie sich genügend Zeit, um die Redeanteile und Relevanz der Inhalte später rückmelden zu können.

Interkulturelle Anregung
Das Festhalten an fachlichen Details und Fakten kann bei Belgiern mit Vermeidung von Unsicherheit zu tun haben. Die mangelnde Konzeptfähigkeit ist möglicherweise Ausdruck eines missverstandenen Respekts Elènes gegenüber dem Kundenmanager.

3.3.4 Dariusz, die Frohnatur

Problemstellung bei PIP Power Inside Production
Es scheint, als ob Dariusz aus den verlorenen Angeboten nicht lernt. Wenn er ein Angebot gewinnt, ist das Risiko groß, dass er sich mit dem Team verschätzt hat. Das führt leider schon zum wiederholten Male zu einem verlustreichen Projekt.

Dariusz, Polen (Głodny Wilks Sichtweise)
Dariusz hat vor vier Jahren bei uns nach seinem Bachelor ein Traineeprogramm abgeschlossen. Er lebt mit seiner Freundin in einer Eineinhalb-Zimmer-Wohnung im Zentrum von Wrocław. Trotz der sehr beengten Verhältnisse und vermutlich nicht besonders einfachen Rahmenbedingungen – sie studiert zu Hause – erlebe ich ihn immer fröhlich und entspannt (s. Abb. 3.16).

Er hat schon viel Kritik von den Älteren einstecken müssen, da wir ja auch ein Teamziel haben: „Zweimal hat er es versaut", wie sie sagen. Er ist fachlich und sachlich gut unterwegs und bekommt jede Menge Termine. Er stellt im Gespräch glaubhaft immer wieder die Wichtigkeit unseres Unternehmens heraus: „Das gehört zur Integrität des Verkäufers, zu den Grundregeln, das volle Commitment zum Team, zur Firma."

Abb. 3.16 Die Frohnatur. (Quelle: Jan Myszkowski)

Er lässt sich durch verlorene Aufträge nicht niederdrücken, er ist immer gut drauf, ein positiver Geist. Dank der guten optimistischen Stimmung findet er immer wieder einen neuen Anlauf. Seine Fröhlichkeit ist sein Markenzeichen, das Stehaufmännchen. Allerdings ist er sensibel, was die Kritik gegenüber seiner Leistung betrifft. Die Produkte sind gut, der Service ist gut, das Projektmanagement ist gut, unsere Betreuung ist gut … „Gibt es etwas, was wir hier verbessern sollten? Bist du im Team mit etwas unzufrieden?" „Nein, alles bestens! Alles paletti, alles Roger! Danke der Nachfrage."

Analyse
Stärken

- **Bekanntheitsgrad in der Branche**: Pflegt regelmäßig Freundschaften und Beziehungen. Bedient und nutzt Kontakte im Unternehmen und in der eigenen Branche.
- **Kommunikation**: Versteht den kommunikativen "Eisberg". Weiß bestens, wie die üblichen Rede- und Verhaltensweisen sind und wie man sie einsetzt. Dazu die Kenntnis des "Knigge" über die Dos und Don'ts in unterschiedlichen situativen und kulturellen Kontexten.
- **Kontaktfreude**: Besitzt in hohem Grad Offenheit und generelle Verträglichkeit sowie die Fähigkeit, Menschen anzuziehen, zu beeinflussen und zu steuern.

Generell

Dariusz ist ein *außergewöhnlicher Optimist*, nichts kann ihn aus der Ruhe bringen. *Keine Niederlage* schüchtert ihn ein, sein *Lebensvertrauen* scheint unerschütterlich. Die Kunden schätzen seine *positive Art*, seine schier grenzenlose Zuversicht. Seine *positiven Präsentationen* beflügeln den Kunden, mehr erfahren zu wollen. Sein Erfolgsrezept lautet: „*Think and act positive*!"

Schwächen

- **Branchenkenntnis**: Dazu gehört das Portfolio und die Situation des Angebotsmarkts incl. der Kenntnis und der Erfahrung zu Preissituation und erzielbaren Spannen
- **Vertriebliche Umsetzung**: Ihm gelingt es nicht, aus erkannten verbalen oder/und nonverbalen Kommunikationsmustern zielgerichtete Handlungen abzuleiten, zum Beispiel zur strategischen Kundenentwicklung.
- **Akzeptanz und Leadership**. Er orientiert sich zu wenig an den Zielen des Unternehmens. Er vermittelt kein Interesse an Macht. Ergebnisse sind ihm nicht so wichtig. Er hat nur wenig Anerkennung im Unternehmen.

Generell

Dariusz scheint aus den Niederlagen *nicht wirklich zu lernen*, sie vielleicht sogar zu verdrängen. Für manchen wirkt er *oberflächlich*, schaut das Portfolio nicht genau genug an. Zeitweise *schätzt* er Fragestellungen des Kunden oder auch Liefermöglichkeiten *falsch ein*. Sein *Fachtiefgang* lässt zugunsten einer positiven Lebenseinstellung sehr zu wünschen übrig.

Vertriebsprofil: Stärke und Potenzial (vgl. Abb. 3.17)
Ausrichtung: Vernetzer Orientierung: Menschen Stärke: Persönlichkeit Potenzial: groß

Verbesserungspotenzial
Produkt und Leistung:
Erarbeiten Sie mit ihm sein Wertekompendium des Portfolios, und suchen Sie nach für ihn passenden Storys für die Kundengespräche.

Methoden und Prozess:

- Klären Sie sein Verständnis von Erfolg beim Kunden, spielen Sie Kundensituationen durch.
- Planen Sie die nächsten Kundentermine und begleiten Sie ihn. Vorab definierte Ziele schärfen dabei die Beobachtungsgabe. Im Debriefing können Sie ihm durch gezielte Fragen helfen, die Optimismusschleife zu verlassen.

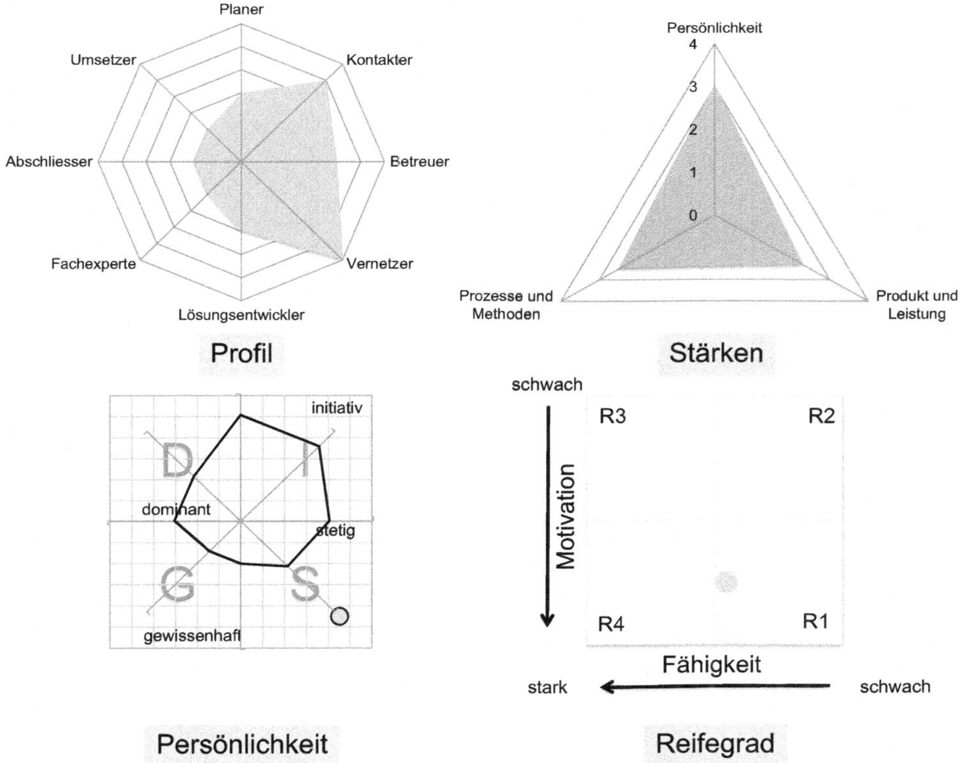

Abb. 3.17 Frohnatur: Einschätzung von Persönlichkeit, Stärke und Reifegrad. (Quelle: eigene Darstellung)

Persönlichkeit:

- Es muss zunächst geklärt werden, woher dieses Verhalten rührt. Eine Vielzahl von Vertriebsleuten kompensiert mit übergroßem Optimismus eine tiefe Unsicherheit. Ist es nur Naivität oder tiefgegründete Sorge, gar Angst? Sie merken das beispielsweise bei kritischen Fragen an den überzogen fröhlichen Gesichtszügen. Man erlebt immer wieder, dass die Optimisten fast alles im Griff haben, irgendetwas läßt dann aber die Fassade bröckeln, sichtbar an den leicht nach vorne hängenden Schultern, den kleinen Pupillen, der Kugelschreiber, an den sie sich mit beiden Händen klammern.

Interkulturelle Anregung
Zur polnischen Wesensart kann es gehören, Unsicherheit zu vermeiden. Es ist daher möglich, dass Daruisz Abhaken eines verlorenen Projekts ein Mechanismus ist, um sich nicht zu viele Gedanken machen zu müssen, die Unsicherheit auslösen und das Selbstverständnis infrage stellen könnten.

3.4 Coaching-Leitfragen: Arbeit mit den Vertriebsteams

3.4.1 Führung

Konkretisieren und Stärken der Führungsrolle:

- In welcher Funktion sehen Sie den Vertriebsmitarbeiter heute? Was erwarten Sie von ihm, welche Rolle soll er spielen, zum Beispiel Verkäufer, Berater, Geschäftsentwickler et cetera?
- Wie schätzt Ihr Mitarbeiter seine Position ein: die Anforderungen an ihn, seine Freiräume? Von welchen Voraussetzungen geht er aus?
- Haben Sie sein Eigenbild erfragt oder mit ihm erarbeitet? Wie schätzt er seine Stärken ein? Sieht er Schwachstellen und Verbesserungspotenziale, und wie geht er damit um?
- Wie schätzen Sie seine Rolle und Funktion generell ein? Wie sehen Sie die Rolle des Verkaufs beziehungsweise Vertriebs grundsätzlich?
- Welche Fragen entstehen für Sie, wenn Sie das Zusammenspiel zwischen Führung und Vertriebsmitarbeiter betrachten? Wie gehen Sie mit den naturgemäßen Reibungspunkten zwischen den einzelnen Funktionsbereichen und dem Vertrieb um, dem Interface Management?
- Wie ermitteln Sie das Fremdbild des Mitarbeiters, und wie geben Sie Feedback? Welche Konsequenzen ergeben sich daraus?
- Welche Hinweise werden Sie einem neuen Vertriebsmitarbeiter geben?
- Wem geben Sie Ihre Zeit, wem nicht?

3.4.2 Mitarbeiter

Feedback:

- In welcher Form motivieren Sie Ihre Kollegen und Mitarbeiter, an Ihren Opportunities mitzuwirken?
- Geben Sie Feedback, wie und in welchem zeitlichen Abstand zu Beiträgen anderer?
- Wie unterstützen Sie diese Kollegen bei Ihren Projekten?
- Wie sieht die Reaktion auf Ihr Feedback aus?

Akzeptanz in der Organisation:

- Mit wem kommunizieren Sie in der Regel in Ihrem Unternehmen und bei Partnern?
- Welche Aufgaben können und dürfen die Mitarbeiter in Ihren Sales-Zyklus übernehmen?
- Haben Sie regelmäßig Kontakt zu Führungskräften und Entscheidern, zu den Organisationseinheiten und Partnern?

3.4.3 Allgemeine, persönliche Fragen

Perspektive des Vertriebsmitarbeiters:

- *Vision:* Welche zentrale Fähigkeit besitzen Sie, auf die Sie stolz sind und die Ihnen bei (fast) allen Themen und Problemlösungen hilft?
- *Erwartungen:* Womit kann man Ihnen in Gesprächen am meisten helfen?
- *Grundmotivation:* Ihr Einsatz ist wirklich enorm, aber was ist an diesem Thema für Sie besonders wichtig?
- *Stress:* Wie beeinflusst dieser Stress, unter dem Sie stehen, Sie beziehungsweise Ihre Arbeit?
- *Angst:* Was ist Ihre größte Sorge, was könnte Sie belasten?
- *Kommunikation:* Hören Sie wirklich zu, oder sind Sie viel zu gefangen in Ihrer Situation, der Jagd nach dem Abschluss et cetera?

3.4.4 Messgrößen

- Opportunity Management
  → Prozent an aktualisierten Pipelines
- Account Management
  - Account-Betreuung
    → Zahl an Businessplänen
- Gebietsmanagement
  - Vertriebsaufwand
    → Zahl getätigter Kundenanrufe
- Vertriebsentwicklung
  - Organisationsqualität
    → Führungsspanne (Zahl Vertriebsmitarbeiter pro Vertriebsleiter)
- Kundenfokus
  - Kundenmix
    → Zahl von Meetings pro Kundentyp oder Branche

3.4.5 Leistungskennzahl: Human Capital Value Added (HCVA)

Leitfrage: Welchen Mehrwert leisten Ihre Vertriebsmitarbeiter zum Nettogewinn? Während die meisten Unternehmen unterschiedliche Human-Ressources-Indikatoren pflegen, kümmern sich weniger als die Hälfte um die Auswirkungen, welche die Mitarbeiter auf das Geschäftsergebnis haben. Es geht hier um mehr als das Ergebnis pro Mitarbeiter, nämlich um die direkte Beziehung von Nettopersonalkosten zum Ergebnis des Unternehmens.

Dabei gibt es verschiedene Spielarten, zum Beispiel den Profit pro Vertriebsmitarbeiter, den Profit pro Mitarbeiter in Summe und vieles anderes mehr (Marr 2012, S. 257).

$$\text{HCVA} = \text{Umsatz} - \frac{\text{Umsatzkosten (gesamt)} - \text{Vertriebsmitarbeiterkosten}}{\text{Vollzeitmitarbeiter im Vertrieb}}$$

3.5 Leadership: Reflexionen zur Arbeit mit den Vertriebsteams

3.5.1 Einflussfaktoren zur Sales Champions League

Zehn Punkte entscheiden im Wesentlichen darüber, ob Sie im Vertrieb außergewöhnliche Erfolge erzielen können:

1. *Arbeiten Sie an den Voraussetzungen und Inhalten von Team und Organisation:* Gemeint sind die Rahmenbedingungen, Werte, Grenzen und Standards. So erhöhen Sie die vertriebliche Kreativität und Bandbreite der möglichen Lösungen.
2. *Verändern Sie die Einstellung des Einzelnen:* Hinterfragen Sie Glaubenssätze, Denkweisen und Lebensphilosophien der Vertriebsmitarbeiter und Teams, überprüfen Sie Perspektiven und Anschauungen. Damit werden Arbeitsabläufe im Vertrieb beschleunigt, und das in einer angenehmen Arbeitskultur.
3. *Beeinflussen Sie den Lernprozess:* Aus der Vogelperspektive können Sie umfänglicher und besser erkennen, was vertrieblich erreicht und erlernt wurde und warum sich manche Mechanismen nicht recht verbessern lassen. Die Frage heißt: Wie „entlernen" Sie Verhalten, das nicht mehr passt, Arbeitsweisen, die für mangelnde Effizienz und Effektivität verantwortlich sind. Wie lernen Sie und behalten das Neue? In einer lernenden Vertriebsorganisation vermehrt sich das vorhandene Wissenskapital, und Fehler sind nützliche „Sparringspartner" für Verbesserungen.
4. *Fordern Sie Ideale und Qualitäten:* Sie leben Ihren kulturellen Anspruch von ehrlicher, offener und starker Kommunikation im Vertrieb Ihren Mitarbeitern vor. Disziplin und die Fähigkeit, sich verantwortungsvoll zu organisieren, werden als Vorbild zu den Leitlinien des vertrieblichen Handelns. Sie zeigen, dass Neugier, Präsenz und kluge, fundierte Fragen und Aussagen die Voraussetzung für erfolgreichen Vertrieb und gutes Vertriebsmanagement sind. So entstehen neue Themen und zusätzliche Aufträge.
5. *Steigern Sie die Fähigkeiten jedes Einzelnen und des gesamten Teams:* Beobachten Sie die Sales-Zyklen, und geben Sie Rückmeldung aus Ihren Beobachtungen, welche Stärken oder Verbesserungspotenziale Sie inhaltlich erkennen, was im vertrieblichen Ablauf verbessert werden kann oder wie Sie persönliche Bereiche sehen, die Ihr Mitarbeiter stärker nutzen oder verbessern könnte. Das steigert Ihre Effizienz und Effektivität.

6. *Konzentrieren Sie sich auf konkrete Aktivitäten:* Sie helfen zu erkennen, welche Maßnahmen und Handlungen zum Erreichen der Ziele ergänzend hilfreich wären, welche Sie weglassen sollten und wann und wie diese umzusetzen sind. So erreichen Sie zusätzliche Motivation durch Zufriedenheit jedes einzelnen Mitarbeiters.
7. *Schaffen Sie ein engagiertes Umfeld:* Sorgen Sie dafür, dass Einsatzbereitschaft und Motivation der Vertriebsorganisation Anerkennung in anderen Bereichen, bei Partnern und bei Kunden findet. So entstehen zusätzliche Energie und Enthusiasmus. Solche Rahmenbedingungen vereinfachen die Ressourcenallokation und steigern die Wettbewerbsfähigkeit.
8. *Entwickeln Sie eine Kultur der Praxis, gepaart mit einem theoretischen Überbau:* Jeder Weg, jede Handlung, ob beabsichtigt oder nicht, hat eine Logik, eine Wirkung. Helfen Sie, das bei jedem Mitarbeiter in Ihrer Organisation zu erkennen. Die Reflexion steigert die Nachhaltigkeit von Verbesserungen und die Wiedereinsetzbarkeit von erfolgreichen Lösungen.
9. *Stärken Sie die vertriebliche Kommunikation nach innen wie nach außen:* Erfolgreiche Vertriebsmitarbeiter feilen an ihrer Sprache, an der Fähigkeit zum konstruktiven Austausch im Dialog mit Kollegen wie mit Partnern und Kunden. Wichtig sind auch der Stil der Interaktion, die Präsenz und die persönliche Disposition in Erfahrungen und Gefühlen. Auf diese Weise werden Widersprüche aufgedeckt, Fehler schneller erkannt und die Qualität von Angebot und Leistungserbringung kommt beim Kunden an. Achten Sie auf die Form und Intensität von Feedbacks. Dadurch stärken Sie die Kooperationsbereitschaft und Rückmeldungen werden noch wertvoller.
10. *Engagieren Sie sich für Beziehungen und Netzwerke:* Helfen Sie Ihren Mitarbeitern zu verstehen, wie sie Verhaltensweisen zum Vernetzen bewusst einsetzen und wie sie Interesse, Anerkennung und Vertrauen im Umgang mit anderen aufbauen.

3.5.2 Aus dem Sales-Management-Werkzeugkasten

Mit der Organisation spielen

Solange Sie bei Ihrer Arbeit mit Ihrer Vertriebsmannschaft nicht behelligt werden, ist die Welt in Ordnung, glauben Sie. Achtung: So, wie Sie schnell ein Auge auf einen Mitarbeiter werfen, der den Eindruck erweckt, mit seinen Themen alleine nicht zurechtzukommen, geht es Ihrem Vorgesetzten ebenfalls. Genauso wie Sie stellt er sich zwei Fragen: Weiß meine Führungskraft, was sie zu tun hat und kann sie damit umgehen?

Auch hier gilt wieder: Kommunikation ist alles. Erklären Sie kurz und bündig, an welchen Themen sie arbeiten und wie sie dabei vorgehen. Tun Sie das nicht, fragt sich Ihr Chef bald, ob Sie einen Plan haben und an den richtigen Themen arbeiten. Steht einmal die Vermutung mangelnder Leistungsfähigkeit im Raum, geraten Sie schnell in einem Rechtfertigungs- und Erklärungskreislauf – und der endet meist nicht gut. Vorsicht ist besser als die Bitte um Nachsicht.

Über das Herz gewinnen

„Herz und Kopf: die beiden Pole der Sonne unserer Fähigkeiten: eines ohne das andere – halbes Glück. Verstand reicht nicht hin; Gemüht ist erfordert. Ein Unglück der Thoren ist Verfehlung des Berufs im Stande, Amt, Lande, Umgang", so lehrt der Jesuit Baltasar Gracián in seinem Aphorismus aus dem Werk *Handorakel und Kunst der Weltklugheit* (1653) den Umgang miteinander; das Kompendium wurde von Arthur Schopenhauer 1862 ins Deutsche übersetzt und ist ein bekannter Lebensratgeber der Weltliteratur. Gracián hat als Philosoph und Theologe meisterhafte, intelligente Einsichten in den Umgang mit anderen und das eigene Verhalten in dreihundert Denksprüchen gegeben. Seine „Schule der Weltklugheit" erklärt den Lesern auch heute noch Verhaltensmaßregeln für eine immer komplexer werdenden Welt und bietet Ihnen trotz seines altertümlichen Sprachstils vielfältige Anregungen im Umgang miteinander. John Kotters Leadership-Prinzip (1996, S. 28 ff.) fußt auf der gleichen Erkenntnis, nämlich dass wir Veränderungen mit unseren Gefühlen, nicht mit unserer Ratio erfolgreich realisieren. Nachhaltige Verhaltensänderungen werden über das Gefühl erreicht.

Somit werden Sie, für welche Arbeit auch immer, die Herzen Ihrer Mitarbeiter gewinnen müssen. In einer Welt Informationesüberflusses ist es eine Illusion zu glauben, dass man Menschen durch sachliche, logische Argumente für Veränderungen begeistern kann. Da das Tempo des Wandels rapide zunimmt, brauchen wir Menschen, die an diesen Wandel glauben und ihn bewältigen wollen. Überzeugen Sie über Gefühle: „Sie sind wichtig und unabdingbarer Bestandteil des erfolgreichen Wandels!"

Einstellung vor Fähigkeit

Auf die Frage, warum er vornehmlich große und eher langsame statt kleine, schnelle Spieler im Kader habe, antwortete der Trainer des russischen Handballnationalteams vor Jahren es sei einfacher, aus großen langsamen große schnelle zu machen. Wenn Sie neue Mitarbeiter einstellen, sollten Sie der Grundhaltung und Einstellung den Vorrang geben vor vordergründiger Eignung und offensichtlichen Fähigkeiten. Kurzfristig gesehen wird das möglicherweise nicht den sofortigen Erfolg liefern, mittel- und langfristig wird sich die positive Einstellung des Mitarbeiters aber auszahlen. All die Erfahrung mit Kunden, Portfolio und Branche wiegen nicht die Motivation und Passion auf, mit der jemand es sich auch selbst beweisen will. Wählen Sie aus nach dem Prinzip: Herz vor Hirn.

Mit System arbeiten

Systematik ist der Schlüssel für die gelungene chancenreiche Arbeit mit der Vertriebsorganisation: sei es das strukturierte Vorgehen beim Rekrutieren, sei es die regelmäßige Durchsprache der vertrieblichen Arbeitsschritte. Wo Stringenz ist, entsteht auch Überzeugung, weil nachvollziehbar gedacht und gehandelt wird. Sie schaffen mit einem schlüssigen Personalkonzept mit Rollen und konkreten Verantwortlichkeiten einen verlässlichen Rahmen an messbaren Erwartungen. Die gedankliche Geschlossenheit mit der Sie Standards festlegen und verbindlich einführen, wird Ihnen von allen Seiten gedankt. In der hochvolatilen Welt des Vertriebs, wo die Chancen und Gelegenheiten, sprich „opportunities", rasch wechseln, zeitliche Entscheidungsspielräume immer kleiner werden, Neuerungen und Veränderungen der Rahmenbedingungen an der Tagesordnung sein müssen, um sich dem Marktgeschehen anzupassen, ist die Konstanz, mit der Sie führen und systematisch Vertriebsmanagement betreiben, die einzige verlässliche Größe.

Ruhe des Zen-Bogenschützen und schnelle Entscheidungen

Ron Marks (2008) präsentiert in *Managing for Sales Results* eine einfache und ernüchternde Rechnung, wie teuer die falsche Wahl neuer Mitarbeiter für den Vertriebsleiter, das Team und die ganze Organisation werden kann. Neben den Zahlungen an den Recruiter investieren Sie in Training und natürlich Ihre persönliche Managementzeit. Abgesehen davon, dass dieses Unterfangen frustrierend enden kann, ist nicht nur Ihre kostbare Zeit vertan, auch die Teammitglieder werden in aller Regel in Mitleidenschaft gezogen. Gemeinsame Projekte, durch die Sie den Neuen integrieren wollen, werden nichts, länger werdende Teamsitzungen sind der Tribut, den Sie zahlen, wenn Sie sich nicht ausreichend Zeit bei der Auswahl des Personals genommen haben. Bedenken Sie diese nicht unmittelbaren Kosten.

Bei den Personalentscheidungen sollten Sie deshalb zwei entgegengesetzte Vorgehensweisen beherzigen: Lassen Sie sich beim Rekrutieren alle Zeit der Welt, denn Hektik und überhastete Entscheidungen, weil ein Vertriebsbereich personell nicht versorgt ist, haben sich noch nie ausgezahlt. Wenn jedoch ein Mitarbeiter regelmäßig und ohne abzusehendes Ende nörgelt, „miesepetert" oder widerspricht, steckt das die Mannschaft an. Wiederkehrende negative Diskussionen zu den immer gleichen Themen fordern Konsequenz und schnelles Handeln, alles andere vergiftet das Klima. Trennen Sie sich von einem solchen Mitarbeiter, auch um zu zeigen, wer Herr im Haus ist.

Fragen und zuhören

Lausche, lerne, lache: Mit dieser Führungsregel werden Sie sich überall Freunde machen. Das „Management by walking around" bietet genug Möglichkeiten, auf die Stimmung einzuwirken. Hören Sie genau zu, und Sie wissen bestens, wo es gut läuft und wo dicke Luft herrscht. So wie ein kluger Bauer täglich über das Getreidefeld geht und die Pflanzen auf Pilze und Insekten prüft, erkennen Sie rechtzeitig, ob sich Funktionsstörungen einstellen, das Fehlen von Vertrauen, die Furcht, Themen unter den Teammitgliedern anzusprechen, wegen möglicher Konflikte. Ihre persönliche gute Grundstimmung trägt mehr zur Kultur bei als irgendwelche Teamworkshops und Motivationsveranstaltungen.

Wiederholung ist die Mutter aller Erfolge

Aufmerksamen Lesern wird auffallen, dass sich manche Themen in diesem Buch wiederholen. Der amerikanische Psychologe und einer der prominentesten Vertreter des Behaviorismus Burrhus Frederic Skinner machte in seinen Ausführungen *The technology of Teaching* 1968 und dem Reinforcement-Konzept des Instruktionalismus, vornehmlich in der Lernwelt Furore. Sie erinnern sich sicherlich an das leidvolle Auswendiglernen von mathematischen oder chemischen Formeln oder das gebetsmühlenartige Herunterleiern von Gedichten oder Vokabeln. Bei aller Ablehnung als junger Mensch sehen Sie heute vielleicht den Erfolg: Die Grundlage Ihrer Bildung besteht auch aus diesen intellektuellen Bausteinen, die durch die Wiederholung als eine Art Mauer das Areal Ihres Wissens abstecken und Ihnen Orientierung bieten. Die Informationen sind die Steine, die Wiederholung der Mörtel.

Sie können Ihre Grundregeln, Ihre Vorstellungen, Ihre Vision, Ihren Plan, Ihr Ziel nicht oft genug wiederholen, bis es alle verstanden haben und wissen, was ihr Beitrag zum Gelingen ist. Durch die vielfache Wiederholung bekräftigen Sie Ihren Willen zur erfolgreichen Umsetzung und versichern jedem Vertriebsmitarbeiter den Wert und die Wichtigkeit Ihrer Vorstellung.

3.6 Anwendung und Ergebnisse: Arbeitsweisen

Steam Success International
Die Teams von Johannes haben sich zusammengesetzt, und jeder Mitarbeiter hat seine Stärken und Schwachpunkte präsentiert. Johannes ist beeindruckt, wie viel Kompetenz sich in der internationalen Teamstruktur befindet. Auch er konnte seine Fähigkeiten darstellen. In der Vorbereitung hatte jeder seine „Inhalte" mit Johannes erarbeitet. Dadurch hat er viel Neues erfahren und jedem Einzelnen die Möglichkeit geboten, sich selbst darzustellen. Über die individuelle Visitenkarte hinaus hat das Team an Stärke gewonnen. Die Rivalitäten haben abgenommen, Erfahrungsaustausch und die Bitte um gegenseitige Unterstützung haben zugenommen. Die so entstandene Teamkultur könnte sich ausbreiten.

Fournier Système
Powerbeck hat dazu eingeladen, Storys zu den Erfahrungen mit Managed Print Service zu liefern und den Workshop dazu in ein Event eingebunden. Die besten zehn Storys werden in der Endauswahl vor dem Unternehmenspublikum präsentiert und prämiert. Der Sieger darf sich seinen Gewinn selbst aussuchen, und in einem Blog werden neue Storys veröffentlicht, auch wenn sie sich zum Teil ähneln. Jeder möchte dabei sein. Klaus de Yong hat die Bereiche Marketing und Produktentwicklung gebeten, sich regelmäßig mit den besten „Storytellern" zusammenzusetzen, um sich Hintergründe und Erkenntnisse schildern zu lassen.

PIP Power Inside Production
Głodny Wilk hat erkannt, dass er mit der Elevator-Pitch-Methode Sensibilität für Kundenbedarfe erzeugen kann. Die Arbeit an den zentralen Themen gibt ihm die Möglichkeit, Fähigkeiten und Neigungen der Mitarbeiter zu erkennen. Auch bietet sich die Chance, die Schwächen des Angebots zu erkennen. Głodny Wilk hat in den Mitarbeitern einen direkten Gradmesser für Kundenverständnis hinsichtlich seines Portfolios und den Anforderungen des Markts erhalten. Zudem nimmt er nun anhand der Kenntnis über die Profile der Typen im Vertriebsteam Einfluss darauf, wer welche Kunden betreuen soll.

Terra Consult

Das Terra-Consult-Team erfährt eine Neuerung. Statt der individuellen Abfrage von Projekten und des erwarteten Rohertrags wird im Team über die Erfahrungen aus den Projekten und im Netzwerk gesprochen. Es hat sich schnell etabliert, dass Frank über die Verbesserungen der Angebotsmethode berichtet und die Diskussion darüber moderiert, dass Stefano die Gesprächsführung zum Kundennetzwerk-Management übernimmt, dass Noé die Erkenntnisse des Teams zu den Kundenprojekten zusammenfasst und dass Uwe über das Teamklima und mögliche künftige Aktivitäten wacht. Robert kann das mit gelassener Entspannung verfolgen, auch wenn es ihn immer wieder in den Fingern juckt.

Literatur

Adams, Scott. 1996. *Still pumped from using the mouse*. Dilbert Books Andrews McMeel Publishing: Kansas City, Missouri. http://www.dilbert.com/fast/1993-09-14/. Zugegriffen: 7. Mai 2015.

Bandler, R. 1997. *Die Schatztruhe. NLP im Verkauf. Das neue Paradigma des Erfolgs*. 2. Aufl. Paderborn: Junfermann.

Bandler, R., und J. Grinder. 1981. *Metasprache und Psychotherapie. Die Struktur der Magie I*. Paderborn: Junfermann

Cohn, R. C. 1996. *Von der Psychoanalyse zur themenzentrierten Interaktion. Von der Behandlung einzelner zu einer Pädagogik für alle*. Stuttgart: Klett-Cotta (16. Fireside, Simon & Schuster, New York).

Detert, E. 28. August 2014. *Challenging the challenger sale: Where insight selling opens doors*. Santa Monica: Nimble. http://www.nimble.com/blog/challenging-the-challenger-sale-where-insight-selling-opens-doors. Zugegriffen: 8. Mai 2015.

Gerstner, L. V. 2003. *Who Says Elephants Can't Dance?: Leading a Great Enterprise through Dramatic Change*. New York: HarperCollins.

Gramatke, C. 2015. NLPedia. http://nlpportal.org/nlpedia/wiki/BAGEL. Zugegriffen: 9. Mai 2015.

Gregory, R. L. 2000. Ambiguity of ‚Ambiguity'. *Perception* 29:1139–1142. http://www.richardgregory.org/papers/editorials/ambiguity-of-ambiguity.pdf.

Harris, M. D. 2014. Insight selling: How to sell value & differentiate your product with insight scenarios. Canada: Sales & Marketing Press.

Herrmann, S. 2012. *Kommunikation bei Krisenausbruch. Theoretische Grundlagen II. Koorientierung*. Berlin: Springer.

Hillert, D. G., und G. T. Buracas. 2009. The neural substrates of spoken idiom comprehension. *Language and Cognitive Processes* 24 (9): 1370–1391 (Philadelphia).

König, E., und G. Volmer. 2014. *Handbuch Systemische Organisationsberatung. Grundlagen und Methoden*. Weinheim.

Kotter, J. P. 1996. *Leading change*. Boston: Harvard Business Review Press.

Kraus, G. et. al. 2006. Handbuch Change-Management: Steuerung von Veränderungsprozessen in Organisati- onen, Einflussfaktoren und Beteiligte, Konzepte, Instrumente und Methoden, 2. Aufl. Berlin.

von Krogh, G., K. Ichijo, und I. Nonaka. 2000. *Enabling knowledge creation. How to unlock the mystery of tacit Knowledge and release the power of innovation*. Oxford: Oxford University Press.

Lakoff, G., und M. Johnson. 2000. *Leben in Metaphern. Konstruktion und Gebrauch von Sprachbildern*. Heidelberg: Carl Auer.

Loebbert, M. 2003. *Storymanagement. Der narrative Ansatz für Management und Beratung*. Stuttgart: Klett-Cotta.

Marks, R. 2008. *Managing for sales results. A fast-action guide for finding, coaching and leading salespeople*. New Jersey: Wiley.

Marr, B. 2012. *Key performance indicators. The 75 measures every manager needs to know*. Harlow: Pearson.

Maxwell, J. C. 2008. *Leadership gold. Lessons I've learned from a lifetime of leading*. Nashville: Thomas Nelson.

Mohr, N., und J. M. Wohe. 1998. *Widerstand erfolgreich managen. Professionelle Kommunikation in Veränderungsprojekten*. Frankfurt a. M.

Reinemann, C. 2003. *Medienmacher als Mediennutzer, Kommunikations- und Einflussstrukturen im politischen Journalismus der Gegenwart*. Köln: Böhlau.

Reinemann, C. 2012. Koorientierung. In *Lexikon Kommunikations- und Medienwissenschaft*, Hrsg. Günter Bentele, Hans-Bernd Brosius, und Otfried Jarren, 169–170. Wiesbaden: Springer VS.

Rosen, K. 2008. *The greatest salespeople scams sales managers buy into*. Merrick: Keith Rosen. http://www.keithrosen.com/2008/11/you-got-scammed-the-greatest-scams-salespeople-engage-in-that-managers-buy-into. Zugegriffen: 13. Mai 2015.

Satir, V., A. Banmen, J. Gerber, T. Kierdorf, und H. Höhr. 2011. *Das Satir-Modell: Familientherapie und ihre Erweiterung*. Paderborn: Junfermann Verlag.

Schönhammer, R. 2011. *Stichwort: Kippbilder*. PsyDok, Volltextserver der Virtuellen Fachbibliothek Psychologie. http://www.gib.uni-tuebingen.de/netzwerk/glossar/index.php?title=Kippbild#cite_note-9. Zugegriffen: 6. Feb. 2016.

Schuchert-Güler, P. 2009. Aufgaben und Anforderungen im persönlichen Verkauf: Ergebnisse einer Stellenanzeigenanalyse. Working Papers 47, IMB, Berlin.

Schulz von Thun, F. 1981. *Miteinander Reden 1. Störungen und Klärungen*. Reinbek: Rowohlt.

Shepard, Roger N. 1990. *Mind sights. Original illusions, ambiguities, and other anomalies, with a commentary on the play of mind in perception and art*. New York: W. H. Freeman.

Skinner, B. F. 1968. *The technology of teaching*. East Norwalk: Appleton-Century-Crofts.

Sommer, J. 2003. *NLP for Business. Mit NLP zum beruflichen Spitzenerfolg*. Offenbach: Gabal.

Watzlawick, P. 1978. *Wie wirklich ist die Wirklichkeit. Wahn, Täuschung, Verstehen*. München.

Wenger, E. 1998. *Communities of practice. Learning, meaning and identity*. Cambridge.

Zimbardo, P. G. 1992. *Psychologie*. Berlin: Springer.

Weiterführende Literatur

Gracian, B. 2014. *Handorakel und Kunst der Weltklugheit*. München.

Heynckes, J. 1988. Hier zählt nur das nackte Ergebnis. Spiegel-Interview mit Fußballtrainer Jupp Heynckes über seinen Job beim FC Bayern München. *Spiegel,* 5. Dezember. (Hamburg).

Koffke, S. 2011. Persönlichkeitstypologien als Grundlage für eine bessere Kommunikation im Change Management-Prozess. In: Deutsches Institut für Bankwirtschaft – Schriftenreihe, Bd. 7 (12/2011).

Satir, V. 2010. *Kommunikation – Selbstwert – Kongruenz*. Paderborn: Jungfermann Verlag.

Positionierung

4

Unser Geschäftsmodell sind die Ideen und nicht das Geld.
(David Rothschild)

4.1 Veränderungsfaktor: Wettbewerbsvorteil

Das durchschnittliche Alter eines Unternehmens im Top-500-Index von Standard & Poor's (Foster 2012) ist von einundsechzig im Jahr 1957 auf heute achtzehn Jahre gesunken. Die Logik des Wettbewerbsvorteils der kreativen Wirtschaft wandelt sich: Exzellente Ideen haben ein immer kürzeres Haltbarkeitsdatum und erweisen sich in ihrer Flüchtigkeit als unternehmerische „Mausefalle". Nach McKinsey (Sarrazin und Lee 2014) ist einer der vier Megatrends in Vertriebsorganisationen, schnell zu lernen, statt lange zu planen.

Ein Blick zum Vertriebstrichter und zur Pipeline

Die Vertriebsmitarbeiter eines Großkunden aus der Schwerindustrie versuchen, alle Anfragen ihrer Kunden zu beantworten. Die Schweden signalisieren ein adressables Budget von etwa fünfzig Projekten mit einer Summe von 100 Mio. €. Ein Angebot bindet deshalb viele Fachkräfte – kein billiges Unterfangen. Die Gemeinkosten des Vertriebs wachsen weit über den Planwert hinaus. Was machen, wenn dann die Ausbeute nur eine Trefferquote von zehn Prozent bringt? Schnell ist der Schuldige gefunden: die Kalkulation und die zu teuren Dienstleister. Gott sei Dank sind ohne großes Überlegen alle Anfragen beantwortet, es liegt nicht am eigenen Vertrieb!

Das ist etwas kurz gedacht: Am Ende entscheidet sich der Kunde für das wirtschaftlichste Angebot, der Preis ist dabei (fast) immer nur ein Indikator. Die versteckten,

N. A. Rauch, *Die 7 Disziplinen im Sales-Management*,
DOI 10.1007/978-3-658-04232-5_4

heimlichen und individuellen Kriterien, also die Konnotationen, machen den wahren Unterschied, den „Nasenfaktor". In den meisten Opportunity Assessments oder den sogenannten Verlustanalysen ist der ausschlaggebende Faktor die Kundennähe und die hat der Wettbewerb, scheint es, in den verlorenen 90 % besser bedient.

Es ist unverständlich, warum viele, auch erfahrene Vertriebsmitarbeiter und deren Vorgesetzte sich nicht ausführlich mit dem Wettbewerb beschäftigen. Wie argumentiert dieser, wen spricht er an, welche Kernbotschaften enthalten dessen Materialien, die Internetauftritte, Veröffentlichungen? Ein Hinweis auf die Methode CASE („copy and steal everything") ist ernst gemeint. Warum muss alles neu erfunden werden, wenn sich von der Konkurrenz exzellent lernen lässt? Das beginnt mit den Nutzenargumenten und dem Alleinstellungsmerkmal: Man kann trefflich darüber diskutieren, ob es so etwas wie ein einmaliges Merkmal des Leistungsumfanges (Unique Selling Proposition) in der Vertriebsarbeit grundsätzlich geben kann.

Eine Datenbasis über den Wettbewerb, die von den Vertriebsmitarbeitern gefüllt wird, bietet Vorteile gegenüber der theoretischen Marketinganalyse: Sie entsteht aus der Praxis für die Praxis. Die Wahrscheinlichkeit, dass diese Daten gepflegt und genutzt werden, ist groß – ohne zusätzliche Kosten für eine zugekauften Marktanalyse. Die Entwicklung von Angebotsalternativen sollte genauso angeleitet werden wie der Umgang mit den Reaktionen der Kunden auf unser Leistungsangebot. Aus den Opportunity Coachings entstehen ohne Anstrengungen jede Menge an Nutzenargumenten: Wo findet der Kunde den geschäftlichen Wert Ihres Angebots, wo liegt Ihr Vorteil im Markt? Auch ohne aufwändige Schulung kann so sichergestellt werden, dass die Kernaussagen des Portfolios verstanden wurden.

Thesen: Werte und Wettbewerb

→ Sales Leader halten professionelle Distanz und spielen sich nicht auf.
→ Die Werte nach innen sind die Werte nach außen.
→ Man kann nur solche Werte verkaufen, die man auch vorlebt.
→ Beziehung gilt es, weder zu über- noch zu unterschätzen.
→ Man muss nicht immer Top 3 sein, man muss es aber wollen und fordern.
→ Wer den Wettbewerb nicht ehrt, ist des Zuschlags nicht wert.
→ Wer sich zufrieden zurücklehnt, hat bereits verloren.
→ Jeder Nagel braucht seinen Hammer.

4.2 Themen: Umsetzen der Vertriebszyklen

4.2.1 Opportunity Management

Definition

Das Opportunity Management ist eine gesteuerte Abfolge von Schritten, um Geschäft bei konkreten Bedarfsträgern zu identifizieren, durch unterschiedliche Aktivitäten (Analyse, Konzept und Verfolgung) den Grad der Wahrscheinlichkeit der Realisierung des Geschäfts zu erhöhen bis zur erfolgreichen Auftragsvereinbarung. Alle bisher dafür entwickelten Vertriebsmethoden dienen nur diesem einen Zweck, teils aus der praktischen Sicht eines Unternehmens, teils aus der aus Projekten abgeleiteten Theorie einer Beratung, eines Trainings, einer wissenschaftlichen Fragestellung. Ziel der folgenden Ausführungen ist es, einen Überblick über diese Methoden zu liefern.

Problemstellung

Steam Success entscheidet sich, das Challenger-Programm einzuführen und umzusetzen, das dem Vorstand während eines Kongresses vorgestellt wurde. Da die Leistungen des Unternehmens meist aus komplexen Projekten bestehen und dem Unternehmen Neugeschäft fehlt, hat dem Vorstand dieser Ansatz gut gefallen. Nach einer ersten Analyse der Geschäftszahlen und generellen Beratung wird die Entscheidung gefällt, mit einem Dienstleister das Programm umzusetzen. Bald wird deutlich, dass die Vertriebskompetenzen sowie die Grundlagen der Leistungsbeschreibungen nicht ausreichen, um das Programm zum Erfolg zu führen. Johannes Mannsheim entscheidet sich als Bereichsleiter, einen erweiterten Weg zu gehen.

Ziel

Sie erreichen einen deutlichen Wachstumsschub und eine Steigerung der Vertriebsleistung. Sie setzen erfolgreich unterschiedliche Methoden im Unternehmen ein. Ausgewählte Teile der am Markt verfügbaren Methodensätze sind kombiniert im gesamten Unternehmen kommuniziert, erlernt und werden angewendet.

Phasen und Vorgehen

Nutzen Sie die Erkenntnisse der ABC-Analyse aus Kap. 2: Welche Typen von Kunden haben Sie, wollen Sie akquirieren? Ergänzen Sie dies durch ein Stärken-Monitoring Ihrer Vertriebsmannschaft (siehe Auswahl an relevanten Kompetenzen aus Produkt, Prozess und persönlichem Bereich bei allen Mitarbeiterprofilen). Wählen Sie aus der Liste der möglichen Methoden die mindestens drei und maximal fünf wichtigsten aus. Erstellen Sie ein Konzept auf Basis der Methoden, das am besten Ihrem Bedarf entspricht.

Erproben Sie die Anwendung, gegebenenfalls mit externer Unterstützung, in einem Team von maximal fünf Vertriebsmitarbeitern sowie bei ausgewählten Kunden. Legen Sie Messgrößen fest wie Zahl der Kundenkontakte, Zahl und Umfang an Opportunities et cetera. Der Vorgang sollte nach drei bis vier Monaten bereits erste Ergebnisse zeigen. Passen

Sie gegebenenfalls die Auswahl der Methodensätze an, und planen Sie einen Roll-out über Ihre gesamte Vertriebsorganisation.

Nutzen
Sie steigern die Effizienz der Vertriebsarbeit (Vertriebsertüchtigung), verbessern dauerhaft Ihr Territory Management, erhöhen die Abdeckung des Markts und steigern das Ergebnis der gewonnenen Projekte. Ihr individuelles, strukturiertes, methodisches Vorgehen erhöht Ihre Attraktivität als Arbeitgeber und zieht Potenziale an. Der multimethodische Ansatz verringert Widerstände bei der Einführung eines neuen vertrieblichen Vorgehens und hilft dabei, bestehende Routinen zu entlernen.

4.2.2 Sales-Modelle

5-P-Sales-Modell
Dieser Urtyp des Verkaufs hat noch in vielen Situationen seine Berechtigung. Dieses Basismodell steht für **P**roduct **P**ushing through **P**ersonality **P**ersistence and **P**rice. Voraussetzung für diesen Vertriebstyp ist eine ansprechende Persönlichkeit mit hartnäckiger Unnachgiebigkeit.

Modell der mentalen Konditionierung
Wenn Projekte verloren gehen, liegt das immer wieder daran, dass der Vertriebsmann seine Begeisterung und seinen Enthusiasmus verloren hat. So wie bei der sportlichen, physischen Konditionierung lässt sich auch der Geist beeinflussen. Die kurzlebigen Motivationssitzungen sind heute durch neurolinguistische Programmierung, psychologische Kinesiologie und andere Methoden ersetzt beziehungsweise ergänzt worden, um das vertriebliche Durchhaltevermögen zu erhöhen.

Beziehungsmodell
Verkäufer und Käufer lernen sich durch regelmäßigen Kontakt bezüglich einer konkreten Fragestellung besser kennen. Der Kontakt breitet sich auf den persönlichen Bereich aus. Das Ziel des Modells ist, die Beziehungsebene soweit wie möglich auszubauen, ohne durch Indiskretion das entstehende Beziehungsgeflecht zu verletzten. Das landläufige Verständnis von Beziehung hingegen reduziert die Möglichkeiten auf den interpersonellen Aspekt ohne Berücksichtigung der Intellektualität.

Modell der persönlichen Stile (Beziehungsmanagement)
Die angenommene Wichtigkeit der Beziehung im Verkauf hat dazu geführt, dass Assessments zur Persönlichkeit entwickelt und durchführt wurden. Das Modell fußt auf Persönlichkeitsstudien wie dem DISG-Modell, dem Myers-Briggs-Typenindikator und anderen (vgl. Kap. 3.2.9). Man nimmt an, dass unterschiedliche Persönlichkeiten ihren individuellen Vertriebsstil in der Interaktion benötigen. Die Frage der Persönlichkeit weitet sich auf die des Kunden aus mit der Suche nach dem besten „Personality Fit".

Barrierebezogenes Modell
In den fünfziger Jahren konzentrierte man sich auf Präsentation, Einwände und Abschlüsse. Aus dieser Zeit stammen die ersten Probe-Prove-Close-Überlegungen. Die Fähigkeit zur Leistungsdarstellung wurde perfektioniert. Im Vordergrund steht die Überlegung, wie man die Barriere des Kunden überwinden kann. Dabei geht es um den erfolgreichen Abschluss. Dieses Modell ist vornehmlich im Hochdruck-Vertrieb üblich.

Problemlösungsorientiertes Modell
Seit den sechziger Jahren hat man sich mehr den Kundenbelangen zugewandt. Man beginnt mit Fragetechniken in offener und geschlossener Form, die Problemstellung der Kunden besser zu erforschen und zu verstehen. Anschließend wird auf Basis dieser Erkenntnis der Lösungsvorschlag präsentiert. Dieses klassische Modell führt allerdings schnell zu Preiseinwänden, da die Lösung auf Grundlage des Problems, aber ohne Berücksichtigung des Nutzens erfolgt.

Mehrwertmodell
Um die Widerstände und Preiseinwände zu verringern, konzentriert sich der Vertriebsmitarbeiter auf den Wert, den die angebotene Leistung für den Kunden hat. Die Mehrwertargumentation ist die passende Antwort auf Preisdiskussion und fehlende Nutzenargumentation. Anreize in unterschiedlicher Form werden Produkten und Services „angehängt", damit der Kunde den Unterschied zwischen Nutzen und wahrgenommenem Preis erkennt.

Beratendes Modell
Mit der Blüte des Beratungsgeschäfts ist auch der beratende Verkauf unter dem Stichwort Consultative Selling entstanden. Um mit Kunden über deren wirtschaftliche Geschäftsentwicklung sprechen zu können, muss der Vertriebsmitarbeiter fachliche und branchenkompetente Erfahrungen und Erfolge vorweisen. Die erste Stufe des beratenden Verkaufs steht in Zusammenhang mit der seit 1947 angewandten Mehrwertanalyse zur Kostensenkung und Leistungsverbesserung als Ergebnispotenzial.

Joined-Development-Modell (Partnering Sales)
Gemeinschaftliche Geschäftsentwicklung ist keine Partnerschaft im rechtlichen Sinn. Es handelt sich um die Anwendung der Philosophie des Total Quality Managements, die seit den siebziger Jahren von vielen Firmen verfolgt wird. Das Joined Development verlangt den höchsten Grad an gemeinsamem Geschäftsverständnis. Im Sinne der Qualität verpflichten sich Management und Mitarbeiter von Anbieter und Käufer, den gesamten Prozesszyklus der Lösungsentwicklung zu berücksichtigen.

Team-Selling-Modell
Verkauf im Team wird immer wieder von Neuem propagiert. Vornehmlich für komplexe und große Prospects eröffnen sich mit dem Einbinden von Mitarbeitern verschiedene Ebenen und Qualifikationen. Das Zusammenspiel zwischen den verschiedenen Rollen auf Anbieter- wie Käuferseite wird vom Vertriebsmitarbeiter koordiniert. Noch vor und auch

während der Umsetzung von Maßnahmen muss der Vertriebsmitarbeiter in der Lage sein, den geplanten Vertriebsschritt an die Gegebenheiten und die Reaktionen von Kunden und Wettbewerbern anzupassen und die beste ihm zur Verfügung stehende vertriebliche Alternative als Option zu wählen.

Big-Deal-Modell
Große, internationale, komplexe, organisationsübergreifende Projekte verlangen eine spezielle Vertriebsmodellierung. Um lange Lead-Zeiten zu überstehen und eine multiple Entscheiderlandschaft zu bändigen sowie interne und externe Mitspieler wie den Gesetzgeber oder Sublieferanten zu berücksichtigen, ist ein Big-Deal-Modell erforderlich. Im ersten Schritt gibt es eine Account-Strategie, um die richtigen Mitspieler mit den nötigen Skills zu rekrutieren. In den meisten Fällen ist das Problem nämlich kein Konkurrent, sondern der Kunde, der generell keine Entscheidung trifft oder momentan keinen Handlungsbedarf sieht. Es geht also meist um den Wettlauf mit anderen internen Projekten innerhalb der Kundenorganisation, die alle um dieselben limitierten Budgets buhlen.

Value-Selling-Modell
Dieses wert- und nutzenorientierte Modell der späten achtziger Jahre ist die Antwort auf den Verfall von Differenzierungsmöglichkeiten im Produkt- und Servicegeschäft. Der Value-Selling-Ansatz soll den Druck auf den Preis kompensieren. Früher wurde Value Selling als Ergänzung zu anderen Modellen eingesetzt, zum Beispiel in der Diagnosephase. Heute kann diese Methode bereits in der Pre-Sales-Phase zum Einsatz kommen. Die Painpoints mit den daraus resultierenden Aktivitäten werden zur Beeinflussung der Bedürfnisse als Wertargument im Vertriebsprozess eingesetzt.

Systemisches Vertriebsmodell
Aus der Erkenntnis, dass sich situativ die Anforderungen an Modelle stetig ändern und erweitern und sich aus unterschiedlichen Methoden neue zusammensetzen, drängt sich die Idee auf, die Modelle und Methoden als Bausteinkasten zu begreifen, aus dem man sich je nach Erfordernis bedienen kann. Jede Branche, jede Geschäftsmöglichkeit und jeder Kunde hat seine eigenen Gesetzmäßigkeiten und Anforderungen an das Geschick des Lieferanten, seine Organisation und an die damit im Vertrieb betrauten Mitarbeiter. Das systemische Modell sieht fünf Sichtweisen vor (vgl. Abb. 4.1), die jeweils unterschiedliche Skills und Erfahrungen beim Lieferanten beziehungsweise bei der Vertriebsorganisation erfordern.

- *Sichtweise 1 (Anbieter):* die Unternehmensperspektive mit Zielen und Strategie, die Marktperspektive mit Branche und Wettbewerb, die Vertriebsperspektive mit Team Skills und Regelkommunikation sowie die Leistungsperspektive mit Portfolio und Lösungen
- *Sichtweise 2 (Interaktion zwischen Lieferant und Kunde):* die Kommunikationsperspektive mit Fragemechanismen und Beratungswerkzeugen, die Persönlichkeitsper-

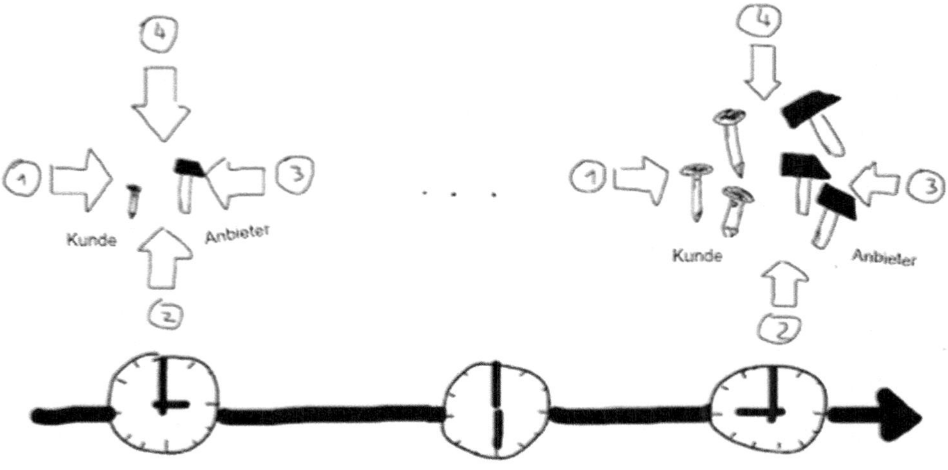

Abb. 4.1 360-Grad-Betrachtung von Buying- und Selling-Center. (Quelle: eigene Darstellung)

spektive mit Verhaltensweisen, interpersonellen Methoden und mentaler Einstellung sowie die Beziehungsperspektive mit sozialen, fachlichen und intellektuellen Kompetenzen

- *Sichtweise 3 (Kunde):* die Unternehmensperspektive mit Zielen und Strategie, die Marktperspektive mit Branchenspezifikation und Wettbewerbsverständnis, die Organisationsperspektive mit Prozessverständnis und Entscheidungsmechanismen sowie die Wirtschaftsperspektive mit Fragen zu Qualität, Effizienz und Effektivität und den daraus abgeleiteten Ergebnissen
- *Sichtweise 4 (Draufsicht auf Selling- und Buying-Seiten, Vogelperspektive):* das Zusammenspiel der Organisation intern beim Kunden (lösungs- und lieferantenbezogen), beim Lieferanten oder Anbieter (lösungs- und kundenbezogen), das Zusammenspiel der Organisationen in Bezug auf Rollen und Verantwortlichkeiten sowie der Einfluss von Partnern und Wettbewerbern
- *Sichtweise 5 (zeitlicher Aspekt):* An der Entwicklung von Sender und Empfänger werden die Beziehungen in den drei Phasen deutlich: Phase A von der Kundenselektion, inklusive Erstkontakt, zum Angebot, Phase B vom Angebot zum Gewinn oder Verlust des Projekts und Phase C von der Entscheidung bis nach der Inbetriebnahme in der Betreuung, die Anforderungen an die Methoden und damit Profile der Vertriebsmitarbeiter gegebenenfalls radikal ändern

Zu Beginn bedeutet das viel Vorbereitungs- und Planungsaufwand. Im Lauf der Zeit lernt die Organisation, sich auf die Vielfalt der Fragestellung einzustellen. Gepaart mit einer weitsichtigen und umsichtigen Führung steigert dieses Vorgehen die Erfolgsrate, reduziert den Vertriebsaufwand und fördert die Lernfähigkeit und Organisationskompetenz.

4.2.3 Vertriebsmethoden

In den folgenden Abschnitten werden die konkreten Ausprägungen von Vertriebsmethoden aufgeführt und zwar im Rahmen der Veröffentlichungen der „Erfinder". Sie sollen so nachvollziehen können, welche Berechtigung und welchen Nutzen das jeweilige Vorgehen hat.

Strategic Selling

Mit dem Strategic Selling haben Robert Miller von Kepner-Tregoe-Consulting und Stephen Heiman, ein ehemaliger IBM-Manager, einen Meilenstein in der strategischen Account-Bearbeitung gesetzt. Das System ist zur Ansprache der Topentscheiderebene gedacht: Der Kunde kauft nur, wenn man ihm den Mehrwert klar darstellen kann. Basis ist die Philosophie des Account Managements mit Buying und Selling Center. Das genaue Verständnis dieser zwei Zentren ist die Voraussetzung, um Zugang zu den Entscheidern zu bekommen und Kenntnis aller Schlüsselpersonen im Kaufprozess zu gewinnen.

Es wird ein festgelegter Planungsprozess eingesetzt, um die Schwachstellen im Entscheidungsverlauf zu identifizieren. Dazu dient als Ansatz der Verkaufstrichter. Im ersten Schritt werden alle Informationen über den Kunden gesammelt, im zweiten Schritt werden die Defizite bei Produkten und Anbietern gesucht. Die Kenntnis des Buying Centers, in dem der Vertriebsmitarbeiter die Kundenperspektive einnimmt, hilft, in diesen Prozess einzudringen. Ziel ist es, einen Plan zu entwickeln, wie der Kunde dauerhaft gewonnen wird.

Consultative Selling

Consultative Selling wurde von Mack Hanan (2011) begründet und später von dem Verhaltensforscher Neil Rackham (1988) weiterentwickelt. Grundlage dafür war eine umfassende Studie der Vertriebs- und Marketingspezialisten von Huthwaite, für die Zehntausende von Verkaufsgesprächen ausgewertet wurden. Mit Fragetechniken aus der Beratung war es möglich, Kundenthemen von immer höherer Komplexität und damit größerem Volumen zu untersuchen. Das ursprüngliche SPIP (Situation, Problem, Implikation, Payoff) wurde der besseren Vermarktbarkeit wegen in SPIN (Situation, Problem, Implikation, Nutzen) (vgl. Tab. 4.1) umgetauft.

Tab. 4.1 SPIN-Logik. (Quelle: nach Rackham und de Vincentis 1999)

		Probleme	Implikationen	Nutzen
Situationsfragen	Eröffnung (offene Fragen)	Öffnende Fragen zu Problem und Situation	Öffnende Fragen zu Wirkung und Implikation	Öffnende Fragen zum Nutzen
Problemfragen Implikationsfragen	Eingrenzung (je nach vorliegender Antwort)	Eingrenzende Fragen zu Situation und Problem	Eingrenzende Fragen zur Wirkung	Eingrenzende Fragen zum Nutzen
Nutzenfragen	Absichern (geschlossene Fragen)	Absichernde Fragen	Absichernde Fragen	Absichernde Fragen

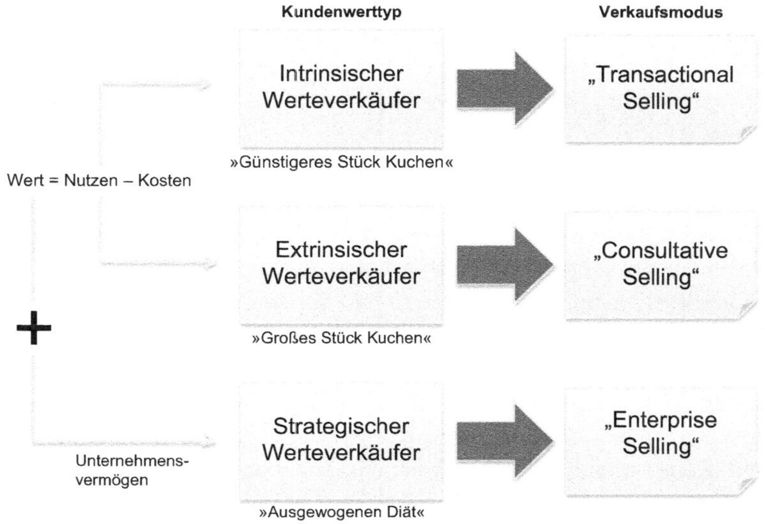

Abb. 4.2 Kundentypen und Vertriebsmethoden. (Quelle: frei nach Rackham und De Vincentis 1999, S. 24)

Der regelhafte Einsatz von unterschiedlichen Fragetypen und -techniken ermöglicht es, die Problemstellungen des Kunden aus verschiedenen Blickwinkeln genau zu beleuchten sowie die Auswirkungen dieser Situationen auf sein Geschäft zu verstehen. Mit situationsspezifischen Fragen führt man den Kunden in seine Problematik ein, die man dann mit Problemfragen vor seinem inneren Auge visualisiert und konkretisiert. Der Veränderungsprozess wird mit den Implikationen daraus eingeläutet, die Nützlichkeitsfragen führen zu den vom Kunden geäußerten Wertvorstellungen und zur Lösung, die explizit das Angebot bestimmt.

In späteren Veröffentlichungen stellt Rackham (1999) unterschiedliche Vertriebsstrategien den Wertetypen der Kunden gegenüber (s. Abb. 4.2). Der transaktionale Vertrieb liefert demnach einen Wertebeitrag durch Kosten- oder Risikoreduktion sowie die Entwicklung von Services. Mit dem beratenden Ansatz deckt der Vertriebsmann Probleme oder ungelöste Themen auf, entwickelt mit dem Kunden Lösungsszenarien und agiert als Anwalt des Kunden. In der Unternehmensverkaufsstrategie kauft der Kunde die umfängliche Fähigkeit des Anbieters, Mehrwerte für seinen Geschäftsablauf zu generieren. Als Beispiel ergibt sich eine Unternehmensbeziehung der Forschungs- und Entwicklungsabteilungen von Kunde und Anbieter, um Lösungen und gegebenenfalls neue Produkte oder Dienstleistungen zu entwickeln (Rackham und de Vincentis 1999). Der Einsatz dieser Methode hilft auch, Einwände abzubauen oder gar nicht aufkommen zu lassen.

Power Base Selling

Jim Holden (Holden 1999, 2002; Holden und Kubacki 2012) konzentriert sich bei der Weiterentwicklung des strategischen Verkaufs auf die von ihm auch Fox Selling genannte Methode. Schwerpunkt ist für ihn das Konzept des „Kundenfuchses", der mit hohem

Wettbewerbsverständnis Schlüsselkunden absichert und wettbewerbsfähige Angebote macht. Im Mittelpunkt steht das Ziel, die richtige Wettbewerbsstrategie zu finden. Der Fuchs ist Synonym für flexibles, intelligentes und teils verstecktes Agieren hinter den Kulissen beim Kunden.

Der Vertriebsmitarbeiter zeichnet sich nicht durch formale Macht, sondern praktischen Einfluss auf den Verkaufsprozess aus und damit faktische Autorität. Sein Gespür, sprich seine „Nase", hilft ihm, die wesentlichen Themen beim Kunden zu identifizieren, um sich in den Kunden hineinzuversetzen. Er entwickelt so eine Power Base mit vielen informellen Kontakten und Beziehungen, Unterstützern und Verbündeten. Damit konzentriert er sich auf die Politik des Kunden und bietet unterschiedliche Konzepte (Strategien und Kommunikationsformen) an, um mit Werteargumenten in das Kundennetzwerk einzudringen. Es werden soziale Netzwerke propagiert. Vor dem Hintergrund von immer transparenteren Kundenorganisationen werden die zentralen Fragestellungen zur Opportunity-Wahrscheinlichkeit und -Reife behandelt (Lösungskompatibilität, finanzielle Lage, Budget, Kaufmotive, Kundenkompetenz, zeitlicher Planungsrahmen und Potenzial für Folgegeschäfte).

Target Account Selling

Zu Beginn der neunziger Jahre schält sich der Trend der Commodity am Technologiemarkt heraus. Mit Amazon, Ebay und anderen Portalen wird es für Verkäufer immer schwieriger, sich zu behaupten. Beim Target Account Selling geht es nicht nur darum zu erfahren, wie professionell die Vertriebsmitarbeiter bei Entscheidern interagieren, sondern vornehmlich, wie sie langfristige vertrauensbasierte Kundenbindungen auf C-Level (Vorstandsebene) schaffen (s. Abb. 4.3). Die Bezeichnung C-Level, auch C-Suite genannt, beschreibt hochrangige Führungstitel innerhalb einer Organisation. C steht in diesem Zusammenhang für Chief. Das sind z. B. neben der oft höchsten Instanz, dem Präsidenten einer Firma, dem Vorstandsvorsitzenden, dem CEO (Chief Executive Officer), der CCO (Chief Compliance Officer), CIO (Chief Information Officer), CTO (Chief Technology Officer) und der CFO (Chief Financial Officer). Manager, die C -Level-Positionen innehaben, sind in der Regel die mächtigsten und einflussreichsten Mitglieder einer Organisation; Im Vergleich mit den Fähigkeiten anderer Organisationspositionen, die oft funktioneller und technischer Art sind, müssen C-Level-Führungskräfte vornehmlich Führungsqualitäten und Geschäftskompetenz sowie Teambuildingfähigkeiten besitzen. Weniger fachliches und technisches

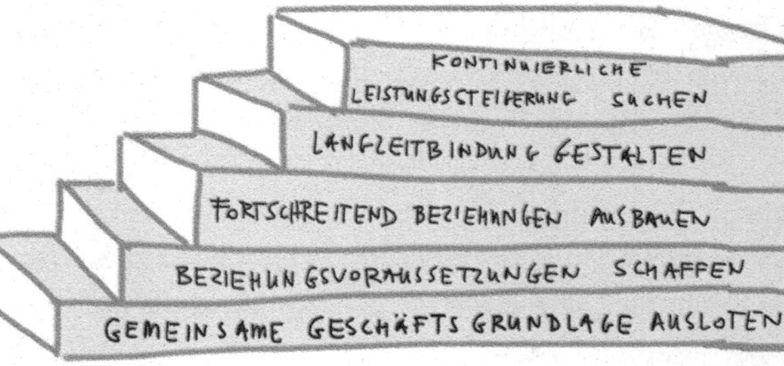

Abb. 4.3 Schritte zur Schaffung von Kundenloyalität. (Quelle: nach Read und Bistritz 2010, S. 146)

Know-how. Read und Bistritz (2010) beschreiben die Entscheidungstreiber dieser C-Suite, die Zugangsmöglichkeiten und Barrieren und welcher Weg im Zusammenspiel mit den Instanzen beim Kunden gewählt werden sollte. Weitere Details zur Entwicklung finden Sie in *Selling to C-Suite* (Read und Bistritz 2010). Target Account Selling ist für die vertriebliche Betreuung von Großkunden gedacht. Ziel ist, den gesamten Vertriebsprozess zu vereinfachen und die Vertriebszyklen rentabel zu gestalten. Dazu wird das eigene Angebot auf Stärken und Schwächen abgeklopft.

Der dem Strategic Selling folgende, sehr strukturierte Ablauf beginnt mit der Analyse der Geschäftsmöglichkeiten, um objektiv die Position zu erkennen gegenüber den Wettbewerbern mit Geschäfts- und Wettbewerbsinformationen und zu entscheiden, ob Vertriebsaktivitäten fortgeführt werden oder nicht. Anschließend wird eine Wettbewerbsstrategie erstellt, die das weitere Vorgehen bezüglich des Kunden beschreibt. Dazu gehört die Identifikation der Schlüsselspieler, deren Rolle und Status den Kaufprozess direkt oder indirekt beeinflusst. Es folgen strategische und taktische Festlegungen, wie die Beziehungen zu den einflussreichsten Personen beim Kunden aufgebaut und gepflegt werden. Es werden die informellen und formellen Kriterien bei der Bewertung, wie auch das Werteverständnis des Kunden bezüglich des Angebots überprüft und die Anbieter interner Ressourcen dementsprechend allokiert. Der daraus entstehende Plan wird laufend überprüft und den Veränderungen angepasst. Der Account-Plan stellt das Cockpit im Verkaufsprozess dar.

Der Start der Wahrscheinlichkeitsbetrachtung beginnt beim Prospekt. In den Prozentstufen eruieren Sie, wie groß die Zeitlücke zwischen dem Start des Kundenprojekts und ihrem Sales-Zyklus ist (s. Tab. 4.2).

Tab. 4.2 Checkliste nach Target-Account-Selling. (Quelle: eigene Darstellung)

vertrieblicher Startpunkt	**Solution Fit**	**Preisakzeptanz**	**Erfüllen der formalen Kriterien**	**Anforderungen an die Ressourcen**	**Zwingendes Ereignis**	**Positive Unterschiede zum Wettbewerb**	**Einzigartiger Geschäftsnutzen**	**Informelle Entscheidungskriterien**	**Champion beim Kunden**	**Unterstützung durch inneren Zirkel beim Kunden**	**Summe**
	2 Punkte = +, 1 Punkt = ?, 0 Punkte = nein										
100 % Suspect/Prospect											
75 % Lead/Kontakt											
60 % Opportunity											
50 % Sales/Projekt											

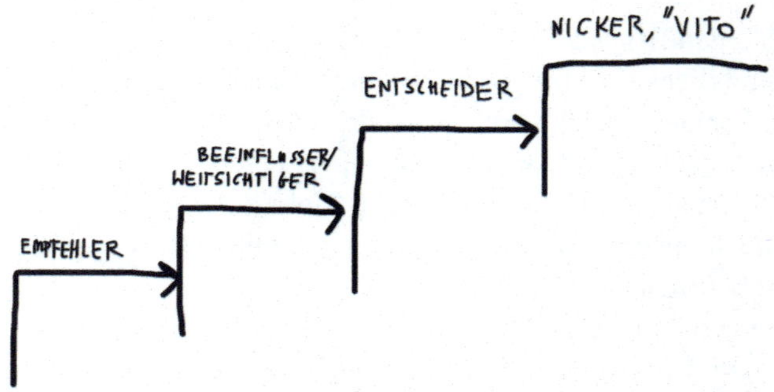

Abb. 4.4 Einfluss und Autoritätsstufen im Kundennetzwerk. (Quelle: frei nach Parinello 2010)

VITO Selling
Tony Parinello (2010) propagiert den Einsatz von Taktiken, um Termine mit scheinbar unerreichbaren Topentscheidern zu bekommen. Er beschreibt den tatsächlichen Verlauf von Entscheidungsprozessen bei Kunden und die Gefahr, sich auf die falschen Entscheidungsträger zu verlassen, die er „See moores" (ich möchte noch mehr sehen) nennt. Die Ausrichtung auf den Schlüsselmitarbeiter im Kundenunternehmen, der Vetorecht genießt, soll helfen, den Gewinn von Projekten abzusichern. Mit dem VITO, dem „Very Important Top Officer", wird das Strategic-Selling-Konzept von Robert Miller und Stephen Heiman (1997) weiterentwickelt (s. Abb. 4.4). Diese Methode findet in Abschwächung in unterschiedlichen Trainingsansätzen als „Selling to CxO" Anwendung.

Solution Selling
Michael T. Bosworth (1995) beschreibt die Methode, um Prospects effektiver zu entwickeln, mit dem Einsatz seines Visionsprozesses „Pain, Vision, Solution". Der Vertriebsmitarbeiter gestaltet in einer neunteiligen Matrix (vgl. Tab. 4.3) den Prozess und vermittelt strategische Nähe und Vertrauen. In der Weiterentwicklung des Konzepts wird der Vertriebsmitarbeiter zum unterstützenden Berater. Es werden unterschiedliche Nutzenbotschaften an die jeweiligen Mitglieder der Kundenorganisation entwickelt.

Nach Michael T. Bosworth (1995) verändern sich im Vertriebszyklus die Aspekte Anforderungen, Nachweis und Lösung sowie Preis und Risiken in ihrer Wichtigkeit (vgl. Abb. 4.5). Während in der ersten Phase des professionellen Dialogs die Anforderungen fokussiert und ihre Dringlichkeit erhöht werden, wächst zeitversetzt der Wunsch nach der Nachweisbarkeit der Lösungstauglichkeit. Nach diesem Spannungsbogen überwiegen häufig Überlegungen und Fragen zu den Risiken. Je länger die dritte Phase ohne Abschluss dauert, desto höher steigt der Druck (Risiken plus Preis). Aus der Übersicht ergibt sich folgende Lehre und Konsequenz: Der ehemalige Techniker und jetzige Vertriebsmann, der sich zu lange mit den Anforderungen beschäftigt (sein Standbein?) „fällt" in die Rechtfertigungsfalle, da er noch ergründet, während der Kunde bereits auf dem Höhepunkt seiner Risikoüberlegungen angekommen ist. Das Angebot kommt dann zum Ende der zweiten Phase, wenn beim Kunden die kommerziellen Aspekte in den Vordergrund

Tab. 4.3 9-Block-Visionsprozessmodell. (Quelle: nach Bosworth 1995, S. 71)

Phasen

Interaktion	Diagnose begründen	Auswirkungen erkennen	Möglichkeiten evaluieren
Gespräch eröffnen	Wie machen Sie das heute?	Wer außer ihnen …?	Wie sehen Sie sich selbst in der Rolle?
Thema fokussieren	Heute …?	Verursacht dies…?	Suchen Sie auch nach einem Weg?
Ergebnis absichern	Die Lösung ist also …	Wie ich gerade verstanden habe, …	Wenn ich das richtig verstanden habe, kann ich das Problem lösen?

Vision

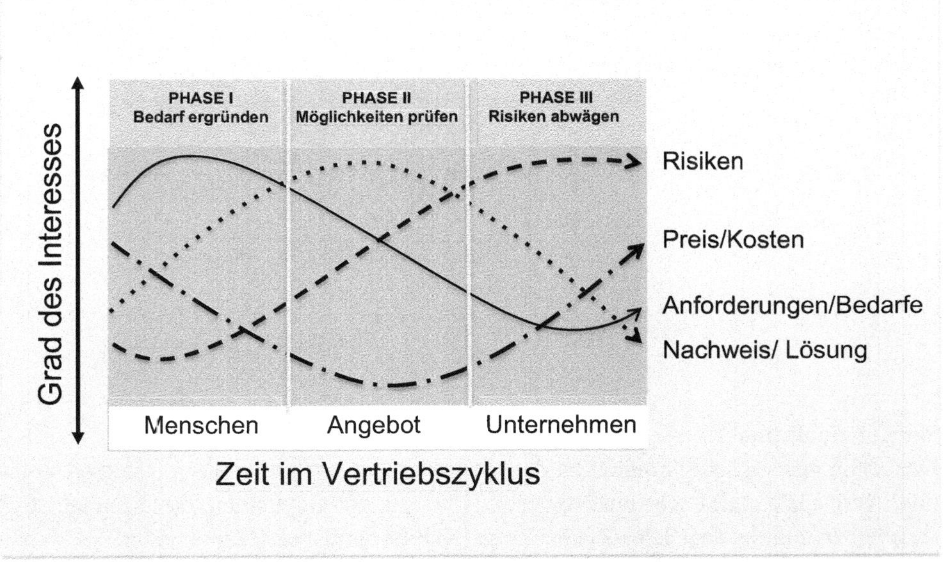

Abb. 4.5 Betroffenheit: Thema und Grad. (Quelle: frei nach Bosworth et al. 2010, S. 13)

rücken. Mit einer zu kurzen Anforderungsphase beim transaktionalen Verkäufer „verhungert“ das Angebot, weil zu wenig „Futter“ für den Nachweis geliefert werden kann: ohne Anforderung kein Nachweis.

Der Vertriebsbeauftragte sollte in der Abschwungsphase des Anforderungsbedürfnisses die maximal plausiblen Preiskonditionen verankern und sich auf die Einwandbehandlung der Risiken vorbereiten und gegebenenfalls das Gespräch dazu, falls sinnvoll oder erforderlich, einleiten. Er kann so leichter die Gesprächsentwicklung dazu beeinflussen beziehungsweise steuern.

Trusted Advisor

Bei David Maisters (2000) Ansatz einer beratenden Beziehungsentwicklung (Trusted Advisor) liegt der Schwerpunkt auf dem Beziehungsmanagement vornehmlich zur Leitungsebene des Kunden. Es kommen unterschiedliche Techniken zur Vertrauensbildung und Anerkennung der intellektuellen und konzeptionellen Leistungsfähigkeit des Vertriebsmitarbeiters zum Einsatz (vgl. Abb. 4.6). Es wird eine Struktur als Vorgehensweise in fünf Schritten vorgeschlagen: „engage, listen, frame, envison, commit“ (s. Kap. 6.2.3).

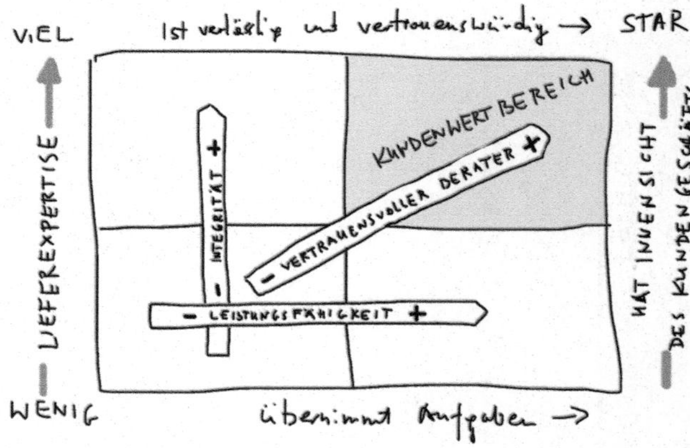

Abb. 4.6 Bereiche der Glaubwürdigkeit, Eintritt in den Wertebereich des Kunden. (Quelle: nach Shoth und Sobel 2000, S. 36)

Sales-Automation

Keith Thompson (2005) arbeitet an der Effizienz der Vertriebsarbeit mit Sales-Automation. Kernstück seines sehr umfänglichen Konzepts zur Gewinnung des Kunden ist die Gegenüberstellung des Sales-Zyklus beim Kunden und beim Lieferanten. Es werden verschiedene Fertigkeiten vorgeschlagen für die Prove- und die Close-Phase. Wichtiges Werkzeug ist die Probability-Matrix, in der die Wahrscheinlichkeit des Projekts und die Gewinnchancen gegenübergestellt werden (vgl. Tab. 4.4). Aus den unterschiedlichen Phasen können die Vertriebsmitarbeiter ableiten, ob und was die nächsten probaten Schritte im konkreten Sales-Zyklus sind und die nötige Skills-Phase.

Wenn Sie im Gespräch zu konkreten Opportunities die zeitliche Entwicklung des Projektzyklus des Kunden und des Vertriebszyklus gegenüberstellen (s. Abb. 4.7), hat das

Tab. 4.4 Opportunity-Evaluation-Matrix: Prioritätenwürfel. (Quelle: nach Thompson 2005, S. 172)

Wird das Projekt gewonnen?	Hoch	probe: Prio 3 prove: Prio 3 close : Prio 3	probe: Prio 2 prove: Prio 2 close : Prio 2	probe: Prio 2 prove: Prio 2 close : Prio 1
	Mittel	probe: Prio 2 prove: Prio 3 close : Prio 3	probe: Prio 2 prove: Prio 2 close : Prio 1	probe: Prio 1 prove: Prio 1 close : Prio 1
	Niedrig	probe: Prio 2 prove: Prio 3 close : leave it	probe: Prio 2 prove: Prio 2 close : leave it	probe: Prio 1 prove: breakthrough needed close: breakthrough needed
		Niedrig	**Mittel**	**Hoch**
		Wird das Projekt stattfinden?		

in aller Regel einen heilsamen didaktischen Effekt: Es hilft, sowohl die Gewinnwahrscheinlichkeit realistischer einzuschätzen als auch das Prospecting-Verhalten der Vertriebsperson generell anzuregen. Je mehr Zeit zwischen den Überlegungen des Kunden (Beginn des Kunden-Vertriebszyklus) zu einem Projekt und Ihrer Beteiligung (Anbieter-Vertriebszyklus) vergeht, desto teurer wird für den Anbieter das Projekt: mehr Leistung, höhere Qualität beziehungsweise deren Nachweis und Preis. Das heißt, wer als Anbieter das Projekt „entdeckt", den „latenten Schmerz" sichtbar macht, mit dem Kunden den Vertriebszyklus sozusagen aus der Taufe hebt, hat große Chancen, viele seiner Konditionen und Vorstellungen unterzubringen. Der Preis ist dann sekundär, weil Sie als „Partner" gemeinsam mit dem Kunden die Anforderungen und Lösungen „erkunden". Aus diesem Grund sind Ausschreibungen immer wirtschaftlich problematisch, da der Kunde bereits sehr klare Vorstellungen hat, die zum Teil auch falsche Annahmen enthalten und Sie dies, um im Rennen zu bleiben, mit Zeit und Ressourceneinsatz kompensieren müssen.

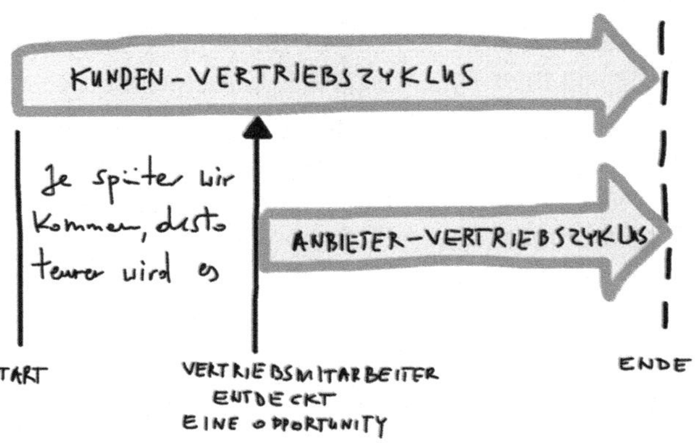

Abb. 4.7 Zeitverlust minimieren. (Quelle: Thompson 2005, S. 163)

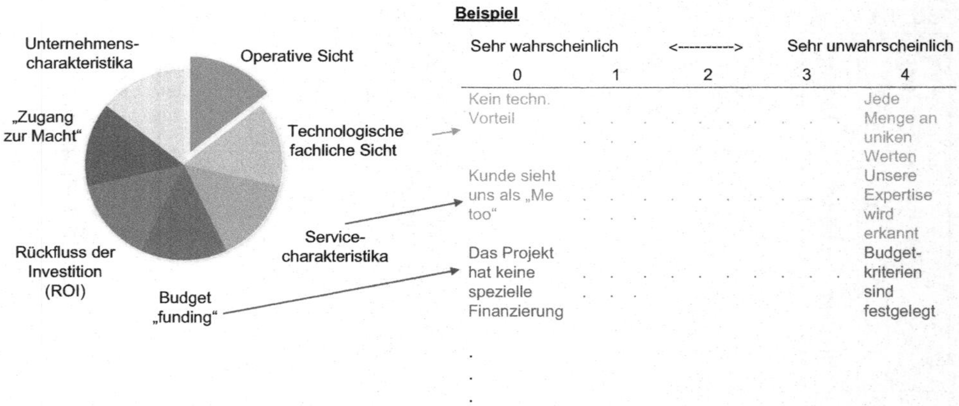

Abb. 4.8 Kundenauswahl. (Quelle: nach Koser und Koser 2009, S. 27, 67)

Selling to Zebras

Die Berater und Autoren Jeff und Chad Koser (2009) konzentrieren sich auf den Selektionsprozess und damit auf die vertriebliche Ressourceneffizienz. Im Vordergrund steht der Einsatz einer Planungsmethode für die Opportunity-Erzeugung. Die Grundidee ist, über eine Kurzanalyse der zu akquirierenden Kunden die Auswahl qualitativ zu verbessern und dadurch die Trefferquote deutlich zu erhöhen. Die Priorisierung findet nach sieben Kriterien, Business- und Projektcharakteristiken, statt (s. Abb. 4.8). Voraussetzung ist der Einsatz eines CRM-Systems, das die Selektion automatisiert.

Die sieben Kriterien (Unternehmenscharakteristiken, Zugang zur „Macht“, Wahrscheinlichkeit und Höhe des erwartbaren Ergebnisses, Zugang zu den Budgets, Servicecharakteristika, technisch-fachliche Aspekte und Umsetzungskriterien) konsequent angewendet, erhöhen die vertriebliche Effizienz erheblich: Sie beschäftigen sich erstens nur mit wirklich aussichtsträchtigen Prospekts oder Leads, und Sie haben zweitens bereits durch die Analyse ein tragfähiges Fundament für die Entwicklung der Opportunity.

Challenger Sales

Bei diesem Konzept geht es um die Kundenakzeptanz in komplexen Projekten. Matthew Dixon und Brent Adamson (2011) konzentrieren sich auf ein bestimmtes Profil eines Vertriebsmitarbeiters mit Fokus auf komplexe Anforderungen und Projekte (vgl. Abb. 4.9). Schwerpunkt ist die Dialogführung über Bedarfe und Ziele. Es werden Kreativität und Führungsstärke des Vertriebsmitarbeiters eingesetzt beim Entwickeln von Lösungsszenarien und Erkennen von Nutzenpotenzialen. Die Methode geht davon aus, dass der Anbieter dem Kunden signifikante Vorschläge zu seinem Geschäft macht. Der Vertriebsmitarbeiter beeinflusst den Beeinflusser – eine Methode, die in der Fachwelt umstritten ist.

Sales-Chaos

Die Coaches und Berater Tim Ohai und Brian Lambert (2011) richten ihr Vertriebsmodell als agilen Verkauf an der Chaostheorie aus und definieren den Vertriebsablauf dement-

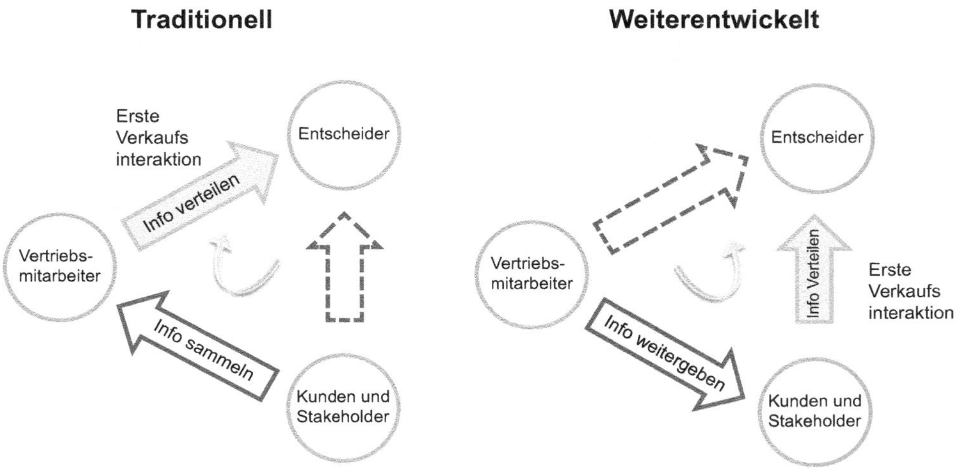

Abb. 4.9 Challenger-Modell: Beeinflussung der Beeinflusser. (Quelle: nach Dixon und Adamson 2011)

sprechend neu. Die Methode ermöglicht, vorhersehbare und wiederholbare Verkaufsmuster zu erkennen und mögliche Varianten neu zu entwickeln.

Emotional Connection

Michael T. Bosworth und Ben Zoldan folgen der aktuellen Beratungs- und Trainingsströmung des Storytellings für den Beziehungsaufbau. Bosworth entschuldigt sich im Vorwort zu seinem Buch *What Great Salespeople Do* (2012) dafür, erst jetzt auf die Idee gekommen zu sein, dass nachhaltiges Lernen nicht, wie früher angenommen, über die Logik, sondern den Aufbau einer Beziehung stattfindet. Der Vertriebsmitarbeiter nutzt demnach die Anziehungskraft von Geschichten. Das Storyboard hilft dem Vertriebsmitarbeiter, den Kunden gedanklich durch den Veränderungsprozess in vier Phasen (Setting, Compilation, Turningpoint, Resolution) zu einer Lösung zu führen. Basis sind immer konkrete Szenarien aus dem eigenen Geschäft.

Seat-at-the-Table-Strategie

Marc Miller (2010) propagiert die Adaption der Kundenstrategie. Kernstück ist die Verbindung des Eisenhower-Prinzips, der Matrix der dringlichen und wichtigen Dinge (s. Kap. 2.2), mit der Blue-Ocean-Strategie. Bei der Blue-Ocean-Strategie handelt es sich um eine Vorgehensweise zur Entwicklung eines profitablen Geschäftsmodelles von W. Chan Kim und René Mauborgne (2011). Der blaue Ozean steht als Metapher für innovative neue Märkte, die man durch differenzierende und relevante Nutzen entwickelt, im Gegensatz zum roten Ozean als Sinnbild für gesättigte Märkte, also der breiten Masse mit hohem Wettbewerb und wirtschaftlichen Kannibalisierungseffekten. Der Vertriebsmitarbeiter kommuniziert auf Basis der Kundenstrategie und nutzt die „strategische Matrix" mit unterschiedlichen Lösungshebeln von der Innovation bis zum Outsourcing (vgl.

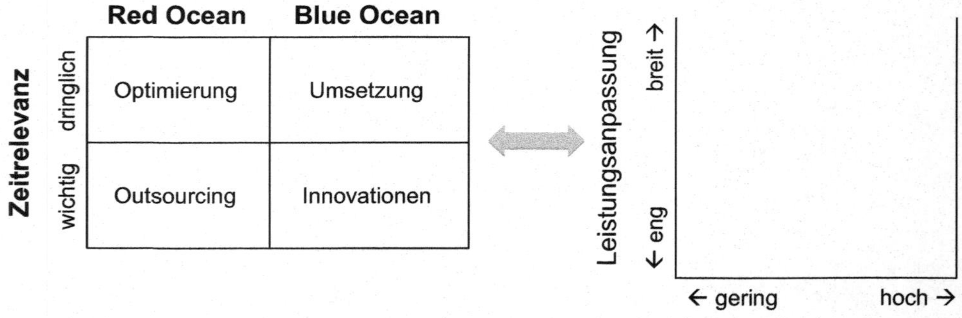

Abb. 4.10 Entscheidungsmatrix Master-Strategic-Plan. (Quelle: nach Miller 2010)

Abb. 4.10). Diese Matrix ist Teil eines Gesamtkonzepts, mit dem Sie sich an den Kunden wie ein Klettverschluss strategisch durch die Fragetechnik FOCAS anbinden, wofür eine Auswahl an Fragen vorbereitet wird. Die FOCAS-Logik beinhaltet:

- *Fakten:* Sammeln von Daten und Fakten zur Ist-Situation
- *Orientierung:* Ziele in den vier Ausprägungen als generelle Ziele, strategische Ziele, Bereichsziele und persönliche Ziele
- *Bedenken („Concerns"):* Erarbeiten der Unzufriedenheitslücke zwischen Ist und Soll mit den konkreten Schwierigkeiten und Problemstellungen
- *Anker:* Klären der Ernsthaftigkeit der Aussagen
- *Lösungen („Solutions"):* Mit Coaching zu Lösungsszenarien bis zum Telling von konzeptionellen Vorschlägen

Miller erwartet eine flexible Vertriebsarbeit in den vier Dimensionen der eigenen Positionierung, der Dauer der Gespräche, der strategischen Ausrichtung und dem Motivationstyp des Kunden.

Weitere Methoden

Neben den oben genannten vertrieblichen Vorgehensweisen sind noch kurz folgende von Kevin Davis, David Sandler und Mahan Khalsa zu erwähnen: Davis wegen der interessanten Metaphorik, Sandler wegen seiner Verbreitung im amerikanischen Markt und Khalsa wegen des Akronyms aus mnemotechnischen Gründen und des Aufbaus in Form von Trichtern.

Kevin Davis unterteilt in seinem Buch *Getting into Your Xustomer's Head* (1996) den Vertriebszyklus in vier Hauptphasen mit jeweils zwei Verkaufsrollen, die spezifische Aufgaben erfüllen. Die Beziehung zum Kunden ist langfristig angelegt, die Interaktion ist durch den kreisförmigen Aufbau dargestellt (vgl. Abb. 4.11).

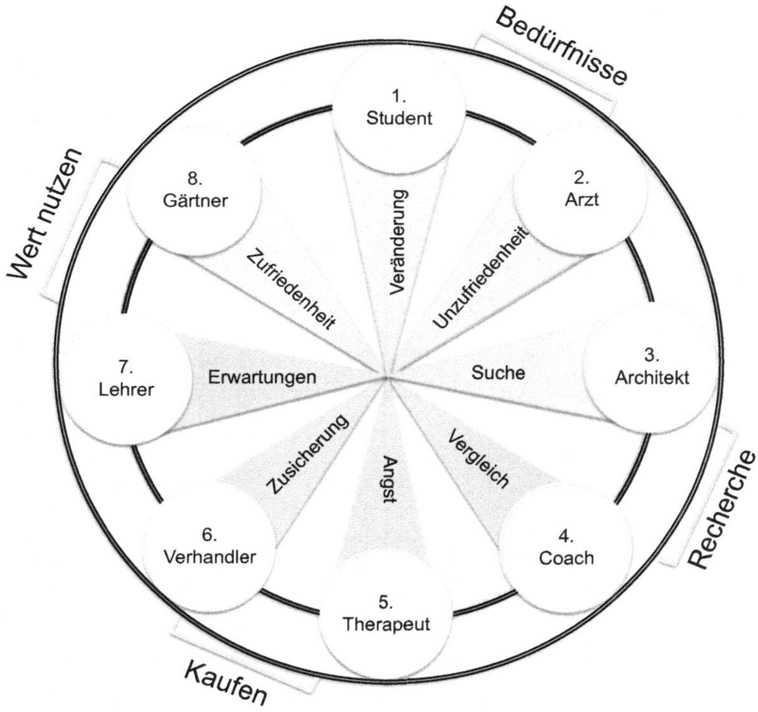

Abb. 4.11 Vertriebsprozess in Metaphern: Verkaufsrollen und ihre spezifischen Aufgaben. (Quelle: nach Davis 1996)

1. *Student:* Erkenne die Veränderung!
2. *Arzt:* Diagnostiziere die Unzufriedenheit!
3. *Architekt:* Zeichne eine einzigartige Lösung!
4. *Coach:* Vergleiche dein Angebot!
5. *Therapeut:* Beschreibe die Sorgen!
6. *Verhandler:* Diskutiere eine Vereinbarung!
7. *Lehrer:* Identifiziere die Erwartungen!
8. *Gärtner:* Pflege die Zufriedenheit!

David Sandlers Selling-System (1995) erfreut sich vornehmlich in den USA großer Beliebtheit. Sein Submarine-Modell ist ein Phasenmodell mit vielen zum Teil neuartigen Teilmethoden, wobei die integrierte Finanzierung im Methodenmarkt als revolutionär betrachtet wird (s. Abb. 4.12).

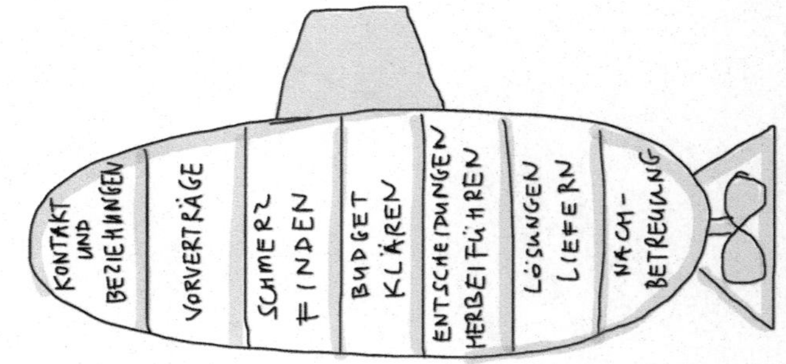

Abb. 4.12 Selling-System. (Quelle: Jan Myskowsky nach Sandler 1995)

Mahan Khalsa und Illig (2008) beschreibt mit dem Apronym ORDER (Opportunity, Resources, Decision Process, Exact Solution, Relationship) ein Fünf-Phasen-Modell (s. Abb. 4.13).

4.2.4 Opportunity Check

Definition und Ziel

Alles ist vorbereitet: das Leitbild, die Ausrichtung auf den Markt, alle möglichen Methoden um die Planung und Umsetzung von Geschäftsmöglichkeiten zu realisieren. Und nun die Bewährungsprobe: Ein Bestandskunde hat eine Anfrage gestellt, es entsteht eine Geschäftsmöglichkeit. Die erste Frage bei der Überprüfung der Wahrscheinlichkeit der Geschäftsmöglichkeit (Opportunity) beweist, ob Ihr Vertriebsmitarbeiter alle Vorarbeiten zum Verkauf gemacht hat. Es geht um die Passgenauigkeit von Problemstellung und Lösung.

Vorgehen

Verstehen Sie die Schlüsselthemen und Ziele des Kunden in diesem Projekt? Mit dieser Frage wird grundsätzlich geklärt, ob Sie ein Angebot machen können und ob dieser Kun-

Abb. 4.13 ORDER-Modell. (Quelle: nach Khalsa und Illig 2008)

Tab. 4.5 Beispiel für das Modell eines Opportunity Checks. (Quelle: eigene Darstellung)

	Intern	Extern
Inhaltliche Perspektive (A–D)	Ist die Lösungseignung qualitativ abgesichert mit eigenen oder fremden Kapazitäten? ☐ Ja ☐ Teils ☐ Nein Ist die Lösungseignung quantitativ abgesichert mit eigenen oder fremden Kapazitäten? ☐ Ja ☐ ZumTei ☐ Nein Gibt es interne Wettbewerber? ☐ Ja ☐ Unklar ☐ Nein	Wie ist die eigene Position im Wettbewerb? ☐ Stark ☐ Gleich ☐ Schwach Ist die Aufgabenstellung verankert/akzeptiert? ☐ Absolut ☐ Weiss ☐ Nein nicht Ist die Aufgabenstellung klar? ☐ Ja ☐ Teils ☐ Nein Wie ist das zwingende Ereignis? ☐ elementar ☐ Hat mittlere Bedeutung ☐ wenig Auswirkung
Wirtschaft-liche Perspektive (B–E)	Wie ist das Umsatzpotenzial? ☐ Hoch ☐ Niedrig Wie ist das Ergebnispotenzial? ☐ Hoch ☐ Niedrig Wie sind die Vertriebskosten? ☐ Hoch ☐ Niedrig Gibt es strategisches Potenzial? ☐ Ja ☐ Nein	Gibt es Zugang zu den Budgets? ☐ Ja ☐ Nein Wie ist die Position zum Wettbewerb, zum Beispiel beim Preis? ☐ Stark ☐ Gleich ☐ Schwach Wie ist die Finanzausstattung des Kunden? ☐ Stark ☐ Schwach Ist der wirtschaftliche Nutzen transparent? ☐ Ja ☐ Nein
Soziale Perspektive (C–F)	Gibt es Befürworter des Vorhabens aus der Facheinheit? ☐ Viele ☐ Einige ☐ Keine Gibt es Support vom Topmanagement? ☐ Viel ☐ wenig ☐ keinen Wie ist die Vernetzung mit Kunden? ☐ Stark ☐ Schwach Gibt es interne Widerstände? ☐ Ja ☐ Nein	Wie ist die interne Unterstützung? ☐ intesiv ☐ gering ☐ keine vorhanden Wie ist die Glaubwürdigkeit des Anbieters? ☐ Stark ☐ Schwach Wie ist die Position zum Wettbewerb? ☐ Stark ☐ Schwach Gibt es interne Widerstände? ☐ Ja ☐ Nein
Prozess perspektive (G–H)	Gibt es Risiken? ☐ Ja ☐ Nein Sind die Risiken geklärt? ☐ Ja ☐ Nein	Hat der Kunde ein eigenes Projekt aufgesetzt? ☐ Ja ☐ Nein Ist der Kunde in den Vertriebsprozess eingebunden? ☐ Ja ☐ Nein

de zu Recht in Ihrem Vertriebstrichter war oder nicht (vgl. Tab. 4.5). Sie haben mit Ihrer Lösung eine hohe Passgenauigkeit beim Kunden erreicht, wenn Sie die folgenden beiden Fragen zufriedenstellend beantworten können:

1. Ist das Problem wirklich etwas, das der Kunden definitiv gelöst haben will („Must-have“)? Wer hat das Problem? Ist die Aussage des „Probleminhabers“ fachlich wie geschäftlich relevant? Ist er kompetent genug, unsere Lösung inhaltlich zu beurteilen? (Zu den Begrifflichkeiten s. Maurya 2012)
2. Kann das Problem gelöst werden, können Sie es lösen („feasablility“)? Haben Sie genügend Details und einen Kriterienkatalog, um beurteilen zu können, ob Sie der Aufgabe gewachsen sind?

4.2.5 Wettbewerbsvorteile und Geschäftsnutzen

Definition
Theodore Levitt hat folgende Frage gestellt: „What business are you in?“ Tatsächlich ist das wohl eine der besten Fragen, die man sich im Geschäftsleben stellen kann. Aber tun Sie das tatsächlich? Da sich das Geschäft immer schneller weiterentwickelt und verändert, muss sich eine Vertriebsperson mit dieser Frage versichern, dass sie sich dem richtigen Weg befindet. Es ist im Vertrieb einfach zu glauben, man wüsste immer genau, welche Vorteile Kunden aus dem Kauf einer Leistung ziehen.

Aber die Antwort auf Levitts Frage geht viel weiter: Sie ist die „dritte Vision“. Wenn Kunden Sie oder Ihr Unternehmen als Experten benennen, ist diese „erste Vision“ das, was die Menschen mit Ihnen in Verbindung bringen. Wenn Sie nun glauben, dass Ihre Leistung bei Ihren Kunden einen ganz spezifischen Nutzen erzeugt, ist das die „zweite Vision“ – die Annahme also, dass Sie dabei helfen, dass Ihr Kunde mehr, schneller, aufwandsärmer, also effizienter und einfacher Geschäfte ent- und abwickelt.

Ganz gleich was Sie Ihrem Kunden anbieten, Sie müssen Ihre ganze vertriebliche Aufmerksamkeit der Überlegung schenken, wie Sie ihm dabei helfen können, seinen Markt und damit seine eigenen Kunden noch besser zu erreichen. Dann wissen Sie, in welchem Geschäft Sie und der Kunde unterwegs sind. Es geht dabei jedenfalls nicht um Präsentationen von Leistungsfähigkeit, um technische Daten oder um Preise (Hunter 2010).

Ihr Vertriebsteam verbringt (hoffentlich) viel Zeit bei den Kunden vor Ort und will am liebsten jede Geschäftsmöglichkeit gewinnen. Die Arbeit am Wettbewerbsvorteil und einzigartigen Geschäftsnutzen für Ihren Kunden und damit die Nähe zu ihm und seinem Business ist der Schlüssel zum Erfolg – sicher nicht der Nachlass beim Preis. Sie werden in vielen Fällen nicht wirklich eine konkrete Einzigartigkeit herausfinden, sondern sich gerade bei vergleichbaren Leistungen schwer damit tun, echte Wettbewerbsvorteile zu identifizieren. Und doch: Sie können eine Plattform schaffen, um abzusichern, dass Sie gewinnen!

Die unterschiedlichen Nutzenperspektiven (Grundnutzen, Beratungsnutzen, Versorgungsnutzen, Zusammenarbeitsnutzen et cetera) werden in jedem einzelnen Fall durch die Geschäftsentwicklung des Kunden bestimmt: Welche Initiativen er in Projekten startet, aufgrund zwingender Ereignisse, die er als kritische Faktoren für den Erfolg identifiziert hat, welche Vision er hat und welche Maßnahmen er für seine Ziele ergreift. Erweitern Sie also Levitts Frage nach Ihrem Geschäft: „Welche Dienstleistung erbringen Sie?“ Letztlich sind nämlich Ihre Beratung und das Managen der Gesprächstermine, der Kundenbetreuung, der Vertriebsmitarbeiter, der Consultants, der Techniker und Fachleute eine Dienstleistung, die Sie dem Kunden liefern.

Der Nutzen, den Sie und Ihre Kunden aus der Leistung ziehen, ergibt sich wie von selbst und in der Unmittelbarkeit dieses Servicegeschäfts weiß jeder Manager, dass alle seine Mitarbeiter genau dieser Idee folgen müssen. Ungefragt, selbstverständlich entstehen unterschiedlichste Nutzenszenarien, die umso klarer mit Ihnen als Anbieter in Zusammenhang gebracht werden, je selbstverständlicher Sie wissen und dem Kunden vermitteln können, in welchem Geschäft Sie tätig sind. Auf ein Minimum reduziert: Sie sind in dem Geschäft erfolgreich, in dem Sie dem Kunden mit Ihren Mitteln maximale Zufriedenheit dadurch liefern, dass Sie all seine Bedürfnisse bestmöglich befriedigen.

Problemstellung
Uwe von Terra Consult hat den Seniorchef einer Unternehmensgruppe kurz bei einer Konferenz kennengelernt. Der hat Uwes Visitenkarte an den neuen Vorstand weitergeben und Uwe per E-Mail gebeten, mit diesem Kontakt aufzunehmen. Ein Riesenfisch an der Angel! Uwe hat Robert Ganges gebeten, ihm dabei zu helfen, den richtigen Einstieg zu wählen. Er möchte eine E-Mail schreiben und auf den Erstkontakt verweisen, die Vorteile der Lösungen und Services von Terra Consult kurz erwähnen und eine Firmenpräsentation anfügen. Er hofft auf ein positives Feedback.

Ziel
Sie bekommen einen Termin vor Ort und können sich über den Bedarf des Kunden Klarheit verschaffen. Der Vorstand des kontaktierten Unternehmens findet Gefallen am Auftritt Ihres Mitarbeiters und Ihrer Firma. Weitere Gespräche werden folgen.

Beispiel
Robert Ganges lässt sich von Uwe den bisherigen Ablauf der Kontaktaufnahme schildern. Er empfiehlt Uwe, seine Vorgehensweise mit dem E-Mail-Kontakt zu überdenken. Roberts Argumentation: Nach dem direkten Kontakt mit dem Seniorchef würde eine schriftliche Kontaktaufnahme eher Distanz schaffen. Der „Schlüssel“, Kontakt zum Senior, hat keinen „Bart“: Uwes Beziehung zum Seniorchef kann der neue Vorstand gar nicht überblicken. Der „Dietrich“: Je selbstverständlicher er wie ein alter Freund des Hauses auftritt, desto wahrscheinlicher wird er eine Terminzusage bekommen. Was in Uwes Gespräch mit dem Seniorchef tatsächlich gesagt wurde und was er danach hineininterpretiert hat, kann keiner, selbst der Seniorchef nicht, mehr nachvollziehen.

Für den Erstkontakt ist die Leistung von Terra Consult völlig unerheblich. Wichtig ist nur, dass der Geschäftsführer annimmt, dass ein Termin für ihn hilfreich ist. Robert bittet Uwe deshalb herauszuarbeiten, in welchen Bereichen das Zielunternehmen augenblicklich Problemstellungen bearbeitet. Dann soll er zusammenfassen, was in dem Gespräch mit dem Seniorchef besprochen worden sein muss, um den jetzigen Geschäftsführer dafür zu interessieren. Drittens wäre es nützlich zu wissen, woher der jetzige Geschäftsführer stammt und als welchen Persönlichkeitstyp Uwe ihn einordnen würde. Anschließend wird Uwe als Gesprächsmunition fünf für den Kunden relevante Aufhänger vorbereiten („So habe ich Ihr Unternehmen verstanden …“) und über das Sekretariat um ein kurzes Telefonat bitten. Dieses Vorgehen komprimiert die Entwicklung von der ersten zur dritten Vision, also in welchem Business er sich befindet.

4.2.6 Fighting Guide

Der Fighting Guide ist ein Dokument, welches die eigenen Leistungen denen des Wettbewerbs gegenüberstellt. Es liefert technische und fachliche Argumente und Einwände des Kunden für die Gespräche sowie für die Aufbereitung des Angebots. Der Fighting Guide lässt sich laufend anpassen. Je mehr Feedback die Vertriebsmitarbeiter von Kunden und durch den Wettbewerb erhalten, desto besser und effektiver wird das Dokument. Es avanciert zum Handbuch für das Vertriebsteam.

4.2.7 Unternehmerische Handlungslogik

Definition
Im vertrieblichen Sinn ist Wert eine ökonomische Kategorie. Sie bildet die Grundlage für verschiedene Leistungen, die sich im wirtschaftlichen Verkehr durch den Preis ausdrückt. Daher sind Marktanteils- und Umsatzwachstum sowie Umsatz-, Gesamt- und Eigenkapitalrendite, (Des-)Investment in Anlagevermögen und Working Capital sowie Kapitalkosten und Risiken das wesentliche Vokabular des unternehmerischen Handelns auf Top-Ebene. Der angenommene Wert einer Leistung im Verhältnis zu anderen bleibt dabei aber abstrakt.

Problemstellung
Viele Vertriebsmitarbeiter der Fournier Système haben generell ein Problem, den Wert ihrer Leistungspalette zu erklären, ohne in vergleichbaren Argumentationsketten des Wettbewerbs zu enden.

Vorgehen
Helfen Sie Ihren Mitarbeitern beim Identifizieren der generellen Wertgeneratoren, um überzeugende Argumentationen zu entwickeln. Die folgenden Kriterien in Tab. 4.6 sind ein Ansatz und sollen in ihrer Unvollständigkeit zum gemeinsamen Weiterentwickeln anregen.

4.2.8 Referenzmanagement

Definition
Referenzen in Form von Empfehlungsschreiben sind im angelsächsischen Raum üblich und werden dort vornehmlich für eine Bewerbung um einen Arbeitsplatz eingesetzt. Diese

Tab. 4.6 Argumentationsketten. (Quelle: nach Müller-Steinfahrt 2006)

Gesellschaftlicher und markttechnischer Hintergrund	Identifikation möglicher Brennpunkte	Wertehebel
Konjunkturverschlechterung	Veränderung des Anbietermarkts durch Fusionen, Allianzen, Insolvenzen	Umsatz, Ertrag
	Programme zur Kostenreduzierung	Produktivität
	Programme zur Produktivitätssteigerung	Kosten
	Weniger Interesse oder Möglichkeiten zu investieren	Kosten
Verändertes Kaufverhalten (Individualisierung und Spezialisierung)	Steigende Frequenz im Wandel der Anforderungen	Marktposition
	Wandel vom klassischen Produktgeschäft zu lösungsorientierten Mehrwertservices	Marktposition
	Lebenszyklen verkürzen sich	Umsatz, Ertrag
	Fokus auf Qualität und Service	Produktivität
Reduzierung der Wertschöpfungstiefe	Konzentration auf Kernkompetenzen	Marktposition
	Neuverteilung der Aufgaben unter den Marktteilnehmern	Marktposition
	Outsourcing von Nebenleistungen oder komplexen Dienstleistungen	Kosten
Multinationalisierung	Marktpotenziale in Osteuropa oder Asien	Umsatz, Ertrag
	Schnittstellenprobleme (Abstimmung und Koordination) zwischen Bereichen zu Geschäftspartnern wegen topologischer oder topografischer Veränderungen (Entfernung, Trennung)	Produktivität
	Internationaler Wettbewerb (zum Beispiel Billigangebote durch Lohnvorteile)	Kosten
Marktpolarisierung	Verdichtung und Verschmelzung von Unternehmen führen zu großen neuen Gebilden	Marktposition
	Entstehen von Nischenanbietern und Sublieferanten	Marktposition
Steigendes Capital Risk Management	Sicherheit von Investitionen und Renditebestreben der Kapitalgeber	Umsatz, Ertrag
	Schwierige Kapitalbeschaffung	Umsatz, Ertrag
	Steigende Anforderungen an Effizienz	Produktivität
Deregulierung und Privatisierung	Steigender Wettbewerb	Marktposition
	Neue finanzkräftige Wettbewerber	Umsatz, Ertrag
Informations- und Telekommunikationstechnologie (ITK)	Freie Informationen (Intra- und Internet)	Kommunikation
	Möglichkeiten der Koordination	Kommunikation
	Know-how-Status	Kommunikation
	Know-how-Defizit (sinkende Halbwertszeit des Wissens)	Kommunikation
	Markttransparenz	Umsatz, Ertrag
	Durchgängigkeit von logistischen Ketten	Produktivität

Tab. 4.6 (Fortsetzung)

Gesellschaftlicher und markttechnischer Hintergrund	Identifikation möglicher Brennpunkte	Wertehebel
Umweltsensibilisierung	Einfluss der öffentlichen Hand auf Unternehmensentscheidungen	Kommunikation
	Schlechtes Image umweltbelastender Produktionsmethoden (zum Beispiel Transport)	Kommunikation
	Recycling von Produkten, Kreislaufwirtschaft	Kosten

Methode des Akquirierens kann zweifellos auch im Vertrieb anwendet werden. Vornehmlich in der ersten Wachstumsphase eines Vertriebsteams ergeben sich so zum Teil außergewöhnlich gute und schnelle Ergebnisse bei der Neukundengewinnung. Referenzmanagement ist somit die einfachste und kosteneffizienteste Form, neue Kunden zu gewinnen: Sie nutzen einen zufriedenen Kunden nach einem erfolgreichen Projekt, um neue Kunden anzusprechen (vgl. Abb. 4.14).

Die Referenz kann in unterschiedlicher Form direkt oder indirekt, schriftlich oder mündlich erfolgen. Basis der Empfehlung ist am besten eine schriftlich festgehaltene Stellungnahme eines Kunden bezüglich seiner Erfahrungen mit Ihnen, die der wohlwollenden Meinungsbildung bei potenziellen Neukunden dient. Bei der Bewertung können unterschiedliche Parameter eine Rolle spielen: Preis, Leistung, Qualität, Zuverlässigkeit, Nutzen, Return on Investment et cetera. Der Referenztext endet meist mit einer verallgemeinernden Aussage des Kunden über seine Einschätzung, ob und wie andere potenzielle Kunden mit dem Anbieter zusammenarbeiten beziehungsweise zumindest das Gespräch mit ihm suchen sollten. Bei der Bewertung können neben den oben genannten rationa-

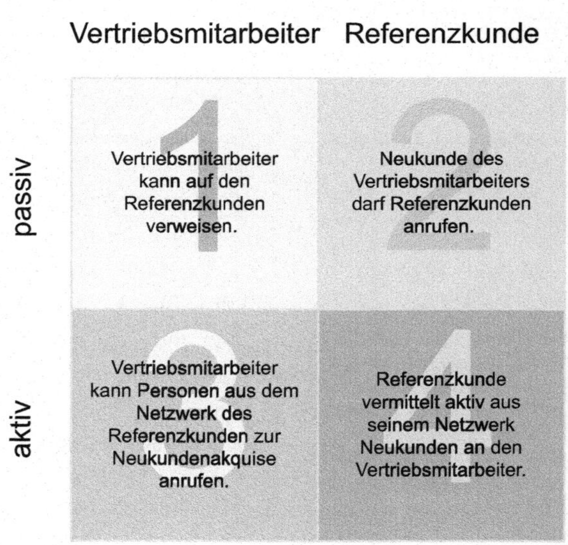

Abb. 4.14 Referenz-Selling. (Quelle: eigene Darstellung)

len Gründen auch grundlegende Bedürfnisse genannt werden: Zuverlässigkeit, Vertrauen, Verständnis für die relevante Situation et cetera.

Die Referenz kann in unterschiedlicher Form genutzt werden: im Marketing beispielsweise in Broschüren, auf der Internetseite, in Veröffentlichungen wie Zeitschriften oder im indirekten und direkten Vertrieb durch den direkten oder indirekten Kontakt.

Problemstellung

Die Analyse hat gezeigt, dass die Abhängigkeit von großen Bestandskunden PIP Power Inside Production wirtschaftlich anfällig macht. Die fünfundzwanzig Innendienstmitarbeiter haben jede Menge Bestandskunden, die lange Jahre zufrieden gekauft haben, aber aufgrund der allgemeinen Margenerosion bringt der aktuelle Umsatz nicht mehr ausreichend Rohertrag. Mehrere Versuche, auch mit Agenturen Neukundenakquise zu machen, haben nicht den durchschlagenden Erfolg gebracht und Głodny Wilk verlor nach mehreren Monaten die Geduld und Bereitschaft, weiter die unterstützende Agentur zu bezahlen. Besonders Roman braucht dringend mehr Aufträge.

Ziel

Mit der Einführung von Referenzmanagement entsteht im Schnitt durch jeden Stamm- beziehungsweise Bestandskunden ein qualifizierter Lead. Kurzfristig generiert das Unternehmen aus einem Fünftel dieser Leads ein gewonnenes Projekt. Mittelfristig erreicht es durch jeden zweiten neu angesprochenen Kunden einen Projektabschluss.

Phasen und Vorgehen

1. Ihre Vertriebsmitarbeiter wählen aus der Unternehmensdatei alle Kunden aus, die mindestens zwei Projekte in den letzten maximal drei Jahren erfolgreich mit Ihnen abgewickelt haben.
2. Lassen Sie die Gründe zusammenstellen, die das Projekt erfolgreich haben werden lassen. Das ist der Gesprächsleitfaden für den Kundentermin.
3. Ihre Vertriebsmitarbeiter nehmen Kontakt zu diesen Kunden auf, mit der Bitte um ein Gespräch zur Zufriedenheitsabfrage (s. die unter „Definition“ genannten Parameter) und dem Wunsch, einen Referenztext abzustimmen, den Sie zur Vermarktung, im Marketing oder im Vertrieb nutzen wollen.
4. Ihre Vertriebsmitarbeiter sollten nachfragen, ob der Kunde darüber hinaus bereit wäre, Gesprächspartner zu benennen, die Sie unter Bezugnahme auf ihn anrufen dürfen.
5. Klären Sie, ob der Kunde bereit wäre, diese Geschäftspartner telefonisch oder schriftlich über eine mögliche Kontaktaufnahme Ihrerseits zu informieren.

Stufe der Referenzintimität durch folgende Fragen:

- „Sie waren so zufrieden mit unserer Leistung, dass ich Ihre Firma generell bei der Akquise erwähnen darf?“

- „Sie waren so zufrieden mit unserer Leistung, dass mein Neukunde sich bei Ihnen erkundigen kann?"
- „Gibt es Firmen oder Personen in Ihrem Netzwerk, die generell an unserer Leistungspalette Interesse haben könnten und die wir anrufen dürfen?"
- „Würden Sie eigenen ausgewählten Kontakten nahelegen, sich mit uns in Verbindung zu setzen?"

Nutzen
Wenn Sie Referenzmanagement einführen, haben Sie folgenden nachhaltigen Nutzen:

- Sie bestätigen Ihrem Bestandskunden, dass er für Sie ein wichtiger Mitspieler im Markt ist und bleiben bei ihm in positiver Erinnerung.
- Alle Menschen möchten über Erfolge sprechen. Sie geben dem Kunden somit die Möglichkeit, eine Success Story zu erzählen. Auch verankern Sie bei ihm die positiven Erfahrungen mit Ihnen. Themen können dabei sein: Projekte, Kauftermin, Dauer und Qualität der Beziehung, Mitarbeiterkompetenz, Prozesse in der Abwicklung, Portfolio, Nutzen et cetera.
- Es bieten sich gegebenenfalls Up-Selling- oder Cross-Selling-Effekte.
- Sie erhalten neue Adressen und Ansprechpartner. Je länger Sie regelmäßig das Referenzmanagement pflegen, desto größer sind die Auswirkungen auf Ihre Wahrnehmbarkeit am Markt.
- Aus dem so entstehenden Netzwerk zwischen Bestandskunden, Ihnen und dem potenziellen Neukunden entsteht ein implizites Vertrauensdreieck, mit dem der Verkauf leichter gelingt.
- Sie erfahren die tatsächlichen Schlüsselkauffaktoren aus erster Hand.
- Sie fördern im Vertriebsteam die Kundenzentrierung.

Beispiel
Der Vertriebsleiter Wojcieck Kraj führt bei PIP das Referenzmanagement ein. Er macht den Vertriebsmitarbeiter Roman zum Projektleiter, weil er ihm aufgrund seiner Sorgfalt die erfolgreiche Abwicklung zutraut. Nach einer allgemeinen Aufklärung, wozu Referenzmanagement dient, bekommen alle Vertriebsmitarbeiter den Auftrag, jeweils mindestens ein mit einem Kunden abgestimmtes Referenzdokument zu liefern. Im zweiten Schritt sollen diese Kunden gebeten werden, mögliche Firmen und Personen ihres Netzwerkes zu benennen. Dieser Vorgang wird sich über viele Wochen hinziehen. Sorgen Sie dafür, dass wie bei Herrn Kraj die Erkenntnisse und Ergebnisse in jedem Team Meeting ausgetauscht werden.

4.2.9 Werte und Werteverfall

Das Einzige was Kunden interessiert, ist Wert. Insofern haben die „Unterscheider" große Vorteile gegenüber den „Produktdrückern" (vgl. Abb. 4.15). Helfen Sie den Vertriebsmitarbeitern, den Wert beim Kunden zu platzieren. Rita Gunter McGrath (2013) liefert in *The*

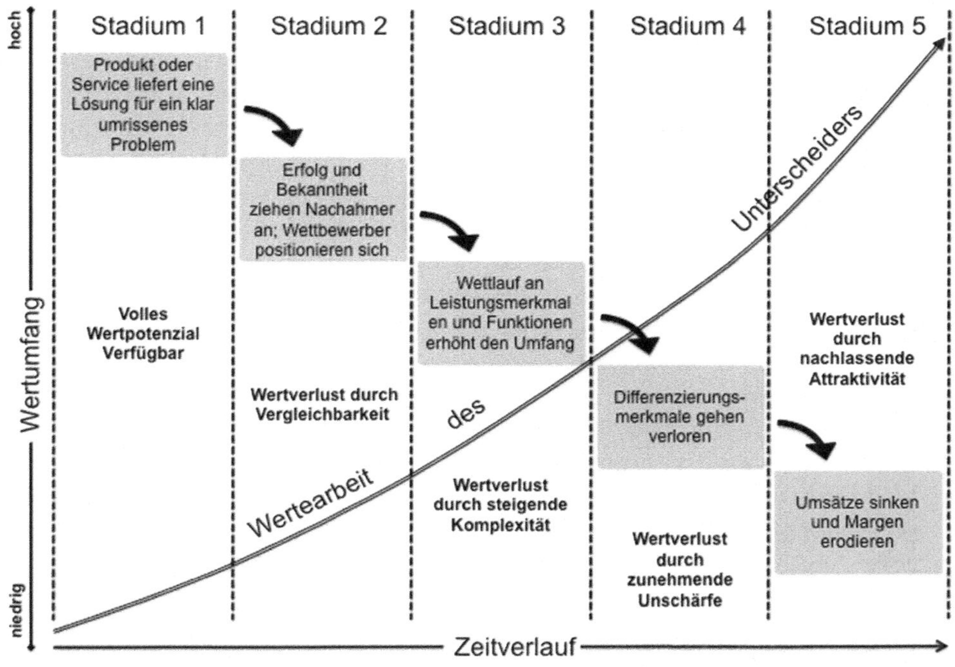

Abb. 4.15 Der Unterscheider gleicht den Wertverlust aus. (Quelle: nach Eades und Kear 2006)

End of the Competitive Advantage ein „neues strategisches Spielbuch", in dem dargestellt wird, wie die Werte kontinuierlich rekonfiguriert werden müssen.

- *Kernfähigkeit (vor falschen Annahmen) schützen:* Wenn Entscheider beim Kunden Ihren Mitarbeiter für strategisch wertvoll halten, lassen sie nicht zu, dass die Einkaufsorganisation die Geschäftsbeziehung auf den niedrigsten möglichen Nenner reduziert, den Preis.
- *Zugang gewinnen:* Ihr Kunde wird Ihren Mitarbeiter als strategischen Ratgeber seines Unternehmens nicht dem Minenfeld kritischer und feindlich gestimmter Kollegen innerhalb und außerhalb des Unternehmens aussetzen.
- *Nachfragen erzeugen:* Ihre Vertriebsmitarbeiter werden keine „never ending sales stories" mehr erleben, wenn sie zusätzlich zum Verständnis der (Kunden-)Strategie hinaus auch noch einen bedeutenden Beitrag in den Gesprächen und Diskussionen mit den Kunden leisten können.
- *Die beste beider Welten:* Da Ihre Mitarbeiter durch ihre Beiträge anerkanntermaßen der Unternehmensstrategie des Kunden Wert beifügen, haben sie weder in ihrem Kerngeschäft noch in neuen Feldern ein Legitimationsproblem und werden von Kunden „geschützt", weil er die wertvolle Beziehung mit Ihren Mitarbeitern nicht aufs Spiel setzen will.
- *Werte definieren:* Die Werte sind das Ergebnis Ihrer Arbeit. Die Auswahl der Mitarbeiter und die Schulung des Teams erzeugen eine Wertekultur.

- *Werte verankern:* Die Kundenstrategie mit zig Teilstrategien verknüpft sich mit Ihrer Value Proposition, dem Werteversprechen, das viele unterschiedliche Typen von Werten bietet. Die Value Proposition löst eine Vielzahl von Problemen und ermöglicht die Umsetzung beziehungsweise das Erreichen vieler strategischer Ziele des Kunden. Mark Miller (2010) bietet hier den Klettverschluss von Velcro als Metapher: die „Value Connection". Der Wert entsteht durch das Einhaken Ihrer Idee in die „strategische Öse" des Kunden. Damit sind Werte Triebkräfte: Wissen, Analysen, Brainstorming, Ideen, Kreativität, Strategien, Zusammenarbeit.
- *Den Wert der Werte erkennen und nutzen:* Werte stehen außerhalb der Sicherheit des Ist-Zustands. Werte versprechen Ergänzung, Zusatz, Zukunft, Perspektive. Werte motivieren, wecken Erwartungen, bieten Alternativen, Werte schaffen Zufriedenheit, Verlässlichkeit, Vertrauen. Werte sind einzigartig und immer neu.
- *Werte ausrichten:* Auf zwei Wertrichtungen werden Sie in aller Regel mit Ihrem Team stoßen: Wachstum und Produktivität. Stellen Sie sich mit Ihren Mitarbeitern die Frage: Wo ist der Differenzierungsfaktor, und zwar der des Kunden. Was können Sie beitragen, damit sich Ihr Kunde für die Zukunft gut positioniert? Was leisten Sie für seine neuen Angebote, den Eintritt in neue Märkte, die Entwicklung neuer Strategien, die ihn vom Wettbewerb unterscheiden? Wo leisten Sie in Effizienz und Effektivität einen Beitrag zur Produktivität? Wie erhält Ihr Kunde mehr Leistung, wie erkennt er mehr Leistung bei weniger Aufwand? Was tragen Sie durch Ihren Vertriebsmitarbeiter, durch Ihr Unternehmen zur Ausgabenverringerung, Prozessverbesserung bei?
- *Hand in Hand mit den Kunden:* Die oben genannten Denk- und Handlungsweisen Ihrer Vertriebsmitarbeiter beeinflussen maßgeblich die Vorentscheidungen und Entscheidungen des Executive Managements eines Unternehmens. Profitabilität und Wachstum sind zwei gefräßige, ressourcenschmälernde „Unternehmenstiere", zwischen denen Entscheider ausgleichen müssen (s. Miller 2010; Handy 1988; Christensen und Raynor 2003).

4.3 Profile: Idealist, Wettkämpfer, Überredungskünstler und Ordentlicher

4.3.1 Doreen, die Idealistin

Problemstellung bei Terra Consult

Doreen ist wegen ihrer guten Kontakte und ihres Wissens über öffentliche Auftraggeber an Bord. Doch selbst die erfolgversprechenden Leads bringt sie zunehmend nicht zum Abschluss. Es entsteht der Eindruck, dass sie zwar die Kunden- aber nicht die Nutzenbrille (für beide Seiten) aufgesetzt hat.

Doreen, Irland (Robert Ganges reflektiert)

Doreen hat in Erfurt Physik studiert. Aus Dublin hat sie ihr religiöses Engagement mitgebracht, als engagierte Kirchenvorsteherin hat sie feste Prinzipien. Regelmäßig

Abb. 4.16 Die Idealistin. (Quelle: Jan Myszkowski)

„philosophieren“ wir im Team über die Entwicklung unseres Markts, mit ihren fünfundvierzig Jahren gehört sie schon zu den erfahrenen Partnern.

„All unser vertriebliches Handeln muss im Sinne der Firma stehen: hohe Qualität, erstklassige Betreuung. Die Werte unseres Unternehmens speisen sich aus den Grundprinzipien von uns Individuen. Ich trete voll für die Corporate Compliance ein; auch wenn wir ein kleines Unternehmen sind, spielt das eine wichtige Rolle!“ Dafür lässt sie auch Deals platzen, sagt sie. Sie hat auch fachlich erwiesenermaßen einiges drauf, aber mit ihrer moralisierenden Prinzipienreiterei geht sie einigen im Team nach einer Weile auf die Nerven. Und sie verkauft nur dann, wenn sie dafür mit ihren persönlichen Werten eintreten kann, und nur das, wofür sie einsteht (vgl. Abb. 4.16).

Sie ist zu ihren Kunden immer sehr direkt und offen. „Ehrlich“, wie sie es nennt, „ohne Kompromisse“ – auch auf Kosten eines Vertragsabschlusses. Innere langfristige Werte gehen vor „äußerlichen“ kurzfristigen Ertrag. Es ist im Team Building durchaus hilfreich, eine solche Mahnerin zu haben – in Maßen. Ich wünschte aber, sie würde unser Portfolio nicht immer zu 100 % daraufhin überprüfen, ob es auch wirklich alles hält, was es verspricht. Manchmal macht es den Eindruck, sie nutze unsere Leistung als Vehikel, ihre Werte zu verkaufen. Den Kunden würde sie nie verraten!

Analyse
Stärken

- **Leistungs- und Value-Argumentation**: Erkennt, erklärt und lebt die Werte der Leistungen und des daraus resultierenden Nutzens und der Kosten-Nutzen-Ratio. Das spiegelt sich auch in der hohen Kundenzufriedenheit wieder.
- **Auftritt**: Geht sehr profesionell mit ihrem eigenen Erscheinungsbild um und setzt es zielgerichtet ein.

Generell
Doreen reichert unsere Leistungen mit ihrem *Werteverständnis* attraktiv an. Ihre *Aufrichtigkeit* ist im Verkaufsgespräch entwaffnend. Die geschaffene *Vertrauensbasis* vornehmlich im mittleren Management des Kunden stärkt unsere Beziehung nachhaltig. Sie *sieht* sehr wohl *immer das Ganze.*

Schwächen
Marktkenntnis: Sie weiß wenig von den Zielkunden und vom Zielmarkt.
Konzeption: Ihr fehlt die Fähigkeit, zuzuordnen und Ableitungen zu machen.
Anpassungsfähigkeit: Passt sich Personen und Situationen schwerlich an. Der Umgang mit Kunden ist eher Status und entwickelt sich nicht sichtbar weiter.

Generell
Doreen ist in *Verhandlungen nicht besonders flexibel. Neue Themen* zu entwickeln ist nicht ihre Sache. Ein Teil der Kunden und der Belegschaft halten sie für eine unrealistische *Theoretikerin.* Durch eine „scharfe" Geschäftsbrille gesehen, kommt sie zeitweise (recht) *schlicht* an.

Vertriebsprofil: Stärke und Potenzial (vgl. Abb. 4.17)
Ausrichtung: Vernetzer Orientierung: Menschen Stärke: ausgewogen Potenzial: mittel

Verbesserungspotenzial
Produkt und Leistung:

- Sammeln Sie ihren (portfoliorelevanten) Wertekatalog und lassen Sie sie diesen im Team präsentieren, diskutieren und verteidigen.

Methoden und Prozess:

- Planen Sie künftige Kundensituationen rein zur Bedarfsanalyse. Erarbeiten Sie daraus ein Werteverständnis des Kunden. Diese Wertekontrastierung bietet für Doreem Alternativen.

Persönlichkeit:

- Spielen Sie aktuelle Verkaufssituationen durch, und provozieren Sie „Lügen".

Interkulturelle Anregung
Im Unterschied zur deutlich klareren Position des Deutschen, wo Tacheles geredet wird, werden bei den Iren direkte Stellungnahmen vermieden. Es ist besser, Botschaften zu verschlüsseln, also durch die Blumen zu sagen. Bei Doreen könnte ein eine Annahme voraussetzender Stil (Präsupposition) helfen: „Wenn Sie Ihren Weg so weiter verfolgen

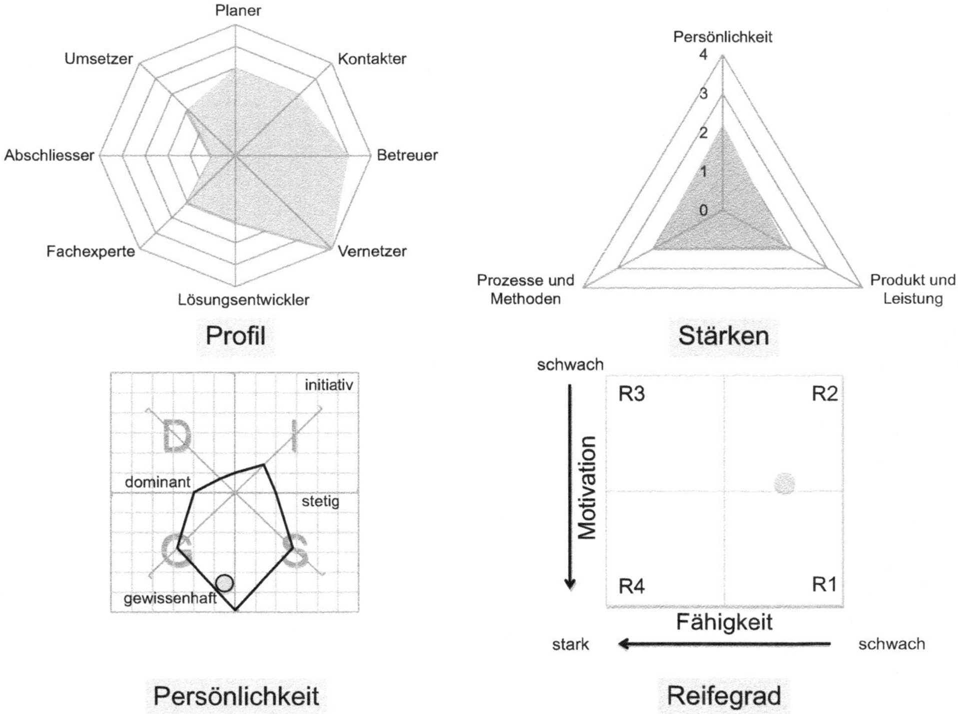

Abb. 4.17 Idealistin: Einschätzung von Persönlichkeit, Stärke und Reifegrad. (Quelle: eigene Darstellung)

…“ (Sie hat einen Weg, den sie verfolgt) oder „Ihre Idee habe ich wie folgt verstanden …“ (Sie hat eine Idee …)

4.3.2 Steve, der Wettkämpfer

Problemstellung bei Fournier Système
Steve hat drei Jahre lang seine Ziele übererfüllt. Nun hat er um ein Gespräch gebeten, wie es mit ihm in unserer Firma weitergehen wird. Er kann zweifellos gut verhandeln, das spiegelt auch der Kunde wider. Auf der Strecke bleibt oft, die Leistungen von Fournier Système so zu verankern, dass der Kunde wieder kauft.

Steve, USA (Klaus de Yongs Einschätzung)
Meist kommt er erst um 11 Uhr ins Büro, denn schon ab 6 Uhr morgens widmet er sich dem Sechskampf (s. Abb. 4.18). Nächstes Jahr möchte er mit dem Ironman anfangen, mit Ende zwanzig geht das wohl noch. Sein Vater hat ihn mit fünfzehn aus Kalifornien für einen Job im mittleren Management nach Deutschland mitgekommen. Seine Lebensweise lässt keine Familie, nicht einmal eine Partnerin zu.

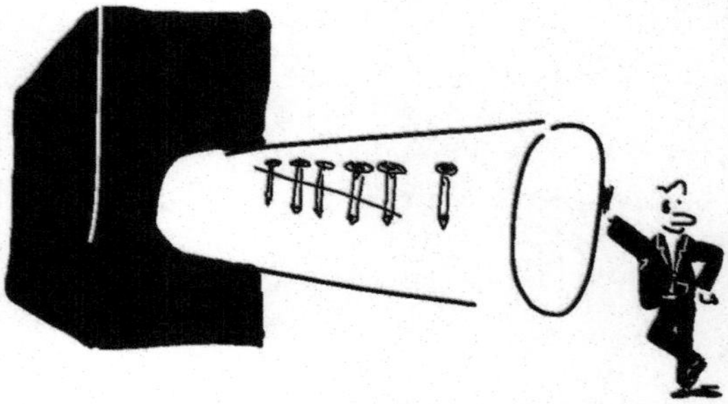

Abb. 4.18 Der Wettkämpfer. (Quelle: Jan Myszkowski)

Das Team ist ihm wichtig, auch wenn er es mit seiner „Competitiveness" manchmal übertreibt. Seine sportliche Erscheinung verspricht Energie, druckvolles Handeln. Für die Kollegen vom Wettbewerb hat er entweder nur ein müdes Lächeln übrig oder fordert beim „Best of 3" die Konkurrenz heraus. „Steve-Schnauze" kommt! Im Account Team sorgt er für Geschwindigkeit und fordert die Kollegen immer heraus: Wer ist der Schnellste, wer hat die zündendere Idee, wer macht den ersten Stich? Bei der Frage nach Geschäftsmöglichkeiten und Aufträgen ist er nie verlegen, er macht das sehr direkt und erfolgreich. Er liebt es, den Kunden zum Abschluss zu bringen. Sein großes Repertoire an Leistungs- und Nutzenargumenten ist seine Lieblingsklaviatur, er hat immer eine Taste mehr als der andere. Bei seinem Durchsetzungsvermögen denke ich an Challenge-Vertrieb: „Die auf Augenhöhe sind mir die Liebsten." Konfrontation und Konflikt sind nie ein Hindernis, am Schluss müssen alle sich als Sieger fühlen.

Analyse
Stärken

- **Vernetzung**: Ist bestens innerhalb von Markt und Branche vernetzt.
- **Ableitung**: Er kann gut organisatorisch, personell zuordnen und ableiten
- **Unternehmensorientierung**. Besitzt viel Akzeptanz und Leadership in der Organisation. Er sucht nach Macht und schnellem guten Ergebnis.

Generell
Steve ist *immer präsent*, wach in jedem Gespräch. Alles und jeder sind seine Sparringspartner auf dem Weg zum Erfolg. *Verhandlungen* führt er vorbildhaft, kurz und meist erfolgreich. Seine Stärke kann er in hoch *kompetitiven Märkten* am besten ausspielen. Er hat vor überhaupt *nichts Angst*.

Schwächen

- **Expertise und die fachliche Durchdringung**. Auch wenn er gute Nutzenargumente liefert, tut er sich mit dem Portfolio im Detail schwer. Ihm fehlt der weiterreichende technische, praktische Ansatz.

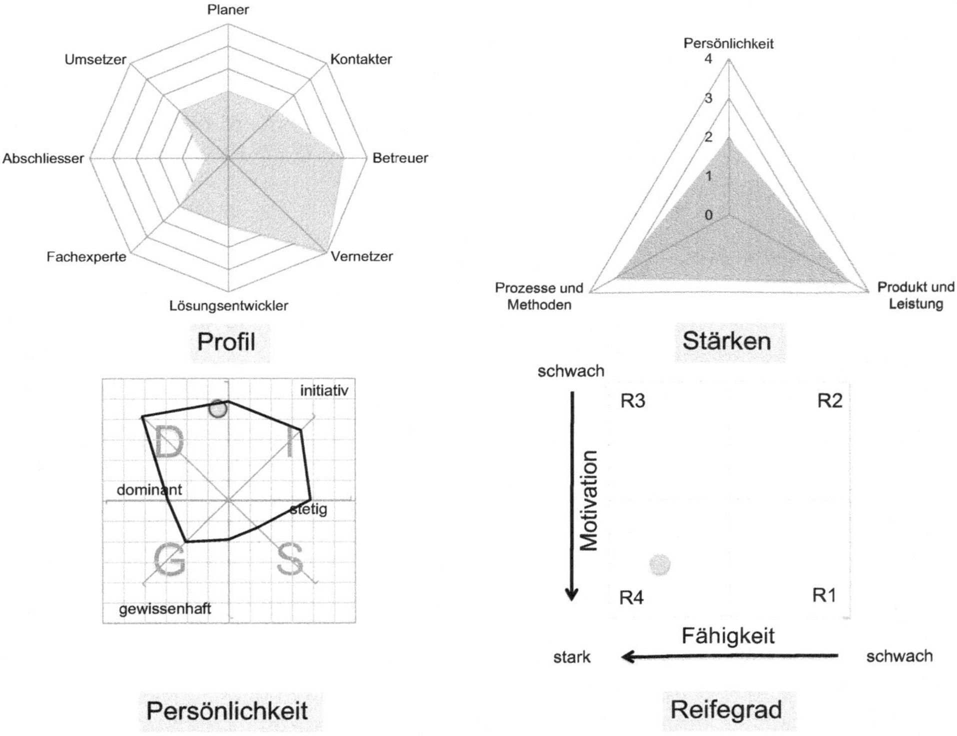

Abb. 4.19 Wettkämpfer: Einschätzung von Persönlichkeit, Stärke und Reifegrad. (Quelle: eigene Darstellung)

- **Anpassungsfähigkeit**: Stellt sich nicht leicht auf die unterschiedlichen situativen und kulturellen Kontexte ein. Es fehlt ihm das Verständnis, sich an die üblichen Rede- und Verhaltensweisen zu halten. Er kümmert sich nicht um die Do's und Don'ts in Verhalten und Auftreten.
- **Selbstkontrolle**: Tut sich teilweise schwer sich selbst zu kontrollieren. Erkennt nicht immer seine generelle Wirkung auf andere.

Generell
Wer Steve noch nicht lange kennt, kann ihn für arrogant und *überheblich* halten. Nicht jeder Kunde schätzt den *hohen Druck*, den er ausüben kann, einige fühlen sich bedrängt oder sogar eingeschüchtert. Bei seiner *Beharrlichkeit* kommt immer wieder das *Zuhören* zu kurz. Wenn er mit *Fachargumenten* insistiert, vergisst er, dass am Ende der Kunde entscheidet. Seine *Ungeduld* ist vornehmlich bei Neukunden ein Problem.

Vertriebsprofil: Stärke und Potenzial (vgl. Abb. 4.19)
Ausrichtung: Vernetzer Orientierung: Menschen Stärke: Produkt Potenzial: groß

Verbesserungspotenzial
Produkt und Leistung:

- Geben Sie ihm einen abgesteckten Raum, zum Beispiel den Aufbau eines Portfolios oder die Entwicklung einer Branche. So kann er sich als echte Führungspersönlichkeit beweisen, Feedback des Teams inklusive.

Methoden und Prozess:

- Spielen Sie mit ihm vornehmlich Verhandlungs- und Abschlusssituationen durch: Er sollte von sich aus auf die Schwachstellen kommen. Gelingt das, wird er bereit sein, einen Plan aufzustellen, wie er sich besser zügelt.

Persönlichkeit:

- Es wird richtig Spaß machen, Steve in seiner Karriere zu entwickeln. Prüfen Sie die Anlagen seiner Führungsfähigkeiten. Möglicherweise nutzen Sie ein Assessment Center, um Ihre Einschätzung zu validieren.
- Sie können sehr direkt sein, er verträgt Kritik.

Interkulturelle Anregung
Die Chance, einen bestimmten Status zu erlangen, ist in den USA leistungsorientiert. Der Respekt gegenüber dem Vorgesetzten wird an Leistung und Wissen ausgerichtet. Achten Sie auf das hohe Individualitätsbedürfnis. Wenn Sie Steve etwas zusagen, sei es auch nur vage, gilt ganz fest: „A deal is a deal!“

4.3.3 Guido, der Überredungskünstler

Problemstellung bei Steam Success International
Das Managementteam hat überlegt, Guido einen wichtigen Großkunden anzuvertrauen. Seit einiger Zeit polarisiert er bei Kundenterminen vor allem bei Angebotspräsentationen. Sein Proposal Team hat sich schon mehrfach beklagt, dass Wert und Nutzen der Organisation nicht zum Tragen kommen. In Diskussionen beim Kunden zieht er die Aufmerksamkeit auf sich. Das Gespräch dient dazu, Chance und Risiko der Neubesetzung des Key Accounts zu diskutieren.

Guido, Deutschland (Johannes Mannsheim erzählt)
Seine attraktive Erscheinung und sein Kölner Dialekt sind seine Erfolgskriterien. Der Mittdreißiger hat einen großen Freundeskreis, um seine kleine Tochter kümmert er sich liebevoll. Er überzeugt mit schlüssigen Argumenten. Das Team hat Hochachtung vor ihm, vielleicht auch etwas Angst, eine Breitseite von ihm abzubekommen. Er ist Meister der

Abb. 4.20 Der Überredungskünstler. (Quelle: Jan Myszkowski)

mündlichen Sprache, sehr versiert, nach Belieben kann er sich sehr gewählt ausdrücken. So stellt er jeden Geschäftsfall nach außen zum Kunden wie zu uns nach innen perfekt dar, unwiderstehlich, absolut überzeugend.

Immer gut gekleidet verfehlt er schon beim Betreten eines Raumes nie die Wirkung. Er stellt sich nicht selbst in den Mittelpunkt, nein, er inszeniert die Verkaufssituation wie kein Zweiter als eindrucksvolle Szene eines Theaterstückes. Nie um eine Antwort zu den Produktlinien oder dem Lösungsansatz verlegen, versteht er es, selbstbewusst allen Geschäftsideen die nötige Attraktivität zu verleihen. In den Durchsprachen seiner Pipeline glänzt er mit brillanten Argumenten, lässt wenig Raum für Kritik oder offene Fragen (s. Abb. 4.20). Er bewegt sich, seiner Stärken voll bewusst, elegant der politischen Realität seiner Kunden und den Niederungen des Vertriebsprozessalltags unserer Firma. Er nutzt diesen entscheidenden Wissensvorteil gnadenlos. Spezialität: „Einlochen am Grün."

Analyse
Stärken

- **Marktkenntnis**: Er kennt seine Zielkunden und den Zielmarkt bestens.
- **Organisationnelles Knowhow**: Seine gute Performance speißt sich zum Teil aus seinem Knowhow bezüglich der Abläufe beim Kunden wie auch im eigenen Unternehmen.
- **Selbstkontrolle**: Er kennt sehr genau seine generelle Wirkung auf andere.

Generell
Guido ist ein *exzellenter Gesprächspartner* für die erste Führungsebene unserer Kunden. Er *zieht Menschen an* und interessiert. Er ist für *Topverhandlungen* der ideale Mitspieler, er überzeugt den Kunden, zu kaufen. Er versteht die *Übersetzung von Marktideen* zum Kunden

und in das eigene Unternehmen. Seine starke Persönlichkeit signalisiert Umsetzungsfähigkeit und -bereitschaft. Mit seiner konzessionslosen Art erzielt er hohe Preise und Margen.

Schwächen

- **Bekanntheitsgrad**: Seine Vernetzung in der Branche muss für einen Großkunden verbessert werden. Er scheint zu wenig Freundschaften, Beziehungen zu pflegen und hat noch zu wenig Kontakte im eigenen Unternehmen und in der Branche.
- **Vertriebsmethodik**: Hat (noch) nicht ausreichend Kenntnis und Erfahrung bezüglich der effektiven Anwendung der Vertriebsmethoden, also der Kombination von „Grammatik" und Verhalten. Es entstehen so nur unzureichend Sales-Zyklen und der Füllgrad der Pipeline bleibt unzureichend. Es fehlt auch die Wirtschaftlichkeit der Angebote.
- **Offenheit**. Zwar druckvoll und an der Oberfläche gewinnend. Man vermisst dann nachhaltig die Fähigkeit, Menschen anzuziehen, zu beeinflussen und zu steuern.

Generell
Guido *hört zu wenig auf andere*. Er bemerkt manche *Sensibilitäten des Kunden* nicht und hört kaum zu. Mancher fühlt sich fachlich wie sachlich *nicht ernst genug genommen*. Er übersetzt den Primärnutzen, die *Langzeitwirkung* bleibt ungewiss. Mit seiner Art gibt er *Lösungen* beziehungsweise Produkten *nicht genug Raum* zur Entfaltung. Weil er viel spricht, übersieht und überhört er *Details* der Anforderungen. Er könnte *fachlich besser vorbereitet* sein.

Vertriebsprofil: Stärke und Potenzial (vgl. Abb. 4.21)
Ausrichtung: Fachexperte Orientierung: Kundenorganisation Stärke: Persönlichkeit Potenzial: groß

Verbesserungspotenzial
Produkt und Leistung:

- Keine Diskussionen! Konzentrieren Sie sich auf die Leistungen, die Guido beim Kunden anbieten wird.

Methoden und Prozess:

- Bereiten Sie sich auf die Gespräche sachlich und möglichst perfekt vor, auch hinsichtlich des Gesprächsprozesses.
- Gerade bei Guido gilt: Wer fragt, der führt.

Persönlichkeit:

- Sie müssen den „Kampf" gegen Guido aufnehmen. Gehen Sie keinesfalls auf Details ein, verstehen Sie, wie er denkt, seine Empfindlichkeiten.

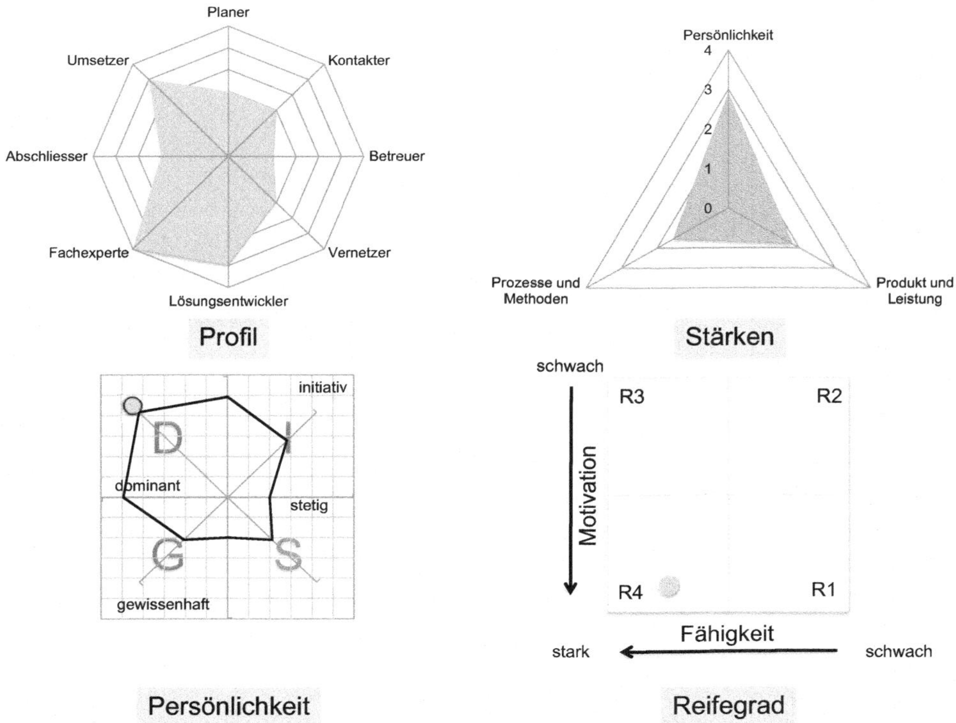

Abb. 4.21 Überredungskünstler: Einschätzung von Persönlichkeit, Stärke und Reifegrad. (Quelle: eigene Darstellung)

- Spielen Sie „Powerplay" nach dem Motto: „Das geht noch viel besser!" Wecken Sie seinen Ehrgeiz, indem Sie ihn bei seiner Eitelkeit packen und ein wenig provozieren.
- Spielen Sie „Hoch-Tief": mal provozieren, mal würdigend wertschätzen.

Interkulturelle Anregung
Die deutsche Kultur schätzt das direkte Feedback, ohne lang herumzureden. Wenn sachlich argumentiert wird, kann Guido mit der Manöverkritik und mit jeder Entscheidung umgehen.

4.3.4 Roman, der Ordentliche

Problemstellung bei PIP Power Inside Production
Romans mangelnde Effizienz wirkt sich auch auf sein Proposal Team aus. Da alle Details über Gebühr mehrfach von ihm kontrolliert und geprüft werden (vgl. Abb. 4.22), hat er seine Kollegen im Team frustriert. Da für ihn scheinbar die Formalien im Vordergrund stehen, vernachlässigt er die Wettbewerbssicht und verliert unnötig Projekte.

Abb. 4.22 Der Ordentliche. (Quelle: Jan Myszkowski)

Roman, Polen (Głodny Wilks Aufzeichnungen)
„Alle meine Kunden und Projekte sind im System erfasst", erklärt Roman, bevor ich den fünfundvierzigjährigen Familienvater irgendetwas fragen kann. Er hat seine Frau beim Studium in Warschau kennengelernt. Er ist seit fünfzehn Jahren im Vertrieb und hat schon viel gesehen. Er hat sich auf Dokumentation und Präzision verlegt. Im Team trägt er deshalb den Spitznamen „der Administrator". Allerdings, Hut ab: Trotz seiner strukturierten, manchmal penetranten Art hat er mindestens sieben bis zehn Kundentermine pro Woche.

Sein Erfolgsrezept sind Organisation und Struktur, da fühlt er sich wohl. Als wir über einen Wechsel zur Sales Force nachdachten, kam er gleich mit vielen Ideen zur Logik, Struktur und Vorgehensweise. Sein Vertriebstrichter macht einen überaus ordentlichen Eindruck, er pflegt alle Kundentermine ein, er kennt Geburtstage, Angehörige, sogar Vorlieben seiner Ansprechpartner. Er braucht als Arbeitskorsett einen Vertriebsplan. Das kann er selbst, lässt sich aber gerne helfen. Nicht ohne einen gewissen Stolz präsentiert er seine akkuraten Zahlen, er hat immer verschiedene Spreadsheets vorbereitet, er beleuchtet seinen Kunden mit Diagrammen aus unterschiedlichsten Perspektiven: Potenzial, Zahl der Ansprechpartner, Prognosen und und und. Der „Administrator" halt.

Analyse
Stärken

- **Vertriebsprozess**: Seine gute Performance speist sich zum Teil aus seinem Knowhow bezüglich der Abläufe und Vereinbarungen.
- **Kundenbetreuung**: Bietet sich regelmäßig für Gespräche an, sucht den Kontakt zur Aufnahme von Gesprächen, hat eine hohe Besuchsfrequenz.

Generell
Roman ist ein sehr *zuverlässiger* „Arbeiter". Der Vertriebscontroller findet ihn *pflegeleicht, organisiert* und systematisch. Er ist ein Vorbild, was *Transparenz* und *Detailge-*

nauigkeit angeht. Dort, wo er Angebote macht, liegt die *Trefferquote* über 30 %. Er liefert zuverlässig Zahlen; *Forecast-Versprechen* sind für ihn Gesetz.

Schwächen

- **Kundenentwicklung**: Weiß wenig über die aktuelle Situation der Hubs im Markt, was wichtig wäre um Aktualität zu wahren, und nähert sich zum Beispiel zu wenig an den Kunden an. Weiß deshalb auch kaum etwas über die wirtschaftliche Lage seiner Kunden
- **Analysefähigkeit**: Erkennt nur unzureichend Muster und Kategorien.
- **Kommunikation**: Sein Kommunikationsverhalten ist zögerlich.

Generell
Bei *Veränderungen* der Rahmenbedingungen kommt Roman leicht aus der Spur. Er wirkt steif, wenn er keine Struktur hat, und liefert *kaum innovative Opportunities*. Er schöpft das *Kundenpotenzial* mit vorhersagbaren Themen nur zu einem Bruchteil aus. Er verliert den *Gesamtzusammenhang*. Fließende Markttrends machen ihn unsicher, Organisationsänderungen im Unternehmen oder bei Kunden orientierungslos. Seine schwach ausgeprägte Intuition lässt ihn *keine dauerhaften Kundenbeziehungen* aufbauen.

Vertriebsprofil: Stärke und Potenzial (vgl. Abb. 4.23)
Ausrichtung: Planer Orientierung: Struktur Stärke: Persönlichkeit Potenzial: mittel

Verbesserungspotenzial
Produkt und Leistung:

- Im Coaching konkreter Geschäftsmöglichkeiten können Sie Ihre Erfahrung, wie Sie Themen entwickeln, (anfänglich) einbringen.

Methoden und Prozess:

- Stellen Sie den Nutzen der ausgewählten administrativen Tätigkeiten zuerst in den Vordergrund, und erarbeiten Sie daran Möglichkeiten für neue Kundenthemen.

Persönlichkeit:
Sprechen Sie sein systematisches Vorgehen durch, und priorisieren Sie gemeinsam, was davon besonders wichtig ist und warum, was man weglassen kann.

Interkulturelle Anregung
Präzision und Pünktlichkeit sind häufig wesentliche Merkmale eines Polen. In der polnischen Kultur können Unsicherheiten vermieden werden, indem Regeln und Strukturen für unterschiedliche Situationen aufgestellt werden. Das Fehlen solcher Regeln könnte ein Grund für Romans Verhalten sein.

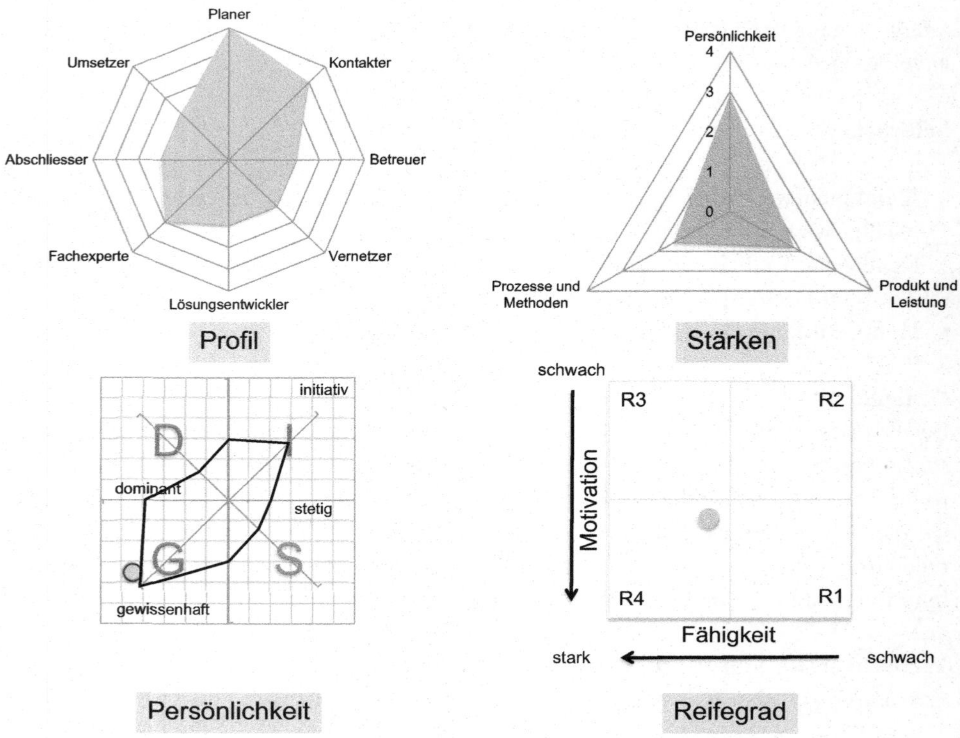

Abb. 4.23 Ordentlicher: Einschätzung von Persönlichkeit, Stärke und Reifegrad. (Quelle: eigene Darstellung)

4.4 Coaching-Leitfragen: Kundenbearbeitung

4.4.1 Führung

Methoden:

- Welche Vertriebsmethoden kommen in Ihrem Unternehmen zum Einsatz?
- Welche Vertriebsmethoden wurden bei Ihnen trainiert, sind bekannt?
- Mit welchem CRM-System oder welcher CRM-Methode arbeiten Sie, und was bedeutet das aus Ihrer Sicht für das Vertriebsmodell?
- Wie sammeln Sie das Wissen aus der Kundenbranche, und wie setzen Sie es aktiv bei der Vertriebsmitarbeit ein?
- Wie definieren Sie geschäftlichen Nutzen, und woran erkennen Sie, dass Ihre Vertriebsmitarbeiter diesen Nutzen bei Kunden herausarbeiten?
- Wann haben Sie Zeit, über Ihre Vorgehensweise beim Kunden nachzudenken: nach der Arbeit am Abend, vor dem Wochenende, am Wochenende, keine oder ist Ihnen das schlichtweg viel zu theoretisch?

4.4.2 Mitarbeiter

Lösungen und Nutzen:

- Wie funktioniert das Zusammenspiel zwischen Ihnen und der Leistungserbringung, dem Consulting oder anderen Abteilungen, und welche Vorschläge haben Sie, dies zu optimieren?
- Über alle Kunden hinweg betrachtet: Was sind aus Ihrer Sicht die Schlüsselkriterien für die Suche nach einer Lösung, für die Entscheidung, Ihr Unternehmen als Anbieter zu wählen oder für die grundsätzlichen Nutzenargumente?
- Wie bewerten Sie den Stellenwert des Cross Sellings?
- Welche Fragestellungen sind aus Ihrer Sicht für die Lösungsfindung beim Kundengespräch am hilfreichsten beziehungsweise erfolgversprechendsten?

4.4.3 Allgemeine persönliche Fragen

Wertschätzung:

- *Verbesserungsbereiche:* Welches Thema wäre besonders hilfreich und sollte möglichst umgehend aufgegriffen werden?
- *Wert des Gesprächs:* Welchen Nutzen ziehen Sie aus diesem Meeting? Was war hilfreich?
- *Anerkennung:* Worauf sind Sie bei den von Ihnen erreichten Dingen am meisten Stolz?
- *Geld:* Halten Sie Ihren Wertbeitrag zum Unternehmen bezogen auf Ihr Gehalt für angemessen?
- *Talent:* Wo liegen aus Ihrer Sicht Ihre größten Fähigkeiten?
- *Positives Denken:* Welche drei Aufgaben oder Themen schätzen Sie beruflich am meisten?

4.4.4 Messgrößen

- Opportunity-Management
  → Prozent qualifizierte Opportunitys
- Marktabdeckung
  - Verfügbare Kapazität
    → Prozent Arbeitszeit pro Vertriebsmitarbeiter mit Kundenkontakt
- Marktabdeckung
  - Relevanz der Vertriebsaktivitäten
    → Deckungsbeitrag pro Kundenumsatz

- Vertriebsleistungsfähigkeit
  - Skills und Know-how
    → Kenntnis von Leistungs- und Kundennutzeninformationen
- Portfoliofokus
  - Portfolio/Produkthebel
    → Zahl einzigartiger Lösungen pro Vertriebsmitarbeiter
    → Cross-Selling-Rate

4.4.5 Leistungskennzahl: Net Promoter Score®

Leitfrage: Zu welchem Grad sind Ihre Kunden zufrieden und loyal? Mit einer Frage können Sie ständig die grundsätzliche Zufriedenheit Ihrer Kunden prüfen. Der Mechanismus ist einfach und kostengünstig. Fragen Sie Ihre Kunden (und die VBs) wie zufrieden sie mit Ihrer Leistung sind und ob sie bei Ihnen wieder kaufen würden: Skala 0 = sicherlich nicht, 10 = sicherlich.

- *Die Promoter* (9 bis 10) sind loyale Enthusiasten, die wiederkommen oder gegebenenfalls eigenständig auf Sie zukommen.
- *Die Passiven* (7 bis 8) sind zufrieden, aber nicht begeistert und empfänglich für Wettbewerbsangebote.
- *Die Ablehner* (0 bis 6) sind unglückliche Kunden, die Ihrer Marke und Marktposition schaden können.

Net Promoter Score = Prozent Promoter – Prozent Ablehner (Reichenfeld 2006).

4.5 Leadership: Einführung von Vertriebsmethoden

4.5.1 Veränderungen managen

Mit der Philosophie „everything you do is an intervention“ und „the client owns the problem“ hat Edward Schein Geschichte geschrieben. Schein (1996) definiert organisationale Kultur als: „Set of shared taken-for-granted implicit assumptions that a group holds and that determines how it perceives, thinks about, and reacts in its various environments.“ (Übersetzung: „Eine Reihe von gemeinsamen für selbstverständlich angesehene Annahmen, die sich in einer Gruppe etablieren und die bestimmen, wie in unterschiedlichem Umfeld wahrgenommen, gedacht und reagiert wird.“)

Wie in der Einleitung dieses Buchs dargelegt, sind Kultur und Verantwortung Schlüsselbegriffe im Vertrieb. Wenn also über Kulturveränderungen gesprochen wird, muss auch über die Kultur der Veränderungen gesprochen werden (vgl. Abb. 4.24). Denn grundsätzlich sollten Veränderungsbereitschaft und Veränderungsmöglichkeiten als Chance be-

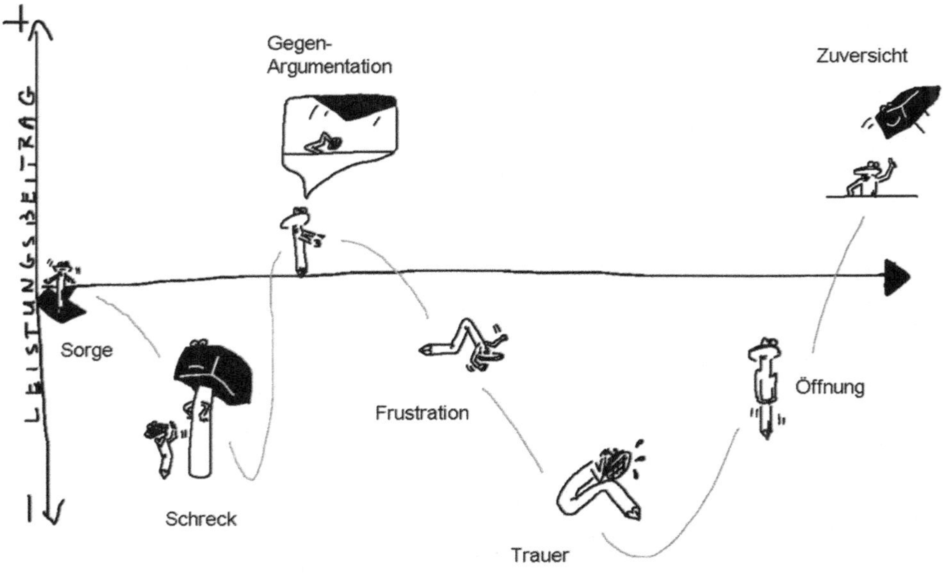

Abb. 4.24 Reaktion des Vertriebs auf Veränderungen. (Quelle: Jan Myszkowski nach Schmidt-Tanger 1998)

griffen werden. Geben Sie die Verantwortung dafür zumindest teilweise an zuverlässige Mitarbeiter ab, von denen Sie wissen, dass diese in Form von Wahrnehmen, Nachdenken, Abwägen und Entscheidungsvorbereitung sorgfältig und ernsthaft damit umgehen und die dann auch die Umsetzung übernehmen. Die dazu erforderliche offene Kommunikation sollte sorgsam strukturiert und geplant sein (Beer und Eisenstat 2004). Am Anfang dieses Kapitels haben Sie Methoden als Teile eines Baukastensystems kennengelernt, das Ihnen kostenfrei zur Verfügung steht. Das Denken sollten Sie keiner Methode überlassen.

Kultur und Verantwortung sind zwei untrennbare und kaum voraussehbare Eigenschaften und Fähigkeiten. Der kulturlose, verantwortungslose Zustand wird von Johannes Mannsheim wie folgt beschrieben: „Es fehlt ein Plan, die Veränderungen zu leben. Wir haben die Kultur ignoriert. Wir finden keine Unterstützer und Sponsoren und damit fehlen Ressourcen für die Umsetzung. Es fehlen uns die generellen Skills, Veränderungen zu managen. Unsere Kommunikation bleibt zufällig und bruchstückhaft. Wir sind zur Selbstreflexion nicht bereit, fürchten uns vor Feedback und nachdenklichen Reflexionen. Wir geben uns mit dem Mittelmaß zufrieden."

Systemisches Change Management lässt unterschiedliche Konzepte zu und bietet auch für jeden individuellen Fall die Möglichkeit, innerhalb einer Organisation neue Methodensätze zu entwickeln. So gilt es, gängige Change-Axiome (s. Kotter 1996) zu hinterfragen.

„Create a sense of urgency"

Es ist in jedem Fall zu prüfen, ob Sie mit einem Sinn für die Dringlichkeit die betroffene Gruppe wirklich erreichen. Vielleicht braucht es alternative Zustimmung, Wertschätzung, Zuversicht, Zielorientierung und ernsthafte Kommunikation als Stabilisatoren.

„Create a guiding coalition"
Die Bildung von Koalitionen führt möglicherweise zu einer verstärkten Frontenbildung und gegebenenfalls zu steigender Spannung, zu weiteren Widerständen der schweigenden Mehrheit. Alternativ dazu können Gesprächsforen gegründet werden, die ohne Cluster-Bildung Raum für Äußerungen oder Teilsolidarisierungen bieten. Nachhaltige Veränderungen brauchen wechselnde Mehrheiten mit integrationsfähigen Konzepten unterschiedlicher Gruppen.

„Develop a vision and strategy"
Bei den wachsenden individuellen Anforderungen der Kunden und der größer werdenden Unabhängigkeit des einzelnen Unternehmens stellt sich die Frage, ob eine Vision und eine Strategie noch das Maß aller Dinge sind oder ob Sie nicht die Erfahrung von Erfolgen zu einem gemeinsamen Ganzen zusammenführen müssen. Somit gilt es, stärker denn je den Prozess zu gestalten und die Inhalte wachsen zu lassen.

Was nützt wem?
Der Nutzen Ihrer Leistung, gleich ob gegenüber Kunden, Mitarbeitern oder Shareholdern, beginnt mit der Wortwahl. Cui bono, wem gereicht es zum Guten, war die pragmatische Denkweise der Römer. Dass dieser Nutzen mit der Sprache unabdingbar verknüpft ist, kann jeder bestätigen. Je besser dieser Nutzen transportiert wird, umso klarer wird er auch wahrgenommen.

Das Potenzial an positivem Vokabular ist schier unerschöpflich (vgl. Tab. 4.7). Vornehmlich Verben haben eine positive Wirkung auf Gesprächspartner, denn sie lassen Sie aktiv handeln und positiv wirken.

4.5.2 Aus dem Sales-Management-Werkzeugkasten

Spiegel und Rückmeldung
Einer der Gründe, warum sich Coaching für Sie und Ihre Mitarbeiter absolut lohnt: Der schmucklose Spiegel der offenen, ehrlichen Rückmeldung hilft Ihnen zu erkennen, wo Sie im Begriff sind, sich zu verbiegen. Nichts macht so erfolgreich und zufrieden wie aufrechtes, authentisches Handeln. Wer authentisch bleibt, tut sich umso leichter, sein Umfeld zu beeinflussen. Authentizität, also so zu sein, wie man eigentlich ist, und Autonomie, so akzeptiert zu werden und bleiben zu dürfen, wie man ist, sind zwei Seiten einer Medaille.

Im Spannungsverhältnis zwischen Fremdbestimmung und Selbstbestimmung können Sie mit Ihren natürlichen menschlichen Gaben am besten vermitteln. Als Wendehals scheinen Sie sich nur zu drehen – das wirkt nicht glaubwürdig und kauft Ihnen im Team niemand ab. Als Führungskraft vollziehen Sie jeden Wandel vollständig. Bleiben Sie authentisch.

Payback
Natürlich spornen Auszeichnungen, Incentive-Reisen oder wirtschaftliche Beteiligung am Geschäftserfolg die Vertriebsmitarbeiter an. Diese Maßnahmen stimulieren ein Team al-

Tab. 4.7 Bilder in der Sprache: passendes Vokabular zum Thema Unterstützung. (Quelle: eigene Darstellung)

Unterstützung	Ergänzung	Verringerung
Behilflich sein	Aufwerten	Entlasten
Beisteuern	Ergänzen	Minimieren
Beitragen	Erweitern	Senken
Fördern	Erhöhen	Sparen
(mit)helfen	Steigern	Vermindern
Nützlich sein	Verbessern	Verringern
Unterstützen	Vermehren	Verkleinern
	Wachsen	

lerdings nur kurzfristig. Die wirkliche Motivation des Teams muss von innen kommen. Was treibt Ihre Vertriebsmitarbeiter an, wann fühlen sie sich richtig gut? Wie können Sie jeden Einzelnen „abholen“, und was können Sie täglich tun, um Ihrem Team das an Nähe und Anerkennung zu geben, was es braucht?

Vertriebsmanagement und Führung drehen sich darum, Menschen, deren Individualität, aber auch die Gemeinschaft zu fordern und zu fördern. Wenn am Ende sich ein Vertriebsmitarbeiter über ein unzureichendes Gehalt oder mangelnden wirtschaftlichen „Ausgleich“ seines Einsatzes beklagt, haben Sie zu Beginn vergessen, die erfüllte Leistung aktiv wahrzunehmen und anzuerkennen. Motivieren Sie: „Das ist Ihnen gut gelungen, „super Job!“ Das wirkt Wunder und hat einen überaus positiven Einfluss auf Motivation und Einsatzbereitschaft. Oft erlebe ich Führungskräfte, die Aufgaben verteilen, die Ergebnisse aber nie einfordern und wahrnehmen. Anerkennung ist unbezahlbar, das Gegenteil sehr, sehr teuer.“

Sales Reps wollen genauso behandelt werden wie Kunden: Interesse für ihre tägliche Arbeit, Gratulation zum Geburtstag. Die sozialen Medien machen es uns ja eigentlich einfach: Ein Klick und schon haben Sie Geburtstagswünsche verschickt. Besser ist natürlich etwas wirklich Persönliches, mehr noch als ein Anruf. Ein Schreiben von ein paar Zeilen mit der Hand, bereits einen Tag vor dem Ehrentag abgeschickt, hat eine intensive Wirkung. Ebenso gilt das für Erfolge: Eine Du-bist-ein-Hero-Postkarte mit ein paar persönlichen Zeilen wird länger im Gedächtnis bleiben als der Bonus am Ende des Geschäftsjahres.

Lob und Anerkennung

Heinrich IV. aus Frankreich soll gesagt haben, dass man mit einem Löffel Honig mehr Fliegen fängt als mit einem Fass Essig. Lob ist ein kostenloses und dennoch mächtiges Mittel der Mitarbeiterführung. Wirklichkeit und Wahrnehmung klaffen bei diesem Thema aber weit auseinander: Wo Führungskräfte glauben, genug Anerkennung zu zollen, wenn vielleicht auch nur zu selten, werden die Vertriebsmitarbeiter meist mit mindestens drei (mehr oder weniger konstruktiven) Kritikpunkten vor einem Wort des Lobes konfrontiert. Wie kann ein Vertriebsmitarbeiter den Wert und Nutzen der Leistung seiner Unternehmung für den Kunden wirklich vermitteln, wenn seine eigene Leistung nicht wertgeschätzt wird und damit der Nutzen infrage steht?

Bei der Frage, wie oft sie selbst gelobt werden, sind Vertriebsführungskräfte meist peinlich berührt: „Kaum oder gar nicht!“ Viele schieben dann schnell hinterher, dass es wichtiger sei, Ergebnisse zu liefern. Lob abzutun und als unwichtig, sogar schädlich einzustufen, hat eine lange Tradition. „Dreimal nicht geschimpft, ist einmal gelobt“: Solche Sprüche erleben auch Sie immer wieder. Das zeigt, dass Lob eher als kritisch denn als notwendig erachtet wird.

„Bei allen Völkern und zu allen Zeiten“, beschreibt Hanns Bächtold-Stäubli (1987) in seinem *Handwörterbuch des Aberglaubens*, „war die Furcht verbreitet, dass durch das Lob eines Menschen, das, was er lobt, Schaden nehmen könnte. So bildete sich die Furcht, sich oder sein Eigentum dem Lob eines anderen auszusetzen.“ Wir leben im aufgeklärten 21. Jahrhundert: Wer ehrlich mit sich selbst ist, gesteht sich ein, dass Lob und Anerkennung, die Wertschätzung seines Handelns, ihn bestärken und zu noch mehr Leistung anspornen. Erfolgreiche Vertriebsleute brauchen dieses Lob; sie wollen wissen, dass sie einen guten Job gemacht haben und warum.

Think positive!

Meine persönliche Grundmaxime lautet: Es muss Spaß machen! Kein inhaltlicher Anspruch und kein wirtschaftliches Ergebnis können die Freude, das Vergnügen, den Spaß ersetzen. Vertriebliche Arbeit ist schnelllebig, nichts für schwache Nerven, mit viel Druck und Geschwindigkeit. Meine besten Ergebnisse habe ich mit Teams erreicht, die einfach Spaß daran hatten, gut zusammenzuarbeiten, eigene Ergebnisse einzubringen und sich über Erfolge von Einzelnen gemeinsam zu freuen.

Ihre Aufgabe ist es, ein gutes Klima zu schaffen – der Vertriebsboss als Facilitator. Ja, natürlich gibt es auch die harte Arbeit draußen: Früh raus, spät abends heim, Angebote in der Nacht, um Mitternacht die Ausschreibung im Briefkasten beim Kunden. Da braucht es die Leichtigkeit des Spiels: „Tages Arbeit! Abends Gäste! Saure Wochen! Frohe Feste! Sei dein künftig Zauberwort.“ Manchmal werden Sie sich wie Goethes Schatzgräber fühlen. Jede intensive Arbeit kann man überstehen, solange es das Vergnügen als Ausgleich gibt. Glückliche Vertriebsmitarbeiter haben noch mehr Vertriebserfolg.

Die blaue und die rote Säule

Uwe von Terra Consult hasst Durchsprachen, im Wesentlichen geht es dabei immer um seinen Erreichungsgrad. Bei der Präsentation über den Beamer wird eine Grafik erscheinen mit zwei Balken, blau und rot. Der blaue Balken steht für den erreichten Rohertrag, der rote für den zu erreichenden, das Soll. Hier sieht Uwe regelmäßig rot, auch wenn seine Zahlen gar nicht so schlecht waren. Er weiß aus langjähriger Erfahrung, dass er im Schlussspurt 95 % erreichen wird, vielleicht sogar 105 %. Bei ihm brennt sich aber die rote Säule ins Gedächtnis. Bis zum Jahresabschluss bleibt die blaue Säule immer kleiner als die rote. Abgesehen von der Signalwirkung des Rots für die Managementforderung, könnten viele Betrachtungswinkel Uwe anspornen, nach weiteren Steigerungsmöglichkeiten für seine Zahlen zu suchen: der Vergleich des Monats zum Vorjahr, von Monat zu Monat, Zahl der Abschlüsse et cetera. Eine Bitte um Unterstützung wird die unnachgiebige, unveränderte, immer gleich hohe rote Säule bei ihm nicht hervorrufen.

Die fünf essenziellen Eigenschaften „guten" Managements

Der Organisationstheoretiker Russel L. Ackoff (1988) war davon überzeugt, dass es die primäre Aufgabe eines interaktiven Managements sei, die Zukunft des Unternehmens zu planen und zu gestalten. In seinem soziosystemischen Ansatz ging er von fünf Kernkompetenzen einer Führungskraft aus:

1. Die fachliche Kompetenz in den Bereichen, in denen der Manager Verantwortung trägt, das heißt Kenntnis und Erfahrung aus dem Wirtschaftszweig (zum Beispiel Maschinenbau, Energiewirtschaft, Informationstechnologie et cetera) und Erfahrungen aus dem jeweiligen Aufgabenbereich, zum Beispiel Vertrieb, Logistik, Produktion oder Finanzierung.
2. Die Kommunikationsfähigkeit verlangt sowohl die Fähigkeit des Wahrnehmens, Lesens und Zuhörens als auch die des Sendens und Vermittelns durch Schreiben und Sprechen, wobei das dialogische Prinzip der Wechselseitigkeit dieses Verhaltens wichtig ist.
3. Die Betroffenheit, die Sorge um die Mitspieler, die manche auch Fürsorge nennen.
4. Den Mut, neue Wege zu beschreiten und Vorhandenes infrage zu stellen, Risiken einzugehen und dann Verantwortung zu übernehmen. Das Englische unterscheidet hier zwischen „responsibility" und „accountability", was heißt, dass die Führungskraft sowohl Entscheidungen trifft, als auch für das Ergebnis geradestehen muss.
5. Die Kreativität für Veränderungen sowohl in der visionären Sicht als auch in der möglicherweise unkonventionellen Form der Umsetzung

4.6 Anwendung und Ergebnisse: Methoden und Konzepte

Steam Success International

Die Teams um Dr. Johannes Mannsheim haben es meist mit komplexen und großen Projekten zu tun. Deshalb führt er das Seat-at-the-Table-Modell ein. Einher geht damit eine Kundenentwicklungsplanung. Sie leitet nach dem FOCAS-Prinzip (vgl. Kap. 4.2.3) Nutzen und Wertargumente ab aus der Kundenstrategie wie auch aus der allgemeinen Energiepolitik des jeweiligen Landes. Durch die Beschäftigung mit dem erwähnten Blue-Ocean-Modell kann Steam Success einige marktstrategische Erkenntnisse für das eigene Portfolio ableiten. Um die Vertriebskosten zu reduzieren, da die Angebotskosten für diese Art von Geschäft immer hoch sind, sowie flexibler und schneller mit den Sales-Zyklen umgehen zu können, wird die Opportunity-Evaluation-Matrix (vgl. Kap. 4.2.3 Sales-Automation) als Entscheidungsgrundlage eingeführt.

Fournier Système

Klaus de Young hat mit seinem Konzept der drei Vertriebsmitarbeiterprofile (Löwe, Panther und Luchs) den Marktzugang zu den unterschiedlichen Kundengruppen deutlich verbessert. Er lässt Teams herausarbeiten, wie die Erwartungsprofile der Kunden aussehen und ordnet dann die Mitarbeiter den Profilen entsprechend zu. Dies Vorgehen erleichterte auch den notwendigen Wandel weg vom Transaktionsvertrieb. Der Vertrieb des Konzepts der Managed Print Services wird mit dem 9-Block-Visionsprozess (vgl. Kap. 4.2.3 Solution Selling) vorbereitet und umgesetzt. Dabei ergeben sich für die Kunden unterschiedliche Fragemuster. Gemeinsam mit dem Marketingbereich werden dazu kundenspezifische Szenarien in Anlehnung an Teile des Challenger-Modells (vgl. Kap. 4.2.3 Challenger Sales) entwickelt. Dabei wird deutlich, dass die Vertriebsprofile zusätzliche Branchen- und Marktkompetenzen entwickeln müssen.

PIP Power Inside Production
Das Referenzmanagement hat sich für Wojcieck zu einem Selbstläufer entwickelt. Die Vertriebsmitarbeiter haben durch die Gespräche mit Ihren Kunden zum einen direkt und indirekt neue Kontakte bei den Bestandskunden gewonnen als Ansprechpartner für Referenzen, zum Beispiel Einkauf oder Partner und Zulieferer der Kunden und zum anderen direkte Neukunden aus den Netzwerken der Kunden und der Branche. Dabei waren Hinweise auf Veranstaltungen ebenso hilfreich wie die Vermittlung von konkreten Namen. PIP hat aus dem Referenzprozess zudem Feedback bezüglich der außen wahrgenommenen eigenen Stärken und Schwächen erhalten und kann so die Qualität des Portfolios verbessern. Aus den Gesprächen ergeben sich zusätzliche Möglichkeiten mit den Referenzkunden sowie neue Themen.

Terra Consult
Die Partner um Robert Ganges haben in mehreren Workshops Elevator Pitches entwickelt, die in den Gesprächen mit den Kunden deren Brennpunkte innerhalb des aktuellen relevanten gesellschaftlichen und markttechnischen Hintergrunds identifizieren und daraus Wertehebel ableiten. Sie haben erkannt, dass sie in der Phase 3 der Risikoerkennung die meisten Projekte verloren haben. Deshalb haben sie sich überlegt, dass sie mit Consultative Selling und einer Abwandlung der SPIN-Methode ihre Abschlussschwäche in den Griff bekommen können.

Literatur

Ackoff, R. L. 1988. *Management in 52 Lektionen.* New York: McGraw-Hill.

Bächtold-Stäubli, H. 2000. *Handwörterbuch des deutschen Aberglaubens.* Berlin: De Gruyter.

Beer, M., und R. A. Eisenstat. 2004. How to have an honest conversation about your business strategy. *Harvard Business Review* 82 (2): 82–89 (Boston).

Bosworth, M. T. 1995. *Solution selling. Creating buyers in difficult selling markets.* Rancho Santa Fe: McGraw-Hill.

Bosworth, M. T., und B. Zoldan. 2012. *What great salespeople do. The science of selling through emotional connection and the power of story.* New York: McGraw-Hill.

Bosworth, M. T., J. R. Holland, und F. Visgatis. 2010. *Customer centric selling.* New York: McGraw-Hill.

Christensen, C. M., und M. E. Raynor. 2003. *The innovator's solution: Creating and sustaining successful growth.* Boston

Davis, K. 1996. *Getting into your customer's head. 8 secret roles of selling your competitors don't know.* New York: Times Business.

Dixon, M., und B. Adamson. 2011. *The challenger sale. Taking control of the customer conversation.* New York: CEB, Penguin.

Eades, K. M., und R. Kear. 2006. *The solution-centric organization.* New York: McGraw-Hill.

Foster, R. N. 2012. *Innosight study of the S&P 500.* Boston: Innosight.

Hanan, M. 2011. *Consultative selling: The Hanan formula for high-margin sales at high levels.* New York: Amacom.

Handy, C. 1988. *Beyond certainty. The changing world of organisation.* London: Arrow.

Holden, J. 1999. *Power base selling. Secrets of an Ivy League Street Fighter.* New York: Wiley.

Holden, J. 2002. *The selling fox. A field guide for dynamic sales performance.* New York: Wiley.

Holden, J., und R. Kubacki. 2012. *The new power base selling. Master the politics, create unexpected value and higher margins, and outsmart the competition.* New Jersey: Wiley.

Hunter, M. 2010. Sales motivation. What business are you in. The Sales Hunter. http://thesaleshunter.com/sales-motivation-what-business-are-you-in/. Zugegriffen: 9. Aug. 2015.

Khalsa, M., und R. Illig. 2008. *Let's get real or let's not play. Transforming the buyer/seller relationship.* New York: Penguin.

Kim, W. C., und R. Mauborgne. 2011. *HBR's 10 must reads. On strategy.* Boston: Harvard Business Review Press. (Blue Ocean Strategie).

Koser, J., und C. Koser. 2009. *Selling to Zebras. How to close 90 % of the business you pursue faster, more easily, and more profitably.* Austin: Greenleaf.

Kotter, J. P. 1996. *Leading change.* Boston: Harvard Business Review Press.

Levitt, T. 2006. *What business are you in?* Classic Advice from Theodore Levitt Harward Business Review HRB okt 2006.

Maister, D. H., C. H. Green, und R. M. Galford. 2000. *The trusted advisor.* New York: Free Press.

Maurya, A. 2012. *Running lean. Iterate from Plan A to a plan that works.* Sebastopol: O'Reilly.

McGrath, R. G. 2013. *The end of competitive advantage. How to keep your strategy moving as fast as your business.* Boston: Harvard Business Review Press.

Miller, M. 2010. *A seat at the table. How top salespeople connect and drive decisions at the executive level.* Austin: Greenleaf.

Miller, R. B., und S. E. Heiman. 1997. *Strategisches Verkaufen.* 8. Aufl. Landsberg am Lech: MI.

Müller-Steinfahrt, U. 2006. *Diffusion logistischen Wissens, Denkens und Verhaltens in Grossunternehmen.* Köln: Kölner Wissenschaftsverlag.

Ohai, T., und B. Lambert. 2011. *Sales chaos. Using agility selling to think and sell differently.* San Francisco: Pfeiffer.

Parinello, A. 2010. *Selling to VITO. The very important top get to the top. Get to the point. Get the sale.* Massachussets: Officer Avon.

Rackham, N. 1988. *SPIN selling. Situation, problem, implication, need-payoff.* New York: McGraw-Hill.

Rackham, N., und J. De Vincentis. 1999. *Rethinking the salesforce. Redefine selling to create and capture customer value.* New York: McGraw-Hill. http://www.kcapital-us.com/neil/downloads/Summary.pdf.

Read, N. A. C., und S. J. Bistritz. 2010. *Selling to the C-Suite. What every executive wants you to know about successfully selling to the top.* New York: McGraw-Hill.

Reichenfeld, F. 2006. *The ultimate question: Driving good profits are true growth.* Massachussets: Harvard Business School Press.

Sandler, D. H. 1995. *You can't teach a kid to ride a bike at a seminar. The Sandler Sales Institute's 7-step system for successful selling.* Harmondsworth: Dutton.

Sarrazin, H., und L. Lee. 2014. Megatrends for sales organizations 6/2014. http://www.mckinseyonmarketingandsales.com/megatrends-for-sales-organvizations. Zugegriffen: 22. Okt. 2015.

Schein, E. H. 1996. Culture. The missing concept in organization studies – On behalf of the Johnson Graduate School of Management, Cornell University Stable. *Administrative Science Quarterly* 41, Ithaca.

Schmidt-Tanger, M. 1998. *Veränderungscoaching. Kompetent verändern.* Paderborn.

Shoth, J., und A. Sobel. 2000. *Clients for life. How great professionals develop breakthrough relationships*. New York: Simon & Schuster.

Thompson, K. T. 2005. *Sales automation done right. Selling in the digital age*. Malton: SalesWays Press.

Weiterführende Literatur

Kim, W. C., und R. Mauborgne. 2005. *Der Blaue Ozean als Strategie. Wie man neue Märkte schafft wo es keine Konkurrenz gibt*. München: Hanser.

Miller, R. B., und S. E. Heiman. 1991. *Schlüsselkunden-Management*. Landsberg am Lech: MI.

Verhandlungen

5

Alle Menschen sind klug, die einen vorher, die anderen nachher.
(Voltaire)

5.1 Veränderungsfaktor: vernetzte und informierte Superkäufer

Internet, Datenbanken und jede Menge Data-Mining-Spezialisten sorgen für höchste Transparenz bei Leistungen und Preisen. Die Welt der Käufer ist bestens im Bilde über Inhalte und Konditionen. Etwa 74 % der B-to-B-Entscheider nutzen LinkedIn für Geschäftszwecke, 42 % twittern. Das führt zu tiefgreifenden Änderungen bei Mitarbeitern und Führungskräften. Sie treffen nun auf erfahrene Käufer, die bereits 50 % des Einkaufsprozesses hinter sich haben und klare Annahmen formulieren, wie die Lösung ihres Problems aussehen soll, wenn der Anbieter kontaktiert wird. Produkt-Know-how oder Referenzen reichen nicht mehr. Vertriebsführer müssen Kontexte verstehen, Ideen gestalten und Antworten liefern.

Manchmal kann man den Eindruck gewinnen, dass Vertriebsleute die Rolle von besseren Angebotsadministratoren erfüllen: Die meiste Zeit verbringen sie im Büro und telefonieren mit diversen internen Stellen, koordinieren Angebote und textuelle Zulieferungen von unterschiedlichen Facheinheiten, die das Gesamtangebot nicht kennen und nur exzellentes Detailwissen über ihre Leistung einbringen. Der Hauptansprechpartner beim Kunden wird der Einkäufer sein, der häufig zu den eigentlichen Bedarfsträgern in seinem Unternehmen wenig Beziehungen pflegt und vornehmlich dafür bezahlt wird, dass er vom Angebot je nach Vorgabe zwischen 10 und 20 % Nachlass erwirkt. Das fertige „Proposal" des Vertriebsmitarbeiters gleicht dann einer Anklageschrift mit sehr vielen Paragrafen – und dann vielleicht auch noch das: „Sie haben nicht genug Nachlass gewährt, schlecht verhandelt, eine falsche Kalkulation zugrunde gelegt …"

N. A. Rauch, *Die 7 Disziplinen im Sales-Management*,
DOI 10.1007/978-3-658-04232-5_5

Auf der anderen Seite ist es für viele Vertriebsleute zum Verzweifeln: Die Aggression steigt, weil die Geschwindigkeit und der Vorsprung, welche durch cleveres Beziehungsmanagement gegenüber anderen Anbietern herausgearbeitet wurden, wieder durch die Mühlen der Instanzen und Inkompetenzen verloren gehen. Das betrifft leider nicht ausschließlich die Maschinerie von Konzernen, sondern genauso mittelständische Unternehmen, bei denen es straff hierarchisch organisierte und ziemlich aufwändige Absicherungs- und Risikovermeidungsmechanismen gibt.

Für Johannes, Vertriebsleiter bei Steam Success, sieht es so aus, als würde sich die ganze Welt gegen ihn verschwören. Die „Eh-da-Ressourcen" glauben scheinbar, sie bezögen ihr Gehalt für die Verteidigung ihrer zum Teil selbst errichteten Festungen. Sie blockieren und insistieren auf ihre Verantwortlichkeiten. Bei diesem Kompetenzgerangel sind Führungskräfte auch hier wieder gefragt, zu moderieren und schlechte Stimmung und Stress durch Souveränität und das interne Netzwerk zu verbessern. Je flexibler, unabhängiger und selbstbewusster Vertriebsmitarbeiter in der Phase des Angebots auftreten, desto größer ist die Gewinnchance. Hier zeigt sich, wer seine Hausaufgaben gemacht hat, um durch Ressourcenbeziehungsmanagement die Bereitschaft der Organisation zu steigern, an ihre Leistungsgrenzen zu gehen. Ein abgestimmtes und hochmotiviertes Proposal Team ist eine Voraussetzung dafür, dass Risiko- und Vertragsmanagement erfolgreich laufen.

Am Ende, so kann man kalkulieren, sind die Vertriebskosten immer gleich – sei es, dass in die Kundenbindung investiert wird und sich dadurch die eigenen Preisvorstellungen realisieren lassen (hohes Beziehungsinvestment und dafür hoher Preis), oder sei es, dass dieses Geld gespart wird und nun in Form von Preisnachlässen gewährt werden muss (also niedriges Entwicklungsinvestment und dafür niedriger Preis). Ersteres ist im Wiederholungsfall „verzinsbares Kapital", Letzteres ein erkaufter Zuschlag, der sich beim nächsten Angebot rächen wird. Dann nämlich ist der niedrige Preis bereits Verhandlungsbasis – und der ist bekanntermaßen nicht das Ende der Fahnenstange! Ebenso sollte in die Verhandlungs- und Entscheidungskompetenz der Vertriebsmitarbeiter investiert werden, am besten durch Präsenz und Begleitung.

Kaum eine Phase in der Vertriebsarbeit verlangt mehr Erfahrung als das Closing: nicht zu früh, keinesfalls zu spät. Selbst erfahrenen Account Managern unterlaufen Flüchtigkeitsfehler, das ist unvermeidbar. Doch im schlimmsten Fall können kleine Fehler sogar den Verlust eines Projekts nach sich ziehen. Bei der Fehleranalyse ist Fingerspitzengefühl gefragt: Wie kann der Sales Manager durch Beobachtung und Feedback den Mitarbeitern einen Spiegel vorhalten und Ideen geben, ohne dass diese das Gesicht verlieren?

Die weiteren Spielregeln sind eng miteinander verbunden. Alle Unterlassungssünden bei der Auftragsevaluierung holen Sie beim Angebot wieder ein. Bei Angeboten im Bereich öffentlicher Auftraggeber ist das fatal: Wenn der Tender erst einmal abgeschlossen ist und die Angebote erarbeitet werden, verbietet die stille Phase Gespräche mit dem Kunden, wenn man nicht riskieren will, aus dem Bieterprozess ausgeschlossen zu werden.

Während des Angebots wird bei genauer, ehrlicher Betrachtung offensichtlich, wo Sie geschlampt haben. Aber nicht nur das: Die Evaluierungsphase bot jede Menge Möglichkeiten, den Kunden von der eigenen Kompetenz und Qualität zu überzeugen. Jetzt ist es dafür zu spät. Wenn die Nachfrage nach einem Angebot kommt, sind die Karten zumindest aus Beziehungssicht schon gelegt. Alles, was Sie jetzt investieren – an höherer Qualität, an niedrigerem Preis, an unterschiedlichstem Entgegenkommen, die Konditionen der Umsetzung und Zahlungsmodalitäten betreffend –, ist reine Kosmetik und ein Einmaleffekt führt, wie oben gezeigt, leider nicht zu einer Rekapitalisierung in künftigen Projekten.

Thesen: Umgang

- → Sales Leader loben öffentlich und tadeln unter vier Augen.
- → Sales Leader erfreuen sich am Erfolg anderer und übernehmen Verantwortung für das Ergebnis.
- → Unsere Stärke besteht in der Gewissheit der maximal plausiblen Position.
- → Meist ist ein niedriger Preis das Strafgeld für die Unterlassungssünden vor dem und im Verkaufsprozess.
- → Das Angebot ist die logische Konsequenz eines erfolgreichen Vertriebszyklus, nicht die Klimax einer Aufholjagd.
- → Win-win-win: Drei müssen beim Deal gewinnen – Kunde, Firma, Team.
- → Das Angebot ist Teil des „Fußballspiels": Erst wenn abgepfiffen wird, kann sich die „Elf" entspannen.

5.2 Themen: Verhandlungsprozess

5.2.1 Service Level Agreement

Definition

Das Service Level Agreement ist die Bezeichnung für die Vereinbarung zwischen Auftraggeber und Auftragnehmer, Klarheit und Kontrollmöglichkeiten über das zu liefernde Leistungsspektrum zu schaffen. Jeder der Begriffe ist dabei wichtig: „Service" beinhaltet alle Leistungen und Nebenleistungen, die Bestandteil des Vertrags sind, dem „Agreement". Das „Agreement" bedeutet eine Vereinbarung, und die ist bidirektional. „Level" signalisiert, dass es Messgrößen gibt, an denen sich die Leistung auszurichten hat. Die Quantifizierung der Leistung ist vital. Gemäß dem Motto „Was nicht zu messen ist, existiert nicht.", gilt es genau festzulegen, nach welchen objektiven Kriterien die Leistung beurteilt werden soll. Das verhindert Missverständnisse und Konflikte, die bei vager oder emotionaler Benennung wie „langsam" oder „schwach" vorprogrammiert sind (Hiles 2000).

Problemstellung

Bailey bekommt fast jeden gewünschten Termin bei Neukunden und hat eine umfangreiche Pipeline. Wie schon in Kap. 2.3.2 beschrieben, liegt seine Trefferquote bei unter

5 %. Wie schon aus den Gesprächen klar wurde, liegt der Grund vornehmlich im Abschluss. Bei den Verhandlungen fehlen Bailey Argumente als Verhandlungspotenzial. Bei der detaillierten Verlustanalyse wird ersichtlich, dass der Vertriebsmitarbeiter alle seine guten Wertargumente, die seine Position starkmachen, im ersten Gespräch liefert. Diese gute Position wird in den Folgekontakten schwach, denn Bailey mangelt es an weiterem Argumentationspotenzial.

Ziel
Ihr Vertriebsmitarbeiter hat eine umfangreiche Value-Argumentation und kann strategisch dosiert damit umgehen. Er lernt, nicht all sein Pulver zu Beginn zu verschießen. Die künftige Vorgehensweise hilft, die Trefferquote zu verbessern.

Phasen und Vorgehen
Erarbeiten Sie mit dem Vertriebsteam einen umfangreichen Wertekatalog. Ihr Vertriebsmitarbeiter soll eine Strategie entwickeln, die berücksichtigt, welche Argumente sich für die Endphase der Verhandlung besonders gut eignen. Führen Sie nach diesem Vorgehen Ihren Vertriebsmitarbeiter in den ersten Fällen engmaschig durch den Sales-Zyklus.

Nutzen
Ihre Beziehung zum Kunden wird langfristig stabil. Die Auswirkungen der dosierten Argumentation erhöhen die Akzeptanz und verbessern Ihre Verhandlungsposition.

Beispiel
Binden Sie Bailey aktiv in die Kundenselektion ein. Sammeln Sie alle denkbaren Services, die im Zusammenhang mit dem Portfolio geliefert werden könnten. Erstellen Sie zusätzlich eine Liste von Nutzenargumenten, sofern nicht schon vorhanden. Bailey soll priorisieren, wann im Sales-Zyklus (Prove-, Probe- oder Close-Phase) wer welche Argumente im Gespräch liefert. Proben Sie diesen Vorgang, und prüfen Sie gemeinsam den Erfolg.

5.2.2 Verhandlung

Definition
Die Verhandlung mit dem Kunden beginnt mit dem ersten Kontakt zum Käufer, die Vorbereitung darauf ebenfalls. Wenn Ihr Vertriebsmitarbeiter dem Kunden in der Verhandlung gegenübersteht, sollte er ein Gefühl dafür entwickelt haben, wie viel Kraft und Macht er auf sein Gegenüber ausstrahlt. Die Ausrichtung auf den positiven Abschluss wird von der Vertriebsperson, Ihnen und Ihrer Organisation zu gleichen Teilen verantwortet.

Problemstellung
Doreen ist äußerst werteorientiert. Das reicht ihr nach eigener Einschätzung aus, um in Verhandlungen zu gehen. Sie arbeiten mit ihr bereits am Thema der klareren Darstellung von Nutzen. Ihrer unflexiblen Gesprächsführung liegt wohl eine verdeckte Unsicherheit zugrunde.

Ziel
Die Vertriebsmitarbeiterin hat ein selbstbewusstes Auftreten, kann die Verhandlungsposition souverän vertreten und verschafft sich nachhaltig Respekt bei ihren Kunden.

Phasen und Vorgehen
Nutzen Sie folgenden 7-Punkte-Plan für die „Personal Power" Ihres Vertriebsmitarbeiters (Dawson 1999, Kap. 35):

Titel/Positionierung:
Welche möglichst beeindruckende Position können Sie Ihrem Vertriebsmitarbeiter zugestehen? Ein einfacher Vertriebsbeauftragter wird anders wahrgenommen als ein Sales Territory Manager, auch wenn es sich de facto um einen Kundenbetreuer für ein eingeschränktes Gebiet handelt.

Anerkennung:
Nur wer selbst Anerkennung erfahren hat, kann Anerkennung glaubwürdig verteilen. Klären Sie, was Ihr Vertriebsmitarbeiter unter Anerkennung versteht. Suchen Sie nach Bereichen, in denen Ihre Kunden für Anerkennung anfällig sind.

Erwartungshaltung des Kunden:
Kennt Ihr Mitarbeiter die Erwartungshaltung Ihres Kunden wirklich? Auch hier gilt: Wie sieht es mit Ihrer Erwartungshaltung gegenüber Ihrem Mitarbeiter aus? Was erwarten Sie konkret als Ergebnis der Arbeit mit dem Kunden? Nur Abschluss und Umsatz ist etwas flach – und das wird sich später rächen.

Persönlichkeit/Charisma:
Die Persönlichkeit Ihres Vertriebsmitarbeiters wächst mit seinen Aufgaben und mit der Wertschätzung seines Umgangs mit diesen. Er hat gelernt mehr zu verlangen, als er zu erhalten erwartet, soviel, wie im besten Fall zu erreichen wäre. Mit dieser maximal plausiblen Position verschafft er sich Flexibilität und dies ermöglicht ihm souverän zu verhandeln. Nicht nur der Wert der Vertriebsperson wächst, auch der der angebotenen Leistung. Und auch der Kunde gewinnt, weil er sein Gesicht nicht verliert und weil es trotz eines Nachlasses in den Konditionen immer noch für beide Seiten einen Gewinn gibt.

Expertise:
Für jeden konkreten Fall sollte Ihr Vertriebsmitarbeiter eine Checkliste haben, welche Expertise für den Verhandlungspartner erforderlich ist.

Situation:

Situative Intelligenz kann nur durch Übung eingesetzt werden. Nutzen Sie dazu die „Bordsteinkonferenz", wie Ückermann (2004) es nennt. Damit sind die Gespräche zwischen Führungskraft oder Coach und Vertriebsmitarbeiter gemeint, bei denen der Kundentermin nochmals durchgesprochen wird, zum Beispiel im Auto unmittelbar vor dem Treffen mit dem Kunden.

Informationsvorsprung:

Fünf-vor-zwölf-Aktivitäten sind nicht zielführend. Gute Informationen brauchen Zeit. So hat Ihr Vertriebsmitarbeiter Abwehrtaktiken wie „Sie als höhere Autorität, die man befragen muss", „Sie sind der ‚bad guy', der Entgegenkommen in den Konditionen ablehnt."

Nutzen

Ein mit „Personal Power" ausgestatteter Vertriebsmitarbeiter erhöht die Erfolgswahrscheinlichkeit. Verhandlungen werden effizienter, gegebenenfalls kürzer. Nichts macht so erfolgreich wie der Erfolg. Wenn einmal der Erfolgskreislauf der Verhandlung begonnen hat, setzen weitere Erfolge ein.

Beispiel

Robert Ganges bereitet für den Lebensmitteldistributor Dalli mit Doreen gemeinsam die Abschlusspräsentation vor. Doreen findet die unerwartete intensive Betreuung von Robert Ganges angenehm und hilfreich. Robert lobt ihre Beiträge und diskutiert mit ihr die Gesprächsstrategie beim Kunden. Er klärt, dass ein guter Eindruck und das Einhalten eines Angebotslimits seine wichtigsten Erwartungen sind, denn er weiß aus Erfahrung, dass ein Großkunde oft nicht beim ersten Angebot zu „knacken" ist. Das nimmt Doreen die Angst zu versagen. Robert coacht Doreen beim Erstellen von zwei „Kurz-Storys", die sie bei kritischen Fällen einsetzen soll.

5.2.3 Abschluss

Definition

Für den Abschluss sind alle Taktiken erforderlich, über die der Vertriebsmitarbeiter verfügt, um die Akzeptanz für die angebotene Leistung so zu erhöhen, dass es zum Vertragsschluss kommt (Joseph et al. 1969). Unter Abschlusstechniken werden meist rhetorische Techniken und Methoden verstanden, mit denen Vertriebsmitarbeiter ihre Kunden zum Verkaufsabschluss bewegen. Diese Methoden alleine reichen in der Regel nicht nur nicht aus, sondern stören – zu häufig eingesetzt – die Kundenbeziehung. Alle manipulativen oder suggestiven Abschlusstechniken sind Eintagsfliegen, die – vom Kunden bemerkt – zu Kaufreue, Unzufriedenheit und Verlust von Vertrauen führen. Erfahrene Kunden verärgert dieses Verhalten, denn sie kennen die Mechanismen dieser Abschlusstechniken sehr genau.

Nach Neil Rackham (1988) ist das Closing ein Verhalten des Verkäufers, welches die Zustimmung des Käufers impliziert beziehungsweise andeutet, sodass dieser in seiner Folgeäußerung dieser Zustimmung folgt oder sie ablehnt. Auch Abschlüsse zu tätigen, will und kann gelernt sein. Das gilt sowohl für den Verkäufer als auch die Führungskraft, deren Abschlussstärke darin liegt, Commitments zu vertrieblichen Ziele zu „verkaufen". In der Einleitung zu seinem Standardwerk Secrets of Closing the Sale (*Der totale Verkaufserfolg*) rät Ziglar (1984): „Ihre eigene Persönlichkeit … Ihre Überzeugung und Glaubwürdigkeit bei der Anwendung der Prinzipien und Methoden … werden ausschlaggebend für den Erfolg sein … werden sie viele von ihnen auf Ihre spezifische Situation übertragen müssen."

Problemstellung
Bei einem Gespräch mit Roman von Power Inside International erkennen Sie seine Schwäche beim Abschluss. Außer den Ergebnissen der Proposal-Arbeit hat er wenig Erfahrungspotenzial, um mit dem Kunden zu einem positiven Abschluss zu kommen. Bei Gesprächspartnern, die seine Detailkenntnis und Gewissenhaftigkeit schätzen, ist das kein Problem – und von denen gibt es glücklicherweise genug. Mit anderen Käufertypen kommt Roman aber nicht gut klar und verliert viele Projekte.

Ziel
Sie erhöhen die Abschlussrate, steigern die Motivation und das Selbstwertgefühl von Roman. Der Vertriebsmann kommt zu Anschlussaufträgen beziehungsweise bleibt mit dem Kunden im Gespräch.

Phasen und Vorgehen

1. *Vorbereitende Maßnahmen:* Viele Vertriebsmitarbeiter gehen ohne (ausreichende) Vorbereitung in ein Abschlussgespräch. Die Defensive verlassen: Hat Ihr Mitarbeiter geklärt, wie weit der Kaufentscheidungsprozess beim Interessenten fortgeschritten ist, ob Mitbewerber im Spiel sind und welche Erfolgsaussichten sie haben?
2. *Jedes Abschlussgespräch braucht klare Ziele:* Besprechen und vereinbaren Sie mit Ihren Vertriebsmitarbeitern die maximal plausible Position beziehungsweise die Grenzen Ihres Unternehmens.
3. *Sorgen Sie dafür, dass beim Opportunity Check die Teilentscheidungen des Kunden gesammelt und rekapituliert werden.* Denn die Kaufentscheidung ist nicht ein allumfassendes großes Ja, sondern das Ergebnis eines Entscheidungsprozesses aus vielen kleinen Schritten.
4. *Üben Sie mit den Sorgenträgern die Abschlussfrage:* Viele haben nämlich Angst vor einem Nein oder empfinden diese Frage als unhöfliches Drängeln. Es sollte ein selbstverständlicher Mechanismus sein, das Ergebnis des bisherigen Verkaufsablaufes zusammenzufassen: „Also aus meiner Sicht haben wir mit dieser Softwarelösung das optimale ERP-System für Sie gefunden. Es bietet …, liefert … und entspricht Ihren Preisvorstellungen." Stimmt der Kunde hier noch nicht zu, kann nachgefragt werden. Oft liegt das Missverständnis vor, dass die fehlende Zustimmung an dieser Stelle bedeutet, dass der Kunde nicht kauft. Hier sind die Vertriebsmitarbeiter sehr häufig

ohne Hilfe und begehen dadurch die elementarsten Fehler: Preisreduktion, Leistungszugeständnisse et cetera, wo doch eine souveräne Rückfrage den möglicherweise nur kleinen Einwand im Nu aufgelöst hätte. Will der Kunde kaufen, muss Ihr Verkäufer das Heft in die Hand nehmen, denn er ist der Profi bei der Abwicklung des Vertrags. Viele Kunden lassen sich gerne nach der Kaufentscheidung in die Abwicklungssicherheit des Verkäufers fallen. Denken Sie an Ihren letzten Autokauf! Nach dem „Darf ich dann den Wagen für Sie bestellen?", oder noch offensiver: „Bis wann sollen wir Ihnen Ihren neuen Wagen liefern? Sind acht Wochen in Ordnung?", ergibt sich fast zwangsläufig der Kauf. Die Abschlussfrage darf zwar durchaus implizieren, dass der Kunde kaufen möchte, aber sie sollte nicht manipulativ erscheinen. Als Führungskraft sollten Sie gerade hier die Unerfahreneren (moralisch) unterstützen.

5. *Sichern Sie ab, dass Ihr Mitarbeiter, sobald er den Entscheidungsprozess eingeleitet hat, nicht mehr unterbrochen wird:* Nicht selten verlässt den Verkäufer nach dem Abschlussgespräch, vor der schriftlich bestätigten Entscheidung, die Konzentration und das sicher geglaubte Projekt geht verloren. Gerade in dieser Phase muss der Kunden eng „geführt" werden. Das „Wie" ist individuell verschieden. Hier zeigt sich, wer seine Hausaufgaben gemacht hat.
6. *Am Ball bleiben:* Bevor die Unterschrift nicht da ist, bleibt alles bei 99 % und das sind bekanntlich nicht 100 %. Viele Führungskräfte begehen den Fehler, entweder in der Abschlussphase zu forcieren oder nach dem vermeintlichen „Abschluss" gleich zur Tagesordnung oder dem nächsten Thema und Projekt überzugehen. Die Minuten vor der Unterschrift haben eine enorme Hebelwirkung und erfordern die ganze Aufmerksamkeit des Verkäufers.

Nutzen

Sowohl die Konzentration auf den Abschluss als auch die Qualität der Aufträge steigt. Die Auftragswahrscheinlichkeit erhöht sich, die Zufriedenheit von Kunde und Vertriebsmitarbeiter wächst sichtbar. Der Abschluss wird zu den Lessons learned eines jeden Vertriebszyklus. Durch die Klarheit der Teilentscheidungen können viele (flüchtige) Erfahrungen thesauriert werden. Ihre Vertriebsmitarbeiter gewinnen zusätzliches Selbstbewusstsein.

5.2.4 Einwandbehandlung: das doppelte Lottchen

Definition

Ein Einwand ist eine (gegenteilige) Ansicht, eine Meinung, ein Widerspruch, meistens ein Mix unterschiedlicher Gründe. Jeder Einwand hat sachlicheund/oder persönliche/emotionale Gründe. Es lassen sich fünf verschiedene Typen unterscheiden:

1. *Objektiver Einwand* auf Basis von nachvollziehbaren, sachlichen und fachlichen Argumenten.
2. *Unsachlicher Einwand* zur Provokation oder aufgrund der (schlechten) Laune des Einwendenden.

3. *Ausrede oder Vorwand* als Scheinargument zum Zweck (nicht ausgesprochener) Zielvorstellungen des Gesprächs.
4. *Gefühlter Einwand* (sachlich oder emotional), der nicht geäußert wird, meist aus Angst vor Konflikten.
5. *Subjektiver Einwand*, der auf speziellen, persönlichen, meist negativen Erfahrungen beruht.

Die Methoden mit Einwänden umzugehen, sind beim Kunden wie beim Mitarbeiter gleich.

Problemstellung
Thomé sträubt sich, den Vorgaben des Account Managers nachzukommen und einen Detail-Account-Plan aufzustellen. „Ich arbeite so intensiv und erfolgreich mit Energie Schweiz zusammen und habe das mit dem Kunden schon besprochen. Außerdem habe ich für die ‚Theorie' keine Zeit."

Ziel
Sie sind in der Lage, die Einwände besser zu verstehen und finden Lösungen, um damit umzugehen. Der Einwandgeber erkennt Ihre Bereitschaft, auf seine Bedenken einzugehen und zu einem für beide Seiten zufriedenstellenden Ergebnis zu kommen. Sie gehen stärker in jedes Einwand-behaftete Gespräch und kommen in jedem Fall erfolgreich heraus.

Beispielliste möglicher Einwände
Kundeneinwände bei der Terminvereinbarung (Zeitaspekt):

- „Ich bin mit Arbeit eingedeckt. Ich habe schon Unterstützung."
- „Ich habe das schon und bin bestens bedient."
- „Ich habe (jetzt) keine Zeit."
- „Schicken Sie mir die Unterlagen zu."
- „Ich habe kein Interesse an dem Thema, das gehört nicht in mein Ressort."
- „Sie wollen mir doch nur Arbeit aufdrücken."
- „Es war jemand erst vor kurzer Zeit hier."

Kundenweinwände vor Ort (Aufwand und Ressourcen):

- „Das ist zu aufwändig."
- „Ich habe keine weiteren Zeitressourcen eingeplant."
- „Ich habe nur kurz Zeit."
- „Ich muss das mit dem Team, den Kollegen, dem Chef, der Leitung besprechen."
- „Wir führen gerade zum selben Thema eine Analyse durch."
- „Wir sind mitten im Projekt."
- „Ich möchte (jetzt) nichts weiter tun."
- „Ich habe kein Vertrauen in das Vorhaben."
- „Ich habe das erfolgreich immer so gemacht, nicht so wie Sie."
- „Das muss ich überlegen."

Mitarbeitereinwände:

- „Das regele ich mit den Kollegen."
- „Wir müssen das Projekt fertigstellen, ich habe keine Zeit für ein Gespräch."
- „Schicken Sie mir doch eine E-Mail mit Ihren Vorschlägen."
- „Das ist nicht mein Thema, da sollten Sie Frau X oder Herrn Y befragen."
- „Das habe ich mit Ihrem Vorgänger schon ausführlich besprochen."
- „Die Account-Analyse ist doch viel zu zeitaufwändig. Sie sagen doch immer: Effizienz, Effizienz!"
- „Wir können uns nächste Woche mal fünf Minuten nehmen."
- „Das habe ich schon alles probiert."
- „Da geht gar nichts."
- „Ich glaube nicht, dass dabei etwas herauskommt."
- „Ich dachte, ich war eigentlich in der Vergangenheit schon erfolgreich und habe es auch bewiesen."
- „Ich möchte darüber nachdenken."

Phasen und Vorgehen
Hören Sie sich den Einwand an, und stellen Sie sicher, dass Sie ihn sowie die dahinterliegende Intention verstanden haben.

Erklären Sie, als wäre Sie sein Kunde, mit eigenen Worten, wie Sie Ihren Mitarbeiter verstanden haben.

Nutzen Sie dazu folgendes, erweiterbares Kompendium des „kybernetischen Modells" von Behandlungsmethoden (Saxer und Frei 2002).

Beispiel Steam Success
Ausgangsfrage: „Wie sollen wir den Account-Plan fertigstellen, ich glaube, unser Team schafft das nicht …"

- *Return:* „Wo liegt Ihr Problem?"
- *Ergründung:* „Worin sehen Sie den Grund für Ihre Annahme? Ist der Account-Plan zu komplex? Haben Sie keine Zeit? Entsprechen die Anforderungen nicht Ihren Skills? Was haben Sie bereits überlegt oder unternommen?"
- *Wunschverwandlung:* „Wenn wir gemeinsam die Aufgabe durchsprechen, beziehungsweise ich Ihnen die Details der Vorgehensweise zeige, sind Sie dann zufrieden beziehungsweise können Sie dann die Aufgabe umsetzen?"
- *Blocken durch Weiterleiten:* „Wenn Sie mit dem Zeitaufwand Probleme haben beziehungsweise es hinsichtlich der Vorgehensweise Unklarheiten gibt, sprechen Sie doch mit Kollege X, sein Team hat diese Aufgabe gelöst …", „Ich sage Herr Y aus dem Team Erlangen, dass er sich mit Ihnen zusammensetzt und eine Lösung entwickelt"
- *Bumerang oder Weiterleitung:* „Sehr gut! Wenn Sie Alternativen sehen, sollten Sie sich mit Frau X zusammensetzen und dies gerne präsentieren."
- *Pfeile werfen:* „Ist Ihnen der Umfang zu groß? Nach welchen Kriterien haben Sie das bewertet?"

- *Emotionale Feststellung:* „Sind Ihnen die Anforderungen zu hoch oder nicht angemessen, nicht relevant, nicht sinnvoll genug?“
- *Fakten verändern:* „In der Vorbereitung haben wir alle Details bereits offengelegt, dies habe ich auch kommuniziert …“
- *Enttilgen:* „Was genau wollen Sie fertigstellen?“
- *Reframing:* „Ich denke, Sie haben Ihre persönliche Belastung im Kopf.“
- *Geschichten erzählen:* „Letztes Jahr hat der Bereich Y hat einen Account-Plan nach denselben Prinzipien erstellt. Die Vorbereitung dort war sehr erfolgreich.“
- *Schweigen:* „…“
- *Themawechsel/Gegenfrage:* „Sind die Rahmenbedingungen nicht im Vorfeld bereits besprochen und vereinbart worden?“ … „Wie sehen Ihre Planungsprinzipien (eigentlich) aus?“ „… Welche Antwort erwarten Sie?“
- *Überhören:* „…“ (mit komplett anderem Thema fortsetzten)
- *Ergänzungscheck:* „Gibt es außer der Annahme, dass Ihre Ressourcen nicht ausreichen, noch etwas anderes, was Sie an der Umsetzung hindert?“

Beispiel
Sie enttilgen Thomés Äußerung und nutzen dafür mehrere der oben genannten Einwandbehandlungen.

Enttilgungen:

> Ich arbeite so intensiv und erfolgreich mit Energie Schweiz zusammen und habe das mit dem Kunden schon besprochen. Außerdem habe ich für die ‚Theorie‘ keine Zeit.

- „Woran arbeiten Sie mit dem Kunden so intensiv, dass Sie das behindert? Wie sieht Ihre erfolgreiche Arbeit mit Energie Schweiz aus?“
- „Was haben Sie mit dem Kunden genau besprochen?“

Einwandswendungen:

- „Was außer Ihrer Verfügbarkeit hindert Sie daran, den Account-Detailplan zu erstellen? Ist der Umfang zu groß?“
- „Wo liegt bei der Account-Planung Ihr grundsätzliches Problem?“

5.3 Profile: Steher, Primus, Trüffelschwein und Egoist

5.3.1 Zuzanna, die Steherin

Problemstellung bei PIP Power Inside Production
Zuzanna liefert außergewöhnlich viele Leads von Neukunden. Leider gelingt es ihr selten, die Ziele zu erreichen. Als Bypass wurde ihr ein junger Kollege offiziell als Partner zur Seite gestellt, der als abschlussstark gilt, der von ihrer Vertriebssystematik lernen und

gleichzeitig ihre Schwäche kompensieren kann. Das gelingt zwar, aber Zuzanna empfindet ihn nun als Konkurrenz.

Zuzanna, Slowakei (Głodny Wilks Personalreport)
Sie hat sich viele Freunde gemacht und ist trotz ihrer siebenundvierzig Jahre jung geblieben. Sie geht mit ihren ehemaligen Kunden von Škoda und FSO regelmäßig zum Bowlen oder auch zum Mountainbiken in den Waldkarpaten. Wenn ich überlege, wie lange sie bei ihren großen Kunden warten muss, wie oft sie im Verdrängungswettbewerb dann doch nur „zweiter Sieger“ wurde, wie viele Leads nötig sind, um ausreichend Angebote zu erstellen, beweist sie große Ausdauer. Gerade die jungen im Team können sich von ihrem unverbrüchlichen Glauben an den Erfolg und sich selbst eine dicke Scheibe abschneiden: kein Jammern, kein Selbstmitleid oder gar Schuldsuche bei anderen. Wer wie sie entschlossen ist, Erfolg zu haben, wird irgendwann belohnt.

Sie vereint zwei wichtige Eigenschaften im Vertrieb: Hartnäckigkeit und Ausdauer. Sie weiß, dass es reine Glückszeiten gibt, in denen alles wie von selbst gelingt und dann die harten, in denen man schier verzweifeln könnte, was sie aber nicht tut. Fach-Know-how bringt sie mit, auch genügend Beratungsverständnis. Es ist Teil ihres Jobs, Niederlagen wegzustecken, ihre Selbstsicherheit geht auf mich, die Führungskraft, über, und ich habe Vertrauen und Geduld: Es wird schon. Ein Erfolgsrezept für diese Steherqualitäten (vgl. Abb. 5.1) und diese kommen gut im Team an, ist der Glaube an sich selbst – eine Vision, die man nicht hinausposaunt, sondern für sich gefasst hat. Das hilft über viele Klippen hinweg, auch wenn ihr Ego mal angekratzt ist. Es ist die gewählte Disziplin, mit der sie auch nicht so erfolgversprechende Situationen meistert und mit der sie sich Achtung verdient und einen Stammplatz in meinem Sales Team. Keep on going!

Analyse
Stärken

- **Kundenentwicklung**: Die Adaption am Markt bzw. beim konkreten Kunden und Stellung zum Wettbewerb gelingt sehr gut. Anwendungs-Knowhow hilft, den Innovationsgrad beim Kunden zu steigern. Sie hat eine klare Sicht auf das Vertriebsgebiet.
- **Vertriebsabläufe**: Sie beherrscht die „Vertriebsgrammatik“: Handelt „regelkonform“ nach den unternehmensweiten Abläufen. Sie kennt und nutzt den (regelhaften) Sales-Zyklus des Kunden, zum Beispiel beim Pitching. Sie weiß, wie sie betriebswirtschaftliche Painpoints der Kunden herausbekommt.
- **Kommunikation**: Setzt die Sprache verbal und nonverbal kontrolliert ein. Ist sich der Wirkung ihrer Gesamterscheinung absolut bewusst.

Generell
Sehr realistisch verfolgt Zuzanna gut *organisiert und systematisch* ihre Projekte. Sie lässt sich nicht entmutigen, ihre *Entschlossenheit* wird vom Kunden oft belohnt. Ihre Motivation zieht sie aus sich selbst, *Disziplin* hilft ihr wie ein Korsett zum Erfolg. Gut erfragte

Abb. 5.1 Die Steherin. (Quelle: Jan Myszkowski)

Kundenanforderungen sind ihr *Leitfaden*, den sie kontinuierlich verfolgt. Sie baut keine Luftschlösser und ist pragmatisch bei der Sache.

Schwächen

- **Innovation und Crossselling**: Sie ist über die Trends und Entwicklungstendenzen nicht im Bilde kann deshalb, ohne die Wünsche und Visionen zu verstehen, kaum Boardroom-Capability aufbauen. Damit ist es schwer, den Funnel zu füllen.
- **Inspiration**: Erfasst nur „regelhaft" Aspekte beim Kunden, Eigenschaften in den Kundenprozessen, Beziehungen von Gegenständen oder Sachverhalten in den Unternehmen.
- **Selbstbild**: Kann ihr eigenes Erscheinungsbild nur bedingt einschätzen.

Generell
Kreativität ist nicht ihre Stärke, neue innovative Themen wird Zuzanna so nicht entwickeln. Sie ist eher *uninspiriert*, sieht das Hier und Jetzt, weniger das große Ganze. Man merkt ihr zeitweise an, dass sie an Strukturen festhält, dann ist sie *nicht flexibel*. *Prioritäten* könnte sie besser setzen, *unproduktive Themen* weglassen. Entspannt ist sie nie und kommt schwer in den *persönlichen Dialog* zum Kunden.

Vertriebsprofil: Stärke und Potenzial (vgl. Abb. 5.2)
Ausrichtung: Betreuer Orientierung: Kundenentwicklung Stärke: Prozesse Potenzial: groß

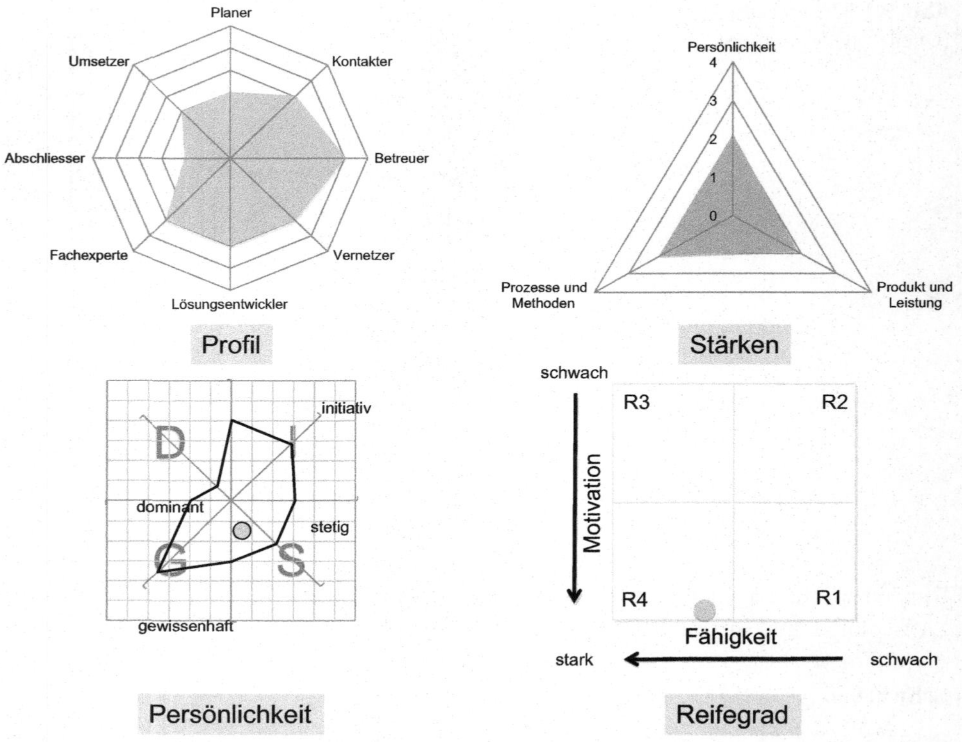

Abb. 5.2 Steherin: Einschätzung von Persönlichkeit, Stärke und Reifegrad. (Quelle: eigene Darstellung)

Verbesserungspotenzial

- Produkt und Leistung:
- Fragen Sie nach Inhalten in den Beziehungen zu den Kunden.

Methoden und Prozess:

- Erarbeiten Sie gemeinsam Prioritäten.
- Helfen Sie, die Methode des Brainstormings zu erlernen, möglicherweise im Team, mit ihr als Moderatorin.

Persönlichkeit:

- Loben Sie auch kleine Erfolge, nicht Disziplin oder Beharrungsvermögen.
- Suchen Sie gemeinsam nach neuen Ankern für Selbstsicherheit, jenseits von Konsequenz und Struktur.

Interkulturelle Anregung
Für Polen sind Beziehungen wichtiger als Regeln. Durch die „erzwungene" Zusammenarbeit haben Sie diese vielleicht verletzt. Gehen Sie auf die individuellen Leistungen und Bedürfnisse ausführlich ein. Das Zusammenspiel mit dem jungen Kollegen muss durch genaue Strukturen und Anweisungen erfolgen.

5.3.2 Mikkel, der Primus

Problemstellung bei Steam Success International
Mikkels hohe Trefferquote spricht eine andere Sprache als die Stimmung im Team. Einige Kollegen haben sich schon geweigert, bei seinen Opportunities mitzumachen. Bevor die Situation eskaliert, gibt es ein Gespräch zu den Vorfällen und seinen Problemen, Vertriebsprojekte mit ausreichend passenden Mitarbeitern auszustatten, weil immer mehr Consultants den Kontakt mit ihm meiden.

Mikkel, Dänemark (Gespräch mit Johannes Mannsheim)
Ein Lächeln huscht selten über sein Gesicht. Er stammt aus Kalundborg und hat in einer Raffinerie seine Ausbildung gemacht. Seine Erscheinung ist hager und athletisch. Er wirkt durch den strengen Ausdruck um die Augen deutlich älter als fünfunddreißig.

Hochkonzentriert stellt er seine Projekte vor, vermeidet jede Ablenkung. Die Fachkompetenz und Genauigkeit, mit der er seine Arbeit betreibt, beeindrucken. Er spricht wenig über Zielerreichung oder seinen Einsatz, er setzt um. Außer den Details aus seinem Lebenslauf und seinen Referenzen gibt er wenig von sich preis. Die Präsentationen sind gewissenhaft, es fehlt kaum ein Detail, er ist immer bestens vorbereitet. Wir erwischen ihn bei Rückfragen nie auf dem falschen Fuß. Ich weiß nicht, ob es vornehmlich Karriereeifer ist oder ob er einfach nur optimale Leistung bringen will.

Sein Leistungsstandard beeindruckt das Team, seine Ergebnisorientierung lässt in unserem Managementteam keine Wünsche offen (vgl. Abb. 5.3). „Das Einzige, was zählt, ist der Auftrag", und das ist schon viel Emotion für seine Begriffe. Erfolg ist Abschluss und

Abb. 5.3 Der Primus. (Quelle: Jan Myszkowski)

Projektumsetzung. Er nimmt die gesetzten Ziele und setzt sie um. Es hat den Eindruck, als nutze er den Markt als Testplattform, auf der er seine Fähigkeiten erproben und erweitern kann. In unseren Meetings spürt man seinen unbändigen Willen, erfolgreich zu sein.

Analyse
Stärken

- **Fachwissen**: Hat hohe Expertise und durchdringt mit dem Portfoliowissen fachliche Fragestellungen. Er hat einen umfangreichen technischen, praktischen Ansatz.
- **Vertriebliche Abläufe**: Wendet die „Vertriebsgrammatik" effektiv und erfolgreich an. Hat umfassend Kenntnis und Erfahrung bezüglich Vertriebsmethoden. So entstehen laufend Sales-Zyklen und der Füllgrad der Pipeline ist vorbildlich. Die Wirtschaftlichkeit der Angebote ist sichergestellt.
- **Selbstbewusstsein**: Er bewegt sich entspannt und sicher.

Generell
Hoher Einsatz bestätigt Mikkels Willen zum Erfolg. Sein *Eigenantrieb* macht ihn nahezu zum Selbstläufer. Sein *Fleiß* setzt Standards im Team. Die *Vorbereitung* ist vorbildlich. Er orientiert sich diskussionslos an den *gesetzten Zielen.*

Schwächen

- **Vernetzung**: Hat einen geringen Bekanntheitsgrad in der Branche, wie es scheint auch wenig Freundschaften, Beziehungen und kaum Kontakte im eigenen Unternehmen und in der Branche.
- **Flexibilität**: Tut sich schwer sich auf die unterschiedlichen situativen und kulturellen Kontexte einzustellen. Es fehlt ihm das Verständnis sich an die üblichen Rede- und Verhaltensweisen zu halten. Er kümmert sich nicht um die Do's und Don'ts in Verhalten und Auftreten.
- **Akzeptanz im Unternehmen**: Er hat wenig Anlage zur Integration in Gruppen. Er sucht nicht z. B. nach Engagement in Alumnis. Man erkennt wenig Offenheit gegenüber neuen Projekten. Bei der Teilnahme an und Initiative in Meetings wird er kaum sichtbar. Wenig Leistungsorientierung, kaum interne Competitiveness.

Generell
Mikkel erzeugt wenig *Enthusiasmus*, seine fehlende *Lockerheit* kann im Team und in Projekten ein Hindernis darstellen, gar auf Widerstand stoßen. Er ist nicht *spontan* oder auch generell *flexibel.* Da er bisher wenig von *interpersonellen Fähigkeiten* abhängt, nutzt er kaum Gelegenheiten, Beziehungen zu Kunden aufzubauen jenseits des rein fachlichen Kontexts. Hochfokussiert *übersieht er wichtige Aspekte der Vertriebsarbeit* wie das Be-

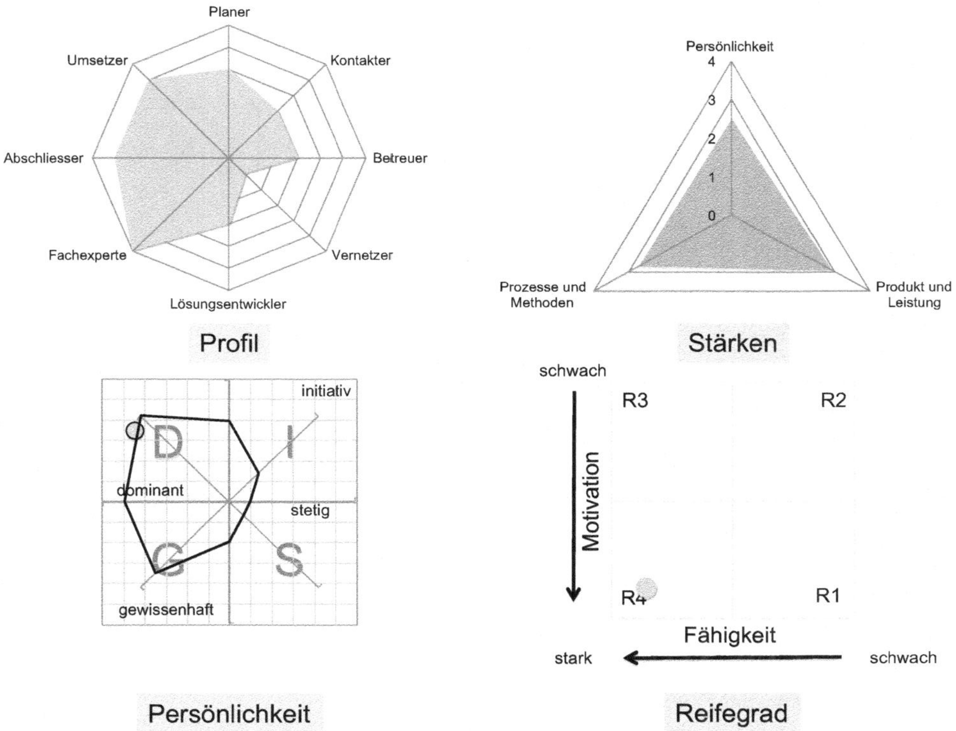

Abb. 5.4 Primus: Einschätzung von Persönlichkeit, Stärke und Reifegrad. (Quelle: eigene Darstellung)

reitstellen von Ressourcen oder Verhandlungsstrategien. Er ordnet die *gelieferte Qualität* dem Abschluss unter. Achtung: Er *powert sich aus* und ist ein Kandidat für einen Burn-out.

Vertriebsprofil: Stärke und Potenzial (vgl. Abb. 5.4)
Ausrichtung: Fachexperte Orientierung: Produkt Stärke: Produkt Potenzial: groß

Verbesserungspotenzial
Produkt und Leistung:

- Diskutieren Sie, was er im Gesamtkontext der Vertriebsarbeit zur Allokation nötiger Ressourcen beitragen kann.

Methoden und Prozess:

- Erarbeiten Sie Lösungen, wie er die grundsätzliche Beziehung zu seinen Kunden auf- und ausbauen kann.
- Setzen Sie Delegation und Kooperation auf die Coaching-Agenda.

Persönlichkeit:

- Vor allem im internationalen Kontext sollten Sie ihm seine Wirkung auf andere wiederspiegeln. Reflektieren Sie mögliche Verbesserungen.

Interkulturelle Anregung
Dänen sind in aller Regel sehr direkt. Etwas untypisch ist Mikkels mangelnder Respekt vor anderen im Team, wenn er die Gemeinschaft seinen Projektvorhaben unterordnet. Andererseits sprechen die Werte Transparenz und Präzision für typisch dänische Verhaltensweisen. Diese Themen direkt anzusprechen schadet nicht.

5.3.3 Owen, das Trüffelschwein

Problemstellung bei Fournier Système
Die Margen bei großen Projekten werden immer kleiner. Owen sieht das nicht recht ein und geht in den Verhandlungen auf volles Risiko. Vor allem, wenn es neue Kunden sind, verliert Fournier Système häufig Projekte. Noch kompensiert er durch mehr Kundentermine und Angebote diese Schwäche, die Kosten seiner Arbeit gehen aber deutlich nach oben.

Owen, Großbritannien (Klaus de Yong stellt vor)
„Let me introduce myself! I'm Scrooge McDuck, most powerful exciting sales guy on earth. I close every deal. Hunter, farmer, shipper, retailer, incentive collector, anything in sales: it's me!“, so stellte er sich bei uns vor. Wenn wir einen großen Prospect zu erledigen haben, der halbwegs attraktiv aussieht, ist Onkel Dagobert – das ist seither sein Spitzname – sofort dabei und übernimmt das Regiment. Er hat als Finanzmathematiker in den Neunzigern in London angefangen. Dann hat er in seiner Bank das Integrationsprojekt für Dokumentenmanagement von Kundenseite her so erfolgreich betreut, dass er umgesattelt hat.

Seit achtzehn Jahren ist er nun im Geschäft und hat mehr Geld verdient als wir im Management – und er ist immer noch nicht satt. Die Diskussionen um den Bonus sind erst vorbei, wenn er das Geld auf seinem Kontoauszug sieht. Er versteht seine Kollegen nicht, die lieber ein hohes Fixum und einen moderaten Wagen wollen, aber dafür stetig. „No risk, no fun“, das ist seine Devise, und das lebt er auch so. Er riecht lukrative Deals und gibt sich auch nur damit zufrieden (s. Abb. 5.5). Geld ist für ihn das Adrenalin für außerge-

Abb. 5.5 Das Trüffelschwein. (Quelle: Jan Myszkowski)

wöhnlichen Einsatz. Er braucht große Kunden, große margenträchtige Produkte. Bei unserer Einführung neuer exklusiver Services hat er uns mehrere große Aufträge beschert. Die Geschichte, wie er sich seine Breitling in Grenchen anfertigen ließ, muss jeder über sich ergehen lassen. Erfolg muss sichtbar sein! Er weiß mit seinem Auditorium umzugehen.

Analyse
Stärken

- **Kundenkenntnis**: Ist mit der „Geschichte" und den daraus resultierenden Plausibilitäten aus der Vergangenheit gut bis bestens vertraut.
- **Ableitungsfähigkeit**: Er kann gut organisatorisch, personell zuordnen und ableiten.
- **Selbstsicherheit**: Geht sehr professionell mit seinem eigenen Erscheinungsbild um und setzt es zielgerichtet ein.

Generell
Owen hat ein *exzellentes Händchen* für erfolgreiche, margenträchtige Geschäfte. Es entgeht ihm nie ein *mögliches Zusatzgeschäft* oder eine neue Geschäftsmöglichkeit. *Abschlusstechniken* wendet er souverän in allen Varianten an. Sein *Einsatz* ist vorbildlich und ausdauernd. Man kann sich auf seinen *Erfolg* verlassen: Er hält, was er verspricht.

Schwächen

- **Vernetzung**: Hat einen geringen Bekanntheitsgrad in den Marktsegmenten. Vermutlich auch wenig Freundschaften, Beziehungen und Kontakte bei den Kunden im Markt.
- **Analysefähigkeit**: Erkennt nur unzureichend Muster und Kategorien
- **Qualität der Kommunikation**: Tiefergehende Gespräche sind bei ihm zäh. Anlagen zur Interaktion mit einer Person, mit Eigenpositionierung und Umgang mit Feedback bidirektional.

Generell
Manche Kunden fühlen sich von Owen *über den Tisch gezogen.* Im fehlt das *strategische Gespür* dafür, dass der Kunde ein Partner ist, den er nicht immer im Wettkampf, in der Verhandlung „besiegen" muss. Seine *Kundenorientierung* fällt stark hinter seinen monetären Erfolgswunsch zurück. Seine *Ungeduld* beim Abschluss hat schon manchen Kunden zurückhaltender gemacht. Die *Begeisterung* gilt immer dem Geschäft, nie dem Kunden. Das kann Misstrauen schüren. Im Team nimmt ihm seine (vielleicht aufgesetzte) Freundlichkeit niemand ab. Jeder glaubt, das sei nur *Selbstzweck.* Achtung: *„Hochdruckvertrieb"* verdirbt den Account!

Vertriebsprofil: Stärke und Potenzial (vgl. Abb. 5.6)
Ausrichtung: Abschließer Orientierung: Kontrakt/Vertrag Stärke: Prozesse Potenzial: mittel

Verbesserungspotenzial
Produkt und Leistung:

- Geben Sie ihm die Möglichkeit, gemeinsam mit einem Kunden dessen Zufriedenheit mit Ihren Leistungen und Produkten zu beschreiben.

Methoden und Prozess:

- Machen Sie den Punkt „Kunden und wirtschaftlicher Erfolg" zum Gesprächsthema im Team Meeting.

Persönlichkeit:

- Arbeiten Sie im Gespräch heraus, welche Kriterien generell die Vertriebsarbeit zum Erfolg werden lassen.
- Wie definiert er Zufriedenheit?

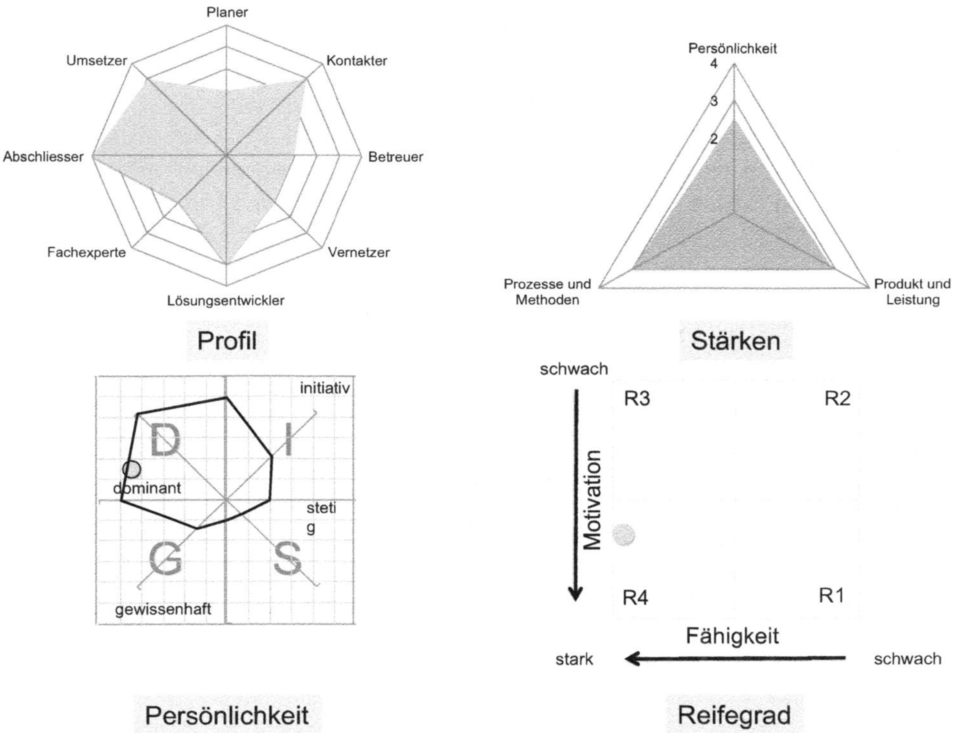

Abb. 5.6 Trüffelschwein: Einschätzung von Persönlichkeit, Stärke und Reifegrad. (Quelle: eigene Darstellung)

- Was sind seine beruflichen und privaten Ziele?
- Welchen Stellenwert haben für ihn die Kunden wirklich?
- Kennt er die extrinsischen und intrinsischen Motivationsfaktoren?
- Was zeichnet einen erfolgreichen Verkäufer aus?
- Was bedeutet Karriere, welchen Stellenwert haben Geld, Auto und andere Incentives?
- Wie sieht die tatsächliche Selbstbestätigung aus?
- Gehen Sie in die Details seiner Vertriebsarbeit, und er wird sich wundern, was Sie alles gemeinsam zutage fördern.

Interkulturelle Anregung

Der hohe Individualismus Owens ist typisch für Briten. Dass jeder Einzelne persönliche Ziele anstreben sollte, wird bereits im Kindesalter vermittelt. In Owens Fall kommt noch das Bedürfnis nach einem hohen Selbstwertgefühl dazu, das er mit seiner auffälligen Art zu erreichen versucht. In seinen Äußerungen überwiegt die Selbstkundgabe, eines der vier „Ohren“ der Kommunikation hinsichtlich Inhalt und Appell (Schulz von Thun 1981).

5.3.4 Noé, der Egoist

Problemstellung bei Terra Consult
In letzter Zeit mehren sich Klagen von Kunden, dass Noé bei Besuchen ausfallend wurde. Ihn selbst schmerzt, dass er zwei Bestandskunden in der Verhandlungsphase verloren hat. Er gibt den Rahmenbedingungen, dem Team und dem Kunden die Schuld für das Scheitern. Auch weil es hier um die Reputation von Terra Consult geht, ist ein Gespräch dringend erforderlich.

Noé, Frankreich (Berichte von Robert Ganges)
Er betritt die Bühne und zieht mit seinem Gitarrensolo alle in seinen Bann. Er braucht das Publikum, nicht nur auf der Jahresfeier, sondern bei jedem Kundenbesuch. „Ich muss im Zentrum der Aufmerksamkeit stehen, alles andere wäre unerträglich" (s. Abb. 5.7), gesteht er mir in einer schwachen Stunde, nach ein paar Gläsern Rotwein. Eigentlich müsste er vom Rampenlicht mit seinen fünfundfünfzig Jahren schon genug abbekommen haben. Er hatte schon einige Toppositionen in Dax-Unternehmen. Seine Präsentation beim Terra-Day war das Highlight der Kundenveranstaltung.

Die Beachtung aller löst ungeahnte Energie aus, die Bestätigung seiner Leistung ist auch die Bestätigung seiner selbst. Der Kundentermin ist Schauplatz und Podium, auf denen er die Bestätigung bekommt, dass er alles richtig gemacht hat: die richtigen Argu-

Abb. 5.7 Der Egoist. (Quelle: Jan Myskowski)

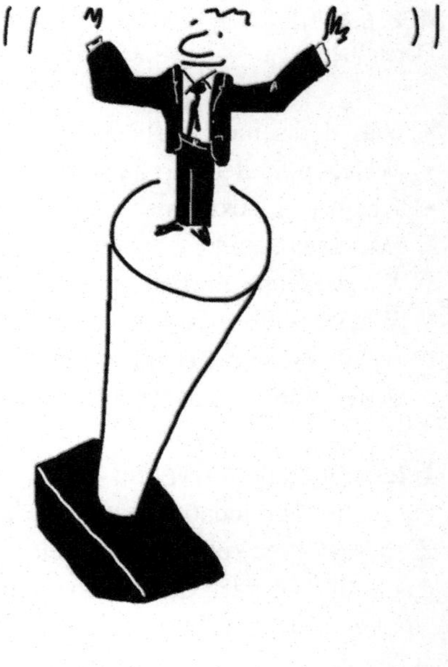

mente, ein geschliffener Ausdruck, sein edler Anzug im Scheinwerferlicht des Kunden. Der Abschluss ist eine Selbstverständlichkeit und bestätigt nur sein erfolgreiches Auftreten. Fachwissen, Flexibilität und Geschwindigkeit der Argumentation begründen seine Selbstsicherheit. Bei Veranstaltungen sucht er sich immer die Erfolgreichen und Selbstbewussten aus. Bei jedem Anflug von Kritik huscht Missfallen über sein Gesicht – das hat keinen Platz. In der Marktarena nutzt er die Geschäftsmöglichkeiten als Scheinwerfer, damit jeder sieht: Der ist richtig, richtig gut, der hat Ausstrahlung!

Analyse
Stärken

- **Branchenkenntnis**: Beherrscht das Portfolio und die Bedingungen am Angebotsmarkt. Er kennt die Preissituation und hat Erfahrung, in diesem Umfeld mit Spannen zu kalkulieren.
- **Kommunikationsstrategie**: Er beherrscht die verbalen und nonverbalen Kommunikationsstrategien. Er kann aus erkannten Mustern zielgerichtete Handlungen ableiten, zum Beispiel zur strategischen Kundenentwicklung.
- **Selbstbewusstsein**: Setzt die Sprache verbal und nonverbal kontrolliert ein. Ist sich der Wirkung seiner Gesamtscheinung absolut bewusst.

Generell
Kontakte zu machen, fällt Noé überaus leicht. *„Augenhöhe"* ist für ihn kein Thema, starke Persönlichkeiten machen ihn noch stärker. Seine *imposante Erscheinung und sein Selbstbewusstsein* helfen ihm in vielen Situationen, sich durchzusetzen. Er versteht es, in *Wort und Auftritt* das Unternehmen und dessen Leistung hervorragend darzustellen und anzubieten. Mit persönlicher Initiative und *dynamischem Auftreten* erzeugt er generell eine positive Stimmung und zieht alle Aufmerksamkeit auf sich.

Schwächen

- **Vernetzung**: Ist nicht besonders innerhalb von Markt und Branche vernetzt.
- **Vertriebsdisziplin**: Er kennt beziehungsweise beherrscht die Vertriebsgrammatik, also die unternehmensweiten Abläufe nur unzureichend. Auch kümmert er sich zu wenig um die (regelhaften) Sales-Zyklen der Kunden. So erfährt er wenig über die betriebswirtschaftlichen Painpoints der Kunden.
- **Kundenorientierung**: Er tut sich schwer, sich in die unternehmensspezifische Kultur zu integrieren. Er ist weit weg vom Status eines Trusted Advisor.

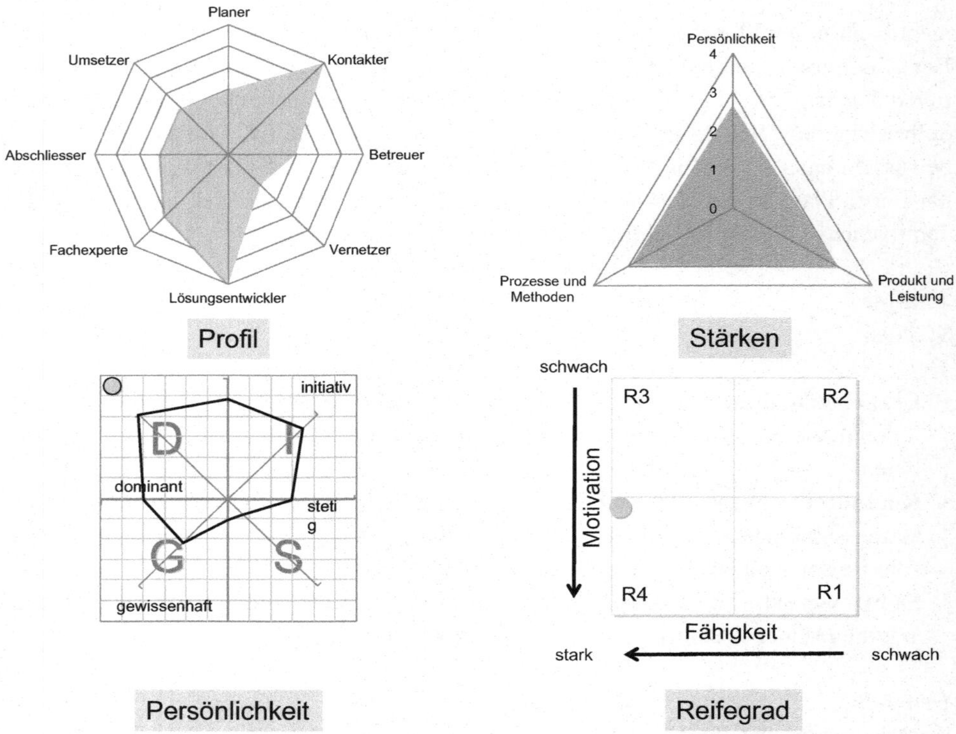

Abb. 5.8 Egoist: Einschätzung von Persönlichkeit, Stärke und Reifegrad. (Quelle: eigene Darstellung)

Generell

Für Kundenloyalität fehlt Noé die nötige *Zurückhaltung*. Er verschreckt diverse Kunden, weil er ihnen *„auf den Pelz rückt"*, schon rein physisch. Wenn er aber so nah an sie herantritt, kann das ein Problem darstellen und Kunden abstoßen. Er merkt nicht, dass er mit seinem *polarisierenden Egotrip* Kunden verprellen kann. Mit seiner *offensiven Vorgehensweise* eckt er oft nicht nur im eigenen Unternehmen, sondern auch beim Kunden an.

Vertriebsprofil: Stärke und Potenzial (vgl. Abb. 5.8)

Ausrichtung: Kontakter Orientierung: Opportunities Stärke: Prozesse Potenzial: klein

Verbesserungspotenzial
Produkt und Leistung:

- Erklären Sie anschließend an zwei Kundenbeispielen, warum Sie für diese einen Kollegen für den besser geeigneten Betreuer halten. So schaffen Sie ein konstruktives, lösungsorientiertes Gespräch.

Methoden und Prozess:

- Glaubt er, er könne die genannten Kunden besser bedienen als eine andere Vertriebsperson? Auf diese Weise geben Sie indirekt Feedback ohne Kritik und erzeugen Ehrgeiz, die (nicht infrage gestellten) Eigenschaften bestätigen zu können.

Persönlichkeit:

- Es wird schwer werden, bei ihm grundsätzlich Verhaltensänderungen zu erreichen. Suchen Sie im Vorfeld die zu seinem Typus passenden Unternehmen heraus. Konfrontieren Sie ihn mit Ihrer Auswahl, und begründen Sie Ihre Entscheidung.

Interkulturelle Anregung
Noé zeigt viel Emotionalität am Arbeitsplatz. Wie bei einem Großteil der Franzosen gehören Gefühle auch in Mimik und Gestik zum täglichen Umgang. Noé erwartet auch eine Reaktion, Zurückhaltung führt zu Irritation.

5.4 Coaching-Leitfragen: Verhandlungen und Energie

5.4.1 Führung

Positionierung:

- Wo sind Ihre Limits?
- Haben Sie Angst vor Entscheidungen? Zum Beispiel einem hochdekorierten Mitarbeiter zu sagen, was Sie wirklich von seiner Leistung halten oder einen Mitarbeiter aus einer Position zu nehmen, die dann für eine Weile nicht besetzt ist? Ist das Angst?
- Wie sichern Sie Vertriebsprojekte ab, ohne in den Verhandlungsprozess einzugreifen?
- Wie definieren Sie mit Ihren Vertriebsmitarbeitern die minimale, vor allem aber die maximale Verhandlungsposition?

- Welche Kriterien stellen Sie dafür auf, ob eine Ausschreibung beantwortet wird oder nicht?
- Wie sieht der „Verhandlungskoffer" Ihrer Mitarbeiter aus, und was haben Sie dazu beigetragen?
- Haben Sie Spielregeln in der Organisation, wer wann in der Vertragsphase am Vertriebsprojekt mitwirkt? Wie sehen Ihre Eskalationsstufen aus?
- Was tun Sie, damit jedes Vertriebsprojekt auch im Verlustfall ein Erfolg wird? Gibt es Lerneinheiten: Was lief schlecht und was gut, welche Gründe haben letztlich für das eigene Angebot gesprochen, und wie ist in jedem einzelnen Fall die Entscheidung des Kunden zu erklären?
- Was tun Sie, um Konzentration und Motivation auch bei sinkender Aussicht auf Erfolg hochzuhalten?

5.4.2 Mitarbeiter

Risiko- und Vertragsmanagement:

- Wie ist die Kostenentwicklung in Ihren Projekten?
- Welchen Stellenwert hat für Sie der Deckungsbeitrag bei Ihren Projekten, und was sind für Sie die wichtigsten Inhalte?
- Unter welchen Voraussetzungen müssen Ihre Opportunity oder Ihr Projekt von der Vertriebsleitung beurteilt werden? Haben Sie ein Risk Review Board, und nutzen Sie dieses?
- Bei welchen Aufgaben nutzen Sie die Unterstützungsleistung eines Juristen?
- Welche Opportunity- und Sales-Cycle-Risiko-Klassen unterscheiden Sie?

5.4.3 Allgemeine, persönliche Fragen

Konsequenzen:

- *Widerstand:* Warum kommt dieses Thema bei Ihnen nicht so gut an?
- *Blockaden:* Was hält Sie davon ab, das sofort umzusetzen?
- *Ermutigung:* Was motiviert Sie, sich zu verbessern?
- *Konsequenzen:* Wenn Sie so weitermachen, worauf wird das hinauslaufen?
- *Nein sagen:* Ist Ihnen klar, dass Sie nicht jede Anforderung beantworten müssen, geschweige denn immer sofort reagieren?
- *Ressourcen:* Wen brauchen Sie, um ihre Ziele zu erreichen?
- *Nutzen:* Sie haben bereits einiges investiert, um diesen Weg weiterzugehen, zum Beispiel Opportunities oder Verhandlungszugeständnisse: Was hat das gebracht?

5.4.4 Messgrößen

- Vertriebsentwicklung
  - Tools
    → IT-Kosten pro Vollzeitmitarbeiter
- Marktabdeckung
  - Effizienz der Vertriebsaktivitäten
    → Prozent Vertriebskosten vom Umsatz
- Vertriebsleistungsfähigkeit
  - Pricing und Verhandlung
    → Preiseffektivität pro Vertriebsmitarbeiter
    → durchschnittlicher Nachlass
- Portfoliofokus
  - Produkt und Projektgröße
    → Zahl von gewonnenen Projekten über eine bestimmte Höhe
  - Volumenportfolio
    → Zahl verkaufter Einheiten oder Lösungen

5.4.5 Leistungskennzahl: Kosten pro Lead

Leitfrage: Zu welchem Grad sind die Kosten für die Neukundengewinnung berechtigt? Um die durchschnittlichen Kosten pro Lead zu berechnen, benötigen Sie die vollständigen Vertriebskosten und die Zahl der Leads. Da es Aufgabe von Marketing und Vertrieb ist, im Markt Aufmerksamkeit zu wecken und Leads zu erzeugen, können Sie so die Effizienz der Aktivitäten bewerten. Man kann die Bewertung auch auf die direkten Vertriebskosten und die genaueren Projekte fokussieren.

$$\text{Durchschnittliche Kosten pro Lead} = \frac{\text{Vertriebskosten (gesamt)}}{\text{Zahl der Leads}}$$

$$\text{Durchschnittliche Kosten pro Win-Projekt} = \frac{\text{Direkte Vertriebskosten}}{\text{Gewonnene Projekte}}$$

5.5 Leadership: Abschluss und Erfolg

5.5.1 Feedback

Der Künstler auf der Bühne wartet auf Applaus. Für ihn bedeutet die Urteilsbekundung durch das Publikum die Bestätigung für seine jahrelange Arbeit – eine Bestätigung dafür,

Abb. 5.9 Wir lernen Feedback geben. (Quelle: Jan Myskowski)

dass er den richtigen Weg gewählt hat. Selbst wenn Missgeschicke geschehen, wird es in aller Regel positive Rückmeldungen geben. Die Stille während der Performance, das Klatschen nach dem Abschluss, das Schulterklopfen, Händeschütteln und die Danksagungen, die Kritik in der Zeitung: Alles das ist Feedback.

Wie viele von Ihnen haben seit Jahren keine positive Rückmeldung mehr bekommen – obwohl Sie trotz des schwierigen Marktumfeldes mit dem Team Ihr Ziel erreicht haben? „Ihre Ruhe ist wirklich beispielhaft“, „Ihr Marktverständnis ist uns eine große Hilfe“, „In unserem Chaos zu bestehen, setzt gute Nerven voraus, Hut ab“: Wie auch immer diese Rückmeldungen aussehen, ob sie lobend oder kritisch ausfallen, Sie bekommen jedenfalls einen mündlichen oder schriftlichen Beweis dafür, dass Ihre Arbeit, Ihre Leistung etwas bewirkt hat. Leistung und Feedback als Gegenleistung gehören in einem gesunden Unternehmen zusammen.

Rückmeldung zu geben, ist Einstellungssache (s. Abb. 5.9), in jedem Fall aber ein Geschenk vom Feedback-Geber an den Feedback-Nehmer. Ob Feedback gegeben wird und wie es umgesetzt wird, ist von Kultur zu Kultur verschieden. Zwei Dinge sind aber unverrückbar: Es braucht die Rückmeldung, und sie ist eine deutlich erkennbare Botschaft des Senders. Wo, wann und welche Rückmeldung erfolgen kann oder soll kann man trefflich streiten.. Die Ich-Botschaft hat zwei Vorteile: Ihr Gegenüber kann sie einordnen als Ihre individuelle Einschätzung und in einen Gesamtkontext einfügen und sie stärkt Ihre Position als Führungskraft und Fachmann. Allgemeingültiges können alle sagen – eine persönliche Botschaft ist in jedem Fall ein Geschenk.

5.5.2 Aus dem Sales-Management-Werkzeugkasten

Wissen und Glauben

Erreichen Sie Ihr Budget? „Ich denke schon.“ Gewinnen Sie dieses Großprojekt? „Ich glaube ja!“ Mit solchen Annahmen machen Sie sich Ihr Vertriebsmanagementleben schwer. Ob Gewinnchancen bei Opportunities oder Forecast für das Geschäftsjahr: Ihre Mitarbeiter und Sie selbst auch sollten konkrete Argumente haben, bevor Sie sich diesen Fragen aussetzen. Hüten Sie sich vor subjektiven Deutungen: Diese verzerren die Realität und trüben den Blick für die richtigen Ableitungen und Entscheidungen. Noch wichtiger: Helfen Sie Ihren Mitarbeitern, zwischen „Wahrheit" und „Wirklichkeit" zu unterscheiden. Dietrich Dörner erklärt in *Die Logik des Misslingens (1992),* dass Menschen Dinge oftmals nicht hinterfragen und ihre Vermutung für Wahrheit nehmen. Nicht selten wollen Vertriebsmitarbeiter wie auch Führungskräfte und Entscheider eine Entscheidung „vom Tisch" haben, nach der Maxime „Aus den Augen, aus dem Sinn", zum Beispiel einen Preis abgegeben, ohne den Plausibilitätscheck gewissenhaft durchgeführt zu haben. Mit diesem „ballistischen Entscheidungsverhalten" (fire and forget) wird eine Entscheidung getroffen (fire), ohne vorher ausreichend über die „Flugbahn" nachgedacht zu haben und ohne die Möglichkeit, den Verlauf noch aufzuhalten oder ändern zu können (Dörner 1992). Und da noch so viele andere Themen zu erledigen sind, wird dieser Schuss (wie viele andere) einfach vergessen, abgehakt. Es ist erledigt. Und darin liegt die Logik des Misslingens. Abzuschließen um des Abschlusses willen führt meist nicht zum gewünschten Erfolg. Fakten und Zahlen liefern Klarheit und Sicherheit – auf beiden Seiten, beim Fragenden und beim Befragten.

Bauchgefühl

Im Lauf der Jahre wird Ihre Erfahrung zu einem unterbewussten Ratgeber. Wissen und Glauben sind dabei nicht die Frage. Wenn also das Bauchgefühl (engl. gut feeling) Sie spontan zum Denken, Entscheiden und Handeln veranlasst, basiert das zweifellos oft auf fachlichem Tiefgang und Erfahrung, nur können Sie es augenblicklich nicht sachlich begründen. Ihnen wird es immer wieder widerfahren, dass Ihre Umgebung das als zufällige Eingebung oder Naivität auslegt. Bewahren Sie sich diesen vitalen ersten Impuls.

Die „vernünftige" analytische Entscheidungsfindung, auf die Sie in der Beratungsliteratur hingewiesen werden, führt Sie nicht selten auf die falsche Fährte. Aber auch Ihr tägliches Leben wird von solchen schnellen Bauchentscheidungen geprägt, so sieht das auch Gerd Gigerenzer (2007): Anhand von Intuition getroffene Entscheidungen können durchaus effizienter und effektiver sein als logisch-rationale Entscheidungswege.

Fehlerbewusstsein

Ein Teil der Start-ups überlebt die erste Phase des Wachstums aus einem einfachen Grund nicht: Die Vertriebsaktivitäten beschränken sich auf das Abarbeiten von Anfragen. Die Kundenanfragen werden mechanisch ohne großen Enthusiasmus abgewickelt. Der Vertrieb degeneriert so zu einer reinen Angebotsadministration, die Angebotspipeline entspricht schlicht einer Angebotsmaschine.

Sorgen Sie dafür, dass Ihre Vertriebsmitarbeiter trotz der Routine bei Angeboten immer für das unverwechselbare Ihres Unternehmens sorgen. Das Angebot zeigt dem Kunden ja neben den Inhalten auch Ihre Kultur: Ihr Angebot ist das kulturelle Aushängeschild dafür, wie Sie im Team zusammenarbeiten.

Mit Fokus Erfolg

In dem Buch *Mr. Hitchcock, wie haben Sie das gemacht?* hat der Filmemacher François Truffaut (2003) in Interviews mit dem Regisseur Alfred Hitchcock dessen wichtigstes Handwerkszeug für die Filmwelt dokumentiert. Auch Sie haben viel erlebt und gelernt und können ebenso vorgehen: Nehmen Sie sich regelmäßig die Zeit zur Rückschau, und fassen Sie Ihre Erfahrungen und Schlüsselerfolgsfaktoren zusammen. Vermitteln Sie diese Ihren Mitarbeitern, und bringen Sie so Fokus und Erfolg ins Team.

Vorbild

Eine arabische Regel gebietet: „Wenn du redest, dann muss deine Rede besser sein, als es dein Schweigen gewesen wäre." Eigentlich gibt es kaum einen Unterschied zwischen Ihrer Rolle als exzellenter Vertriebsmann und der als Führungskraft. Die zwei Kommunikationsregeln für erfolgreiche (Verhandlungs-) Gespräche wurden vielen im Vertrieb eingeimpft: Wer fragt, der führt und die Macht des Schweigens. Sie haben wahrscheinlich auch festgestellt, dass Kunden meist selbst am besten wissen, was sie brauchen. Sie haben gelernt, dass Kunden Ihnen dann hilfreiche Hinweise geben werden, was für sie wichtig ist und wo sie Ihre Leistungen benötigen, wenn Sie effektive Fragen stellen. Diese Fragen helfen Ihnen dabei, eigene Lösungen zu entwickeln, und der Kunde fühlt sich dabei wohl und bestätigt.

Ihre Coachees brauchen die gleiche Betreuung, die gleiche Behandlung: zuhören, fragen, zuhören, fragen. So lösen Sie Probleme und steigern die Leistungsfähigkeit Ihrer Mitarbeiter. Auch wenn Sie alles wissen mögen: Hier zählen nur Fragen und Zuhören. Ihre Mitarbeiter werden Sie lieben.

Leistungsphysik

Im Physikunterricht haben Sie gelernt, dass Volumen, Temperatur und Druck in einem proportionalen Verhältnis stehen. Gleiches gilt für die Vertriebsarbeit. Es gibt immer gute Gründe, warum Sie mehr, schnellere und hochwertigere Vertriebsleistung haben wollen, Aber je mehr Sie auf schnelle Abschlüsse drängen, desto wahrscheinlicher wird eine sinkende Qualität bei den Konditionen. Der Sekundenzeiger ist oft ein schlechter Ratgeber. Die Qualität steigern Sie zum Beispiel durch einen größeren Funnel: Im Durchschnitt ist die Qualität der Leads gleich. Weil aber die Auswahl größer wird, steigt auch die Qualität des Auswählbaren. Für die richtige Auswahl brauchen Sie Zeit: Gehen Sie langsamer, und Sie kommen schneller voran.

Angst

Wie in der Verhandlung geht es Ihnen auch beim Coaching: Ihren Forderungen steht eine unausgesprochene Gegenforderung des Vertriebsmitarbeiters gegenüber. Er kann und will bestimmte Dinge realisieren, andere nicht. Wie in der Verhandlung brauchen Sie bereits zu Beginn eine klare Vorstellung Ihrer Limits und der Konsequenzen die daraus gegebenenfalls folgen.

„Ich bin überzeugt, eines Tages wird er seine Ziele erreichen. Ich muss ihn nur noch ein wenig intensiver betreuen beziehungsweise herausfinden, was ihn wirklich antreibt und motiviert." „Ja, ich bin ein wenig gestresst, dass wir die Zahlen nicht erreichen. Und wenn seine Stelle nicht besetzt ist, fehlen mir gegebenenfalls aus seinem Gebiet Aufträge." „Außerdem befürchte ich nicht zeitig genug einen Ersatz zu finden ..." „Gut, ich muss die Wachstumszahlen erreichen, und darum komme ich nicht herum, Punkt." Ist das Angst vor dem Versagen? Ein schlechter Ratgeber, um wichtige Entscheidungen zu treffen. Trotzdem handeln viele Vertriebsleiter nach dem von-der-Hand-in-den-Mund-Prinzip. Denken Sie frühzeitig an die möglichen Konsequenzen und Alternativen, dann ist Ihre Entscheidung eine logische Konsequenz, auch in der Vertragsverhandlung mit dem Kunden.

Handlungsalternativen
Manchmal oder sogar oft sind die Ziele doch nicht so klar, wie Mitarbeiter und Vorgesetzter angenommen haben. Beim Versuch das Projekt abzuschließen treten Unterlassungssünden, Schwächen und unklare Zieldefinitionen immer wieder zutage. Wie kann man sich selbst anbieten, wenn man nicht genau weiß, wo der Freiraum aufhört. Die eigene Position, die Rahmenbedingungen sollten klar sein, um mit dem Kunden verhandeln zu können. Und der Kunde braucht diese Klarheit sowie die Stabilität.

Engpässe und Lerneinheiten
Erfolg und Misserfolg haben eines gemeinsam: Sie können aus beiden lernen, was und wie Sie handeln können, um ans Ziel zu kommen. Mancher Projektverlust erweist sich im Nachhinein als äußerst hilfreich: Was kann das Gute daran gewesen sein? Wovor hat Sie das Problem bewahrt? Die nordamerikanische Philosophie, „think positive" und „don't cry over spoiled milk", soll Ihnen in jeder noch so deprimierenden Lage Mut machen und Sie zum nächsten Anlauf motivieren. Lessons learned, diese sind Ihr Kapital.

Alleinstellung
Edward Chamberlin (1933) nannte es in *The Theory of Monopolistic Competition* „Point of Differentiation" (POD) Ries und Trout fassen es in Ihrem Standardwerk „The Battle for Your Mind" (1986, S. 2) zusammen: „Positioning is not what you do to a product. Positioning is what you do to the mind of the prospect". Viele Vertriebsmitarbeiter stolpern über die Einzigartigkeit ihres Angebots. Was mit USP (Unique Selling Proposition) abgekürzt und als Wettbewerbsvorteil betitelt wird, ist gleichzeitig schwer und auch ganz leicht zu erreichen. Obwohl Sie wissen, dass es jede Menge Alternativen am Markt gibt, können Sie auch stolz auf Ihre Einzigartigkeit sein. Jeder trägt in der Organisation dazu bei, dass alle mit breit geschwellter Brust von der Leistungsfähigkeit, vom Nutzen für den Kunden überzeugt sein können. Verkauf ist auch Psychologie: Bei aller Messbarkeit von Leistungen entscheidet letztlich die Wahrnehmung.

Aufwand und Nutzen

Bei der Vorbereitung auf Abschlusspräsentationen und Verhandlungsmarathons ist die 80-20-Regel sehr hilfreich. Eigentlich stammt dieses Prinzip vom vernünftigen Aufwand in Relation zum Nutzen aus der Wahrscheinlichkeitsrechnung. Die Formel wurde in einem anderen Zusammenhang vom italienischen Wirtschaftswissenschaftler Vilfredo Pareto 1906 bei der Untersuchung des italienischen Staatsetats aufgestellt, um die ungleiche Verteilung des Wohlstands in seinem Land aufzuzeigen. Er entdeckte, dass 20 % der Italiener im Besitz von 80 % des Staatsvermögens waren. In den späten vierziger Jahren schrieb Joseph Juran diese Regel Pareto (damit eigentlich zu Unrecht, da aus dem spezifischen volkswirtschaftlichen Kontext entnommen und verallgemeinert) zu und nannte sie das Pareto-Prinzip.

Das Prinzip kann Ihnen sehr behilflich sein, effizient zu managen. Die Verteilung lässt sich auf Themen des Vertriebsmanagements übertragen: 80 % des Umsatzes werden mit 20 % der Produkte gemacht, 80 % der Projekte werden mit 20 % der Kunden gemacht, 80 % der Qualität werden mit 20 % der Regeln erreicht, und 20 % der Vorbereitung schaffen 80 % Abschlusswahrscheinlichkeit. Das gilt so auch für das Zeitmanagement. Mit dieser Logik können Sie Ihren Mitarbeitern helfen, ein Gefühl dafür zu entwickeln, worauf es im Beruf und Privatleben wirklich ankommt. Mit dem Pareto-Prinzip legt man die Priorität auf die wichtigen Teile eines Projekts. Gemäß der 80-20-Regel erzielt man also grundsätzlich durch 20 % der Aufgaben beziehungsweise 20 % der Zeit 80 % der Ergebnisse, das Zeit-Leistungsverhältnis verbessert sich. Demnach setzt man Prioritäten für das, was tatsächlich erledigt werden muss und lässt weg, was im wahrsten Sinne des Wortes Zeitverschwendung ist (Koch 1998).

5.6 Anwendung und Ergebnisse: Verhandlungsflexibilität

Steam Success International

Johannes hat bei Steam Success eine verbindliche Vorgehensweise für die Verhandlungen eingeführt. Zum einen gibt er Toleranzschwellen für die maximal plausible Position frei, zum anderen hat er vereinbart, dass im Verhandlungsprozess Managementressourcen im Notfall immer telefonisch verfügbar sind. Er hat als Ersten Mikkel davon überzeugt, dass das „Pingpong" zwischen Vertriebsmitarbeitern und Management die Verhandlung mit den Kunden flexibler und erfolgreicher macht. Mikkel und Guido zur Referenz dieses Vorgehens zu machen, hat auch den Vorteil, dass, einmal erfolgreich implementiert, dieses Vorgehen zum Selbstläufer und nachhaltig wird. Guido hat sehr schnell den Mechanismus für sich entdeckt und kann im Team aufgrund der Erfolge damit punkten.

Fournier Système

Die lange Liste der Einwände in Henry Fords Vertriebskompendium hat Klaus de Yong fasziniert. Er hat in den Vertriebsmeetings jeweils fünf Minuten für Kundeneinwände vorgesehen. Er hat Tobiasz zum Moderator dieses Prozesses gemacht und ihm die Freiheit zu überlegen gegeben, wie man Einwände gebündelt nutzen kann. Regelmäßig gibt es nun den „Helden des Monats“, der für einen Einwand eine neue attraktive Behandlung entwickelt und angewendet hat. In einer Datenbank werden alle Veränderungen am Portfolio, beim Preis und bei den Marketingmaßnahmen festgehalten, um einen möglichen Zusammenhang zu den Reaktionen der Kunden zu erkennen. Darüber hinaus hat Tobiasz die verschiedenen Einwände bestimmten Kundentypen zuordnen lassen. In der nächsten Stufe soll das Produktmanagement eingeladen werden, um diese Erkenntnisse mit dem Team zu besprechen. Auf diese Weise füllt sich auch der Katalog von Fachargumenten im Fighting Guide.

PIP Power Inside Production
Głodny Wilk sieht, dass der Druck hinsichtlich der Neukundengewinnung zwar die Anzahl an Leads erhöht hat, aber gleichzeitig überproportional die Abschlussrate gesunken ist. Er hat einige Vertriebsleute beim Erstkontakt beobachtet und erkannt, dass sie sich mit Argumenten mächtig ins Zeug legen. In mehreren Team Meetings wird dieses Thema diskutiert und ein Neukundenakquisemodell entwickelt, welches in zwei beziehungsweise drei Gesprächsstufen bestimmte Leistungsmerkmale preisgibt, für Angebot und Verhandlung aber immer noch ein Reservoir zurückhält. Das Vorgehen wird bei Bestandskunden getestet und dann über den gesamten Kundenbestand ausgerollt.

Terra Consult
Seitdem Robert Ganges in den Mitarbeitergesprächen die Einwandbehandlungstechnik nutzt, wird er von seinen Partnern als weitaus kooperativer und hilfreicher als zuvor angesehen. Seine Favoriten sind Enttilgung und Ergründung. Er merkt, dass dieses Vorgehen das Gespräch viel kurzweiliger und effizienter werden lässt. Das ist den Partnern natürlich nicht entgangen, und manchmal machen sich einige Partner einen Spaß daraus, Robert auf die falsche Fährte zu locken. So hat Einwandbehandlung auch noch einen klima- und firmenkulturfördernden Effekt.

Literatur

Chamberlin, E. 1933. *The theory of monopolistic competition. A re-orientation of the theory of value*. 8. Aufl. Boston: Harvard University Press (1965).

Dawson, R. 1999. *Secrets of power negotiating for salespeople. Inside secrets from a master negotiator.* Franklin Lakes: Career Press.

Dörner, D. 1992. *Die Logik des Misslingens.* Reinbek: Rowolt.

Gigerenzer, G. 2007. *Bauchentscheidungen. Die Intelligenz des Unbewussten und die Macht der Intuition.* München: Bertelsmann.

Hiles, A. 2000. *Service level agreements: Winning a competitives edge for support & supply.* Brookfield: Rothstein Associates.

Joseph, W., E. Crissy, und R. M. Kaplan. 1969. *Salesmanship. The personal force in marketing.* New York: Wiley.

Koch, R. 1998. *Das 80/20 Prinzip. Mehr Erfolg mit weniger Aufwand.* Frankfurt a. M.: Campus.

Rackham, Neil. 1988. *SPIN selling. Situation, problem, implication, need-payoff.* New York: McGraw-Hill.
Ries, A., und J. Trout. 1986. *Positioning. The battle of your mind.* New York: McGraw-Hill.
Saxer, U., und T. Frei. 2002. *Einwand-frei Verkaufen. 21 Techniken, um alle Einwände wirksam und flexibel zu behandeln.* Frankfurt a. M.: Ueberreuter.
Schulz von Thun, F. 1981. *Miteinander Reden 1. Störungen und Klärungen.* Reinbek: Rowohlt.
Truffaut, F. 2003. Mr. Hitchcock, wie haben Sie das gemacht? München: Heyne.
Ückermann, D. 2004. *Verkäufer-Coaching. Die Führungskraft als Coach.* Bad Salzufflen: Erfolgsfitness.
Ziglar, Z. 1984. *Secrets of closing the sale.* Grand Rapids: Revell.

Weiterführende Literatur

Hersey, P., und K. Blanchard. 2005. *Management of organizational behavior leading human resources.* Upper Saddle River: Prentice Hall.
Kotter, J. P. 1996a. *Leading change.* Boston: Harvard Business Review Press.
Peterson, D. B., und M. D. Hicks. 1996. *Leader as coach. Strategies for coaching and developing others.* Minneapolis: Personnel Decisions International.
Rand, A. 1996. Atlas shrugged. New York: Plume. (Erstausgabe 1957).

Beziehungen und Politik

6

The relationship between a seller and a buyer seldom ends where a sales is made.
(Theodore Levitt)

6.1 Veränderungsfaktor: Aufmarsch der Millennials

Ab 2025 werden die zwischen 1980 und 2000 geborenen „Millennials" den Großteil der Werktätigen darstellen. Der demografische Wandel betrifft in gleicher Weise Käufer wie Verkäufer sowie deren Geschäftsgebaren. Eine Generation von cleveren, technikaffinen Mitarbeitern und Konsumenten ist im Anmarsch. Sie überlegen genau und lernen und interagieren deutlich schneller als die „Vertriebsveteranen". Viele Führungskräfte wissen nicht, wie sie mit Ihren jungen Angestellten umgehen sollen: Mit zu loser Führung oder Mikromanagement werden regelmäßig unumkehrbare Fehler gemacht. Das hat massiven Einfluss auf Lösungen und Kaufentscheidungen. Vertriebsorganisationen müssen lernen, mit diesen selbstständigen Mitarbeitern im internen wie externen Beziehungsmanagement umzugehen. Wenig erfahrene „Jahrtausender" brauchen einen klaren Kontext, in dem sie das Vertriebshandwerk erlernen.

Vertriebsmanager Juhani von Steam Success aus Helsinki bedauert, dass er für die Kundenentwicklung keine Zeit hat. Er hat schon oft erlebt, dass ihm sicher geglaubte Aufträge kurz vor dem Ziel durch die Lappen gegangen sind. Obwohl dieses Bedauern ernst gemeint ist, bleibt er bei seiner bisherigen Arbeitsweise: Anfrage rein, Angebot raus. Was ist die Ursache?

Erfolgreiche Unternehmen entwickeln intuitiv ihre Kunden, vielleicht aber nicht in der Stringenz, wie sie hier dargestellt wird. Bei genauerer Betrachtung kennen sie zweifellos die mächtigen und einflussreichen Leute, die in den Kundenunternehmen die

N. A. Rauch, *Die 7 Disziplinen im Sales-Management*,
DOI 10.1007/978-3-658-04232-5_6

Entscheidungen treffen oder maßgeblich beeinflussen und sie bedienen die dortige Kultur im Auftreten und in der Kommunikation erfolgreich. Juhani und seine Managementkollegen halten diese Arbeit für „eigentlich hilfreich". Wenn sie aber nicht unmittelbar mit einem Projekt zusammenhängt, bedeutet es nicht gleich Geschäft, und so unterbleibt manches. Für Aufträge und Umsätze wird Juhani bezahlt, für Angebote, für die Beantwortung von Statusabfragen, für Geschäftsführungssitzungen und deren Vorbereitung. Daran hängen Bonus und Reputation unmittelbar.

„Wir haben gelernt", sagt Jack Welsh, ehemaliger CEO von General Electric und Multimillionär, „dass wir mehr erreichen, wenn wir über Werte statt über Quartalsergebnisse steuern" (Kaden und Linden 1996). Beziehungsmanagement, ob extern zum Kunden oder intern zu den Mitarbeitern, trägt diese Werte in sich und hat, klug geplant und gelebt, strategischen Charakter. Leider sind die Begriffe Planung und Strategie vornehmlich bei weichen Themen für viele Praktiker ein rotes Tuch. Die Rolle des Account Managements verkörpert den strategischen Charakter des Aufbaus und der Pflege von Beziehungen, was sich in den Begrifflichkeiten von Buying Center (Kaufzentrum bzw. Verkaufszentrum) und Selling Center widerspiegelt. Mit geplanten und gut entwickelten Beziehungen sorgen wir für Wertzuwachs im eigenen Unternehmen und vereinfachen Führung und den Verkauf unserer Leistungen.

Neben der strategischen Seite des Beziehungsmanagements, die Geduld verlangt, gibt es auch noch eine taktische, nämlich bei Angeboten und deren Befürwortung.

Zurück zu Juhani: Den Auftrag wird er wohl verlieren, weil er sich zu spät um „weiche" Themen wie Werte gekümmert hat.

Thesen: Kundenentwicklung

- → Sales Leader glauben an die gesunde Veränderung und fordern die Bereitschaft, Risiken einzugehen.
- → „Wie der Herr so's Gscherr": Leben Sie gute Kommunikation Ihren Vertriebsmitarbeitern vor, und der Kunde wird es Ihnen danken.
- → Die Zufriedenheit des Kunden wächst in dem Maße, in dem Sie ihn ernst nehmen.
- → Wenn der Kunde ein wichtiger Teil unserer Planung ist, dann sind wir auch ein wichtiger Teil seiner.
- → Never stop prospecting!
- → Nach jedem Vertriebsarbeitstag sollten Ihre Schlüsselkunden stolz auf Sie sein.

6.2 Themen: Kunden verstehen

6.2.1 Kundenentwicklung und Accounts

Damit Sie stabile Vorhersagen über Ihre Auftragsentwicklung machen können, brauchen Sie stabile Kundenbeziehungen – und diese setzen kontinuierliche Arbeit mit und an

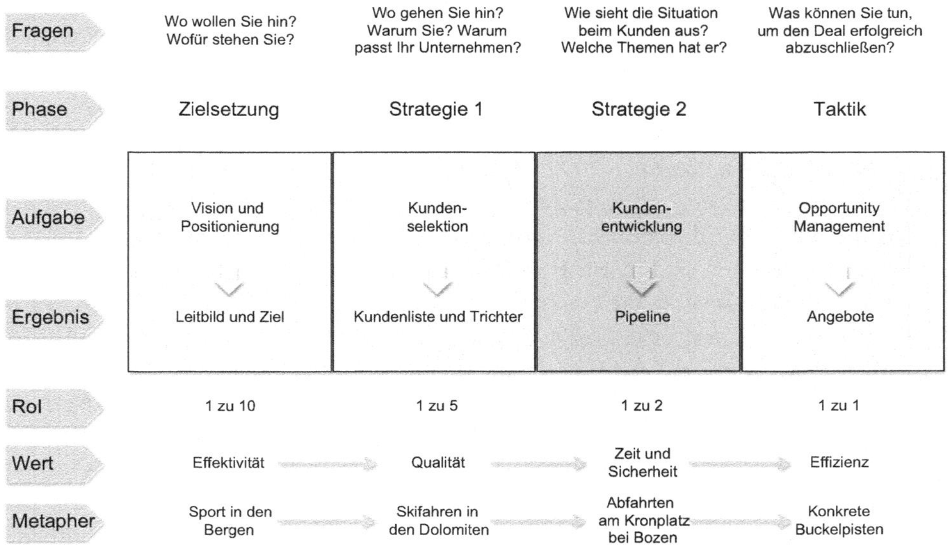

Abb. 6.1 Kundenentwicklung als zentraler Vertriebsbaustein. (Quelle: eigene Darstellung)

den Kunden voraus. Jedes Unternehmen wird sich genau überlegen, wie viel Einsatz die Entwicklung eines Kunden wert ist, für welches Kundenunternehmen ein Account-Plan erstellt werden soll. Ob groß oder klein: Der Aufwand eines Kundenentwicklungsplans ist erheblich (s. Abb. 6.1). Darüber hinaus setzt ein solches Vorgehen Erfahrung voraus sowie die Bereitschaft, einen Vertriebsmitarbeiter mit maximal zwei bis drei Kunden zu beschäftigen.

Key Accounts

Die spezielle Beschäftigung mit Key Accounts ist eine strategische Entscheidung. Folgende typische Voraussetzungen frei nach Hartmut Biesel (2004) sprechen für einen Kundenentwicklungsplan:

- Sie haben einen komplexen Kunden aus einem Fortune 500-Unternehmen. Er ist in vielen Ländern vertreten, hat eine komplexe Struktur, weil unterschiedliche Geschäftseinheiten relativ unabhängig voneinander im Markt agieren, möglicherweise sogar unter dem Dach einer Holding. Die Entscheidungen können in internationalen Gremien getroffen werden. Kommunikation und Entscheidungsstrukturen sind komplex und von außen teilweise undurchsichtig.
- Sie haben einen eingeschränkten Markt, zum Beispiel im öffentlichen Bereich, in dem Sie bestimmte Themen auf Landesebene bedienen und möglicherweise nur mit einem Ministerium zu tun haben oder im Bereich Automobilzulieferer. In beiden Fällen sind Sie gezwungen, kontinuierlich enge Beziehungen zu wenigen Kunden zu pflegen.
- Sie bedienen seit vielen Jahren einen Großkunden, Ihr Marktanteil liegt bei über 65 Prozent. Ihre Produkte haben in letzter Zeit deutlich mehr Konkurrenz erhalten, und

Ihr Wettbewerb versucht Ihnen, mit hohem Druck und niedrigen Preisen Geschäfte abzunehmen. Damit Sie keine Marktanteile verlieren, brauchen Sie eine Verteidigungsstrategie, die intensive Beziehungen erfordert, damit neue Lösungen, alternative Beschaffungswege, ergänzende Dienstleistungen et cetera besprochen, entwickelt und angeboten werden können.
- Sie sehen sich einem schrumpfenden Markt gegenüber, in dem große internationale Kunden weiterhin die größten Potenziale bieten und Garanten für langfristige Geschäftsbeziehungen sind. Diese Kunden haben Sie bisher nur in einem Land bedient. Bessere Kenntnisse über die Gesamtzusammenhänge der Geschäftsabwicklung geben Ihnen wichtige Hinweise auf die möglichen Beschaffungswege des Kunden und erweiterte Möglichkeiten, auf den Entscheidungsprozess einzuwirken.
- Sie wollen einen Neukunden „knacken", mit einem speziellen Produkt, das Vereinfachungen und Einsparungen ermöglicht. Die Einführung Ihres Produkts bei Kunden ist komplex und die Entscheidungswege somit schwierig.

Damit das richtige vertriebliche Vorgehen geplant und umgesetzt werden kann erarbeiten Ihre Vertriebsmitarbeiter drei Sichtweisen auf den Account:

- *Kundenposition*: Kundensteckbrief
- *Eigene Position*: Firmen-Kundenposition
- *Ziel*: Geschäftsentwicklung beim und mit dem Kunden

Account Manager

Eine der wichtigsten strategischen Überlegungen: Mit wem wollen Sie Geschäfte machen? „Key Accounts", „Large Accounts", „Global Accounts" oder „Strategic Accounts" geistern als Begrifflichkeiten in vielen Unternehmen herum. Wenn Leistungsabnehmer eine Schlüsselposition für den Erfolg des eigenen Unternehmens einnehmen, sollten Sie diese Kunden „Schlüsselkunden" oder eben „Key Accounts" nennen und deren Betreuer „Key Account Manager". Sicherlich möchte niemand „Kundenadministrator" genannt werden, was angesichts des reaktiven Verhaltens mancher Vertriebler vielleicht angemessen wäre. Sie müssen mit Ihren Vertriebsmitarbeitern besprechen, welchen Stellenwert Sie Ihrem Kunden beimessen. Was ist für Sie ein Account? Was bedeutet für Sie managen? Welchen Unterschied macht es, Kundenangebote zu betreuen oder aktiv zu gestalten? In den Begrifflichkeiten liegt zweifellos auch die Art, wie Sie Vertrieb grundsätzlich verstehen. Eine Visitenkarte ist schnell gemacht, das Ego des Vertriebsmitarbeiters bezüglich der Außenwelt damit befriedigt. Den Anspruch, den solche Begrifflichkeiten erwecken, deckt das oft nicht ab. Wie viele Organisationen und deren Führungen zeigen, ist am Statussymbol eines „Senior Key Account Managers" oder „Sales Directors" schwer zu rütteln. Das Versprechen, das diese als Träger solcher Titel abgeben, können Sie jedoch einfordern: Bei einem Schlüsselkunden erwarten Sie einen signifikanten Geschäftsbeitrag, von einem Senior Sales Manager Erfahrung und hochrangige Leistung.

6.2.2 Durchsetzung und Einfühlungsvermögen: Trusted Advisor

Definition und Ziel

Der Begriff „Trusted Asset Advisor“ wurde in Deutschland erstmals von der 2010 gegründeten Runte, Stadtmüller & Mönkediek GmbH verwendet, drei ehemaligen Beratern der Deutschen Bank, die sich auf die Betreuung von Kunden mit einem liquiden Vermögen von mehreren Millionen Euro spezialisiert haben. Die Idee stammt somit aus dem Private Banking und beschreibt die vertrauensvolle Beziehung zwischen einer wohlhabenden Privatperson und ihrem Vermögensverwalter. Das Konzept eines Trusted Advisors sieht im Aufbau und der Pflege von Vertrauen zwischen einem Klienten und seinem Berater den zentralen Erfolgsfaktor.

Vertrauen ist ein „weicher“ Faktor und steht im Kontrast zur Rationalität der professionellen, fachlich-sachlichen Abwicklung von Geschäftsbeziehungen. Es gilt, Privates von Beruflichem zu trennen. Wie Gerd Gigerenzer (2007) beschreibt, hat das sogenannte „gut feeling“, das Bauchgefühl, maßgeblichen Anteil am Entscheidungsprozess. Hierfür sucht der Kunde oder Klient nicht Logik, sondern emotionales Verständnis: Neben Sachinformationen muss sich der Kunde auch emotional verstanden fühlen. Verstand und Gefühl sind nicht zu trennen.

Gelingt es dem Berater, Verkäufer oder Account Manager, die Emotionen wahrzunehmen und diskret aufzugreifen, entsteht eine vertrauensbasierte Kundenbeziehung, in der die Wünsche des Kunden ernst genommen und optimal behandelt werden. Der Kunde fühlt sich in seiner Gesamtheit akzeptiert und wertgeschätzt. Es entsteht eine Kombination aus emotionaler Nähe und fachlicher Expertise des Beraters, die ehrliches Handeln mit gemeinsamen Interessen und gegenseitiges Vertrauen impliziert.

Die Gratwanderung zwischen Eigen- und Fremdnutzen verlangt ein hohes Maß an Empathie. David H. Maister (1993, S. 112 ff.) beschreibt, wie der Wandel der Beziehung zum Kunden aus Sicht des Beraters gestaltet werden kann. In zweiundzwanzig Stufen begleitet er die Entwicklung des Geschäftsverhältnisses von einem hierarchischen Experten-Laien-Verhältnis hin zu einem persönlichen, partnerschaftlichen Miteinander.

In *The Trusted Advisor* (Maister et al. 2000) wird illustriert, wie partnerschaftliche Kundenbeziehungen entwickelt werden können. Neben dem klassischen Fünf-Stufen-Modell für Kundenprojekte (Aufmerksamkeit, Zuhören, Problemeingrenzung, Lösungsentwicklung, Aktionen) gilt das Hauptaugenmerk dem Aufbau des Vertrauensverhältnisses zwischen Berater und Kunden.

Phasen und Vorgehen

Klären Sie die Voraussetzungen, die jeder einzelne künftige „Trusted Advisor“ (TA) mitbringt, in vier Schritten

1. Besprechung der nötigen Eigenschaften als TA
2. Eruierung IST-Zustand der TA-Eigenschaften
3. Nötige Aktivitäten zum Erwerb von fehlenden Eigenschaften
4. Anwendung und Umsetzung

Ad 1: Besprechen und ergänzen der möglichen Charakteristika

Ergänzen Sie: Was sind aus Sicht des Vertriebsmitarbeiters die Eigenschaften, die ein Trusted Advisor mitbringen sollte?

- Selbstvertrauen, zuzuhören, ohne sich in Szene zu setzen
- genügend Neugier, Fragen zu stellen, ohne selbst gleich Antworten zu geben
- Selbstverständnis, hierarchieunabhängig jedem auf „Augenhöhe zu begegnen"
- das jeweilige Individuum persönlich „ansprechen", ohne die nötige Distanz zu verlieren
- sich grundsätzlich auf das Ergründen und Präzisieren der Kundensituation zu konzentrieren und mögliche technische Lösungen „nur" als logische Konsequenz folgen lassen
- Wettbewerb als spielerische Herausforderung verstehen, der Ihr Vertriebsmitarbeiter mit Ideenreichtum und seiner individuellen Klasse und Persönlichkeit begegnet
- sich mit dem Kunden auf den Problemlösungsprozess zu konzentrieren und das Ergebnis wie selbstverständlich folgen zu lassen
- als Individuum aufzutreten und authentisch dem Gegenüber mit dem persönlichen inneren Antrieb zu begegnen, während Ihr dahinterliegendes Unternehmen dabei „nur" eine sekundäre Rolle spielt
- Effektivität mit dem Einsatz von unterschiedlichen Methoden, Modellen, Techniken zu liefern, die im konkreten Fall den Kunden gegebenenfalls auch überraschen, jedenfalls überzeugen
- der Glaube daran, dass eine vertrauensvolle Beziehung die Sammlung vieler Erfahrungen von Qualität und Zuverlässigkeit darstellt
- das Verständnis, dass Verkauf und Dienstleistung eine Wechselwirkung haben
- die Überzeugung, dass es einen Unterschied gibt zwischen Geschäftswelt und privater Welt, dass beide aber sehr persönlich sind und dass die unentwegte Arbeit an den eigenen persönlichen Fähigkeiten als Reaktion auf den Kunden das Geschäft und das individuelle Leben bereichern
- dass Privates und Geschäftliches sehr wohl überlappen dürfen, der Unterschied für den Vertriebsmann und den Kunden aber immer klar bleibt

Ad 2: Erarbeiten der TA-Eigenschaften:

Welche dieser Eigenschaften besitzt Ihr Mitarbeiter nach Eigeneinschätzung bereits?

Ad 3: Erwerb der TA-Voraussetzungen

Was kann Ihr Vertriebsmitarbeiter tun, um die notwendigen Voraussetzungen zu erwerben?

Fragen Sie sich nun, welche Stufe Ihr Vertriebsmitarbeiter schon erreicht hat:

- *Stufe 1*: Für die servicebasierte Vertriebsarbeit liefert er Informationen im Sinne von qualitativ hochwertigem Input und beantwortet als Experte Fragen. Der Erfolg liegt in hohem Zeiteinsatz und hoher Informationsqualität.

- *Stufe 2*: Für die Painpoint-basierte Vertriebsarbeit liefert er Erkenntnisse zu den Kundenproblemen und deren Lösungen beziehungsweise Ansätze dazu. Der Erfolg liegt in vorliegenden Lösungsvorschlägen und deren Umsetzung.
- *Stufe 3*: Für beziehungsbasierte Vertriebsarbeit liefert er generelle Erkenntnisse aus der Kundenorganisation und Reflexionen zu noch nicht genannten Ideen der Weiterentwicklung. Der Erfolg liegt in nun wiederholtem, vom Wettbewerb unabhängigem Geschäft und dessen erfolgreicher Realisierung.
- *Stufe 4*: Für die vertrauensbasierte Vertriebsarbeit liefert er den Eindruck und das Gefühl einer individuellen, partnerschaftlichen Zusammenarbeit. Der Erfolg liegt in der Existenz eines „sicheren Hafens" auch für „harte" Themen und variierende, immer neue Themen.

Ad 4: TA-Coaching
So coachen Sie Ihren Vertriebsmitarbeiter auf dem Weg zum Trusted Advisor:

1. Wählen Sie einen Kunden aus, bei dem Ihr Mitarbeiter als „Trusted Advisor" (TA) agieren kann.
2. Ihr Mitarbeiter erarbeitet sich eine eigene TA-Checkliste und prüft, wo er bereits etwas erreicht hat und wo nicht.
3. Erstellen sie gemeinsame eine Liste von Maßnahmen, die zum Trusted Advisor führen.
4. Vereinbaren Sie mit dem Mitarbeiter „Boxenstopps", um den Fortschritt festzuhalten und nötige Ergänzungen zu besprechen.
5. Vereinbaren Sie eine Prioritätenliste der TA-Kunden.

Nutzen
„Trusted Advisorship" unterstützt langfristige Kundenbeziehungen. Es ermöglicht, vertrauliche Details des Geschäftslebens zum gegenseitigen Nutzen auszutauschen. Zum einen sparen Kunde wie Lieferant Zeit und Energie, die angebotenen Leistungen ausgiebig zu validieren beziehungsweise den Validierungsprozess engmaschig zu begleiten. Zum anderen bringt Trusted Advisorship Ruhe und eine vertrauensvolle Atmosphäre in die Lieferanten- und Kundenunternehmen.

Beispiel
Günter schafft bei dem Kunden Horchhilf AG eine hohe Vertrauensebene. Er übersetzt zum einen die Anforderungen aus der Unternehmensstrategie von Horchhilf in die Sprache des Account Teams bei Fournier Système und zum anderen dem Kunden die Problematik, dass das Geschäftsverhältnis für sein Unternehmen nicht kostendeckend ist. Die gewünschte Gewinnsituation kann nur gelingen, wenn Günter von beiden Seiten als fairer, kompetenter, loyaler und vertrauenswürdiger Mitspieler akzeptiert wird, beide Seiten abwägt und Gespräche zwischen den Unternehmen vorbereitet, moderiert, kommentiert und am Laufen hält.

6.2.3 Kundenentscheidungen

Die Entscheider und ihre Entscheidungen sind letztlich ausschlaggebend für den Erfolg oder Misserfolg der strategischen und praktischen Bemühungen. Viele Anbieter scheren sich nicht um den Entscheider. Erhalten sie eine Anfrage oder gibt es eine Ausschreibung, wird der Angebotsmotor angeschmissen. Die grundlegende Frage wäre doch so einfach: Wer trifft die Entscheidung? Und auf welcher Basis wird diese Entscheidung getroffen? Viele Anfragen werden nicht von dem gestellt, der die Entscheidungen trifft!

Viele Angebote werden niemals das Licht einer positiven Entscheidung sehen, werden vom VITO (Parinello, Youtube) dem „Very Important Top Officer" im Hintergrund abgewählt, weil dieser andere Intentionen hat – und die sind leider unbekannt. Die Gründe dafür sind vielfältig: Ein „Angebotssparring" oder ein Vergleichsangebot dienen dazu, entweder den internen Regularien des Kunden Genüge zu tun oder in einer Preisverhandlung dem Einkauf eine bessere Position zu verschaffen. Oder der Anfragende nutzt Ihre Expertise, denn in der Regel schenken Sie bei jedem Angebot Zeit, Geld und Know-how her. Die dritte verbesserte Angebotspräsentation („Könnten Sie dieses Detail noch etwas genauer herausarbeiten?") dient dann nicht wenigen Fachverantwortlichen zur eigenen Profilierung in der Organisation, Sie als Anbieter spielen bei der Frage der Umsetzung dann oft nur eine untergeordnete oder überhaupt keine Rolle.

Deshalb muss der Vertriebsleiter (spätestens) vor jeder Angebotserstellung fragen: Wo ist die Macht, wer trifft die Entscheidung, und wie trifft er sie? Denn die Beantwortung dieser Fragen führt zu neuen, anderen annehmbaren Angeboten, in denen steht, was der Entscheider tatsächlich braucht. Es gibt in aller Regel nur einen Entscheider, und der hat seinen eigenen Entscheidungskatalog. Eine Vielzahl dieser Kriterien steht nicht auf der Liste des Beeinflussers oder Informanten. Die negative Entscheidung überrascht nur den, der mit dem Entscheider nicht gesprochen hat.

Stellen Sie als Vertriebsleiter sicher, dass Ihre Verkäufer die Aussagen des Entscheiders verstehen und in einen Anforderungskatalog umsetzen. Das Angebot erhält dann eine Verzahnung mit dem Kunden durch die Nutzenargumente, die er im Vorgespräch selbst geliefert hat. So einfach ist das, denn der Entscheider liefert seinen Nutzen selbst. Wer also den Entscheider nicht kennt, kann nicht verkaufen (s. Abb. 6.2). Braucht ein Geschäftsführer einen Qualitätsberater, hilft seine detaillierte Beschreibung der Rahmenbedingungen und letztlich sein Handlungsdruck, der Painpoint, Ihr Angebot und Ihren (gegebenenfalls hohen) Preis gut zu verkaufen.

Für Entscheider stellen Daniel Kahneman, Dan Lovallo und Olivier Sibiony (2011) eine Checkliste bereit, die zeigt, wie Entscheider richtige Entscheidungen treffen können und sich Wahrnehmungszerrungen vermeiden lassen. Sie umfasst zwölf Aktionen, um Fragen zu formulieren, und ist mit konkreten Fallbeispielen zu Preissenkungs-, Investitions- und Akquisitionsentscheidungen versehen. Dies erklärt dass die Entscheider nach der Affektheuristik an Bestehendem gerne festhalten, weil es risikoarm ist. Ein erfolgreicher Entscheider wird folgende zwölf Aktionen reflektieren, um als Führungskraft die Entscheidungsvorlage seines Arbeitsteams bewerten zu können. Sie können dies

Abb. 6.2 Beziehungsaufbau. (Quelle: Jan Myszkowski)

als Grundlage für das Coaching der Herangehensweise Ihres Vertriebsmitarbeiters oder Teams nutzen.

- Ein erfolgreicher Entscheider deckt Selbsttäuschungen auf, mit denen ein Anbieter seinen eigenen Wunsch nachträglich rationalisiert: Er überprüft, ob es Eigeninteressen und übertriebenen Optimismus gibt.
- Ein erfolgreicher Entscheider versucht, die Affektheuristik zu umgehen. Diese besagt, dass man leicht die Risiken von Sachen unterschätzt, an denen man besonders hängt, beziehungsweise diese nicht (mehr) infrage stellt („rosa Brille"). Er stellt fest, ob Ihr Unternehmen sich in den eigenen Vorschlag „verliebt" hat.
- Ein erfolgreicher Entscheider lotet die Meinungsvielfalt und besonders abweichende Meinungen im Team aus, denn es gibt normalerweise immer abweichende Meinungen. Wenn das nicht der Fall ist, könnte das auf Gruppendruck hindeuten oder auf ein kreativitätsfeindliches Klima, das keine intensive Diskussion unterschiedlicher Perspektiven zulässt.
- Ein erfolgreicher Entscheider prüft, ob die Analogien richtig oder falsch sind, mit der seine Kaufentscheidung begründet wurde. Zum Beispiel, dass man sich als Entscheider generell häufig an sehr eindrücklichen Ereignissen orientiert wie: „Wir waren mit dem Produkt oder der Dienstleistung X sehr erfolgreich, also müssen wir vor allem dieses wieder einsetzen oder weiterentwickeln." Diese hervorstechenden Erfahrungen können dazu führen, falsche Vorhersagen zu treffen.

- Ein erfolgreicher Entscheider fordert das eigene Team (ggf. auch den Anbieter) auf, weitere überzeugende Alternativen zu entwickeln. Häufig wird nämlich beim Problemlösen nur eine einzige plausible Hypothese aufgestellt. Dann sammelt eine Organisation nur noch Belege, um sie zu bestätigen. Ein erfolgreicher Entscheider möchte, dass nach Alternativen gesucht wird, die weitere Szenarien liefern und nach weiteren Informationen, die gegen bestimmte Annahmen sprechen.
- Ein erfolgreicher Entscheider überlegt, ob er sich in einem Jahr noch genauso entscheiden würde. Damit sollen fehlende Informationen oder nicht berücksichtigte Erkenntnisse aufgespürt werden, die bei einer intuitiven Entscheidung oft unbewusst unterschlagen werden. Mit der Ein-Jahres-Perspektive rollt er den Fall vom Ergebnis her auf und kommt leichter auf noch bestehende Informationslücken.
- Ein erfolgreicher Entscheider überprüft genau, woher die Zahlen stammen, die als Entscheidungsgrundlage dienen. Wurde vielleicht etwas (aus den oben genannten Gründen) bewusst vergessen, verheimlicht et cetera? Damit soll der Ankerheuristik entgegengewirkt werden, die besagt, dass eine erste vergangenheitsbasierte (falsche) Zahlenschätzung zum verbindlichen Referenzwert für alle weiteren Schätzungen und damit zum Anker wird. Mit der Zahlenüberprüfung lässt sich herausfinden, ob es einen verlässlichen Zahlenanker gibt.
- Ein erfolgreicher Entscheider stellt fest, ob es einen Halo-Effekt gibt, also besonders positive Eigenschaften eines Unternehmens alle weiteren in einem übermäßig günstigen Licht erscheinen lassen. „Wir machen es so, wie es das erfolgreiche Unternehmen X gemacht hat", könnte sich als Trugschluss erweisen, weil man so dem glänzenden Halo-Lichthof erliegt, statt den konkreten Unternehmenspraktiken zu folgen.
- Ein erfolgreicher Entscheider checkt, ob sich das Team zu sehr an früher orientiert. Damit soll dem Irrtum der irreversiblen Kosten („Sunk Cost Effect") begegnet werden. Dieser besagt, dass man zu sehr an vergangenen Ausgaben hängt und gewillt ist, diese zu bereinigen, obwohl sie bereits unwiderruflich getätigt sind. Das kann dazu führen, dass man besonders in jene Produktsparte investiert, die finanziell angeschlagen ist. Stattdessen sollte man sich fragen, ob die Investition zukünftige Gewinne verspricht.
- Ein erfolgreicher Entscheider vermeidet Optimismusillusionen. Dazu zählen die Selbstüberschätzung („Wir schaffen das!"), die Planbarkeitsillusion („Wir können alle Hürden vorhersehen und haben alles im Griff!") und das Ausblenden der Konkurrenz. Er prüft, ob das Szenario zu optimistisch ist.
- Ein erfolgreicher Entscheider konstruiert ein Worst-Case-Szenario. Meistens ist dieser angenommene Super-GAU allerdings nicht schlimm genug. Mit einem Trick kann man aber dafür sorgen, dass er es wird: Man stellt sich vor, dass dieser schlimmste anzunehmende Fall bereits eingetreten ist und entwickelt eine Geschichte mit den Gründen, die dazu führten.
- Ein erfolgreicher Entscheider blendet Verlustängste aus. Verlustängste blockieren Entscheidungen, die ein gewisses Risiko bergen, aber eigentlich erfolgversprechend sind. Ein Entscheider versucht also einzuschätzen, ob der Anbieter zu vorsichtig agiert. Hiermit wird die Verlustaversion angegangen.

Der Unterstützer, der Informant, die „Value Bridge"

Jedes Projekt hat mit Veränderungen zu tun, sei es beim Kunden, sei es im eigenen Unternehmen: beim Kunden, weil eine neue Technologie, eine modernisierte Version eines Produkts oder Ähnliches eingeführt wird, in Ihrem Unternehmen, weil Produktinnovationen neue Vorgehensweisen bei der Installation erfordern, weil Servicemodelle die bestehenden Dienstleistungsvorgehensweisen revolutionieren, weil kürzere Innovationszyklen ein flexibleres Zusammenspiel der Bereiche und breitere Denkweise bei der Partnerwahl erfordern. Ihr Vertriebsmitarbeiter braucht in beiden Organisationen also Verbündete, die ihm helfen, den Bedarf zu präzisieren, das Angebot für das Projekt zu schärfen, mögliche Hindernisse zu identifizieren und Lösungswege zu finden. Gestehen Sie den Vertriebsmitarbeiten die Zeit zu um diese relevanten Personen bei ihren Kunden ausfindig zu machen, zu kontaktieren und als Verbündete aufzubauen. Sie werden zu Unterstützer, wenn Ihre Informationen ernstgenommen werden, sie als erste Lösungsansätze sehen und diskutieren können. Dann ist auch der Weg dafür frei, dass diese intern die Werbetrommel für sie rühren und sich diskret für Ihr Angebot aussprechen.

Wenn diese Person den Nutzen Ihres Angebots intern „verkauft", Ihre Vorteile und Mehrwerte kommuniziert, nennt man dies „Value Bridge" (s. Abb. 6.3). Ein eingespieltes langjähriges Team von Verkäufer und Unterstützer bezeichnen wir als Partner: Kunde und Lieferant begegnen sich mit hoher Wertschätzung. Beide wissen, dass das gegenseitige Vertrauen beidseitigen Nutzen sowohl für ihre Unternehmen wie auch für sie persönlich bedeutet. Je länger wir diese Ansprechpartner im Kundenunternehmen wie im eigenen

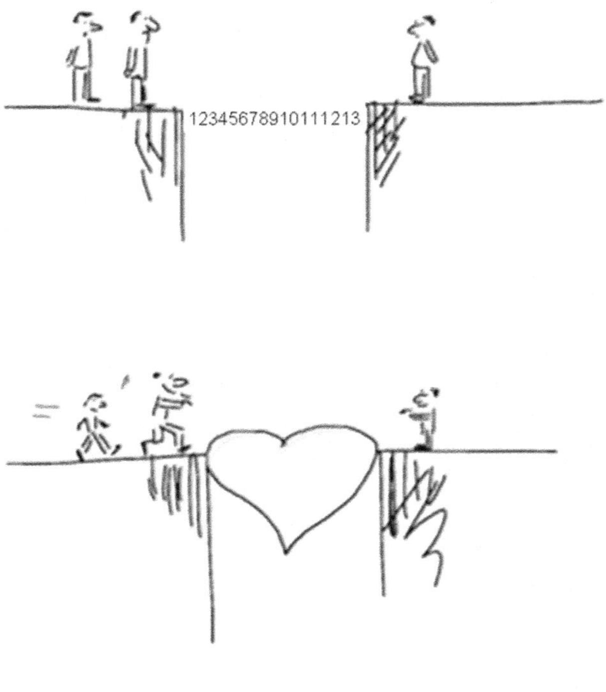

Abb. 6.3 Value bridge. (Quelle: Jan Myszkowski)

Unternehmen kennen, desto zwangloser wird der Umgang und umso erfolgreicher können wir sie in unseren Projekten einsetzen oder sie um Hilfe bitten.

Halten Sie Ihre Mitarbeiter an, auch im eigenen Unternehmen, regelmäßig Kontakte zu pflegen. Häufig gibt es konkurrierende Projekte hinsichtlich der Ressourcen für ein Angebot, Vorbehalte in der Zusammenarbeit, unterschiedliche Zielsetzungen von unterschiedlichen Unternehmensbereichen und anderes mehr. Durch das aufgebaute Netzwerk können Ihre Mitarbeiter Ihre Projekte erfolgreich gestalten und die nötigen Ressourcen leichter erhalten. Erfolgreiche Projekte haben immer mehrere Eltern. Dass alle beim Kunden und in Ihrem Unternehmen an einem Strang ziehen, bezeugt Ihre (jahrelange) Beziehungsarbeit, also das in Kap. 2.5.1 propagierte Netzwerkmanagement. Geben und Nehmen verstehen sich als längerfristiger Prozess. Mit der Gewissheit, dass man sich immer mehrfach im Leben sieht, bringt die „Einzahlung" durch Wahrnehmen, Wertschätzen, Unterstützen möglicherweise erst nach längerer Zeit diesen persönlichen Nutzen.

Leben Sie Ihren Mitarbeitern dies vor: nämlich dass auf den anderen gerichtete menschliche Leistung ein tragfähiges Fundament für Sicherheit und Erfolg erzeugt. Utilitaristische Denkweisen nach dem Motto „Wie ich dir, so du mir" und immer mit dem Blick auf eine Gegenleistung schmälern den Effekt, sind gegebenenfalls sogar kontraproduktiv. Beziehungsmanagement wird in diesem Sinn immer wieder missverstanden, gemeint ist eine freundliche, menschenzugewandte Verhaltensweise, bei der Bedürfnisse des Gegenübers wahr- und ernstgenommen werden. Die Bereitschaft, anderen einen Hilfsdienst „einfach nur so" zu leisten, hat mit Freundschaft an sich erst einmal nichts zu tun – es ist eine Ausprägung der individuellen Kinderstube, eine Frage des Charakters und der Lebenseinstellung.

Grenzen erkennen: Es obliegt nicht unserer Beurteilung, ob es angemessen ist oder nicht, wirtschaftliche, private und geschäftliche Themen und Belange miteinander zu vermischen. Wo die Freundschaft aufhört und die Mauschelei, gar der Betrug beginnt, liegt oft in einer Grauzone, deren Grenzen jeder mit seiner persönlichen Ethik ausmachen muss. Als Führungskraft sollten Sie diese Überlegungen besprechen und damit einem „Compliance Officer" zuvorkommen. Gehen Ihre Mitarbeiter zu sorglos mit Privatem und Beruflichem um, folgt die „Bestrafung" auf dem Fuße: Der Wettbewerb setzt sich am Ende mit denselben Vorgehensweisen — nur gekonnter — durch.

Der Wächter und Bewerter

Die Aufgabe des Wächters dient als Schutzfunktion, um geschäftliche und wirtschaftliche Regeln und Ziele im Kundenunternehmen einzuhalten oder zu erreichen. Die Rolle des Wächters kann im Prinzip jeder wahrnehmen, der direkt oder indirekt vom Angebot betroffen ist – sei es der kaufmännische Leiter, sei es der Einkäufer, sei es der Fachadministrator. Von Projekt zu Projekt kann ein Mitarbeiter in unterschiedlichen Rollen eingesetzt werden. Der Entscheider kann in die Rolle des Wächters schlüpfen. Der Bewerter prüft indes die sachliche Relevanz des Angebots und vergleicht die unterschiedlichen Varianten der Verkäufer.

6.2.4 Selling Center und Buying Center

Definition
In aller Regel braucht es für das Geschäft mit einem Kunden mehr als eine Person, im Kundenunternehmen wie in Ihrem eigenen. Alle Beteiligten beim Lieferanten zusammengenommen werden häufig Selling Center, Verkaufszentrum und Buying Center, Einkaufszentrum, genannt. Gemeint sind damit die unterschiedlichen Funktionen und Rollen, die für das Gelingen eines im Sales-Zyklus befindlichen Projekts erforderlich sind. Das fängt bei der Rezeption am Eingang an und hört mit dem Geschäftsführer auf.

Problemstellung
Ein Maschinenbaukunde beklagt sich bei Fournier Système, trotz mehrfacher Bitte keinen Vorschlag für eine Servicelösung bekommen zu haben. Es stellt sich heraus, dass sein Anruf im Callcenter wegen Überlastung „hängengeblieben" ist. Der ebenso kontaktierte, regelmäßig beim Kunden aktive Servicetechniker hat per Mail diese Anfrage an den Vertriebsbeauftragten Günter weitergegeben. Der ist mit einer komplexen Ausschreibung für ein Großangebot seit Wochen vollauf beschäftigt, weil er diesbezüglich täglich beim Kunden in der Produktion sitzt.

Der kontaktierte Bereichsleiter sollte das Thema letztlich klären und nahm es im Vertriebsmeeting mit auf die Agenda als letzten Besprechungspunkt und schließlich auf die To-do-Liste. Angesichts der Aufgabenlast hatte diese Anfrage nur Priorität 3.

Ziel
Jede Anfrage sollte einen Verantwortlichen haben, der sich von Anfang bis Ende für den Kundenbelang zuständig fühlt. Wichtig ist vor allem, dass der Kunde von ein und derselben Instanz Rückmeldung bekommt. Auch wenn sich die Lösung des Problems in die Länge zieht, wird das jeder Kunde bis zu einem gewissen Grad akzeptieren, sofern er regelmäßig davon in Kenntnis gesetzt wird, wie der Sachstand ist und sich gehört und ernst genommen fühlt.

Phasen und Vorgehen

1. Klären Sie, welche Bereiche beziehungsweise Mitspieler in Ihrem Unternehmen unmittelbar und mittelbar für den Erfolg einer Geschäftsmöglichkeit wichtig sind.
2. Lassen Sie vom Mitarbeiter einen individuellen Beziehungsplan erstellen analog einer Stakeholder-Analyse. Unter einer Stakeholder-Analyse versteht man eine Ausprägung der Umfeldanalyse wie im Projektmanagement. Sie fokussiert sich auf die Ermittlung von Interessenträgern (Stakeholder) einer Sache und die Art ihrer Beziehung zu diesem Thema.

3. Ihr Vertriebsmitarbeiter klärt den Status der einzelnen Beteiligten und kann einige oder alle der folgenden Eigenschaften prüfen und zwar die kundenrelevanten wie die eigenen:
   - Sein Einfluss: stark, mittel oder schwach
   - Seine persönliche Beziehung zu Ihrem Unternehmen beziehungsweise der Vertriebsperson: Mentor und Unterstützer, positiv gesinnt, neutral, negativ gestimmt oder Feind
   - Die Kontaktintensität: oft, selten, einmal, noch nie
   - Sein Entscheidungspotenzial: finanziell, technisch, politisch et cetera
   - Seine Einstellung zum Projekt: Gegner, Konkurrent, Befürworter, neutral et cetera
   - Grundsätzliche Einstellung (Metamodell): Skeptiker, Konservativer, Pragmatiker, Innovator oder Visionär
   - Seine individuelle Persönlichkeit, seine Werteorientierung: wirtschaftlich und finanziell, Beziehungen, fachlich und technisch, Business oder Markt
4. Für jeden Schlüsselkunden wird eine Beziehungsmatrix aufgestellt, die für jeden Vertriebsmitarbeiter unterschiedlich aussehen kann.
5. Davon ausgehend, erarbeitet sich der Vertriebsmitarbeiter einen Kundenentwicklungsmaßnahmenkatalog.

Nutzen
Sie verbessern den Überblick, ob und wie der Kunde bezüglich einer konkreten Geschäftsmöglichkeit anzugehen ist und haben bereits ein besseres Verständnis hinsichtlich der Erfolgswahrscheinlichkeit. Sie können das Betreuungsteam neu „orchestrieren". Es entsteht so ein anforderungsorientiertes und potenzialorientiertes Selling Team, beim dem alle nötigen Kompetenzen berücksichtigt sind.

Beispiel
Es war nicht leicht, den sehr selbstbewussten Noé zur konsequenten planerischen Arbeit an seinen Schlüsselkunden zu bewegen. Mit Robert hat er herausgefunden, dass der Kunde nach Präsentationen oder Vorträgen besonders empfänglich dafür ist. Dieser signifikante Reiz ist sein kinästhetischer Anker. Sein Auftritt, seine Präsenz in der Menge wirkt auf ihn wie für Tennisspieler die geballte Faust oder für Fußballer nach dem erfolgreichen Torschuss das Über-den-Rasen-rutschen. Zu einem späteren Zeitpunkt wird auch sein Verhältnis zum und seine Rolle im Selling Center zur Sprache kommen und er kann seine negativen Gefühle als Reiz-Reaktionskopplungen nachvollziehen und Methoden erlernen, dies aufzulösen.

6.2.5 Kundensicht

Als wäre das Gegenüber mit seinen Wünschen und persönlichen Belangen wie weggeblasen! Technisches Know-how und inhaltliche Brillanz sind zweifelllos wichtig, verhindern

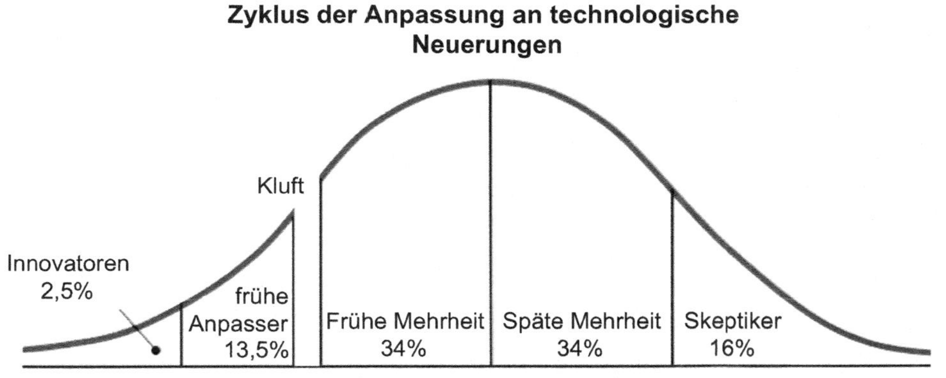

Abb. 6.4 Kundentypen nach Moore. (Quelle: Moore 2006)

jedoch häufig die Konzentration auf die Kundensicht. Sowohl im Kundengespräch wie auch dann in der Nachbetrachtung im Team werden die wesentlichen Elemente der Beziehung immer wieder vernachlässigt, schließlich geht es um die technische Spezifikation. Jeder Kunde hat seine Eigenheit und die hat nicht unbedingt mit der angebotenen Leistung oder Technologie zu tun. Zwei herausragende Typologien sind für das Verständnis der Kundensicht und den Einsatz bei der Kundenentwicklung bestens geeignet. Geoffrey Moore, Florian Bauer und Hardy Koth haben aus ganz unterschiedlichen Perspektiven das Denken und Handeln der Kunden untersucht. Moore (2006) liefert ein Modell des Umgangs von Kunden mit Technologie in Crossing the Chasm.

Er geht in Zusammenhang mit Rogers Diffusionstheorie (1983) von fünf Anwendertypen aus, die auf der Basis ihrer Adaptionsbereitschaft klassifizierbar sind (vgl. Abb. 6.4): Innovatoren als sogenannte Techies, die nahezu besessen davon sind, alles gleich auszuprobieren und die die Mittel haben, auch Verluste auszuhalten, die frühen Anwender, Moore (2006) nennt sie Visionäre, als die „wahren Revolutionäre" im Geschäftsleben, die einen wirtschaftlichen Vorteil aus ihrem frühen Engagement erwarten, die frühe Mehrheit beziehungsweise die Pragmatiker, die vornehmlich an Evolution glauben und die an effizient arbeitenden Unternehmen interessiert sind, die späte Mehrheit oder die Konservativen, die Anwendungen als wirtschaftliche Notwendigkeit und als Antwort auf wachsenden Netzwerkdruck verstehen und letztlich die Nachzügler beziehungsweise Skeptiker, die nicht kauffreudigen Konsumenten, die von hohem Sicherheitsdenken geprägt sind.

Bauer und Koth (2014) sagen, dass die Annahme, Kunden würden sich wie ein Homo oeconomicus verhalten, sei manchmal richtig, sei aber auch oft nur eine sich selbst erfüllende Prophezeiung. Dazu haben sie im Rahmen ihrer Preisstudie fünf Konsumententypen identifiziert: den Schnäppchenjäger, der stark auf Preise fokussiert ist, den Verlustaversiven, der nicht über den Tisch gezogen werden will, den Gleichgültigen, für den der Kauf nur Mittel zum Zweck darstellt und der den Einkauf ohne jede Emotion durchführt, den markentreuen Gewohnheitskäufer, der sich auf gemachte gute Erfahrungen verlässt und den Preisbereiten, der gerne vergleicht und stets offen ist für neue Angebote und Optionen.

Fachliche Fähigkeiten sind nur eine notwendige Voraussetzung um den Kunden zu gewinnen, jedoch nicht die einzige und vor allem auch nicht ausreichend (vgl. Tab. 6.1). Empathie ist der Schlüssel. Nehmen Sie also einmal die Perspektive Ihres Kunden ein:

- *Vertrauen*: „Kann ich mich auf den Vorschlag des Vertriebsmanns verlassen? Ich bin an meinem Limit. Möglicherweise fehlen mir noch Bewertungskriterien, die ich für eine endgültige Entscheidung mit wem ich arbeiten will, brauche. Wie sichere ich mich noch weiter ab?“
- *Wohlfühlfaktor*: „Auch wenn ich weiß, dass ich Expertenrat brauche, der in meinem Bereich nicht vorhanden ist, fühle ich mich nicht damit wohl, mich fremden Händen anzuvertrauen. Das ist so ein Gefühl von Hilflosigkeit.“
- *Kontrollverlust*: „Auch wenn ich mir helfen lasse, trage ich nach wie vor die Verantwortung und das mit dem Risiko von Kontrollverlust.“
- *Ungeduld*: „Jetzt muss es schnell gehen, denn offen gestanden habe ich schon eine Weile über die Symptomatik bei mir nachgedacht. Ich verfalle nicht bei den ersten Anzeichen in Hektik.“
- *Beunruhigung*: „Die vorgeschlagenen Lösungen scheinen ja ganz plausibel, implizieren aber auch, dass ich Fehler gemacht habe. Aber wer sagt mir denn, dass diese Leute nicht nur Ihren Vorschlag durchbringen wollen und gar nicht auf meiner Seite sind?“
- *Vertrauen und Offenheit*: „Ich decke nun ja auch nicht so schmeichelhafte Details in unserem „Laden“ auf. Wen auch immer ich einbinde, ich muss Farbe bekennen. Dem bin ich dann ein Stück weit ausgeliefert.“
- *Unwissenheit*: „Ich bin nun ziemlich unsicher und weiß nicht genau: Ist das eine große oder kleine Angelegenheit? Es gefällt mir gar nicht, dass ich dem Anbieter vertrauen muss. Im Übrigen ist es ja in seinem Interesse, mich von der großen Tragweite des Projekts zu überzeugen.“
- *Skepsis*: „Ich bin schon einige Male mit anderen Anbietern hereingefallen. Die Versprechen waren immer groß, die machen sie immer! Wie soll ich wissen, welchem Versprechen im am meisten trauen soll?“
- *Sorge*: „Ich habe so meine Bedenken, ob der Berater sich wirklich ausreichend Zeit genommen hat, mein Problem zu verstehen, auch was meine Situation von anderen unterscheidet. Muss mein Problem auf das Angebot zugeschnitten werden, oder bekomme ich eine auf meine Belange zugeschnittene Lösung?“
- *Argwohn*: „Wenn ich mich nun dem Anbieter anvertraue: Woher weiß ich, dass es nicht diese schwer zu fassenden Fachleute sind, die mich nicht ausreichend einbinden, mich nicht mit Fachtermini abspeisen, mir nicht ausreichend sagen, was sie tun und was Sache ist?“
- *Angst vor Versagen:* „Ich habe Sorge, dass das Versprochene nicht eingehalten wird. Die Konsequenzen für mich kann ich mir schon ausmalen. Ich muss abwägen, ob dieses Risiko für mich tragbar ist. Wie kann ich sicherstellen, dass die Lösung nicht zu einem Rohrkrepierer wird und ich der Leidtragende bin?“

Tab. 6.1 Vertriebs- beziehungsweise Führungsprofil. (Quelle: frei nach Koch et al. 1998, S. 144 ff.)

↓→	Innovativer Begeisterter	Sozialer Mitfühler	Gewissenhafter Denker	Dominanter Macher
Innovativer Begeisterter				
Positiv	Schnelles Arbeiten	Offene, klare, ergebnisorientierte Gespräche	Hohe Verbindlichkeit getroffener Absprachen	Ausgeprägte analytische Fähigkeiten
	Freude an der Prozessgestaltung	Übernahme der Veränderungsinitiative durch Begeisterter	Große Loyalität und Verantwortungsbereitschaft	Kritische Sicht der bestehenden Verhältnisse
	Offen für neue Aufgaben	Überzeugungsfähigkeit	Hohe Selbständigkeit im Arbeitsablauf	Stakes Interesse an Ergebnisqualität
	Suche nach kreativen Lösungen	Schnelles Arbeitstempo	Hohe Spezialistenkompetenz	Fähigkeit, alleine gute Ergebnisse zu erzielen
		Zielorientiertes Handeln	Gute Ergänzung im strategischen Vorgehen	
		Packt Themen an und entwickelt Lösungen	Gemeinsame große Herausforderungen	
Negativ	Anspruchsvolle neue Aufgaben	Gegenseitiges Chaos gelten lassen	Geduld mit anderer Arbeitsgewohnheit entwickeln	Aufzeigen gesicherter Perspektiven trotz Veränderung
	Besser mit einem anderen Typen	Handeln auch auf Sach- und Beziehungsebene	Kreativität im Umgang mit anderen Persönlichkeitsstilen zu entfalten	Verständnis für andere Strategien entwickeln
	Abgrenzung von Kompetenzen inklusive Beschreibung	Umgang mit Machtverzicht vs. Entschlossenheit	Wertschätzung und Toleranz gegenüber Andersartigkeit erwerben	Toleranzfähigkeit bei Konflikten einüben
	Abgleich der Erfahrungen im Arbeitsprozess	Geduld und Konsequenz zur Zielerreichung	Gute Kooperation durch gegenseitige Ergänzungen	Gute Detailarbeit für Veränderungsstrategien trainieren
	Festlegen von Ergebnissen und Lessons learned			
	Autoritäres Verhalten ablegen			
	Lernen von Kooperation			

Tab. 6.1 (fortsetzung)

↓→	Innovativer Begeisterter	Sozialer Mitfühler	Gewissenhafter Denker	Dominanter Macher
Sozialer Mitfühler				
Positiv		Ausgeprägte Kontaktfreude	Freude an Kooperation mit anderen	Konstruktiv kritische Denkweise
		Hohe Kommunikationsfreude	Zielgerichtetes Vorgehen	Gute Kooperation bei Sachthemen
		Gute Motivationsfähigkeit	Gute Basis für Teamarbeit	Gute Ergänzung in Detailfragen
			Gute gegenseitige Ergänzung	Gegenseitige Ergänzung bei der Gestaltung von Arbeitsabläufen
				Hohe gemeinsame Effizienz
Negativ	Planung von Zeitvorgaben für die Zielerfüllung	Konzentration auf Fakten und vereinbarte Schritte	Einigung auf den jeweiligen Kompetenzrahmen	Umgang mit Delegation, klare Aufgabenbeschreibung Toleranz bei höherem Zeitbedarf des Partners
	Entwickeln des Einfühlungsvermögens bei der Mitsprache des Partners	Klärung der Ziele	Umgang mit Änderungsideen des Coachs im gemeinsam verabredeten Rahmen	Gute Vorbereitung von Veränderungsmöglichkeiten
	Einüben von offenem Meinungsaustausch	Prioritäten setzen und einhalten	Korrekte Einhaltung von Absprachen	Entwicklung von Geduld bei der Klärung von Detailfragen
		Umgang mit der Verbindlichkeit von Absprachen	Entwicklung von mehr Toleranz für andere Denk- und Handlungsweisen	
		Selbstverantwortlicher Umgang mit Störungen und Hindernissen		

Tab. 6.1 (fortsetzung)

↓→	Innovativer Begeisterter	Sozialer Mitfühler	Gewissenhafter Denker	Dominanter Macher
Gewissenhafter Denker				
Positiv			Vorliebe für klare Absprachen	Hohe Arbeitsmotivation und Zufriedenheit
			Große Verbindlichkeit im gemeinsamen Umgang	Ausgeprägtes Spezialistentum
			Selbstständiger Arbeitsstil	Gegenseitige ernsthafte Wertschätzung
			Großes Erfahrungspotenzial an Fachwissen	Vorliebe für Regelungen
			Gewissenhafter Arbeitsstil	Hohe Identifikation mit Arbeitsergebnissen
			Gegenseitige Loyalität	
Negativ	Ausbau der Führungskompetenz, also dem Partner Gestaltungsspielraum gewähren	Umgang mit Krisensituationen, insbesondere die Flexibilität bei hohem Zeitdruck	Einüben flexibler Arbeitsweisen	Beachtung der Beziehungsebene
	Konkretes gemeinsames Verständnis über die Rahmenbedingungen herstellen	Vermitteln von strukturellen Vorgaben	Entwicklung des Einfühlungsvermögens (zum Beispiel Kundensicht)	Entwicklung von kreativen Alternativen zu bestehenden Verfahrensweisen
	Einüben in Kontrollaufgaben	Umgang mit schneller Entschlossenheit des Partners, obwohl Ziele und Weg noch unklar sind	Ausbau des Kontaktverhaltens	Einführen von Flexibilität in Planungsvorhaben
			Einüben in die Vermittlung von Fachwissen an andere	Ausbau der Konfliktfähigkeit
			Toleranzentwicklung	

Tab. 6.1 (fortsetzung)

↓→	Innovativer Begeisterter	Sozialer Mitfühler	Gewissenhafter Denker	Dominanter Macher
Dominanter Macher				
Positiv				Vorliebe für Details
				Hohes Qualitätsbewusstsein
				Vorliebe für geregelte Arbeitsweisen
				Starke Identifikation mit dem jeweiligen Team
				Hohe Kompetenz in Sachfragen
				Genaue Kenntnis der Ist-Situation
Negativ	Umgang mit dem schnelleren Entscheidungstempo des Partners	Ausbau von Toleranz für andere Vorlieben im Verhalten	Motivationsaufbau für Veränderungen	Entwicklung von Alternativen zur Ist-Situation
	Vermitteln im Aufzeigen von Risiken, Detailthemen und den Folgen spezifischer Verhaltensmuster	Flexibler Umgang mit Grundsatzvereinbarungen	Suche nach verschiedenen Lösungsstrategien	Motivation, Machbares zu entwickeln
	Ausbau der Konfliktfähigkeit	Ausbau der eigenen Konfliktfähigkeit	Vermittlung von Kundensicht	Veränderung von Traditionen
	Entwickeln von mehr Toleranz		Vermittlung von Einfühlungsvermögen in Dritte	Umgang mit Unsicherheit
				Kompetenzzuwachs auf der Beziehungsebene
				Erweiterung der Konfliktfähigkeit
				Entwicklung des Kontaktverhaltens

6.2.6 Kundenentwicklungscockpit

Definition
Schlüsselkunden stellen in aller Regel das Rückgrat eines Lieferanten dar. Fälschlicherweise werden in vielen Unternehmen Verkäufer Key Account Manager genannt, die vornehmlich viele kleine mittelständische Kunden betreuen und gleichzeitig Neukunden akquirieren. Das Key Account Management unterscheidet sich vom traditionellen Vertriebssystem durch seinen Ansatz. Schlüsselkunden liefern oftmals 80 % des Umsatzes und machen nur 20 % der vertrieblich betreuten Kunden aus. Einen Kundenentwicklungsprozess für die Schlüsselkunden einzuführen und Kundenentwicklungspläne einzufordern, scheitert, wenn nicht die nötigen Voraussetzungen geschaffen werden (vgl. Tab. 6.2).

Es gibt eine Reihe von Kriterien, nach denen man die Vertriebsorganisation gliedern kann. Die geografische Aufstellung nach Postleitzahlen ist für Sie die einfachste und kostengünstigste, in Kombination damit können Sie nach Produkt- beziehungsweise Portfoliogruppen einteilen. Anspruchsvoller wird die Einteilung nach Marktsegmenten, dies setzt deutlich mehr Vorbereitung als Hilfestellung für die Vertriebsmitarbeiter voraus: Ein Mitarbeiter ist für alle Kunden eines bestimmten Marktsegments, ein Produkt oder eine Branchenanwendung verantwortlich. In größeren Vertriebseinheiten liefert die Einteilung nach Absatzkanälen eine noch höhere Marktdurchdringung: Ein Mitarbeiter oder ein Team tragen hier die Verantwortung, auf einer bestimmten Stufe des Vertriebssystems Beziehungen aufzubauen und weiterzuentwickeln beispielsweise zu Distributoren oder zu Groß- oder Einzelhändlern (Capon 2003, S. 20). Vertriebseinheiten können sich auch entlang des Vertriebsprozesses organisieren – beginnend mit der Neukundengewinnung, der Bestandskundenbetreuung bis hin zur Serviceentwicklung.

Verschiedene in diesem Buch bereits beschriebene Entwicklungen im Markt zwingen dazu, sich auf weniger ertragreiche Kunden zu konzentrieren. (Zur Auswahl von Key Accounts siehe Ahlert et al. 2004; Belz et al. 2014; Biesel 2001; Czichos 2000; Miller und Heiman 1991; Rapp et al. 2002; Rieker 1995; Senn 1996; Sidow 2002.) Angeheizt durch die Globalisierung sehen Sie sich einem zunehmenden Wettbewerbsdruck ausgesetzt, was

Tab. 6.2 Hindernisse bei der Umsetzung des Account Managements. (Quelle: nach einer Analyse von Joost 2008, S. 246)

Anteil (%)	Hindernisse
86	Die anderen Funktionen sind zu wenig kundenorientiert
79	Account Reviews werden aus Zeitmangel nur selten durchgeführt
79	Die anderen Funktionen sehen ihr Interesse, dann erst den Kunden
71	Das Nichterreichen der Quartalsergebnisse
64	Der Key, Account Manager betreut zu viele Kunden
64	Die Funktionen nehmen kaum oder gar nicht an der Account-Planung teil
57	Die Funktion des Key Account Managers hat kein hoher Stellenwert
57	Es gibt keinen Unterschied zwischen Key Account Manager und Normalvertrieb

bei gleichbleibender Qualität generell schon zu Ergebnisverlusten führt, zusätzlich haben Kunden die Bedeutung des Einkaufs- und Beschaffungswesens erkannt und erhöhen den Druck, indem sie sich auf strategische Partner fokussieren. Gesellschaftspolitische Entwicklungen führen auch dazu, dass die Kosten pro Kundenbesuch beziehungsweise pro 1000 € Umsatz steigen (Vertriebskosten), dazu gehören Fahrtkosten, Gehälter und bereitgestellte Infrastruktur.

Für beide Seiten, den Kunden wie Lieferanten, ist die Logik der Schlüsselkundenarbeit effizienz- und effektivitätssteigernd. Verkaufs- wie Einkaufsorganisationen können die Best Practices des Key Account Managements einführen und nutzen. Allerdings setzt dies nachhaltiges, strategisches Vorgehen voraus, andernfalls entstehen nur Kosten und Sie beschädigen das Instrument der Planung dauerhaft.

Für die Einführung und Gestaltung von Key Account Management gibt es eine bedeutende Gruppe von Beratungs- und Trainingsfirmen. Hervorzuheben sind in Europa das Kompetenzzentrum für Business-to-Business-Marketing an der Universität St. Gallen mit dem sogenannten St. Gallener KAM-Konzept sowie in den USA die SAMA (Strategic Account Management Association), ein 1964 gegründeter Verein, der sich mit mehr als achttausend Mitgliedern weltweit ausschließlich darum bemüht, strategisches Schlüssel- und Global Account Management als eigenständigen Beruf zu unterstützen und als selbstverständlichen Bestandteil einer jeden Unternehmensstrategie zu etablieren.

Problemstellung

Steam Success kommt bei einer Reihe von internationalen Kunden bei Ausschreibungen nicht zum Zug. Bei den Feedback-Gesprächen gibt beispielsweise der Kunde Fortum zu verstehen, dass das Angebot zwar korrekt erstellt worden sei, die Hintergründe und seine Qualitätsvorstellungen aber nicht erfasst oder verstanden worden seien. Bei näherer Betrachtung wird klar, dass Mikkel wegen vieler kleiner Angebote und Betreuung von über hundert Kunden die Großkunden sträflich vernachlässigt hat. Zwar hatte der Vertriebsmann das Projekt in einem frühen Stadium identifiziert, aber den Umfang nicht richtig eingeschätzt. Deshalb waren für die Angebotserstellung und die nötigen Ressourcen zur Realisierung nur unzureichende Aussagen möglich. Auch hatte das Vertriebsteam angenommen, dass die Beratungsfirma Ramböll die Entscheidung trifft, tatsächlich war es aber der Schlüsselkunde Fortum selbst. Die Erkenntnis: Steam Success Bekanntheitsgrad reicht nicht aus, um mögliche fachliche inhaltliche Schwächen auszugleichen. Ursache ist die mangelnde Präsenz. Darüber hinaus war kein Grundkonzept vorhanden, das man als Blaupause wiederverwenden kann, das Zeit spart und beim Kunden Erfahrung und Kompetenz vermittelt.

Phasen und Vorgehen

Voraussetzung ist, dass Sie Ihre Schlüsselkunden identifiziert haben. Ihre Schlüsselkundenbetreuung durchläuft folgende acht Schritte:

1. Steckbrief des Kunden auf einem Blatt als Übersicht (Kundenportfolio, Kundenstrategie, Kundenhistorie, Topografie beziehungsweise regionale Aufstellung, Kaufverhalten des Kunden, Wettbewerbspositionierung, Ihre Vision und Strategie, aktuelle Umsatz- und Ergebnissituation)
2. Aufbau der Kundenorganisation, Personen und ihre Funktionen
3. Firmenaufstellung (Bereiche) und Finanzlage
4. Wettbewerbssituation (Ihre Wettbewerber)
5. Beziehungsmatrix: Wer kennt in Ihrem Unternehmen wen beim Kunden?
6. Schlüsselkauffaktoren des Kunden
7. Ihre Ziele mit dem Kunden
8. Maßnahmen

Für das Coaching der Kundenentwicklungsplanung reichen für Sie der Steckbrief, die Ziele und Maßnahmen aus. Nach einer Vorstellung des Kunden lassen Sie sich die Ziele und Maßnahmen erklären. Wo Unklarheiten bestehen, kann der Key Account Manager auf die Detailarbeit zurückgreifen. Der Steckbrief hilft Ihnen zu verstehen, wie gut der Key Account Manager den Kunden verstanden und durchdrungen hat. Die Ziele werden dadurch plausibel, die abgeleiteten Maßnahmen beweisen die zuvor gemachten Annahmen.

Der zwischen Ihnen und dem Vertriebsmitarbeiter entstehende Dialog lebt davon, dass Sie sich ausschließlich auf Verständnisfragen beschränken. Ihr Wissen ist nur insoweit relevant, als es Lücken für den aktuellen Fall schließt. Anregungen zum Vorgehen sollten nur im äußersten Notfall, wenn beispielsweise Dinge geplant werden, die den Verlust des Kunden zur Folge haben könnten, geäußert werden; Details oder Feinheiten Ihrerseits sollten unterbleiben. Besonderes Augenmerk kann noch dem Beziehungsmanagement gelten.

Es hat sich bewährt, eine hierarchische Matrix von Kunden und Lieferantenansprechpartnern aufzustellen (vgl. Tab. 6.3). Für Details gibt es, wie in Kap. 4 beschrieben, einschlägige Literatur (s. Sieck 2011).

Beispiel

Johannes hat für seine Teams folgende Agenda und damit den Aufbau der Kundenentwicklungsplanung aufgestellt. Wie in Abb. 6.5 dargestellt, gibt es für jeden inhaltlichen Punkt ein Präsentationsblatt.

Johannes hält sich strikt an den Ablauf, das erhöht die Konzentration und die Effizienz der Gesprächstermine. Der Steckbrief (s. Abb. 6.6) beinhaltet folgende sechs Positionen: Leistungen des Kunden (Portfolio), Kundenvision und -strategie, Hintergrund und Geschichte des Unternehmens, Aufstellung geografisch beziehungsweise regional, Kaufverhalten des Kunden, Wettbewerbsposition.

Johannes erwartet maximal fünf Teilziele, um die Umsatz- und Ergebnissituation innerhalb von zwölf Monaten zu verbessern. Messgröße ist der Anteil am Kundenbudget, der um zehn Prozent gesteigert werden soll („Share of Wallet").

Tab. 6.3 Lieferantenansprechpartnermatrix. (Quelle: eigene Darstellung)

	Name, Funktion und Verantwortung im Projekt	Einfluss	Interesse	Beziehung zu uns	Beziehungsintensität	Betreuung durch
Kriterien	Geschäftsführung 2. Führungsebene Fachebene Projektleiter Experte	Hoch Mittel Niedrig	Hoch Mittel Niedrig	(M) = Freund, Mentor (+) = positiv (=) = neutral (–) = kritisch, negativ (X) = Feind oder Freund des Wettbewerbs	0 = nie gesehen 1 = ein Termin 2 = mehrfach getroffen 3 = regelmäßige Termine	Geschäftsführung 2. Führungsebene Fachebene Account Manager Fachvertrieb
Graue Eminenz						
Entscheider						
Evaluator, Beurteiler, Team, Consultant						
Unterstützer, Informant						
Anwender						

Kundenentwicklungsplan

Kunde: **Fortum** **Vertrieblich Verantwortlicher:** **Mikkel**

Inhalt / Wählen Sie das jeweilige Blatt aus:

1. Steckbrief
2. Aufbau der Kundenorganisation (org-chart)
3. Firmenaufstellung und Finanzen
4. Wettbewerbssituation
5. Beziehungen
6. Schlüsselkauffaktoren
7. Unsere Ziele mit dem Kunden
8. Maßnahmen

A1. Projektliste des laufenden Jahres (Pipeline)
A2. Projektliste des nächsten Jahres (Funnel/ Vertriebstrichter)
A3. Anteil am Budget (Share of Wallet)

Abb. 6.5 Kundenentwicklungsplan. (Quelle: eigene Darstellung)

Nutzen
Das Ergebnis der Kundenentwicklungsplanung wird sich erst nach einigen Monaten zeigen, denn Kundenentwicklungsplanung ist eine Investition in die Zukunft. Für wirtschaftlich angeschlagene Unternehmen, die schnelle Erfolge brauchen, ist die Einführung von Kundenentwicklungsplanung sicher kein gangbarer Weg.

6.3 Profile: Berater und Umsetzer

6.3.1 Marcos, der Ratgeber

Problemstellung bei Steam Success International
Álvaro ist von Alstom ins Management eines lokalen Energieproduzenten gewechselt und kontaktiert nun seinen ehemaligen Betreuer von Steam Success, Marcos. Das neue Unternehmen liegt im Betreuungsgebiet von Javier, der in seinem Gebiet höchst erfolgreich agiert. Aber er hat das Unternehmen von Álvaro noch nicht kontaktiert, geschweige denn

Kundenentwicklungsplan - Steckbrief

Kunde: Fortum **Vertrieblich Verantwortlich:** Mikkel

Kunden Portfolio

Fortum erzeugt, verteilt und vertreibt Strom und Wärme (auch Fernkälte) und bietet damit verbundenen Experten-Service. Die Leistungen konzentrieren sich auf die nordischen und baltischen Staaten, Russland und Polen.

Kundenvision und -strategie:

Motto: Energie verantwortungsvoll - heute und morgen
Fortum-Strategie zielt auf die kontinuierliche Entwicklung der bestehenden Unternehmen und marktgetriebenes Wachstum in Wasserkraft, Kernenergie und Kraft-Wärme-Kopplung (KWK) Produktion. Neben der technischen Kompetenz von Fortum, hat das Unternehmen Know-how und eine bewährte Erfolgsbilanz in das in liberalisierten Energiemärkten eine zentrale Rolle spielt bei der Verfolgung von Wachstumschancen in den bestehenden Märkten und in den schnell wachsenden und liberalisierenden Märkten in Europa und Asien.

Fortum verlagert ihren Schwerpunkt auf die Herstellung von Energie, nicht mehr Distriution Sie haben bereits ihr Netz in Finnland veräußert, und es ist zu erwarten dass sie das auch in Schweden und Norwegen tun. Sie werden das Geld aus dieser Veräußerung am ehesten in das Wachstum ihrer CHP und CO2-freie Stromproduktion investieren, ...

Siehe auch: http://www.fortum.com/en/corporation/strategy-and-values/pages/default.aspx

Hintergrund:

Entwicklung incl. Skandinavien und Osteuropa: In Finnland enstand Fortum aus "Imatran Voima" (IVO), dem staatlichen Energieversorger, der mit Neste Oyj zusammengeführt wurde im Jahr 1998. Danach hat Fortum Produktionskapazitäten erworben in Schweden (z.B. Birka Energi aus der erworbenen Stadt Stockholm), in Russland (Lenergo, TGC-10) und in Polen. Neste Oil wurde von Fortum im Jahr 2005 ausgegliedert. ...

See also: http://www.fortum.com/en/corporation/fortum-in-brief/our-history/pages/default.aspx

Topographie/ Regionen:

Fortum Leistungsbreite konzentriert sich auf die nordischen und baltischen Staaten, Russland und Polen. Kleinere Einheiten gibt es auch in Indien (Solarenergie, KWK) und südostasiatischen Ländern werden geprüft ...
Kennzahlen in Finnland und im Baltikum:

- Finland: 4500 MWe / 1900 MWdh, 633000 customers, 2647 employees.
- Estonia: 48 MWe / 495 MWdh, 204 employees
- Latvia: 28 MWe / 230 MWdh, 103 employees *(estimated figures after the commissioning of the Jelgava CHP plant)*
- Lithuania: 20 MWe / 86 MWdh, 103 employees *(estimated production figures after the commissioning of the Klaipeda WtE plant)*

Kaufverhalten des Kunden:

Fortum folgt in aller Regel öffentlichen Vergabeverfahren da sie sowohl Strom als auch Wärme (KWK) herstellen. Die Beschaffung ist grundsätzlich zentralisiert, die technische Schlüsselpersonen in den jeweilige Kraftwerken sind verschieden.Bei größeren Projekten werden in der Regel "EPCM" durchgeführt, unter Verwendung eines Beraters ...

Wettbewerbsposition:

Fortum hat in aller Regel keinen Wettbewerb

Abb. 6.6 Steckbrief eines Kundenentwicklungsplans. (Quelle: eigene Darstellung)

Geschäfte gemacht. Und der Gegensatz könnte nicht größer sein: Hier der klassische „Farmer“, der sich im Augenblick unter Beobachtung befindende Marcos, da der erfolgreiche „Hunter“ Javier. Beide kommen in Mannheims Büro und reklamieren den sehr lukrativen Auftrag für sich.

Abb. 6.7 Der Ratgeber. (Quelle: Jan Myskowski)

Marcos, Spanien (Johannes Mannsheim erzählt)
Ihm hat es die klassische Musik angetan – gerne erzählt Marcos von seinem Orgelspiel und dem Großvater, der Organist in der Kirche La Sagrada Familia in Barcelona war. Erklären (vgl. Abb. 6.7) und Erzählen sind für ihn wichtige Bausteine eines erfolgreichen Services. Daher kommt er als diplomierter Maschinenbauer, und deshalb glaubte man auch, ihn für den Serviceverkauf verantwortlich machen zu können.

„Kundenorientierung zeichnet sich immer durch exzellentes Produkt und dann vor allem die Qualität des Service aus. Der Kunde hat immer recht!" So kämpft er wie ein Löwe für die Belange seiner Kunden. Manchmal fragen wir uns, auf welcher Seite er steht. „Im Kundeninteresse" pflegt er bei Preis-Leistungsdiskussionen im Angebotsprozess regelmäßig einzuwerfen: „Im Kundeninteresse sollten wir nachlassen, ergänzen, zustimmen …" Der Kampf für den Kunden hat sein Gutes: Seine Kunden sind treue und zuverlässige Wiederkäufer – zu welchen Konditionen auch immer! Die Anforderungen aus den Kundengesprächen sind beileibe nicht trivial, hat er dort doch bereits durchblicken lassen, wie sich Bedarfe und Leistungsspektrum mit möglichst wenig Aufwand realisieren lassen. Glücklich ist er nur, wenn es der Kunde zu 100 % auch ist.

Analyse
Stärken

- **Kundenkenntnis und Serviceorientierung**: Ist bestens vertraut mit der aktuellen Situation der Hubs im Markt, das ist auch wichtig, um Aktualität zu wahren. Das hilft ihm, sich den Kunden anzunähern. Weiss jede Menge über die wirtschaftliche Lage seiner Kunden.
- **Ableitungsfähigkeit**: Die Fähigkeit Muster zu erkennen und zu kategorisieren, nutzt er bei der Kunden- und Opportunityanalyse.
- **Kommunikation vornehmlich im 1:1**: Beherrscht den Dialog. Seine Anlagen zur Interaktion mit einer Person sind ausgeprägt. Kann sich gut eigenpositionieren und weiß mit Feedback umzugehen.

Generell
Marcos versetzt sich sehr gut *in die Lage des Kunden.* Die danken es ihm durch hohe *Loyalität. Persönliche Zurückhaltung und Aufgeschlossenheit* gegenüber den Bedürfnissen anderer machen ihn schätzenswert und angenehm. Seine *Sensitivität* verschafft ihm durch die entstehende Kundennähe deutliche Vorteile vor dem Wettbewerb. Er erfährt Details, die den entscheidenden Unterschied im Angebot machen. Er erkennt frühzeitig *Bedarfssituationen.* Er setzt in unseren Teams die besten Bedingungen für den Kunden durch.

Schwächen

- **Bekanntheitsgrad in den Marktsegmenten**: er hat vermutlich wenig Freundschaften, Beziehungen und Kontakte bei den Kunden im Markt.
- **(strategische) Kundenentwicklung**: Ihm gelingt es nicht, aus erkannten verbalen oder/und nonverbalen Kommunikationsmustern zielgerichtete Handlungen abzuleiten.
- **Offenheit**: Man vermisst bei ihm die generelle Fähigkeit, Menschen anzuziehen, zu beeinflussen und zu steuern.

Generell
Marcos setzt sich leider wegen seiner *Konfliktscheu* nur schwer durch, sowohl beim Kunden als auch intern. Wenn er zurückgewiesen wird, ist er ziemlich *verletzt.* Seine Erläuterungen sind zumeist brillant, allerdings *vergisst er dabei den Verkauf.* Weil er gerne hilft, fehlt ihm die Initiative, den *Kunden zum Ja zu bewegen* und damit eine Geschäftschance umzusetzen. *Widerstände* des Kunden kann er schlecht auflösen, zudem ist er ein schlechter Verhandler. Er wird deshalb mehr als Berater und Betreuer wahrgenommen, nicht als

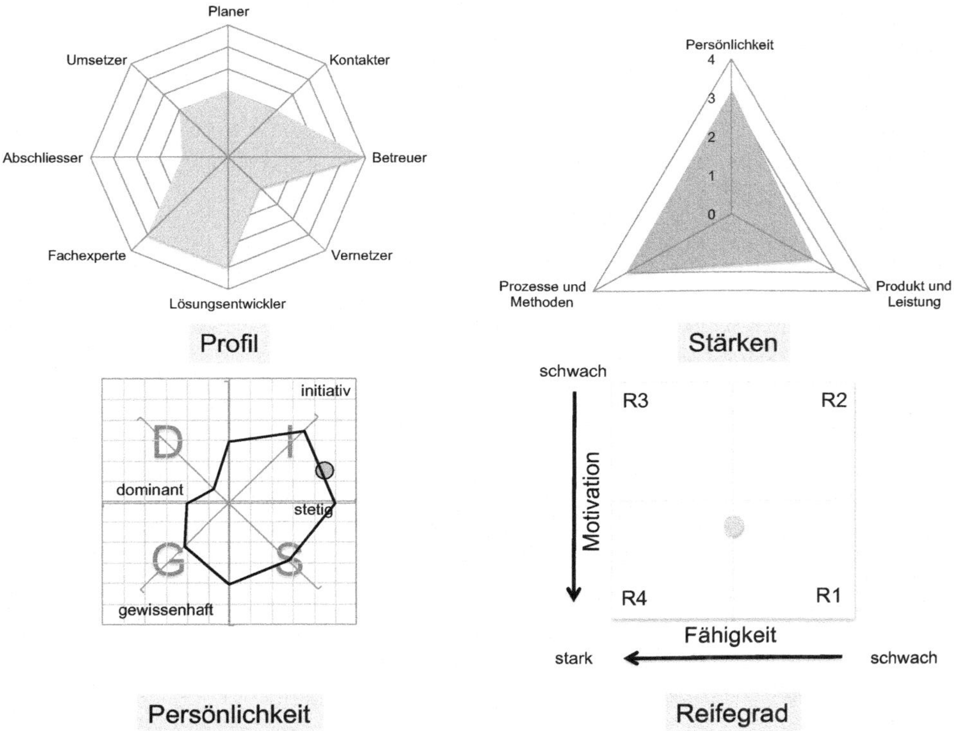

Abb. 6.8 Ratgeber: Einschätzung von Persönlichkeit, Stärke und Reifegrad. (Quelle: eigene Darstellung)

Vertriebsmann. Immer wieder beurteilt er Geschäftsmöglichkeiten ausschließlich aus der Sicht des Kunden, die Kundenwünsche stellt er immer vor die eigenen Belange. Das ist betriebswirtschaftlich unrealistisch, seine Argumentation wirkt naiv.

Vertriebsprofil: Stärke und Potenzial (vgl. Abb. 6.8)
Ausrichtung: Betreuer Orientierung: Kundenentwickler Stärke: Prozesse Potenzial: mittel

Verbesserungspotenzial
***Produkt und Leistung*:**

- Damit er sein Potenzial für Ihr Unternehmen nutzt, konzentrieren Sie sich auf jeweils eine konkrete Fähigkeit, zum Beispiel das Erkennen des dringlichsten Kundenbedarfs. Leiten Sie den Nutzen für das eigene Unternehmen ab.

Methoden und Prozess:

- Begleiten Sie ihn beim Kundenbesuch mit dem Ziel, diesen Nutzen auch wirklich zu erzielen. Hat der Kunde der Lösung zugestimmt, hat er den Auftrag erteilt? Der Weg zur Veränderung von Marcos wird mühsam, wenn es aber gelingt, haben Sie eine Perle. Die alternative Rolle des Fachberaters muss kein Rückschritt sein.

Persönlichkeit:
Besprechen Sie Situationen, von denen Marcos glaubt, dass seine hohe Kunden- und Serviceorientierung besonders großen Nutzen stiftet. Differenzieren Sie gemeinsam nach Kunden- und Eigennutzen.

Interkulturelle Anregung
Die schnelle Klärung der Account-Zuordnung hat für die beiden Vertriebsmitarbeiter eine besondere Bedeutung. Spanier suchen nach Regeln und Struktur, um unvorhersehbare oder unsichere Situationen zu vermeiden beziehungsweise zu umgehen. Gelingt es Ihnen, ohne Streit eine Lösung zu gestalten bei der keiner sein Gesicht verliert, verschafft Ihnen das nachhaltige Anerkennung, gar Zuneigung.

6.3.2 Alicia Christiana, die Füchsin

Problemstellung bei Terra Consult
Seit einiger Zeit erweckt Alicia Christiana den Eindruck, dass sie die Dinge nach ihrem Gutdünken macht. Wenn es um Angebotserstellung geht, bindet sie zwar den Stellvertreter ein, bespricht aber das Pricing und einen gegebenenfalls nicht der Unternehmensphilosophie entsprechenden Rohertrag nicht mit dem Geschäftsführer selbst, sondern stellt ihn vor vollendete Tatasachen, meist im Montagsmeeting. Der Geschäftsführer bekommt von diversen Vorfällen zufällig über E-Mails Kenntnis. Er ist mit der Arbeitsphilosophie nicht einverstanden und hat ihr zu verstehen gegeben, dass er eingebunden werden will. Sie erweckt den Eindruck, das einzusehen – ein Trugschluss. Allerdings ist Alicia recht erfolgreich, und ein Streit oder eine Trennung wären wirtschaftlich dumm, andererseits braucht es in der Teamhygiene auch gleiches Recht und gleiche Behandlung für alle.

Alicia Christiana, USA (Robert Ganges fasst zusammen)
Alicia Christiana verfügt über eine mehrjährige internationale Erfahrung mit großen multikulturellen Konzernen. Sie hat einen nun erwachsenen Sohn großgezogen. Mit Ende vierzig hat sie viele Stationen in namhaften Unternehmen durchlaufen. Kurzzeitig war sie sogar bei einem der Big Five der Beratung. Sie vermittelt allgemeinen Geschäftssinn und verstärkt ihr Auftreten durch eine bemerkenswerte Präsenz in Gesprächen. Die Partner-

Abb. 6.9 Die Füchsin. (Quelle: Jan Myszkowski)

kollegen bewundern, wie sie bereits im ersten Jahr überdurchschnittliche Umsätze und Roherträge erreicht hat. Ich weiß relativ wenig von ihr, auch wenn die Gespräche freundschaftlich, nahezu privat wirken.

Sie ist in den Practice Meetings wie auch bei Kunden sehr praktisch veranlagt und findet schnell konkrete Lösungsansätze. Wenn sich wieder einmal ein Team in der Diskussion „festgefressen" hat, schafft sie spielend einen Ausweg. Sie ist eine Macherin mit einem hohen Maß an Flexibilität. Sie ersetzt analytisch strategisches Verständnis durch schnelle, passgenaue Lösungsvorschläge aus ihrer Erfahrung. Sie ist sich dabei nicht zu schade, auch mal zu experimentieren: Klappt das eine nicht, versucht sie einen anderen, möglicherweise diametralen Weg. Es geht um das Ergebnis, für das fast jedes Mittel recht ist. In schier ausweglosen Situationen bei anderen Partnern findet sie nach wenigen Minuten praktikable Ansatzpunkte und sofort umsetzbare Vorgehensweisen (s. Abb. 6.9). Kunden lieben ihre „praktische Ungeduld".

Analyse
Stärken

- **Innnovative Flexibilität**: Interessiert sich für die Zukunft, die Trends und Entwicklungstendenzen. Das Verständnis für die Wünsche und Visionen des Managements hilft ihm Boardroom-Capability aufzubauen. So füllt sich ihr Funnel rasch.

- **ausgeprägte Analysefähigkeit**: Sie kann (spielend) Kundenaspekte, Eigenschaften von Menschen und Instutionen, Beziehungen von Gegenständen oder Sachverhalten erfassen.
- **Selbstsicherheit**: Sie bewegt sich entspannt und sicher.

Generell
Wenn es darum geht, Maßnahmen aufzugreifen, aufzusetzen und zu erledigen, ist Alicia Christiana dabei. Sie hat den Geschäftsinstinkt, was geht und was Erfolg verspricht. Sie spielt das *„Kurzpassspiel" im Kundentermin* mit großer Bravour, kann dabei die Ungeduld ihres Gegenübers souverän behandeln. Für sie sind Erfolgsgeschichten meist verknüpft mit konkreten *praktischen Lösungen,* die sie schnell und kompakt entwickelt. Bei *Verhandlungen* liefert sie schnelle, auch für Kunden teils überraschende Vorschläge und ändert dabei möglicherweise vollkommen die Stoßrichtung. Was herauskommt, ist einfach, klar und *zeitnah realisierbar.*

Schwächen

- **Vernetzung**: Ist nicht besonders innerhalb von Markt und Branche vernetzt.
- **Praktische Steifheit**: Tut sich schwer, sich auf die unterschiedlichen situativen und kulturellen Kontexte einzustellen. Es fehlt ihm das Verständnis sich an die üblichen Rede- und Verhaltensweisen zu halten. Sie kümmert sich nicht um die Do's und Don'ts in Verhalten und Auftreten.
- **Außenwirkung**: Ist nur bedingt in der Lage, kontrolliert verbale und nonverbale Signale zu senden. Sie hat kein ausgeprägtes Bewußtsein über die Wirkung ihres Körpers.

Generell
Strategische, längerfristige Projekte und Überlegungen ermüden Alicia Christiana. Dann kann sie Teamsitzungen stören, gar blockieren. Beim *Brainstorming* nach Lösungen hält sie sich nicht an die Regeln. Sie bremst die Kreativität durch Aufzählen der nötigen Aktionen von einzelnen, auch eigenen Vorschlägen oder dem, was dafür oder dagegen spricht. *Präsentationen sind immer unberechenbar*, nicht langfristig vorbereitet. Was sie ad hoc sagt, ist nicht immer wohlüberlegt. Sie in eine Account-Strategie einzubinden, birgt Risiken. Wenn sie vor Ort in Erscheinung tritt, ist die gebotene *Teamdisziplin* vergessen.

Vertriebsprofil: Stärke und Potenzial (vgl. Abb. 6.10)
Ausrichtung: Lösungsentwicklung Orientierung: Kundenlösung Stärke: Prozesse Potenzial: mittel

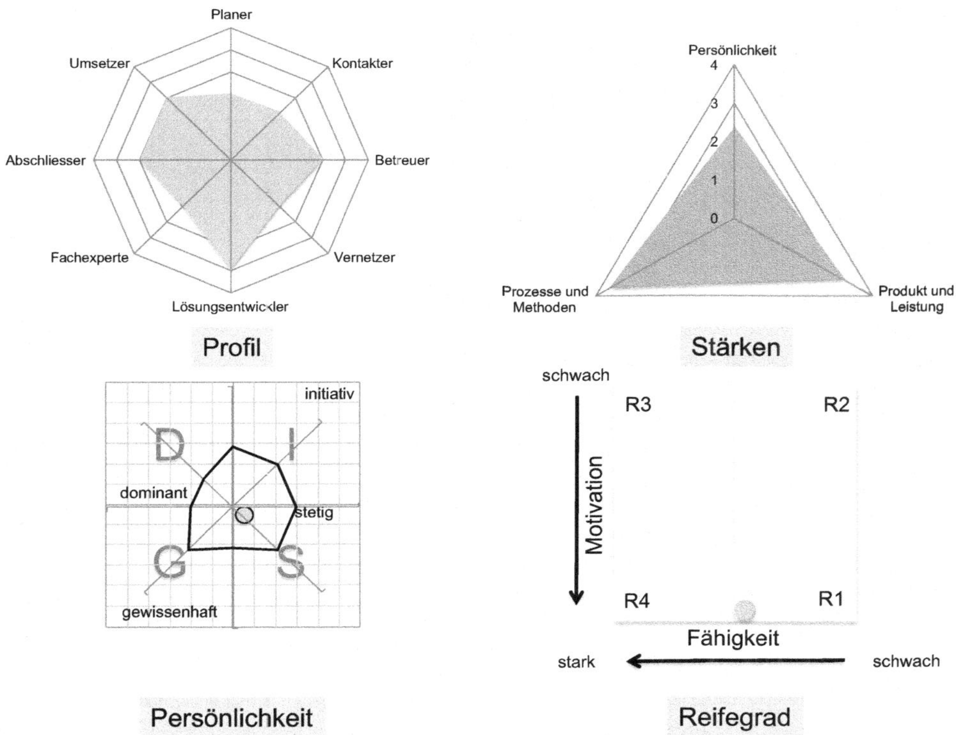

Abb. 6.10 Füchsin: Einschätzung von Persönlichkeit, Stärke und Reifegrad. (Quelle: eigene Darstellung)

Verbesserungspotenzial
Produkt und Leistung:

- Komplexe Lösungen brauchen längere vertriebliche Vorbereitungszeit. Mit geduldigem, regelmäßigem Coaching solcher Leads lernt Alicia Christiana am ehesten, mehr Ausdauer bei der Entwicklung zu praktizieren.

Methoden und Prozess:

- Weisen Sie auf die kritischen Situationen zeitnah hin. Das Feedback sollte unmittelbar nach der jeweiligen Situation stattfinden.

Persönlichkeit:

- Teilen Sie Alicia Christiana Ihre Bedenken mit. Überlegen Sie, wo sie ihre pragmatische Art im Unternehmen noch stärker einbringen kann.
- Klären Sie, ob sie bereit ist, Ihr Feedback in der Teamsitzung von anderen beurteilen zu lassen. Ob Sie grundsätzlich an ihrem Verhalten etwas ändern kann, ist fraglich.

Interkulturelle Anregung
Die interne Macht der Kontrolle über Aktivitäten im Unternehmen ist in den USA prägend. So ist vielleicht auch Alicia Christianas Verhalten, anderen dominant ihren Gesprächsstil aufzuzwingen, erklärbar. Sprechen Sie die Themen Kooperation und Teambereitschaft an. Seien Sie, wenn es nötig ist, zwischendurch offen für einen Small Talk zur Auflockerung. Sorgen Sie schnell für klare Verhältnisse und Regeln, die Sie mit und für Alicia aufstellen.

6.3.3 Marcin, der Mannschaftsgeist

Problemstellung bei PIP Power Inside Production
Marcin ist seit achtzehn Monaten in der Vertriebsorganisation. Mit der Erstansprache von Kunden und dem Entwickeln von Opportunities kommt er gut zurecht. Seine Telefonate sind meist erfolgreich, die daraus resultierenden Vor-Ort-Termine ebenfalls. Leider bekommt er vor dem Abschluss regelmäßig Panik, den Kunden zu verlieren und so sah man sich in der ersten Zeit gezwungen, ihm deutliche Preisnachlässe zu gestatten, damit er Erfolgserlebnisse hat. Leider wurde das zur Routine, da diesem Thema zunächst nicht so viel Beachtung geschenkt wurde. Da seine Kollegen mit deutlich besseren Margen Abschlüsse tätigen, wird die Leistungskluft zu den Kollegen immer größer.

Bei der jährlichen Durchsprache des Managements kommt das Preisthema auf den Tisch. Am Morgen danach kommt Marcin wieder im Büro an und will um einen (deutlichen) Preisnachlass bitten. Diese Bitte wird ihm mit dem Hinweis abgeschlagen, dass er über den Wert der Firma verkaufen soll und nicht über den Preis. Nun ist Marcin verärgert und frustriert, weil er glaubt, keine Projekte mehr abschließen zu können.

Marcin, Polen (Głodny Wilk resümiert)
Ein Begriff scheint in seinem Wortschatz nicht vorzukommen: „ich". Wo immer Marcin mit anderen zusammenkommt und über unsere Leistungen, Produkte und Lösungen spricht, steht unser Unternehmen und unsere Mannschaft im Vordergrund: „Wir haben …, unser Unternehmen liefert …" (s. Abb. 6.11). Als wir in neue Räume umzogen, war er der Erste, der mit Bedacht Vorbereitungen für alle getroffen hat, die viel Zeit und Ärger ersparten. Ein Lob ist ihm peinlich, er bleibt lieber in der zweiten Reihe und freut sich über

Abb. 6.11 Der Mannschaftsgeist. (Quelle: Jan Myszkowski)

den Erfolg anderer, über unsere Gesamtleistung. Marcin ist der älteste von fünf Brüdern und hat, wohl weil der Vater früh starb, schon in jungen Jahren gelernt, was zu tun ist, damit die Gemeinschaft „überlebt". Selten erzählt er von seinen Erfahrungen auch aus der Görlitzer Firma, in der er zum Vertriebstechniker ausgebildet wurde und die er nach deren Insolvenz verlassen musste.

„Im Interesse des Unternehmens" wird er nicht müde, bei allen Maßnahmen zu ergänzen. Große Loyalität zu unserem Unternehmen und den Mitarbeitern lebt er täglich vor, bei uns, beim Kunden. Er ist glücklich, bei uns zu arbeiten, er identifiziert sich auch mit Themen, die nicht alle gut finden. Die Mission und Kultur unseres Unternehmens sind seine Bibel. „Was können wir dazu beitragen?", hängt er mir nahezu an den Lippen, wenn ich über die fürs kommende Jahr geplanten Produktneuerungen und Zielsetzungen aus der Vorstandssitzung berichte.

Analyse
Stärken

- **Leistungs- und Value-Argumentation** Erkennt, erklärt und lebt die Werte der Leistungen und des daraus resultierenden Nutzens und der Kosten-Nutzen-Ratio. Das spiegelt sich auch in der hohen Kundenzufriedenheit wieder.
- **Ableitungsfähigkeit**: Er kann gut organisatorisch, personell zuordnen und ableiten
- **Teamorientierung**: Findet schnell Akzeptanz. Seine Anlage zur Integration in Gruppen ist auffällig. Er hat eine bemerkenswerte Fähigkeit zur Netzwerk-bildung z. B. Engagement in Alumnis. Er ist sehr offen gegenüber Projekten. Er nimmt gerne aktiv an Meetings teil, ergreift dort auch Initiative. Seine Leistungsorientierung ist offensichtlich, seine interne „Competitiveness".

Generell
Marcin verkauft *genau das, was die Firma zu bieten hat,* und liebt es, das Unternehmen vorzustellen und zu repräsentieren. Er bevorzugt dabei das Motto: „Versprich lieber weniger und liefere mehr." Seine Beiträge sind immer *hilfreich und kohärent* zum beschlossenen Vorgehen. Seine unverbrüchliche *Loyalität und Zuversicht* finden beim Kunden große Beachtung. Er sorgt generell für *Ausgeglichenheit* im Team und fördert die allgemeine Bereitschaft, sich zu beteiligen. Konflikte entschärft er durch sein tatkräftiges *praktisches Engagement.* In seinem Umfeld wird unnütze Arbeit, das Rad neu zu erfinden, vermieden. Er erkennt sehr wohl das *große Ganze*, dem er sich unterordnet.

Schwächen

- **Fachexpertise**: Hat nicht ausreichend Expertise und die fachliche Durchdringung. Tut sich schwer mit dem Portfolio. Ihm fehlt ein weiterreichender technischer, praktischer Ansatz.

- **Vertriebsprozess**: Er kennt, beziehungsweise beherrscht die Vertriebs-grammatik, also die unternehmensweiten Abläufe, nur unzureichend. Auch kümmert er sich zu wenig um die (regelhaften) Sales-Zyklen der Kunden. So erfährt er wenig über die betriebswirtschaftlichen Painpoints der Kunden.
- **Kommunikation**: Tiefergehende Gespräche sind bei ihm zäh. Anlagen zur Interaktion mit einer Person, mit Eigenpositionierung und Umgang mit Feedback bidirektional.

Generell
In Situationen, die Eigeninitiative erfordern, ist Marcin hilflos und *ohne Eigenantrieb,* wenn er keine Möglichkeit zur Unterstützung sieht. Für Vorschläge zu Verbesserungen im Unternehmen ist er zu *konfliktscheu.* Er äußert sich zu seinen Belangen nicht konkret, man muss ihm eine mögliche Unzufriedenheit aus der Nase ziehen. *Starke Charaktere können ihn missbrauchen,* das gilt auch für Kunden. Er braucht eine *regelmäßige Bestätigung,* dass er in die Gemeinschaft eingebunden ist. Seine Professionalität beschränkt sich auf das Bedienen; *entschlossen und temperamentvoll* ist er nicht. Er *lässt* jede Menge an offensichtlichen *Geschäftsmöglichkeiten* bei Kunden *liegen* und tut sich auch mit dem Abschluss bestehender Angebote schwer.

Vertriebsprofil: Stärke und Potenzial (vgl. Abb. 6.12)
Ausrichtung: Lösungsentwicklung Orientierung: Kundenlösungen Stärke: Persönlichkeit Potenzial: mittel

Verbesserungspotenzial
Produkt und Leistung:

- Arbeiten Sie an der klaren Unterscheidung zwischen Produkt-und Kundennutzen. Helfen Sie ihm, die Kundenperspektive einzunehmen und nach Lösungen abseits der Standardprodukte zu suchen.

Methoden und Prozess:

- Gibt es gegebenenfalls eine andere Rolle für ihn im Team, in der er seine Fähigkeiten und Stärken noch besser einbringen kann?

Persönlichkeit:

- Klären Sie mit ihm, wie er seine eigene Rolle im Team und bei den Kunden wahrnimmt. Nachdem Sie den Katalog seiner Stärken gewürdigt haben, gehen Sie auf Ihre Bedenken ein: Versteht er die Schwächen? Sieht er Wege, diese anzugehen?

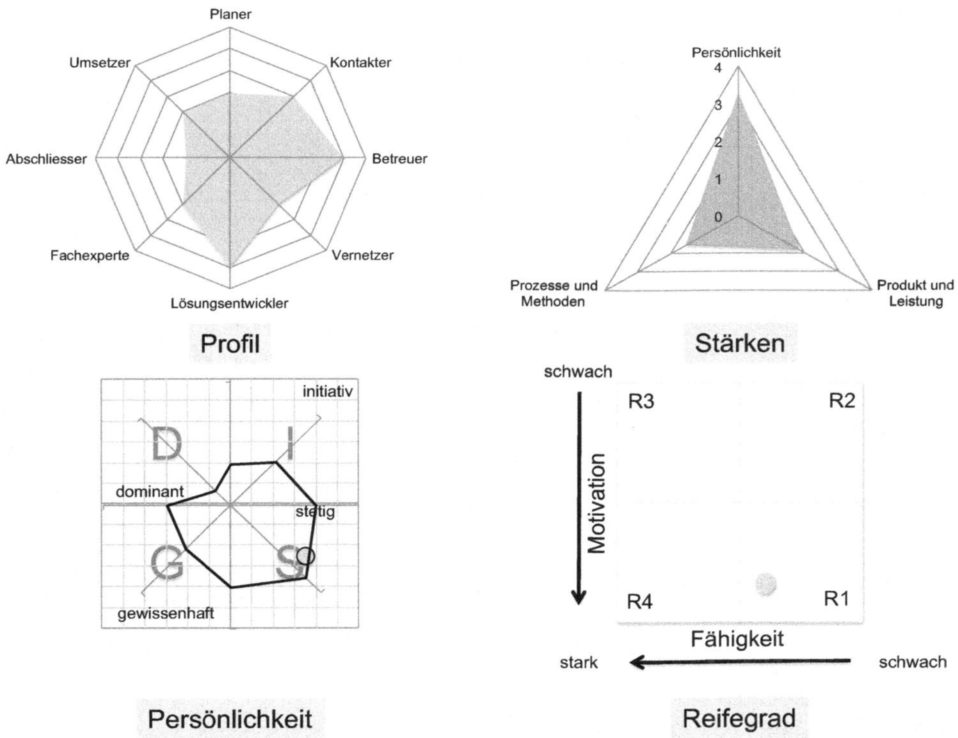

Abb. 6.12 Mannschaftsgeist: Einschätzung von Persönlichkeit, Stärke und Reifegrad. (Quelle: eigene Darstellung)

Interkulturelle Anregung
Polen sind in aller Regel auf ihr Land stolz, daher rührt gegebenenfalls auch die hohe Identifikation Marcins mit PIP. Sie sollten einem polnischen Mitarbeiter das Gefühl von Sicherheit geben und ihn vor allem ernst nehmen und nicht alles besser wissen.

6.3.4 Günther, der Engel

Problemstellung bei Fournier Système
Günter hat die Rolle des Account Managers für den großen Autozulieferer Horchhilf AG übernommen. Es wurde eine Profitabilitätsanalyse des Kunden durchgeführt, welche zeigt, dass ein Viertel der Verträge keinen Gewinn abwirft. Durch Preissteigerungen und Serviceerweiterungen ließe sich dies ändern. Fournier will den Kunden keinesfalls verlieren, die Verträge müssten geändert werden. Die Vorgehensweise gilt es mit Günter zu besprechen (s. Sales Architects Salz 2015).

Abb. 6.13 Der Engel. (Quelle: Jan Myszkowski)

Günter, Deutschland (Klaus de Yongs Unterlagen)
Günter pendelt täglich zwischen Aschaffenburg und Frankfurt, so kann er regelmäßig seine alten Eltern in Alzenau besuchen. Er denkt immer zuerst an andere. Seine Freundin trägt er auf Händen. In Teammeetings ist er immer darauf bedacht, dass keiner zu kurz kommt. Ihn interessiert in erster Linie, ob die Diskussion für die Beteiligten passt und es jedem gut geht (s. Abb. 6.13). Vielleicht liegt es an seiner unauffälligen äußeren Erscheinung – 1,75 m, schlank, kurze blonde Haare – dass er nie aneckt, nie Schwierigkeiten in den Gesprächen aufkommen, auch disziplinarisch gibt es nie ein Problem.

Keine Frage, dass bei seinen Kundenbesuchen der Mensch im Vordergrund steht. Es geht ihm darum, zu verstehen, wo der Schuh drückt und wie er helfen kann. Erfolgreiche Hilfe besitzt für ihn eine große Wichtigkeit. Es ist schon erstaunlich, wie er sich mit den Kundenproblemen identifiziert und Ideen entwickelt. Seine Schilderungen geben ein realistisches Bild. Immer wieder kommt es vor, dass Kunden von ihm als einem sehr einfühlsamen, fast kumpelhaften Typen sprechen, dem manchmal die Distanz abhandengekommen zu sein scheint. In der Summe schafft er viele Beziehungen, bei großen Kunden gelingt es ihm leicht, Teil des Netzwerks zu werden.

Analyse
Stärken

- **Bekanntheitsgrad in den Marktsegmenten**. Pflegt viele Freundschaften, Beziehungen und hat jede Menge an Kontakten bei Kunden im Markt.

- **Kommunikation und Sensibilität**: Versteht den kommunikativen „Eisberg“. Weiss bestens wie die üblichen Rede- und Verhaltensweisen sind und wie man sie einsetzt. Dazu die Kenntnis des „Knigge“ über die Dos und Don’ts in unterschiedlichen situativen und kulturellen Kontexten.
- **Umgang mit anderen**: Lernt im Umgang mit anderen schnell dazu und passt sich Menschen und Situationen erfolgreich an.

Generell

Günthers Aufbau von *Kundenloyalität* ist vorbildlich. Der Kunde empfindet ihn immer als *authentisch* und *ehrlich*. Bei *Lösungskonzepten* ist sein Wissen um die internen Kundenbefindlichkeiten von großem Vorteil. Er ist ein *guter Zuhörer* und erfährt viele Details über komplexe Projekte. *Langzeitbeziehungen* zu Kunden können mit ihm bestens gelingen. Seine *Empathie* kann Projekte gerade in der Endphase entscheiden. Im Zusammenspiel mit Kunden und den eigenen Leuten wird er als sehr *kooperativ, kreativ und hilfreich* angesehen.

Schwächen

- **Wirtschaftlichkeit und Values**: Kann schwerlich eine Kosten-Nutzen-Ratio herstellen. Ihm fehlt Knowhow zum Erklären von Nutzen und des Wertes der Leistungen. Daraus resultiert zum Teil eine gewissen Kundenunzufriedenheit.
- **Ableitungen**: Ihm gelingt es nicht aus erkannten verbalen oder/und nonverbalen Kommunikationsmustern zielgerichtete Handlungen abzuleiten zum Beispiel zur strategischen Kundenentwicklung.
- **Zurückhaltung**: Sein Kommunikationsverhalten ist zögerlich.

Generell

Günter vergisst immer wieder die *Wirtschaftlichkeit* der Projekte. Zeitweise wirkt der Vertriebsauftrag wie seine Spielwiese für *private Beziehungen*. Er bräuchte etwas *mehr Egoismus*, um schneller Projekte zu realisieren. Ihm fehlt die Fähigkeit, eine einmal *eingeschlagene Richtung*, zum Beispiel vertrieblicher Argumentation oder ein Lösungskonzept, wieder *zu ändern*. Mangelnde *Durchsetzungsfähigkeit* führt zu langen Diskussionen und Entscheidungsphasen. So verliert er Zeit beim Kunden und mit dem eigenen Team. Es fehlt das klare *betriebswirtschaftliche Ziel* beim Beziehungsaufbau mit Kunden, der Business-Instinkt. Er vergisst, dass seine Aufgabe im Verkauf liegt.

Vertriebsprofil: Stärke und Potenzial (vgl. Abb. 6.14)
Ausrichtung: Betreuer Orientierung: Kundenentwicklung Stärke: Persönlichkeit Potenzial: mittel

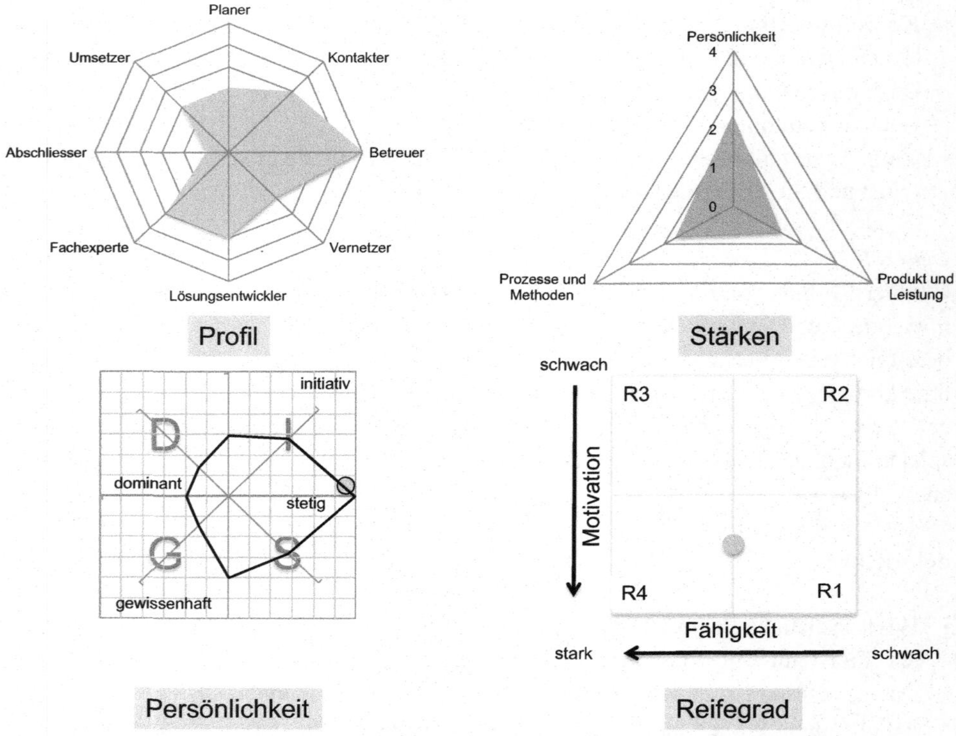

Abb. 6.14 Engel: Einschätzung von Persönlichkeit, Stärke und Reifegrad. (Quelle: eigene Darstellung)

Verbesserungspotenzial
***Produkt und Leistung*:**

- In der Gesamtschau des Vertriebstrichters ergeben sich viele Möglichkeiten, die Stärken und Schwächen seiner Vertriebsarbeit zu abstrahieren. Daraus entstehen jede Menge konkrete Ansatzpunkte zur Verbesserung seiner Abschlussfähigkeit, Flexibilität, Reaktion auf Lösungsänderungen, Fähigkeit im Team stärker Position zu beziehen etc.

***Methoden und Prozess*:**

- Konzentrieren Sie sich auf die wirtschaftlichen Fragestellungen seiner Projekte. Lassen Sie sich bei der Durchsprache nicht auf Beziehungsfragen ein.
- Erarbeiten Sie ein gemeinsames Werteverständnis für die Vertriebsarbeit und seine Position innerhalb des Vertriebsprozesses. Konzentrieren Sie sich auf die Konsequenzen seiner Schwächen, die andere zu spüren bekommen.

Persönlichkeit:

- Thematisieren Sie seine mangelnde Durchsetzungsfähigkeit.

Interkulturelle Anregung
Zu Günters Kulturkreis gehört die offene, direkte Ansprache. Ein sachlicher Stil ist bei der Thematik angebracht und sorgt für Verständnis.

6.4 Coaching-Leitfragen: Vertriebsarbeit in Organisationen

6.4.1 Führung

Kundenbetreuung:

- Welchen Stellenwert messen Sie der Kundenentwicklung für den Vertriebserfolg bei?
- Wie intensiv werden Sie bei der Kundenbetreuung des Executive Managements eingebunden?
- Investieren Sie in Datenerhebung bezüglich Branchen und Kunden-Know-how. Falls ja: Wie machen Sie die Ergebnisse allen Mitarbeitern verfügbar?
- Nach welchen Kriterien haben Sie Ihre Schlüsselkundenverkäufer ausgesucht? Wie viele Kunden betreut ein Key Account Manager?
- Kennen Sie die Reaktion eines Bestandskunden, wenn er erstmals erfährt, dass Sie Ihn als Schlüsselkunden identifiziert haben?

6.4.2 Mitarbeiter

Zur Breite der Anerkennung der fachlichen Expertise:

- In welcher Form werden Sie in die Entscheidungsprozesse Ihres Kunden eingebunden?

Zur Tiefe der geschäftlichen Beziehung:

- Gestalten Sie anstehende Ausschreibungen aktiv mit?

6.4.3 Allgemeine, persönliche Fragen

Denkweisen:

- *Alternativen*: Welche Vorgehensweise bei der Kundenentwicklung wählen Sie heute generell? Würden Sie das so beibehalten, wenn Sie die Wahl hätten?
- *Denkweise*: Mit welchen Fragen qualifizieren Sie Ihre Prospects?
- *Provokation*: Was müssten Sie tun, um Ihre Effektivität zu verdoppeln?
- *Klärung*: Gib es weitere generelle Erklärungen für Ihre individuelle Vorgehensweise?
- *Veränderung*: Welche Ihrer regelmäßigen Aktivitäten verbessern die Beziehungen zu Ihren Kollegen und Kunden?
- *Struktur*: Welche Schritte sind (noch) nötig, um Schlüsselkundenprojekte (immer erfolgreich) abzuschließen?

6.4.4 Messgrößen

- Account Management
  - Account-Plan-Qualität
    → Durchschnitt Opportunities pro Key Account
  - Account-Betreuung
    → Zahl Aktivitäten oder/und Interaktionen pro Account
- Vertriebsentwicklung
  - Assessment
    → Anteil an Vertriebsmitarbeitern, die ein Assessment (erfolgreich) mitgemacht haben
- Kundenfokus
  - Neukundengewinnung
    → Umsatz mit neuen Buying Centers
  - Bestandskundenentwicklung
    → Umsatzsteigerung bei Bestandskunden in Prozent zum Vorjahr

6.4.5 Leistungskennzahl: Customer Engagement Level

Leitfrage: Wie gut aktivieren Sie Ihre Kunden? Es handelt sich um eine klassische Bewertung der Kundentreue. Im traditionellen Sinn erfassen Sie die grundsätzliche Wahrnehmung Ihrer Organisation durch den Kunden und zwar über die Frage der Zufriedenheit. Dabei gibt es, wie in Tab. 6.4 veranschaulicht, vier Stufen (Marr 2012):

- sehr treue, loyale Kunden, die aus emotionalen und rationalen Gründen wiederkaufen werden
- treue, aber auch wechselbereite Kunden

Tab. 6.4 Kundenengagement. (Quelle: Marr 2012, S. 163)

Breite der Beziehung		Kundenengagement: Niedrig	Kundenengagement: Hoch
	Hoch	Wie sehen Abnutzungserscheinungen aus? Wie können Sie diese abfangen?	Wodurch unterscheiden sich diese Kunden von anderen?
	Niedrig	Warum sind diese Kunden nicht engagiert? Was müssen Sie tun, um Sie für sich zu gewinnen?	Welche Anforderungen werden an diese hoch engagierten Kunden gestellt?

- ungebundene, neutrale Kunden
- verärgerte Kunden

Die wichtigsten Fragen dazu:

- Wo liegen die Risiken sowohl bei der Befragung wie auch Bewertung?
- Wie kann man einen Kunden wiedergewinnen?
- Was macht sehr treue, eng gebundene Kunden aus?
- Welche Gründe haben Kunden, nicht zu kaufen?
- Welche Bedürfnisse kennen Sie nicht?

6.5 Leadership: Verhältnis zu anderen

6.5.1 Strategie und Taktik

Die strategische Account-Planung ist ein vielstufiger, immer wieder zu leistender Vorgang. Geschäftsleitung, Vertriebsleitung und Account Management sind gleichermaßen, wenn auch in unterschiedlicher Form, dafür verantwortlich, dass diese Strategien entwickelt und umgesetzt werden.

Bei Führungsseminaren oder Trainings zum strategischen Verkauf werden gerne die Klassiker der Strategie als Give-aways ausgeteilt. *Das Buch der fünf Ringe. Die Kunst des Samurai-Schwertweges* (1643–1645) des Begründers der Niten-Ichiryū-Schule des Schwertkampfes, Miyamoto Musashi, oder die *Kunst des Krieges* von Sunzi verstauben dann meist in den Regalen der Beschenkten. Denn wer hat schon die Zeit, diese Bücher zu lesen, geschweige denn Ablaufstrategien für die eigene Arbeit daraus zu entwickeln? Im Folgenden finden Sie Ausschnitte, die Ihnen Geschmack auf mehr machen sollen. Durch die Zusammenfassung von philosophischen, militärischen und kampftechnischen

Ausführungen entsteht ein differenzierter Handlungsrahmen von Regeln, die Führungskräfte kennen (beziehungsweise beherzigen sollten.

Aus dem *Buch der fünf Ringe* des japanischen Samurais Miyamoto Musashi (2003) des 17. Jahrhunderts wurden diverse Strategiekonzepte und Verhaltensregeln für die Geschäftswelt abgeleitet. Auch für die Kundenstrategie vornehmlich bei Schlüsselkunden lassen sich aus dem über dreihundert Jahre alten Kultbuch Hilfestellungen ziehen. Strategie ist dementsprechend die absolute Entspannung eines offenen Geistes und Geradlinigkeit. Der militärische Aspekt von Rivalität und Krieg im Wettbewerb wie bei Sunzi hat bei der Rezeption in der Managementliteratur leider einen viel zu hohen Stellenwert.

Die nach innen gerichtete Philosophie des kunstvollen Bogenschießens findet sich auch im Zen. Die Strategie des Kraftschöpfens und inneren Friedens aktiviert das persönlich menschliche Potenzial und hilft der Führungskraft, mit ihren Ängsten besser umzugehen, um mehr innere Klarheit und Handlungsfähigkeit zu erlangen. Eine Orientierung kann man demnach nur aus sich heraus entwickeln. „Jedermann übe sich in dem, der seinen Neigungen entspricht", sagt Miyamoto Musashi, „… kommt es vor allem darauf an, Fernes so deutlich zu sehen, als wäre es nah, und Nahes mit prüfendem Abstand zu schauen."

Das strategische Denken bildet bei Musashi und Sunzi in der ausformulierten Strategie das Scharnierelement zwischen Leitbild und Taktik beziehungsweise operativer Umsetzung. Ohne Strategie ist die motivierendste Vision planlos zum Scheitern verurteilt. Jeder hat eine Strategie, ob bewusst oder unbewusst. Aus dem praktischen Handeln entstehen förmliche Strategien, die meist zu formalen werden. Eine Account-Strategie fußt immer auf einer übergeordneten Vertriebsstrategie und diese wiederum auf einer Unternehmensstrategie.

6.5.2 Aus dem Sales-Management-Werkzeugkasten

Zusammenhänge

Unterschiedliche Perspektiven führen zu erschwerter Kommunikation. Dabei kann jeder Mensch mit dem zweiten oder dritten anderen Blickwinkel seine eigene Wahrnehmung präzisieren, seine Einschätzung relativieren, bekommt ein umfassenderes mehrdimensionales Bild und kann sich so auf die Diskussionspartner besser einstellen. Zu den Philosophen unter den Mathematikern gehört auch der Quantenphysiker Freeman Dyson. Er kritisierte die in der Geschichte häufig mangelnde Kommunikation zwischen Mathematikern und Physikern. Den Blick auf das Ganze hat er immer wieder in Texten und Vorworten sinngemäß wie folgt beschrieben (Dyson 2009):

> Ich bin zufällig ein Frosch. Einige Mathematiker sind Vögel, andere Frösche. Vögel fliegen hoch in der Luft und überblicken die breite Perspektive der Mathematik vom fernen Horizont aus. Sie erfreuen sich der Konzeptarbeit, die unser Denken vereinheitlicht und diverse Probleme aus verschiedenen Teilen der Landschaft zusammenführt. Frösche leben unten im Schlamm und sehen nur die Blumen, die in ihrer Nähe wachsen. Sie erfreuen sich der Details bestimmter Objekte und sie lösen ein Problem nach dem anderen. Ich war zufällig ein Frosch …

Die Metapher der Vogel-Frosch-Perspektive verliert trotz ihrer Bekanntheit nicht an Relevanz: So kann sie auch als grundlegendes Konzept für das Vertriebsmanagement dienen. So wie René Descartes die verschiedenartigen Welten der Algebra mit der Geometrie zusammenführte und Newton die Geometrie und Dynamik in seinen Bewegungsgesetzen beschrieb, gilt es, die unterschiedlichen Ideenwelten miteinander zu verknüpfen. Sie müssen keine außergewöhnliche Persönlichkeit der Wissenschaft sein, um im Alltag die notwendige kurzsichtige Froschperspektive (weil konkret und unmittelbar) mit der umfassenden des Vogels (weil langfristig und mittelbar) zu verbinden. Auch wenn Sie meinen, mithilfe von Konzepten und Methoden diesen Vogelblick bereits einzunehmen, trügt dieser Schein oftmals: Der Vogel sieht eben nur das Ganze und keine (ggf. notwendigen) Details.

Ein häufig eingesetztes Bild (s. Abb. 6.15) zeigt einen Menschen, der zwischen zwei riesigen Dominosteinen eingeengt, sich Platz verschafft, indem er einen Stein wegdrückt. Im Hintergrund sieht man, dass der Dominostein Teil einer Kette von Steinen ist, deren letzter auf den sich scheinbar aus der Enge befreienden Menschen fallen wird. Nur der Wechsel der Perspektiven ermöglicht, den Realitätssinn zu wahren. Der Frosch erkennt die Details der Schönheit der Blume, der Vogel die Nützlichkeit des Zusammenspiels der Pflanzen in der Natur. So ist die Erkenntnis einer Kundenrealität erst dann nachhaltig hilfreich, wenn sie in den Kontext eingebettet wird, der gesamten Erfahrungen in der Branche, am Markt mit unterschiedlichen Mitspielern.

Beziehung zu den Mitarbeitern

Ihre Zeit ist das Wertvollste, was Sie Ihrem Mitarbeiter als Incentive schenken können. Stellen Sie diese vornehmlich Ihren Top Performern zur Verfügung – in Maßen, denn sonst verliert diese Zeit an Wert. Tun Sie das nicht, werden diese früher oder später das Unternehmen verlassen. Sie können das im Mannschaftssport beobachten: Wenn der Trai-

Abb. 6.15 Ein kompensatorischer Rückkopplungseffekt. (Quelle: Jan Myskowski)

ner einen Spieler nicht genug beachtet und einsetzt, wird der sich nach einem neuen Verein umschauen.

Wenn Sie die Menschen an sich binden, steigt auch Ihr Marktwert. Das Kapital der Beziehung zu Ihren Mitarbeitern wird Ihnen in unterschiedlichster Form nützen, kurz-, mittel- und langfristig. Ein Vertriebsmanager wird zweifellos daran gemessen, wie gut er in der Branche vernetzt ist und wie viele hochkarätige Kundenkontakte er pflegt. In gleicher Weise gilt das für Ihre Vernetzung mit und Beziehung zu Ihren Mitarbeitern: Wer gute Leute um sich schart, wird bei einem Arbeitsplatzwechsel kein Problem beim Recruiting seines Teams haben und auf deren Loyalität setzen können.

Lieben oder Gehen
Ihr Kunde bekommt ganz genau mit, wie konsequent und stringent Sie Ihren Vertrieb, Ihr Unternehmen führen. Der vertriebliche Kontakt ist für ihn der „Seismograf", um zu erfahren, wo sein Lieferant, sein Geschäftspartner steht. In meiner Karriere bin ich oft mittleren Managern begegnet, die sich tagaus tagein über die unzureichenden Rahmenbedingungen, die fehlende Ausrichtung, das fehlende Know-how oder die schlechte Unternehmenskultur beklagten. Diese Denkweise ist bei Ihnen fehl am Platz. Leben Sie nach der einfachen Regel: „Love it, change it, or leave it."

Lieben Sie das, was Sie tun, es wird selten perfekt sein. Es ist nicht sehr hilfreich, sich immer wieder über dieselben Rahmenbedingungen und Menschen zu beklagen. Dennoch gibt es Themen, die Sie ändern müssen, das heißt, Sie unternehmen ernsthafte Anstrengungen, um die Situation in Ihrem Sinne anders und besser zu gestalten. Was Sie nicht akzeptieren oder verändern können, müssen Sie beenden, wenn Sie nicht den Rest Ihres Lebens darunter leiden wollen. Das gilt für Kunden, Mitarbeiter und Sie selbst. Wofür Sie sich entschieden haben, was Sie lieben: Erzählen Sie es weiter!

Keine Angst
Der Tiefenpsychologe Fritz Riemann (1990) geht davon aus, dass es viele Ängste gibt, die allen Menschen gemein sind. Seiner Analyse nach, lässt sich das Phänomen Angst auf Grundängste zurückführen. Seine Typologisierung von Angst bei Selbsthingabe, Selbstwerdung, Wandlung und Notwendigkeit versteht er nicht als endgültiges, Schema, dem man nicht entrinnen kann. Nach seiner Auffassung wird jeder mit diesen Angsttypen umgehen lernen, der Gegenkräfte wie Mut, Vertrauen, Erkenntnis, Macht, Hoffnung, Glaube und Liebe entwickelt.

Auch in der Vertriebsarbeit entsteht eine breite Palette aus Ängsten, für den Einzelnen wie für die Gruppe, aus der vergeblichen Suche nach Geborgenheit, der Versagensangst des Einzelgängers, der Hysterie des innovativen Freigeists, der in den bürokratischen Fesseln des Vertriebsapparats wie Ordnungen, Notwendigkeiten, Regeln und Festlegungen eine große Bedrohung sieht. Die größte Bedrohung liegt meines Erachtens in der unreflektierten Verallgemeinerung solcher Zustände. Gehen Sie besser jedem einzelnen Phänomen auf den Grund und Sie erkennen meist banale, einfach zu lösende Fehlannahmen. Lassen Sie es jedoch laufen, werden aus den Banalitäten nur noch mühevoll zurechtrückbare Paradigmen.

Jim Knopf und Lukas der Lokomotivführer fahren auf einer ihrer Abenteuerreisen mit Emma der Lokomotive durch die Wüste. Dort treffen sie auf Herrn Tur Tur, der aus der Ferne ein angsteinflößender Koloss zu sein scheint, sich aus der Nähe jedoch als harmloser und liebenswürdiger Mann entpuppt, als Scheinriese eben. Die Bücher des Philosophen und Kinderbuchautors Michael Ende (Jim Knopf und Lukas der Lokomotivführer 1990) empfehlen sich zum Vorlesen wie zur Eigenlektüre für Vertriebsmanager. Im konkreten Fall löst sich das Paradigma des großen gefährlichen Ungetüms bei näherer Betrachtung auf: „,Du traust ihm nicht, bloß weil er so mächtig groß ist,, antwortete Lukas. ‘Aber das ist kein Grund. Dafür kann er schließlich nichts.‘“ In der Erwachsenenwelt wird viel zu selten über diese Ängste gesprochen. Und, wenn nicht Sie, wer wird dann an Lukas Stelle die Ängste der Vertriebsmitarbeiter infrage stellen und beseitigen helfen?

Zwischen den Kulturen

Der emotionale Höhepunkt der Reise von Barack Obama im November 2014 vor dem G20-Gipfel nach Myanmar war sein Besuch der Oppositionsführerin und Nobelpreisträgerin Aung San Suu Kyi. Mit einem Wangenkuss dankte ihr der amerikanische Präsident für ihr Engagement (Tschudy 2013). Obama hätte es besser wissen müssen, denn in Südostasien küsst man sich in der Öffentlichkeit nicht – und eigentlich gehört kulturübergreifende Kompetenz zur Ausbildung eines Diplomaten. Nachvollziehbar ist es allemal, denn der Politiker mit kenianischem, hawaiianischem und indonesischem Background hat seine Wurzeln in ganz anderen Kulturen.

Unterschiede, die länderübergreifend berücksichtigt werden müssen, sind auch eine genaue Überlegung wert innerhalb eines Landes oder eines Sprachraums, aber genauso innerhalb einer Branche und zwischen zwei Unternehmen. Sogar unterschiedliche Funktionen brauchen einen individuellen Umgang. Der Einsatz von (neuen) Modellen und Methoden im Umgang mit Kunden und Lieferanten setzt Weitsicht und Feingefühl voraus. Welche Auswirkung hat die flächendeckende Einführung von Relationship Management, eines Vertriebsmodells, eines beratungsorientierten Vertriebsansatzes?

Leider verlieren viele Menschen mit der Übernahme einer vorgegebenen neuen Vorgehensweise ihr natürliches Gespür dafür, zu erkennen, was im jeweiligen Moment richtig und realistisch ist. Sie folgen kritiklos, um kein Außenseiter zu sein, dem Vorgesetzten, dem Team oder dem ganzen Unternehmen. Dieses neu eingeführte Modell, dem nun alle folgen, gepaart mit dem Druck der erwarteten steigenden Umsätze, neuen Kunden und höheren Ergebnisse, wird zu einem ungesunden Gemisch und so wird die anfänglich vielleicht gute Idee von Änderungen im Leistungsprozess zum Rohrkrepierer und verschlimmert die Ausgangslage möglicherweise dramatisch.

Komplexität auflösen

Das Credo des Kybernetikers W. Ross Ashby (lautet, dass man Komplexität nur mit Komplexität beantworten kann (The Law of Requisite Variety 1956). Auch Fredmund Malik

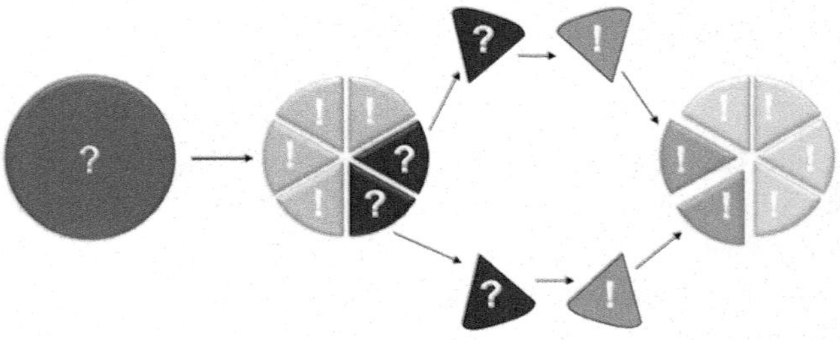

Abb. 6.16 Problemstellungen vereinfachen. (Quelle: eigene Darstellung)

(2008) glaubt, mit seinem Geflecht von Controls, Programs, Systems, Tools, Functions et cetera die Komplexitätsgesellschaft managen zu können. Wie Sie diesem Buch an vielen Stellen entnehmen können, gibt es vielfältige Vorgehensweisen, um Sachverhalte zu klären, Probleme zu lösen, mit geringer oder völlig ohne Komplexität (s. Abb. 6.16).

Die Grundlage des Beherrschens von (scheinbar) komplexen Sachverhalten liegt in ihrer Reduktion: Dabei werden die diversen Themen, die Komplexe auf ihre Einzelteile zurückgeführt. Auch wenn sich nach mehrfacher Zerlegung (Analyse) immer noch mehrere Problemstellungen wiederfinden, lassen diese sich leichter lösen beziehungsweise verbessern.

Perspektivenwechsel schafft Verständnis

Die Coaching-Arbeit im Vertriebsmanagement handelt in wesentlichen Teilen vom Verständnis unterschiedlicher Perspektiven und Dimensionen. Meist aus zweiter Hand erfahren Sie von den Annahmen über Kundensituationen. Was ist „in scope“ was „out of scope“? Was hat Ihr Vertriebsmitarbeiter bei seiner Beobachtung berücksichtigt, was nicht? Hat er das „Kundensystem“ verstanden und die relevanten Schlüsse gezogen und konnte er Ihnen das vermitteln? 1884 verzauberte *Flächenland* die englischsprachige Leserschaft. Edwin A. Abbott (1990) philosophiert zwischen den Dimensionen: „Wie nimmt ein rechtwinkliges Geschöpf eine zweidimensionale Welt wahr?“ Welche Methoden haben wir, um einander zu erkennen? Bis zu welcher Grenze stoßen wir als (fiktive) zweidimensionale Wesen in den dreidimensionalen Raum vor usw.? Die Grundidee des „Flächenlands“ liegt darin, unser Vorstellungsvermögen zu entdecken und zu erkennen, dass unsere Wahrnehmung traditionell beeinflusst ist und wir die Enge der aktuellen Konzepte verlassen können, indem wir die unterschiedlichen Dimensionen sich gegenüberstellen.

Genauso verstehen wir Kunden und deren Organisation am besten im Kontrast zu den anderen Kunden und zu unterschiedlichen Zeiten mit unterschiedlichen Blickwinkeln und unterschiedlichen Beobachtern. Im *Flächenland* sagt Abbott: „Legt einen Cent mitten auf einen eurer Tische im Raum; und blickt auf ihn hinunter, während ihr Euch über ihn beugt. Er wird aussehen, wie ein Kreis. Doch nun senkt allmählich den Blick, während Ihr Euch zur Tischkante bewegt … und der Cent wird Euch immer stärker oval vorkommen; und schließlich … wird der Cent zu einer geraden Linie geworden zu sein.“

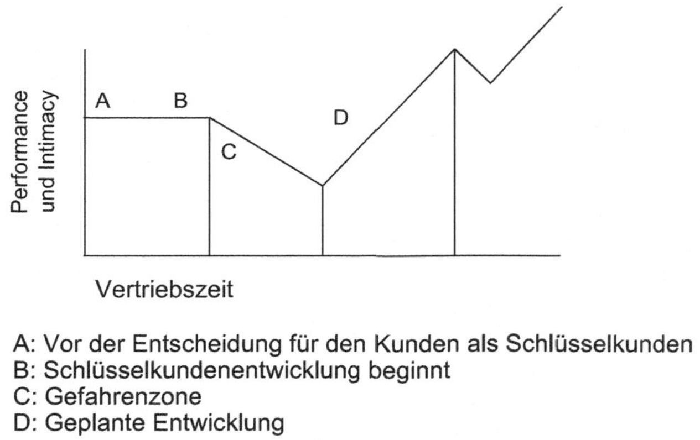

Abb. 6.17 Beziehungsentwicklung längerfristig betrachtet. (Quelle: eigene Darstellung)

Sales Performance auf der Zeitachse

Wie das Erlernen einer Sprache entwickelt sich eine Kundenbeziehung nicht linear und stetig nach oben (vgl. Abb. 6.17). Es wird durch Missverständnisse, Fehler, Leistungsschwächen und Qualitätsmängel immer wieder Phasen geben, in denen Sie glauben, die Beziehung Ihrer Mitarbeiter zum Kunden sei rückläufig. Zum einen sind das mögliche subjektive Deutungen, da Sie in aller Regel nicht so tief in der Kundenarbeit stehen wie Ihre Mitarbeiter, zum anderen bedarf es bei konsequenter Vertriebsarbeit Ihres Vertrauens in Ihre Mitarbeiter.

Rolle, Funktion, Fähigkeit

Bei der Beurteilung von Vertriebsmitarbeitern entstehen immer Missverständnisse darüber, was Sie im Management selbstverständlich erwarten können und was nicht. Die Fähigkeiten der Mitarbeiter müssen moderiert und zusammengefasst werden, damit ein Account erfolgreich entwickelt werden kann. So greifen die verschiedenen Aufgaben ineinander, und die vorhandenen Fähigkeiten werden bestmöglich eingesetzt und genutzt.

Die vertriebliche Fähigkeit ist die geistige und praktische Anlage, die zu vertrieblichem Handeln befähigt. Sie ist die Voraussetzung, die neben der Motivation zur vertrieblichen Leistungserbringung erforderlich ist. Es gilt die Formel: Leistung = Motivation × Fähigkeit. Vertriebliche Fähigkeiten können sowohl angeborene Begabungen als auch erworben oder erlernt sein und variieren im Grad ihrer Ausprägung von Vertriebsmitarbeiter zu Vertriebsmitarbeiter. Die Feststellung von spezifischen Stärken im Vertrieb zum Zweck der individuellen Unterstützung beziehungsweise Förderung und der Leistungsvorhersage ist Gegenstand der Eignungsdiagnostik und des Vertriebsstärken-Monitorings.

Unabdingbar für den vertrieblichen Erfolg sind klare Rollen und Funktionsbeschreibungen. Doch daran scheiden sich die Geister. Der Begriff der (vertrieblichen) Rolle ist aus der Sozialpsychologie entlehnt. Sie ist ein eigenes oder durch Fremdwahrnehmung gewähltes Verhaltensmuster im Vertriebsprozess, das abgesprochen oder unabgesprochen in der sozialen Gemeinschaft des Vertriebs ausgeübt wird.

Die Funktion hingegen ist eine erworbene, verliehene, vereinbarte oder festgelegte Rahmenbedingung in einer sozialen Gemeinschaft, die an beidseitig abgesprochene Tätigkeiten gebunden ist (s. Pechtl 1991, S. 202 f.). Die Rolle hingegen ist ein Bündel von Verhaltenserwartungen, die an eine soziale Position gerichtet werden.

Multiple Vertriebsintelligenz

Seit mehr als hundert Jahren wird mit verschiedenen Tests der Intelligenzquotient von Menschen gemessen. Über viele Jahrzehnte war selbstverständlich, dass als intelligent gilt, wer über einen hohen Intelligenzquotienten verfügt. In einigen Bereichen haben diese Verfahren – sei es in Form von Persönlichkeitstests oder Unternehmensassessments – sogar den Lebensweg der Geprüften nachhaltig beeinflusst.

Persönlichkeitstests gaukeln dabei oft vor, dass es kein Gut oder Schlecht, sondern ausschließlich Präferenzen gibt. Aber wenn Sie ehrlich sind, klopft Ihnen beim Druck auf den Auswerteknopf eines MBTI, DISG oder anderer Tests im Internet, beim Öffnen eines 360-Grad-Befragungsbogens oder eines Vertriebs-Checks das Herz. „Wo bin ich schlecht, was kann ich nicht, wo sind meine Schwächen?" Doch niemand kann sagen, wie intelligent ein Vertriebsmitarbeiter wirklich ist. Das wirtschaftliche Ergebnis spiegelt die tatsächliche Leistungsfähigkeit des Einzelnen überhaupt nicht wieder.

Mit der Rahmentheorie der multiplen Intelligenzen liefert Howard Gardner (1998) ein Gegenmodell: Jeder Mensch besitzt eine Vielzahl von Intelligenzen, die nicht einfach über Tests, Checklisten oder automatisierte Verfahren erfasst werden können. Im Detail betrachtet, können die Intelligenzen – als Potenzial verstanden – einen außergewöhnlichen Beitrag leisten, wenn Sie sie denn erkennen und nutzen. Die Sensibilität für die gesprochene und die geschriebene Sprache, die Fähigkeit, Probleme logisch zu analysieren, mathematische Operationen durchzuführen und wissenschaftliche Fragen zu untersuchen, die Begabung zum Musizieren, zum Erkennen von Stimmen oder von Gefühlsschwingungen in der Sprache, der theoretische und praktische Sinn für Strukturen großer Räume und das Erfassen der enger begrenzten Raumfelder, das Potenzial, den Körper und einzelne Körperteile zur Problemlösung oder zur Gestaltung einzusetzen, die Fähigkeit der Empathie, unausgesprochene Motive, Gefühle und Absichten anderer Menschen nachempfindend zu verstehen und letztlich die Bereitschaft und das Können, die eigenen Gefühle, Stimmungen, Schwächen, Antriebe und Motive zu verstehen und zu beeinflussen, sind unglaublich vielfältige Potenziale, die alle in unterschiedlichster Form von Führungskräften erkannt und genutzt werden könnten.

Ihr emotionales Bankkonto

Das erfolgreiche vertrauensvolle Zusammenwirken von Menschen braucht Zeit, so wie man von einer Bank die Duldung einer Überziehung auch ohne Sicherheit möglicherweise als langjähriger Kunde erwirken kann oder im Geschäft als Stammkunde auch ohne Bezahlung, gegebenenfalls sogar ohne Unterschrift eine Ware mitnehmen darf. Die vielen Jahre des Dialogs, der Bekanntschaft bedeuten Vertrautheit. Sie haben durch Gespräche, Transaktionen, unterschiedliche Handlungen auf das Beziehungskonto eingezahlt. Wenn

Sie nun etwas leihen wollen, ist jede Menge an Vertrauenskapital vorhanden, sodass es keiner Bürgschaft bedarf, um etwas ausgezahlt zu bekommen.

Stephen Covey wird oft zitiert, wenn es um den Trusted Advisor in der Kundenentwicklung geht. Sein Bild des „emotionalen Bankkontos", eines Kontos für Vertrauen, aus seinem Buch *Die 7 Wege zur Effektivität* (1997) prägt sich insofern ein, als es den Gegensatz von nicht messbaren Emotionen mit der betriebswirtschaftlichen Messbarkeit eines Bankkontos verbindet. Covey hat für dieses Konto sechs Wege identifiziert, Einzahlungen zu tätigen:

- Sie sollten das Gegenüber zu verstehen versuchen.
- Versprechen müssen eingehalten werden.
- Erwartungen brauchen Klarheit.
- Die kleinen, häufigen Dinge des Lebens machen den Unterschied.
- Es geht um Ihre gelebte Integrität im täglichen Umgang.
- Fehler oder Konflikte sind Teil des Lebens. Solange Sie darüber sprechen, ist die Auszahlung absolut akzeptabel. Wie steht es mit den Konten Ihrer Mitarbeiter?

6.6 Anwendung und Ergebnisse: Planen mit Kunden

Steam Success International
Durch die flächendeckenden Einführung eines Entwicklungsplans für die wichtigsten fünf Prozent der Kunden hat Steam Success International sich im Markt bereits eine hohe Reputation erarbeitet. Die aus dem Plan resultierende konsequente Betreuung fällt auch den Wettbewerbern auf. Ein überaus hilfreicher Nebeneffekt ist die Spiegelung der eigenen strategischen Position durch die Kunden. Die Arbeit an den Kundenstrategien und die praktische Arbeit nach dem FOCAS-Prinzip von Miller hilft Johannes Mannheim bei der Vorbereitung der strategischen Ausrichtung von Steam Success International; seine wichtigsten Vertriebsmitarbeiter sind durch die Kundenentwicklungsplanung dabei eingebunden. Sobald die Entwicklungspläne für die fünf Prozent der Topkunden fertiggestellt sind, will er eine erweiterte Kundenentwicklungsstrategie aufsetzen, bei der er Erik wegen seiner Auffassungsgabe für neue Themen, Anton wegen seiner Fähigkeit, den Marktbedarf zu spezifizieren und Mikkel wegen seiner Umsetzungsstärke zusammenbringen will.

Fournier Système
Die Geschäftsführungsrolle verlangt von Klaus, sich deutlich mehr auf seine Mitarbeiter auszurichten als in der Zeit des erfolgreichen Projektmanagements. Klaus de Yong hat sich einen Fahrplan für den Umgang mit den unterschiedlichen Typen gemacht und die Schwachpunkte in der Zusammenarbeit herausgearbeitet. Er selbst ist eher „Mitfühler" und muss dementsprechend profilspezifisch führen. Er kann dadurch eigene Schwächen im Führungsverhalten ausgleichen, gar abstellen und bekommt einen deutlich engeren Bezug zu seinen Mitarbeitern. Um das Thema der Profile in der Führungsarbeit mit geringem

Aufwand einzuführen, erarbeitet er anhand jeweils eines Kundenbeispiels, wie sich der Vertriebsmitarbeiter seines eigenen Profils und das des Kunden bewusst werden kann. Das verbessert die Gesprächsführung beim Kunden und stärkt die Abschlussphase. Ganz nebenbei erfährt Klaus Details über die Persönlichkeit des Mitarbeiters.

PIP Power Inside Production
Das Prinzip von Buying und Selling Center war für PIP neu. Die fünfundzwanzig Innendienstler hatten ihre Arbeit als ein Eins-zu-eins-Kontakt mit einem spezifischen Ansprechpartner der Kundenfirma verstanden. Sich selbst wie auch den Kundenvertreter jeweils als Teil eines Teams zu begreifen, hat mittelfristig die interne wie externe Zusammenarbeit verändert. Diese Einsicht sorgt auch dafür, dass die Werthaltigkeit der Anfragen besser hinterfragt wird. Damit wird bei der Bearbeitung von Angeboten selektiert und steigt die Erfolgswahrscheinlichkeit. Auch das Zusammenspiel mit Produktion und Distribution profitiert davon. In Teamsitzung hat Głodny den Nutzen des Selling-Centers-Denkens mehrfach besprochen und setzt auch Teamziele.

Terra Consult
Als sich Robert entschied, das Trusted-Advisor-Prinzip einzuführen, hatte das mehrere positive Effekte. In den Einzelgesprächen hat er die Stärken aller seiner Partner sehr viel besser verstanden als bisher, und das hat grundlegend die Zusammenarbeit zwischen ihm und den Partnern verändert. Da es in den Gesprächen nicht um Roberts Bewertung ging, sondern um die vermutliche der Kunden, konnten die Verhaltensweisen und Wesenszüge entspannt und sachlich besprochen werden. Das hatte den erstaunlichen Effekt, dass sich Roberts grundsätzlich egozentrisches Verhalten nachhaltig veränderte. Im Spiegel der Mitarbeiter erkannte er sich selbst genauer und bekam gezwungenermaßen auch ein Feedback über sich. Die so entstandene Beziehungsdynamik innerhalb von Terra Consult beflügelte die Diskussion über die Vertriebsprojekte und verbesserte deren Erfolgswahrscheinlichkeit. Das Trusted-Advisor-Prinzip ist zum Markenzeichen von Terra Consult geworden.

Literatur

Abbott, E. A. 1990. *Flächenland*. Berlin: Franzbecker.

Ahlert, D., H. Dannenberg, und M. Huckemann. 2004. *Der Vertriebs-Guide, Produktiver Vertrieb. Mit weniger mehr verkaufen*. München: Wolters Kluwer

Ashby, W. R. 1956. *An introduction to Cybernetics*. New York: Chapman and Hall

Bauer, F., und H. Koth. 2014. *Der unvernünftige Kunde: Mit Behavioural Economics irrationale Entscheidungen verstehen und beeinflussen*. München: Redline Verlag.

Belz, C., M. Müllner, und D. Zupancic. 2014. *Spitzenleistungen im Key Account Management. Das St. Galler KAM-Konzept*. München: Franz Vahlen 3.

Biesel, H. H. 2001. *Innovatives Key Account Management. Schlüsselkunden erkennen und begeistern*. München: Verlag Norbert Müller.

Biesel, H. H. 2004. *Turnaround im Vertrieb. So machen Sie Ihr Unternehmen fit für Wachstum und Gewinn*. Wiesbaden: Gabler.

Capon, N. 2003. *Paxishandbuch Key-Account-Management. Grundlagen und Instrumente zur Betreuung der wichtigsten Kunden*. Frankfurt a. M.: Campus.

Covey, S. R. 1997. *Die sieben Wege zur Effektivität. Ein Konzept zur Meisterung Ihres beruflichen und privaten Lebens*. Frankfurt a. M.: Campus.

Czichos, R. 2000. *Creatives account-management*. München.

Dyson, F. 2009. Birds and Frogs. *Notices of the American Mathematical Society* 56:212–223 (St. Louis).

Gardner, H. 1998. *Abschied vom IQ. Die Rahmen-Theorie der vielfachen Intelligenzen*. Stuttgart: Klett-Cotta.

Gigerenzer, G. 2007. *Bauchentscheidungen. Die Intelligenz des Unbewussten und die Macht der Intuition*. München: Bertelsmann.

Joost, H-G. 2008. *Key Account Management zwischen Implementation und Illusion Wissenstransfer in Unternehmen und Umwelt*. Darmstadt: TU Darmstadt. http://tuprints.ulb.tu-darmstadt.de/966/1/Joost.pdf.

Kaden, W, Linden F. A. 1996. Viel Spass. *Manager Magazin* 26 (8): 37–46.

Kahneman, D., D. Lovallo, und O. Sibony. 2011. *Checkliste für Entscheider*. Hamburg: Harvard Businessmanager.

Koch, H., R. Hilgenstock, und H. Bröckmann. 1998. *Vertriebscoaching. Markterfolg im Team*. Düsseldorf: Metropolitan-Verl.

Maister, D. H. 1993. *Managing the professional service firm*. New York: Simon & Schuster.

Maister, D. H., C. H. Green, und R. M. Galford. 2000. *The trusted advisor*. New York: Free Press.

Malik, F. 2008. *Unternehmenspolitik und Corporate Governance. Reihe Management: Komplexität meistern*. Frankfurt a. M.: Campus Verlag.

Marr, B. 2012. *Key performance indicators. The 75 measures every manager needs to know*. Harlow: Pearson.

Michael, Ende. 1990. *Jim Knopf und Lukas der Lokomotivführer*. Stuttgart: Thienemann.

Miller, R. B., S. E. Heiman, und T. Tuleja. 1991. *Successful large account-management*. New York.

Moore, G. A. 2006. *Crossing the Chasm. Marketing and selling disruptive products to mainstream customers*. New York: HarperCollins.

Musashi, M. 2003. *Das Buch der Fünf Ringe. Die klassische Anleitung für strategisches Handeln*. München: Econ.

Parinello, A. 2014. Selling to VITO: Explains how voice mail should prod VITO into action. Youtube. http://www.youtube.com/watch?v=_Z1IFOBmEGk&feature=related. Zugegriffen: 20. Aug. 2015.

Pechtl, W. 1991. *Zwischen Organismus und Organisation. Wegweiser und Modelle für Berater und Führungskräfte*. Linz: Veritas.

Rapp, Reinhold, K. Storbacka, und K. Kaario. 2002. *Strategisches account management, Mit CRM den Kundenwert steigern*. Wiesbaden: Gabler Verlag.

Rieker, S. A. 1995. *Bedeutende Kunden, Analyse und Gestaltung von langfristigen Anbieter-Nachfrager-Beziehungen auf industriellen Märkten*. Wiesbaden: Dt. Univ.-Verl.

Riemann, F. 1990. *Grundformen der Angst*. München: Reinhardt.

Rogers, E. M. 1983. *Diffusion of innovations*. Florence: Free Press.

Salz, Lee B. 2015. Sales management challenges. Homepage der Sales Architects. 2012. https://www.salesarchitects.com/thought-leadership/sales-management-challenge/. Zugegriffen: 11. Mai 2015.

Senn, C. 1996. *Key account management. Anforderungen, Methodik, Erfolgsfaktoren*. Frankfurt a. M.: S.l. Verlag

Sidow, H. D. 2002. *Key account management: Wettbewerbsvorteile durch kundenbezogene Strategien*. 7. Aufl. München: Moderne Industrie.
Sieck, H. 2011. *Der strategische (Key) account plan*. Norderstedt: Books on Demand.
Tschudy, D. 2013. Interkulturell: Vom Fettnapf zur Kompetenz. Der relativ junge Wissensbereich kann jeder Firma zum Nutzen im globalen Geschäftsumfeld werden. http://www.handelszeitung.ch/ausbildung/interkulturell-vom-fettnapf-zur-kompetenz. Zugegriffen: 12. Mai. 2015.

Weiterführende Literatur

Belz, C., M. Müllner, und D. Zupancic. 2014. *Spitzenleistungen im Key Account Management. Das St. Galler KAM-Konzept*. München: Franz Vahlen 3.
Gardner, H. 1996. *So genial wie Einstein. Schlüssel zum kreativen Denken*. Stuttgart: Klett-Cotta.
Strack, R., J.-M. Caye, C. Linden von der, P. Haen, und F. Abramo. 2013. *Creating people advantage 2013*. Paris: Boston Consulting Group.
Sunzi. 1988. *Die Kunst des Krieges*. München: Knaur.

Verwandlung zur vertrieblichen Meisterschaft

7

There is nothing more dangerous than to leap a chasm in two jumps.
(David Lloyd George)

7.1 Veränderungsfaktor: Big Data

Eine enorme Menge von Daten wird das traditionelle Sales-Management-Gebahren grundlegend verändern. Bisher ungenutzte Datenquellen und unstrukturierte Daten können gespeichert und verarbeitet werden. Führungskräfte können schneller und effektiver entscheiden (Gordon et al. 2013). Neue Anwendungen werden die Neukundenansprache, das Territory Management, die Account-Planung und alle anderen Felder des Verkaufs radikal verändern. Bühne frei für eine grundlegend neue Kernfähigkeit für Vertriebsorganisationen.

Thesen: meisterliche Vertriebsführungskraft

- → Sales Leader sind hervorragende Zuhörer und packen wo nötig mit an.
- → Coaching kann in allen Führungsstilen praktiziert werden.
- → Mitarbeiter kann man vertrieblich coachen, wenn Sie selbst Vertrieb beherrschen.
- → Jeder Coachee ist einzigartig. Sie entwickeln dazu Ihren individuellen Coaching-Stil.
- → Ihr gutes Image: Sie sind das Rohmodell dessen, was man erreichen kann.
- → Erfolgreiches Vertriebscoaching berücksichtigt Verstand und Herz, dann können Sie sich auf Loyalität und Qualität verlassen.
- → Manchmal braucht es einfache Antworten.
- → Für alle gilt: Konstanz und Verlässlichkeit.

N. A. Rauch, *Die 7 Disziplinen im Sales-Management*,
DOI 10.1007/978-3-658-04232-5_7

7.2 Themen: Führen und Betreuen

7.2.1 Vom ehrbaren Kaufmann zum Vertriebsmanager

Der Anspruch an die Rolle des Vertriebsmanagements geht grundsätzlich weit über das Erreichen von Umsatz- und Ertragszahlen sowie die regelmäßige Gewinnung von neuen Kundensegmenten hinaus. Ein Blick in die Geschichte: Im 11. und 12. Jahrhundert entstand in Italien und der norddeutschen Hanse die Zunft der Kaufleute, später die der Unternehmer. Zu Beginn trug der Kaufmann durch seine Person dafür Sorge, dass sich sein gesamtes Unternehmen in seinem Sinn gegenüber allen Ansprechpartnern verhielt. Seit dem 12. Jahrhundert wurde das Leitbild des Kaufmanns in Handbüchern gelehrt. Neben Fachwissen besaß er ein Bündel an Tugenden, die er an seine Mitarbeiter weitergab, mit denen er den nachhaltigen, langfristigen Erfolg sicherte.

Als kleine Unternehmen in der vorindustriellen Zeit das wirtschaftliche Umfeld dominierten, war der Verkauf einfach. Das zentrale Anliegen der Mehrheit bestand darin, die wachsende Nachfrage der Verbraucher zu befriedigen. Aufträge waren da, und jeder Einzelne erledigte alle anfallenden Aufgaben des Unternehmens selbst. Der Inhaber konzentrierte sich darauf, zeitgerecht zu produzieren und die Bestellungen abzuwickeln; Vertrieb und Marketing waren sekundär. In dieser Phase vereinigte der Unternehmer den Typ des Eigenwirtschaftlers mit dem des Kaufmanns und Vermarkters eben dieser Leistungen.

Die industrielle Revolution brachte große organisatorische Änderungen für Unternehmen. Viele Branchen stellten nun große Mengen von unterschiedlichen Produkten her (s. Strader und Wysocki 2013). Weil die Kommunen nicht alle Produkte abnahmen, wurde ein aktiver Verkauf erforderlich, um die in den großen Fabriken entstandenen Überkapazitäten abzubauen. Die so entstandenen Vertriebseinheiten beseitigten viele logistische Probleme und erhöhten die Bandbreite und Anzahl von potenziellen Kunden. Allerdings hatten diese Handelsvertreter in aller Regel ein schlechtes Image im Unternehmen, demgegenüber sie nur geringe Loyalität besaßen, zumal sie streng auf Provisionsbasis bezahlt wurden. Während dieser Zeit des transaktionalen Verkaufs mit Betonung auf Verkaufsfähigkeiten, guten Produkten und passenden Preisen nahmen Firmen kaum Notiz von dem, was die Verbraucher wollten. Hauptsache, die Produkte wurden geliefert und die vorgegebenen Quoten erreicht.

Ein Beispiel für die Reputation des Vertriebs: Das Versicherungsgeschäft wurde im 16. Jahrhundert zunächst ausschließlich von Kaufleuten betrieben, die als Einzelversicherer auftraten und jeweils einen bestimmten Geldbetrag auf der Police zeichneten. Für diese Versicherungsmakler galten Maklerordnungen mit einem Maklereid (Koch 2012). Der im 19. Jahrhundert einsetzende Maklerboom führte zu Nachwuchsmangel und so wurden Bankrotteure, verbummelte Studenten, Spieler und Trinker, Invaliden, Armenhäusler und andere angeheuert. Kein Wunder, dass Vertriebsagenten den Ruf von schlechtgebildeten Vermittlern hatten.

Neben der schlechten Ausbildung und dem miesen Image von Vertriebsmitarbeitern wurde die Rolle immer diversifizierter. Bereits im frühen 20. Jahrhundert, beim World

Salesman Congress 1916, erkannten Persönlichkeiten wie Henry Ford die Notwendigkeit, Vertrieb zu professionalisieren. Die Reflexion zum Verkauf begann aber bereits viel früher: Mark Twain fasste in *The Successful Sales Agent Manuscript* 1865 die fünf zentralen Schritte des Verkaufs zusammen. Von ihm stammt auch eines der berühmtesten Beispiele für Verkaufspsychologie, nämlich als Tom Sawyer es versteht, die Strafarbeit des Zaunstreichens an seinen Freund zu verkaufen.

Mit der Methode des „Pyramiden-Sellings“ wurde John H. Patterson, Präsident der National Cash Register (N.C.R.), zum Gründer des ersten Strukturvertriebs (Friedman 1998, 1999). Mit ihm wurden Vertrieb und Vertriebsmanagement professionalisiert: Patterson stellte erfahrene Führungskräfte ein und ließ alle Vertriebsleute wie wichtige Geschäftsleute mit Anzug, weißem Hemd und Binder einkleiden. N.C.R. wurde zur Keimzelle für eine Vielzahl von Unternehmern (Brevoort und Marvel 2004): Unter den N.C.R.-Alumni befand sich neben dem späteren Automobilunternehmer Hugh Chalmers, dem Gründer der späteren Waagen- und Messgeräte-Unternehmung Mettler Toledo, Henry Theobald, und dem Erfinder der ersten elektrischen Registrierkasse und späteren Entwicklungschef von General Motors, Charles Kettering, einer seiner wichtigsten Sales Manager, Thomas J. Watson Sr. Dieser nahm seine Erfahrungen bei N.C.R. mit und entwickelte diese Vertriebsphilosophie weiter: „Nahezu alles, was ich über den Aufbau eines Geschäfts weiss, stammt von Mr. Patterson“ (Watson und Petre 1990, S. 13) Als Chef benannte er die Computing-Tabulating-Recording Company mit drei Buchstaben in IBM um, rekrutierte die Studienabsolventen mit den besten Abschlüssen und steckte sie in ein Trainingscamp. Unter Watson und Patterson entstand das heutige Sales Management. Hier seine Philosophie, die auch heute noch ihre Gültigkeit hat (IBM 100):

> Es gibt nur einen Weg, um Wissen zu gewinnen und das ist der des Studiums. Genau hieran scheitern aber viele, denn das bedeutet, Bücher zu lesen, zu zuhören, zu diskutieren, zu beobachten und zu denken. Sie sollten keins dieser Dinge vernachlässigen. Lesen Sie alles, was das Unternehmen für Sie als Anleitung bereitstellt; Diskutieren Sie Ihr Geschäft mit jedem, der Ihnen über den Weg läuft, hören Sie jedem zu, der über das Business spricht – seien Sie ein guter Zuhörer, beobachten Sie und lernen Sie durch Beobachtung. (Watson 2003)

The Psychology of Sales von Edward Kellogg Strong von 1922 lieferte das erste Kompendium der Vertriebstechniken wie Kundennutzen, Einwandbehandlung, Abschluss- und Fragetechniken. Es war der Beginn der Vertriebstrainingsbranche.

Im Lauf der letzten siebzig Jahre haben sich aus dem Geschäft unterschiedliche neue Denkweisen und Methoden im Vertrieb ergeben, sei es Dale Carnegie bei Ford mit seiner Vertriebspsychologie in den dreißiger Jahren und seinem weltweit angesehenen Buch *How to Win Friends and Influence People*, sei es Don Hamalian bei Rank Xerox mit dem Satisfaction Selling (Finkelstein 2013). Die Entwicklung von Vertriebsmethoden hat sich immer weiter spezialisiert und vom Unternehmen weg entwickelt. So gibt es in Europa heute den 1959 in Lugano gegründeten Club 55, der sich als Dachvereinigung für Vertriebs- und Marketingexperten versteht.

Wenn heute Geschäftsführer und Manager eingesetzt werden, ist das zweifellos der Tatsache geschuldet, dass der Inhaber und Unternehmer aufgrund der wachsenden Größe seiner Firma nicht mehr allein alle Funktionen von Überwachung und Steuerung ausfüllen kann und sich so gezwungen sieht, Aktivitäten an Personen seines Vertrauens abzugeben. Heute empfindet die Gesellschaft Manager als Söldner, als Heuschrecken ohne Respekt und Moral. Mit der Abgabe vertrieblicher Aufgaben schwindet der Einfluss des Kaufmanns auf die kundenorientierte Unternehmenskultur. Der Beitrag zur Gesellschaft und die Kundennähe weicht der Profitorientierung als Maß aller Dinge. Mit der Spezialisierung beim Produktmarketing, Portfolio und Pricing Management, die ganze Unternehmenszweige ausfüllen, verliert der einzelne Vertriebsmitarbeiter den Blick für das Ganze des Unternehmens, weit weg von der ursprünglichen Verantwortung des Kaufmanns vor vier- bis fünfhundert Jahren.

Es scheint so, dass mit der Entwicklung von „agilem Computing" auch im Vertrieb neue Vorgehensweisen möglich werden. Je besser Sie die Fähigkeiten und Anlagen aller Beteiligten kennen, desto eher kann ein Solution Selling zur unternehmensweiten Philosophie werden. „Einer für alle, alle für einen": Was beim agilen Projektmanagement oder der agilen Softwareentwicklung funktioniert und beim Mannschaftssport oder Vielseitigkeitssport mit der Idee der flexiblen Einsetzbarkeit von Athleten gut ist, muss im Vertrieb billig sein. Wissen und Verhalten in ihrer Bipolarität sind in wenigen Berufen so erforderlich wie beim Vertriebsmanagement. Einen Ansatz dazu haben Sie in Kap. 4.2.3 unter Sales Chaos kennengelernt.

7.2.2 Management und Leadership

„Wenn ich als erfolgreicher Mann einen Rat zu geben hätte, dann diesen: Wer erfolgreich sein will, muss denken. Und zwar denken, bis es wehtut", sagte Roy Herbert Thomson of Fleet (1975), ein kanadisch-britischer Zeitungsverleger. Befragt man langfristig erfolgreiche Unternehmer und Vertriebsführungskräfte, ob sie Abstraktionsvermögen, Menschenorientierung und Konsequenz für entscheidende Verhaltensweisen halten, bestätigen sie dies mit der Ergänzung, dass das ja der individuellen Auslegungen bedürfe.

Aus (komplexen) Zusammenhängen Ableitungen zu machen, bietet die Möglichkeit der Antizipation, der Vorausschau beziehungsweise des Zeitsprungs in die Zukunft, hilft Entscheidungen zu treffen auf der Basis von fundierten Annahmen. Zwei Eigenschaften tauchen inhaltlich dabei meist nicht auf: „Plan" und „Struktur". Viele Gründer haben ein klares Bild vor Augen, wie sie sich die Zukunft vorstellen, diese Vision wird selten als solche geäußert, sie ist Teil des pragmatischen Handelns. Der Plan ergibt sich aus dieser oft unausgesprochenen Vision, die nächsten Schritte ergeben sich dann für den Unternehmer wie von selbst. Da es ja sein Unternehmen, also seine Idee ist, kann er jeden Haken schlagen, jede Ableitung logisch begründen und empfindet die Diskussion darum mit Dritten als eher lästig und hinderlich.

Mit der Menschenorientierung ist das so eine Sache: Es scheint so, als denke der erfolgreiche Unternehmer zuerst an den Unternehmenserfolg und daran, wie Dritte dazu beitragen können, dass er sozial ist, wo er muss, in seltenen Fällen aus sich selbst heraus. Das logische Ineinandergreifen von Nutzenargumentationen: „Wie du mir, so ich dir." finden wir in Atlas Shrugged (1957) von Ayn Rand, wo der Unternehmer Hank Rearden immer wieder sagt, er täte alles aus reiner Profitabsicht. Wir müssen hinterfragen, ob dieser Laissez-faire-Kapitalismus sowie eine Managementphilosophie, die den Verstand vor allem anderen favorisiert und Egoismus als Tugend feiert, langfristig zielführend ist.

Beim Bild, auf dem Atlas mit den Schultern zuckt (erste Übersetzung, *Atlas wirft die Welt ab*), das den Manager (Atlas), als tragenden Menschen zum Maß aller Dinge macht, was eine höchst einflussreiche Philosophie in den Vereinigten Staaten darstellt, könnte man einwerfen, dass ein Atlas ohne Welt (die Mitarbeiter) keine Rechtfertigung seiner Rolle mehr besitzt. Sich auf Menschen auszurichten, bedeutet deshalb natürlich selbstverständlich zu erkennen, ob und wann eine dritte Person für die (eigenen?) Unternehmensziele geeignet erscheint, aber in gleicher Weise, wo und wann das Management dem einzelnen Mitarbeiter für seine Existenz dienlich sein kann (der Manager als Dienstleister). Diese Sichtweise fällt allerdings vielen Führungskräften schwer.

Der neue Titel der deutschen Übersetzung (2013) dieses einflussreichsten politischen Buches des 20. Jahrhunderts in den Vereinigten Staaten „Streik" verkehrt die Idee des Streiks, indem Manager zu Opfern und die Mitarbeiter zu Tätern werden.

Einig sind sich alle bei der dritten Eigenschaft. Beharrliches Festhalten an Zielen, in strenger Treue der eigenen Idee zu folgen, überlagert so manche Schwäche in der Kultur eines Unternehmens. Der Geschäftsführer lebt Zielbewusstsein kontinuierlich vor, seine Stärke in der Stringenz und Unnachgiebigkeit vor Hindernissen lässt viele Mitarbeiter folgen, auch weil sie persönliche Konsequenzen fürchten.

Jedes dieser Grundprinzipien des Vertriebsmanagements basiert auf einer Mischung der Verhaltensweise von Management und Leadership. Doch was bedeuten diese Begriffe? Das eine Prinzip soll sich um Ergebnisse und Effizienz, das andere um Ziele und Rahmenbedingungen kümmern. Auch wenn John Kotter (1996) als Erfinder des Leaderships gilt, geht die Diskussion auf Abraham Zaleznik zurück, der 1977 in einem Aufsatz in der *Harvard Business Review* unter dem Titel „Managers and Leaders: Are They Different?" den Unterschied von Führen und Managen herausgearbeitet hat: die Diskussion von zu vielen Bürokraten und zu wenig Führern. Beispiele für diesen Unterschied von transaktionaler, passiver, bürokratischer Führung und transformationaler ließen sich in Deutschland beispielsweise anhand der Politik von Gerhard Schröder erkennen, der mit der Agenda 2010 Veränderungen angekündigt und ihre Umsetzung eingeleitet hat, die den damaligen Bedürfnissen der Wähler entgegenstanden. Die Konsequenzen durch das Wählervotum sind bekannt. Der Historiker James MacGregor Burns (2003) prägte in den siebziger Jahren den Begriff der transformationalen Führung, die seitdem zu einer einflussreichen Theorie wurde. Er beleuchtete die Interaktion vieler bekannter Führungskräfte und Personalleiter und erklärte so die Entwicklung vom „einfachen transaktionalen Makler" zum „echten Agenten gesellschaftlicher Veränderungen".

Wenn in diesem Buch von Coaching als wegweisendem kulturellen Element die Rede ist, setzt das die Notwendigkeit von Management nicht außer Kraft. Vertriebsmanagement braucht beide Eigenschaften und Typen: Den Manager, der perfekt organisieren kann und den Leader, der Stillstand oder gar Rückschritt verhindert, in Phasen des Umbruchs Menschen zusammenführt und auf eine neue Ausrichtung einschwört. Es wird die eierlegende Wollmilchsau des „Manager Leaders" in der Idealform wohl nie geben. Ein kontrollierender Manager muss manchmal einfallslos sein, weil ihn die Kreativität des Visionärs an der pragmatischen, konsequenten Umsetzung notwendiger Maßnahmen hindert. Die Begrifflichkeiten Management und Leadership kennzeichnen die Grundmodelle von Führungspersönlichkeiten, die in der Praxis das Coaching schwierig machen, weil das auf Disziplin und Perfektion ausgerichtete Management in Koexistenz mit der visionären Führung nur selten gelingt. Doch genau darin liegt die Kunst.

7.2.3 Situationsgerechte Führung im Vertrieb

Aus der Erkenntnis, dass Vertriebsmitarbeiter in verschiedenen Situationen einen unterschiedlichen Grad an psychologischer Reife (Motivation) sowie an Arbeitsreife (Fähigkeit) haben, ergeben sich entsprechende Führungsstile. Paul Hersey und Ken Blanchard (2005) haben daraus die Theorie des situativen Führens entwickelt und ordnen Mitarbeiter vier Grundformen zu (vgl. Abb. 7.1). Situative Reife bezieht sich hierbei auf spezifische Aufgaben, nicht auf die generelle Reife eines Menschen.

1. *Enthusiastischer Anfänger (Reifegrad R1):* Ihr Vertriebsmitarbeiter würde gerne die gestellte Aufgabe erfolgreich erledigen, und es ist deutlich erkennbar, dass er sich

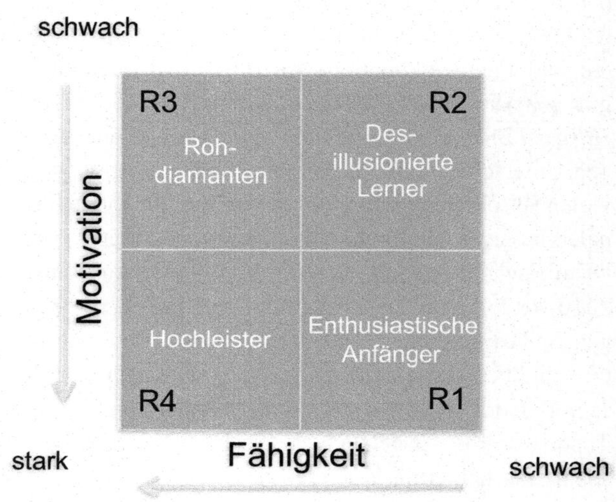

Abb. 7.1 Reifegradmodell: Grundtypen von Mitarbeitern. (Quelle: frei nach Blanchard 2005)

bemüht. Ihm fehlen allerdings die intellektuellen Mittel, das Ergebnis zu erreichen. Er ist nicht fähig, aber absolut willig.

2. *Desillusionierter Lerner (Reifegrad R2):* Ihr Vertriebsmitarbeiter liefert nicht das erwartete Ergebnis. Er hat das nötige Know-how (noch) nicht und ist auch nicht besonders engagiert, um dieses Ergebnis zu liefern. Er besitzt wenig Fähigkeiten und wenig Willen.
3. *Rohdiamant (Reifegrad R3):* Ihr Vertriebsmitarbeiter erreicht die gewünschten Ergebnisse. Er erweckt aber den Eindruck, diese Aufgabe lediglich aus Pflichtgefühl heraus zu erfüllen, eher lustlos. Er besitzt ausreichend Fähigkeit, ist aber nicht besonders motiviert.
4. *Hochleister (Reifegrad R4):* Ihr Vertriebsmitarbeiter erreicht (spielend) seine Ziele und vermittelt den Eindruck von großer Zufriedenheit, das Ergebnis erreicht zu haben. Er versteht, was zu tun ist und ist engagiert, dieses umzusetzen.

Dieses Führungsmodell soll Ihnen nur als Anhaltspunkt dienen. Sie werden die Art Ihrer Führung von Person zu Person und von Situation zu Situation abwandeln müssen. Im Mitarbeitergespräch erklären Sie dem Mitarbeiter Ihre Einschätzung des Reifegrads seiner Mitarbeit. Dementsprechend vereinbaren Sie mit ihm den Stil, wie Sie mit ihm zusammenarbeiten. Es bleibt Ihrem Fingerspitzengefühl überlassen, wie viel Sie dem jeweiligen Vertriebsmitarbeiter zutrauen und wie sehr Sie ihn damit aus der Komfortzone seines Handelns holen.

Die folgende vier Führungsstile (s. Abb. 7.2) stammen aus den vier Dimensionen des Sales-Excellence-Ansatzes: Vertriebsmanagement (M), Informationsmanagement (I), Vertriebsstrategie (S) und Kundenbeziehungsmanagement (B).

Abb. 7.2 Reifegrad: Grundtypen von Führung. (Quelle: frei nach Blanchard 2005)

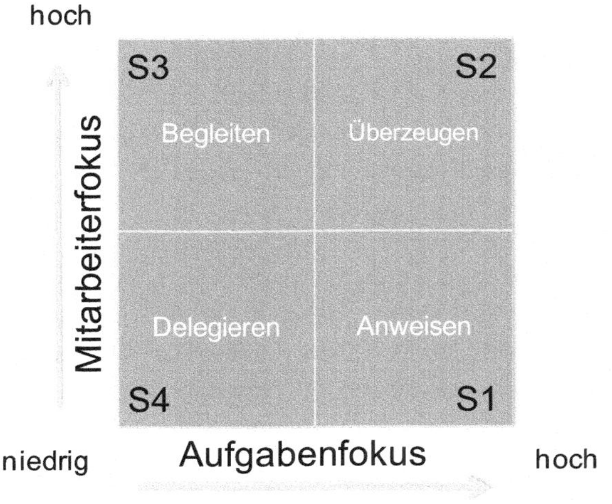

1. *Anweisen (Führungsstil S1):* Sie definieren Aufgaben für den Mitarbeiter. Sie planen für ihn und setzen Prioritäten. Sie geben ihm genaue Anweisungen, schulen ihn und überprüfen die Ergebnisse. Sie geben unaufgefordert Feedback (Reifegrad 1).
   - Sie planen mit ihm Kundentermine, überprüfen zum Beispiel seine Angebote (M).
   - Sie systematisieren die Zahlen aus seinem Verkaufsprozess (I).
   - Sie leiten für Ihn daraus weitere Vorgehensweisen ab (S).
   - Sie binden sich in sein internes und externes Beziehungsgeflecht ein (B).
2. *Überzeugen (Führungsstil S2):* Sie besprechen die möglichen Aufgaben, erklären Ihre Entscheidungen und überzeugen von deren Sinnhaftigkeit, Sie geben Gelegenheit für Klärungsfragen und teilen Ihr Feedback mit (Reifegrad 2).
   - Sie besprechen Kundentermine oder zum Beispiel den Neukundenzufluss (M).
   - Sie bewerten gemeinsam das Ergebnis der Zahlen aus dem Verkaufsprozess (I).
   - Sie überlegen gemeinsam seine vertriebliche Vorgehensweisen (S).
   - Sie begleiten, wo aus beider Sicht erforderlich, die Beziehungsarbeit (B).
3. *Begleiten (Führungsstil S3):* Sie fragen und hören zu, bestätigen und zeigen Vertrauen in die Eigenständigkeit. Sie teilen Ihre Ideen und ermutigen, dass der Vertriebsmitarbeiter Entscheidungen trifft. Lassen den Mitarbeiter sich selbst beurteilen (Reifegrad 3).
   - Sie lassen sich die Planung der Kundentermine zeigen, gehen zum Beispiel die Pipeline durch, ebenso Neukunden und Bestandskundenentwicklung generell; Sie lassen sich aus Kundenterminen berichten, besprechen zum Beispiel die Bestandskundenzufriedenheit (M).
   - Sie bewerten gemeinsam die Zahlen aus dem Vertriebstrichter (I).
   - Sie diskutieren seine vertrieblichen Vorgehensweisen (S).
   - Sie lassen sich aus der Beziehungsarbeit berichten und ergänzen (B).
4. *Delegieren (Führungsstil S4):* Sie überlassen Aufgabenpakete oder bestätigen die eigenständig vorbereiteten Vorgehensweisen. Sie begleiten, wo der Vertriebsmitarbeiter es will, die Entscheidungsfindung und Durchführung (Reifegrad 4).
   - Sie spiegeln die Aufgaben gemeinsam an den Gesamtzielen und der geplanten Umsetzung von Methodik und Systematik, besprechen Einflüsse auf die vertriebliche Vision oder das Leitbild, ermächtigen regelmäßig zur eigenständigen Planung von Kundenterminen, Angeboten, Neukunden- beziehungsweise Bestandskundenentwicklung (M).
   - Sie erwarten den Aufbau und die Nutzung des Vertriebscontrollings, übergeben die Verantwortung für das Management des entstandenen Wissens aus Kundenterminen und Projekten, lassen die Zahlen aus dem Verkaufsprozess eigenständig systematisieren und die markt- und kundenbranchenrelevanten Daten bereitstellen (I).
   - Sie ermöglichen es dem Mitarbeiter, den gedanklichen Überbau zum Geschäft mitzugestalten, fördern stringente Planung und langfristiges Denken, unterstützen dabei, das Kundenportfolio eigenständig zu systematisieren und zu fokussieren – letztlich Kundenaussagen und Marktinformationen zusammenzuführen und auszuwerten sowie daraus generelle Maßnahmen abzuleiten, die auch Vorbild für andere Vertriebsmitarbeiter sein können (S).

– Sie diskutieren die Kundenentwicklungsplanung und das sich daraus ergebende Beziehungsmanagement, um Erkenntnisse für die Marktbearbeitung des Unternehmens zu gewinnen, was zu Änderungen im Verständnis von Branchen führen kann oder zu Aufbau und Pflege von Netzwerken, zum Beispiel die Teilnahme an Foren und Veranstaltungen (B).

7.2.4 Definition und Einbettung des Vertriebscoachings

Als vertriebliche Führungskraft setzen Sie je nach Reifegrad des Vertriebsmitarbeiters Ziele, überwachen das Vorgehen am und für den Kunden, beurteilen das Ergebnis, üben Kritik, loben, informieren und geben Richtungsanweisungen, stellen Mitarbeiter ein. In manchen Fällen übernehmen Sie selbst den Vertrieb beim Kunden, dann sind Sie Vorbild beim persönlichen Einsatz. Coaching ist dabei eine Arbeitsphilosophie, die grenzüberschreitend jeden Führungsstil betrifft und jeden Bereich der Sales Excellence umfasst.

In den oben genannten Fällen spielen Sie unterschiedlichen Rollen, die für Sales Excellence erforderlich sind: Führer und Delegierer, Begleiter und Kollege, Trainer und Berater, Coach, Unterstützer und Partner. Ihre Funktion bleibt gleich: die der vertrieblichen Führungskraft, also Vertriebsleiter, Bereichsleiter Vertrieb, Geschäftsführer. Jedenfalls muss Ihr Mitarbeiter immer wissen, woran er ist, in welcher Rolle Sie ihm im konkreten Fall begegnen.

Der Spagat kann für Sie nicht größer sein: Zum einen haben Sie im Unternehmen den Auftrag, mit einem Team gesetzte wirtschaftliche Ziele wie Umsatz und Ertrag zu erreichen, indem Sie sicherstellen, dass Leistungsbreite, Lieferfähigkeit und Wettbewerbsfähigkeit hinsichtlich Qualität und Innovation im Markt regelmäßig erreicht und ausgebaut werden. Zum anderen tragen Sie dafür Sorge, dass alle Teammitglieder die erforderlichen Kompetenzen individuell und im Zusammenspiel der Gruppe besitzen, entwickelt haben oder entwickeln werden. Dabei überlegen Sie, welchen ergänzenden Fragestellungen Sie im Markt künftig begegnen werden und wie die entsprechende Organisations- und Personalentwicklung aussehen soll. Die Arbeit mit dem Vertriebsmitarbeiter findet zwar heute statt, dient im besten Fall aber vornehmlich der Zukunft.

Coaching-Team und Umfeld
Vertriebscoachee und Coach sind nicht alleine. Jeder im Management ist im Prinzip am Coaching-Prozess beteiligt, wie auch die Rahmenbedingungen entscheidenden Einfluss auf die Entwicklung jedes einzelnen Vertriebsmitarbeiters haben (vgl. Abb. 7.3), von der Zielvereinbarung, dem individuellen Know-how und den individuellen Erfahrungen sowie den Gepflogenheiten und Einstellungen im Team, über das Verhalten der Vertriebsführungskraft und des dahinterstehenden Managementapparats bis hin zur Unternehmenskultur und dem Zusammenspiel mit den Kunden. Sie sollten sich dieser komplexen Zusammenhänge bewusst sein. Alle Facetten werden Sie nicht immer überblicken, das ist auch nicht nötig.

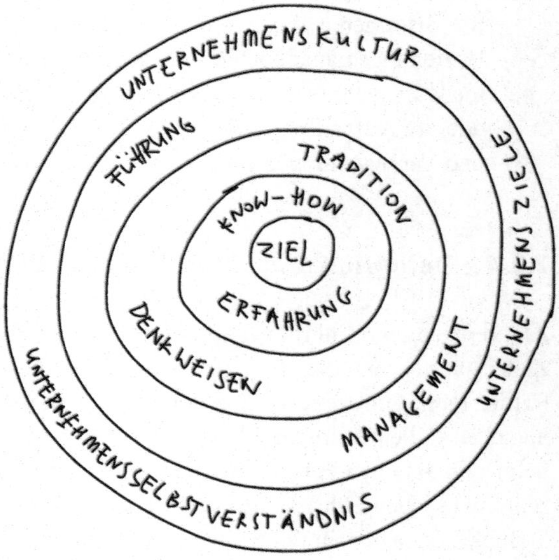

Abb. 7.3 Einflussgrößen auf die Leistung. (Quelle: Jan Myskowski frei nach Salisbury 2011, S. 183)

Auch in Ihrer Rolle als Coach sind Sie eingebunden in eine Kette von Mitspielern (s. Abb. 7.4), die Sie unterstützen, aber auch blockieren können. Wenn das Coaching von Vertriebsmitarbeitern nach außen delegiert wird und die Planung und das Controlling der Personalabteilung oder einem Business Developer übergeben wird, ist klar, dass das Thema in Ihrem Unternehmen wenig Zukunft hat.

Wenn Coaching nicht nur als individuelle Maßnahme für Einzelne, sondern als Bestandteil eines Veränderungsprozesses verstanden wird, hat jeder Mitarbeiter im Vertrieb eine spezifische Rolle. Frank Salisbury (2011) nennt diese Rolle den Meta-Coach oder Nebencoach. Wenn Vertriebscoaching als Kultur in einem Unternehmen dauerhaften Nutzen stiften soll, muss das gesamte Managementteam dahinterstehen und als Nebencoach fungieren. Coaching verändert den Managementstil, weil es die Arbeitsweise der einzelnen Führungskraft elementar beeinflusst.

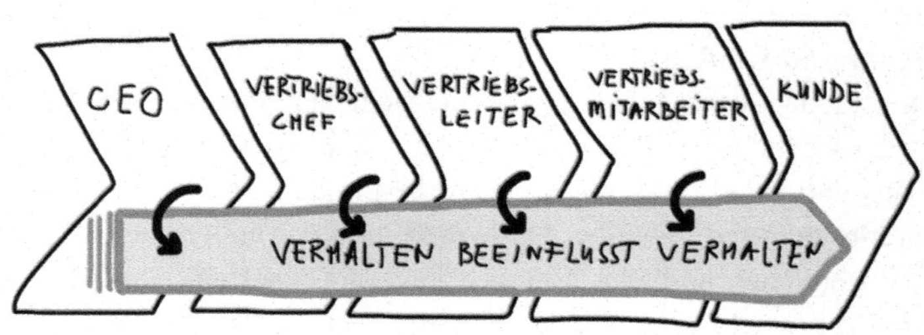

Abb. 7.4 Die „Coaching-Gemeinschaft" im Unternehmen. (Quelle: Jan Myskowski frei nach Salisbury 2011, S. 190)

7.2.5 Coaching im Vertrieb

Wie bereits ausgeführt, müssen Organisationen heute im Zeichen der Globalisierung und Technisierung mit immer höherer Qualität und Geschwindigkeit der gestiegenen Erwartungshaltung der Kunden Rechnung tragen. Der Vertriebsmanager steht dabei an vorderster Front. Er stellt das Bindeglied dar zwischen der Vertriebsmannschaft und der Geschäftsleitung, aber auch innerhalb des Teams sowie in unterschiedlichen Konstellationen zwischen Kundenmanagement und Mitarbeitern, zwischen Vertriebsteam und Leistungserbringung. Diesen vielfältigen Anforderungen wird er nur gerecht, wenn er alle seine Mitarbeiter konsequent befähigt, eigenverantwortlich zu handeln.

Ob bei der Beteiligung am Strategieprozess, bei der individuellen Kundenansprache vom Angebot bis zur planerischen Kundenbetreuung: In jeder Phase entwickeln Sie Ihr Personal weiter – und das geht nur gemeinsam. Sowohl Coach als auch Coachee müssen in dieselbe Richtung gehen wollen. Bei der Vertriebsführungskraft setzt das ein planvolles Vorgehen und Erfahrung voraus, am besten mittels eines Kontrakts, denn das schafft Sicherheit und Klarheit:

- Die Rollen sind geklärt – und damit die gestiegene Erwartung und Verantwortung.
- Der gegenseitige Wille zur Zusammenarbeit ist ausgesprochen.
- Ein Modell bestimmt den konkreten Rahmen für das Gelingen: Häufigkeit, Dauer und Ablauf.
- Das Coaching braucht stabile Rahmenbedingungen: Regelmäßigkeit, gegebenenfalls sogar stets dieselbe Zeit und den gleichen Ort.
- Zweck und Ziel des Coachings sind besprochen.
- Die Diskretion im Umgang mit den Inhalten gegenüber Dritten ist gesichert.

Als Vertriebsmanager nehmen Sie nun zwei Perspektiven ein: Gesprächspartner im Coaching-Dialog und Betrachter der Entwicklung aus der Distanz. So wechseln Sie zwischen Vogel- und Froschperspektive, um die konkrete Handlung aus der Nähe und mit etwas Entfernung im Gesamtzusammenhang beurteilen zu können und gegebenenfalls Rückschlüsse für das künftige Handeln und mögliche Änderungen abzuleiten.

Aufgaben im Vertriebscoaching

Frei nach David B. Peterson und Mary D. Hicks in *Leader As Coach* ist Vertriebscoaching der Prozess, in dem der Coachee mit Vertriebswerkzeugen, Markt- und Umweltwissen, Erfahrungswerten und Zugriff auf externe Ressourcen ausgestattet wird, die er braucht, um sich selbst weiterzuentwickeln und erfolgreicher zu werden.

Die Fragestellung im Coaching ist meist bereits der Schlüssel zur Antwort. Im Vertriebscoaching verantworten Sie also, dass der Vertriebscoachee eigenständig Antworten auf Fragen findet. Der Vertriebscoach nutzt die Fragen, damit der Coachee seine aktuelle Situation klären und besser beurteilen kann. Damit fördern Sie die Stärken des Vertriebsmitarbeiters zutage und helfen ihm, mögliche Schwächen besser zu bewältigen. Das durch das Coaching so erzeugte (neue) Selbstverständnis kann auch erfahrenen Vertriebsmitarbeitern helfen, über sich hinauszuwachsen.

Der beste Coach sind Sie dann, wenn Sie sichergestellt haben, dass Ihr Mitarbeiter eigenständig an allen seinen Themen arbeitet und von sich aus kritische Themen anspricht. Er erstellt einen Plan und nutzt diesen als Agenda für die Arbeit mit Ihnen, seinem Sparringspartner. Sie sind nun nicht mehr der bessere Verkäufer, auch wenn das manchmal schwerfallen sollte. In gewisser Weise liefert ein persönlicher Berater diese Hilfestellung des Coachings auch. Im Gegensatz zum Life Coaching oder Personal Coaching, deren Leistung auf das individuelle Wohl des Klienten ausgerichtet ist, liefert das Vertriebscoaching durch die Führungskraft sowohl dem Individuum als auch dem Unternehmen Ergebnisse, selbst wenn die Themen in beiden Fällen gleich sein mögen. Auch sind Sie mit der aktuellen Situation besser vertraut als ein Externer. Als Vertriebscoach haben Sie die Verantwortung, den Mitarbeiter in Richtung der Unternehmensziele zu bewegen. Letztlich müssen Sie abwägen, wie viel Zeit Sie der individuellen Entwicklung eines Mitarbeiters zugestehen. Im Unterschied zum persönlichen Berater oder Therapeuten, der generell gerne einen Auftrag hat, werden Sie den Stecker ziehen, wenn das Ergebnis nicht stimmt.

Im Vertriebscoaching können Sie auch in der Rolle des Begleiters auftreten, in kniffligen Situationen beispielsweise als Erfahrungsträger der Vorschläge für konkrete Situationen unterbreitet. Ein Fußballcoach wie Pep Guardiola vom FC Bayern München beobachtet das Spiel, liest daraus konkrete Handlungsmuster ab und gibt seinen Spielern Hinweise, wie damit umzugehen ist. Genauso wie der Fußballcoach niemals direkt ins Spiel eingreifen wird, selbst wenn seine noch so klugen Vorschläge nicht befolgt werden, sollten auch Sie als Vertriebscoach Zurückhaltung üben. Nun kann man die neunzig Minuten eines Fußballspiels nicht einfach mit einer Geschäftsmöglichkeit oder einem Vertriebszyklus vergleichen, der sich über Wochen oder gar Monate hinziehen kann. Und doch haben beide Situationen etwas gemein: Interventionen dienen in beiden Fällen dazu, das Spiel beziehungsweise die Geschäftsmöglichkeit als Vertriebsprojekt zu gewinnen. In beiden Fällen haben die Abstimmung, die Ausrichtung und das Training vor dem Spiel beziehungsweise vor der Geschäftsmöglichkeit stattgefunden. Abgeleitet aus den Führungsstilen ergeben sich zahlreiche Aufgaben und Tätigkeiten für das Coaching Ihrer Vertriebsmitarbeiter.

In der Begleitung:

- Sie begleiten im Vertriebszyklus bis zum erfolgreichen Abschluss.
- Sie helfen, dass Vertriebsarbeit konsequent geübt und ausgeübt wird.
- Vor, während oder nach Terminen nehmen Sie den Mitarbeiter an die Hand, zum Beispiel bei einer Borsteinkonferenz (s. Kap. 5.2.2.).
- Sie bringen ihm bei, sich in Vertriebssituationen selbst zu helfen.
- Sie trainieren und wiederholen die vertriebliche Praxis.

In der Reflexion:

- Sie bestimmen, wo an den vertrieblichen Fähigkeiten zu arbeiten ist.
- Sie erzeugen regelmäßig Lerneinheiten im und nach dem Vertriebszyklus.
- Sie leiten gemeinsam aus Problemstellungen wiederverwendbare Lösungen ab.
- Sie bieten zu Kundensituationen konstruktive Manöverkritik und Lob.
- Sie stoßen die kontinuierliche Verbesserung der Vertriebsfähigkeiten an.
- Sie helfen, verstecktes Wissen zu aktivieren und Lernen wieder zu erlernen.
- Sie helfen, Gesamtzusammenhänge bei der Kundenentwicklung zu erkennen.

In der Beziehung:

- Sie legen selbstbestimmte Ziele fest und machen auf Erfolge aufmerksam.
- Sie machen intuitives Verhalten bewusst.
- Sie stärken die Eigenmotivation für hochwertige Vertriebsarbeit.
- Sie vermitteln Lust an vertrieblichen Erfolgen.
- Sie wecken Neugierde auf Menschen generell.

Anlässe
Die konkrete Coaching-Sitzung kann aus unterschiedlichen Gründen zustande kommen:

- grundsätzlicher Wunsch nach Austausch und Spiegelung der eigenen Leistung
- Abgleich des eigenen, konkreten vertrieblichen Handelns mit anderen
- Schwächen oder Schwierigkeiten beim Aufbau einer Kundenbeziehung
- Problemstellungen der Kaufmotivatoren
- konkretes Hindernis beim Aufbau beziehungsweise der Pflege einer Kundenbeziehung
- Schwierigkeiten bei der Arbeit an einer Geschäftsmöglichkeit
- Schwächen bei der Verhandlung
- Unverständnis oder/und Unzufriedenheit mit Rahmenbedingungen im Unternehmen
- Spannung zwischen Vertriebskollegen

Themen
Im fachlichen Teil des Vertriebscoachings haben Sie es in aller Regel mit vier Themenbereichen zu tun: konkrete Themen in einzelnen Sales-Zyklen und allgemeine Themen der Marktbearbeitung (vgl. Abb. 7.5). Dabei geht es entweder um inhaltliche Fragestellungen oder um Methoden und Vorgehensweisen: die Coaching-Gebiete und die Coaching-Perspektiven.

Meist beginnt das Coaching mit Problemstellungen bei einer konkreten Opportunity und der Frage, ob das Vertriebsprojekt tatsächlich eine Chance auf Gewinn hat oder nicht. Dabei werden zunächst die Fakten geprüft. Ein Opportunity Coaching und Coaching dazu, welche inhaltlichen Fragen noch zu stellen sind, wird durchgeführt, wenn der Vertriebsmitarbeiter noch keine generellen Erfahrungen in der stringenten Abarbeitung aller Sichtweisen auf eine Opportunity hat.

Abb. 7.5 Fachliche Coaching-Areale. (Quelle: eigene Darstellung)

Meist ergeben sich außer der Arbeit an den Sales-Zyklen die weiterführenden, eher allgemeinen Fragen nach dem Branchenfokus und den Kenntnissen zu den Triebkräften in diesem Markt. Bei der Frage einer Steigerung der Abschlussrate und der generellen Qualität der Leads steht im Vordergrund die Fertigkeit, den Markt zu bearbeiten, also die Auswahl von Foren, Netzwerken und Veranstaltungen sowie die Arbeit an den Branchenspezifika.

Voraussetzungen für einen Coach

Sie können jemanden nur an Orte führen, an denen Sie selbst gewesen sind. Ihre eigenen Erfahrungen und Lerneinheiten, die dazu geführt haben, dass Sie gelernt haben, Zeit und Ressourcen einzusparen, sind der Quell Ihrer hilfreichen Fragen. Als Top Sales Coach können Sie ein Rohmodell abgeben, das Vorbildfunktion besitzt und das es zu erreichen gilt. Am schnellsten, effektivsten und nachhaltigsten wird die Zusammenarbeit mit Ihren Mitarbeitern, wenn Sie mit Beispielen belegen können, wie erfolgreich Vertrieb gemacht werden kann. Ihr Beispiel dient als unverbindliche Hilfestellung und wird deshalb verbindlich.

Coachen, lehren, beraten, Antworten geben: All das greift ineinander. Manchmal braucht der Coachee eine Antwort, weil die Zeitspanne bis zur Selbsterkenntnis zu lang ist und er möglicherweise frustriert und demotiviert aufgibt. Vertriebsleute brauchen mehr als einen Coach: Eine konkrete Lösung oder Antwort auf eine Frage kann Berge versetzen. Mit Maß und Ziel erhöhen Lehrer, Berater und Coaches optimal gemischt die Lernkurve des Coachees. Nur ein erfahrener Coach kann das leisten. Vertriebscoaching ist eine Managementangelegenheit.

Nach einer Weile werden Sie auf unterstützende Checklisten verzichten. Ihre Empathie und Authentizität lebt von der Unmittelbarkeit, mit der Sie Ihren Vertriebsmitarbeitern gegenübertreten. Coaching wird zur Grundhaltung und zum selbstverständlichen Bestandteil Ihrer Mitarbeiterkommunikation. Sie sind einzigartig auch als Coach. Nach einigen

Monaten wird Ihr Stil zu coachen unverwechselbar sein – auch deshalb, weil in jeder Sitzung neue Dinge geschehen. Als erfahrener Coach sind Sie der Spiegel Ihrer Vertriebsmitarbeiter, der aus verzerrten Vorstellungen ein scharfes Bild liefert. Mit Zielen, Wegen dorthin, mit Lösungsszenarien agieren Sie ergebnisorientiert, sind leicht zu verstehen, vermitteln Vergnügen und Zuversicht. Sie sind Scout, Aufsichtsrat, Ratgeber, Trainer, verantwortungsvoller Partner und umsichtiger Begleiter.

7.2.6 Vertriebscoaching als Philosophie

Offene gegenseitige Rückmeldung und fragende Problemlösungsunterstützung werden leider in vielen männlich dominierten Unternehmen kritisch gesehen. Man glaubt, dass in der Arbeitswelt etwas nicht stimmen kann, sobald ein Coach zurate gezogen wird, sei es fachlich-sachlich, sei es psychologisch-soziodynamisch. Wer auch immer wen coacht: In einer technisch ausgerichteten Branche hat das den Geruch von Leistungsschwäche oder fachlichem Unvermögen.

Darüber hinaus wird der Begriff des Coachings als Teil der angloamerikanischen Unternehmenskultur verstanden und allein deshalb oftmals mit großer Skepsis betrachtet. Das hat zwei generelle Gründe: Zum einen können sich viele Deutsche mit dieser direkten und zum Teil gar exhibitionistisch wahrgenommenen Gesprächskultur nicht recht anfreunden, zum anderen vermutet man dahinter eine Form der Manipulation. Ehrliches Feedback geben, den anderen ins Vertrauen ziehen, Gefühle äußern ist nicht jedermanns Sache – vornehmlich im Vertrieb, wo das Hinterfragen der Persönlichkeit als Schwäche und Makel eingeschätzt wird.

Coaching kann in Ihrem Unternehmen in unterschiedlichen Ausprägungen stattfinden, dabei sagt der Grad der Durchdringung mit Coaching auch etwas aus über die Kultur, die vorherrscht. In diesem Sinne wäre es sinnvoll, neben dem Coaching einer Person auch andere Formen des Coachings einzuführen.

Einzelcoaching
Sie sprechen über die aktuelle Arbeit des Vertriebsmitarbeiters. Dabei gibt es die regelmäßige Rückschau auf das Erreichte, das kritische Hinterfragen und mögliche Verbesserungen sowie spezielle, individuelle Fragestellungen zu Hindernissen, Blockaden und Problemen.

Power Coaching
Power-Coachings sind kurze zehn- bis fünfzehnminütige Einzelgespräche, die hintereinander mit jedem Vertriebsmitarbeiter eines Teams geführt werden. Sie dienen dem kurzfristigen „Einnorden" auf ein Thema, eine Methode, eine geplante Strategie. Den

Anlass liefern Sie: Sie wollen zum Beispiel in einem Sales-Push-Programm konzertiert Referenzmanagement einführen und wünschen, dass kurzfristig jeder Mitarbeiter innerhalb einer kurzen Frist mindestens einen Stammkunden für ein Referenzschreiben gewinnt. Bei dieser Form des Einzelcoachings bringen die Präzision Ihrer Botschaft und die enge anschließende Begleitung zusätzliche Effektivität. Dem Power Coaching kann ein Gruppencoaching nachgeschaltet werden.

Peer Coaching beziehungsweise kollegiales Coaching

Da in vielen Unternehmen die Führungspanne acht oder gar mehr Personen umfasst, sollten Sie alle Möglichkeiten ausschöpfen, Ihre Vertriebsmitarbeiter zu fördern und entwickeln. In einer Organisation mit zwölf Vertriebsleitern für etwa dreihundert Mitarbeiter können die Führungskräfte die Arbeit des Coachings nicht mehr umfänglich wahrnehmen. Peer Coaching findet statt, wenn zwei Kollegen sich gegenseitig coachen, unabhängig davon, wo sie in der Organisation verortet sind.

Peer Coaching ist mehr als nur Feedback, es ist die Kultur des vertrauensvollen Umgangs zum Zwecke der kontinuierlichen Verbesserung durch Rückmeldung und unabhängig von Ort und Zeit. Etabliertes Peer Coaching erzeugt ein exzellentes Klima für außergewöhnliche Leistungen. Diese auch als kollegiale Supervision bezeichnete Form eines strukturierten Coaching-Gesprächs kann alle Bereiche organisationalen Handelns umfassen (vgl. Tab. 7.1).

Tab. 7.1 Methoden des Peer-Coachings. (Quelle: nach Tietze 2003, S. 117)

Methode	Ziel	Leitfrage
Brainstorming	Lösungsideen sammeln, ohne Bewertung	Was könnte der Coachee beim aktuellen Stand der Opportunity noch alles tun?
Kopfstand-Brainstorming	Ideen in die Gegenrichtung der Schlüsselfrage suchen (Paradox)	Was könnte der Coachee noch tun, damit er das Projekt garantiert nicht gewinnt, also die Situation noch verschlimmert?
Ratschläge (kurz und bündig)	Empfehlungen für einen Lösungsweg sammeln	Welche Ratschläge haben Sie für den Coachee, was hat er noch nicht in Betracht gezogen?
Resonanzrunde	Feedback in Bezug auf die Fallerzählung	Welche Reaktionen löst die Erzählung der Vertriebssituation des Coachees bei Ihnen aus?
Sharing (Achtung auf die Zeit achten)	Bezug zu eigenen ähnlichen Erlebnissen herstellen	An welche eigenen Erfahrungen erinnert Sie die Falldarstellung des Coachees? Wie sind Sie mit einer ähnlichen Situation umgegangen?
(Kurze) Kommentare	Stellungnahme zum Geschehen angeben	Was ist Ihnen an den Inhalten oder der Art der Darstellung dieser Situation aufgefallen?

Organisationales Gruppen- und Peer-Coaching

Organisationales Lernen wird in aktuellen und künftigen Vertriebsorganisationen eine immer wichtigere Rolle spielen. Wie beim kollegialen Coaching ist ein entscheidendes Kriterium die Gleichberechtigung und in aller Regel die Gleichrangigkeit der Gruppenmitglieder. Es steht für einen wertschätzenden, respektvollen Umgang miteinander, unabhängig davon, welche Hierarchien außerhalb der Gruppe bestehen (eine kompakte Darstellung zur „kollegialen Beratung" liefern Kocks et. al. 2012). Um beispielsweise komplexe Angebote in kurzer Zeit mit hoher Qualität zu bearbeiten, braucht es den offenen Geist der Selbst- und Fremdkritik, um zeitnah zu Verbesserungen und Lösungen zu kommen. Die Qualität Ihres Coachings im Unternehmen nimmt dabei eine maßgebliche Rolle ein.

Die Durchsprachen in Ihrem Vertriebsteam bieten großes Lernpotenzial. Zurückgreifend auf die Zielsetzung des Referenzmanagements aus dem Power Coaching, können Sie hier jeden Vertriebsmitarbeiter mit seinen Ergebnissen sich dem Team vorstellen und sich Rückmeldung und Hilfe geben lassen. Sollte Peer Coaching bei Ihnen üblich sein, können Sie im Vertriebsteam dieses Arbeiten einführen und pflegen. Es gibt Start-ups, die so ungezwungen und vertrauensvoll miteinander umgehen, dass sogar die Anwesenheit Außenstehender keinen Hinderungsgrund dafür darstellt, dass man sehr offen und kritisch, aber auch zustimmend enthusiastisch bezüglich der Leistungen und Vorgehensweisen der Teammitglieder ist.

Selbstcoaching

Coaching kann zu zweit und ebenso allein praktiziert werden. Dass Sie nicht die Zeit haben, alle Aktivitäten Ihre Mitarbeiter zu begleiten, ist klar und das wäre auch nicht sinnvoll. Sie können aber Selbstcoaching als ergänzendes Lerninstrument einführen. Dafür müssen Mitarbeiter an regelmäßiger Verbesserung Gefallen gefunden haben und letztlich wissen, woran sie arbeiten können oder sollen. Jeder kann sich auch unabhängig von anderen verbessern. Jüngere Vertriebsmitarbeiter tun sich da leichter. Selbstcoaching hat bis zu einem gewissen Grad etwas Kindlich-Jugendliches an sich. Von Selbstcoaching begeisterte Mitarbeiter sind sehr neugierig, voller Initiative und zeigen Selbstverantwortung für ihre persönliche Entwicklung (Kiwus 2003).

7.2.7 Modell des Vertriebscoachings

Viele Berater haben sich Apronyme für den Coaching-Prozess überlegt, zum Beispiel das GROW-Modell („Goal, Reality, Options, Who/What/Where") von John Whitmore (1996) oder POWER von Rosen („Purpose, Objectives and options, What is happening now, Empowering, Review") et cetera. Die meisten dieser Methoden ähneln sich, sodass sich zusammengefasst folgendes Modell ergibt:

- *Schritt 1:* Rapport und Zielsetzung
- *Schritt 2:* Aktuelle Situation

- *Schritt 3:* Veränderungsalternativen
- *Schritt 4:* Konkrete Maßnahmen

Schritt 1. Rapport und Zielsetzung

Ob Coaching wirklich gelingt, hängt von den Vorbereitungen ab. Raum, Zeit und die Beziehung müssen stimmen. Da ist immer etwas Angespanntheit im Raum, wenn ein Vertriebsmitarbeiter ein Feedback zu erwarten hat oder gecoacht wird. Im Prinzip machen Sie nicht anderes als bei einem Kunden: Sie nehmen Kontakt auf und schaffen Rapport, indem Sie sich ungezwungen gegenüber dem anderen verhalten.

Beim Vertriebscoaching geht es um ein professionelles Gespräch zwischen zwei Fachleuten, ganz gleich, welche Position der eine oder der andere innehat. Vermitteln Sie durch Ihre Sprache, Gestik und Mimik, dass Sie dem Menschen hier gegenüber wohlgesonnen sind. Nicht jedem fällt es leicht, zu trennen zwischen dem Gespräch über Leistung und Erwartung oder über Ziele und Erreichtes und dem Menschen, der ein Privatleben hat, mit Höhen und Tiefen, mit Gefühlen und Ängsten. Als Vorgesetzter sind Sie zuerst einmal in der „besseren" Position. Das ängstigt den einen, fordert den anderen heraus. Es gelingt Ihnen am besten, eine gute Atmosphäre zu erzeugen, indem Sie so natürlich wie möglich sind. Lassen Sie sich auf den anderen ein, dann lässt der sich auch auf Sie ein.

Jede Coaching-Sitzung sollte sich auf ein Thema beziehungsweise einen Themenkomplex konzentrieren – das ist das Ziel. Eine Sitzung sollte eine Stunde nicht überschreiten. Wenn Sie ein Power Coaching machen, kurze Einheiten mit jedem im Team unmittelbar hintereinander, kann eine Einheit auch nur fünfzehn Minuten betragen. Wenn es ein komplexeres Thema ist, zum Beispiel die Planung der Neukundenakquise eines künftigen Schlüsselkunden, kann dies auch mehrere Stunden in Anspruch nehmen, wobei sich dann Phasen des Coachings mit Phasen der Beratung oder des Fachaustauschs abwechseln werden. Es kann zwei Anlässe geben, die zum Coaching führen: Ihr Mitarbeiter möchte ein Thema besprechen, oder Sie haben einen konkreten Anlass.

Es ist in vielen Fällen nicht leicht festzulegen, was das messbare Ergebnis des gewünschten Ziels sein soll. Die Arbeit daran kann auch in der nächsten Phase der Beschreibung der aktuellen Situation erfolgen. Was jedenfalls die erste Phase abschließt, ist das konkrete Ziel der Coaching-Sitzung. Das sollte der Coachee, Ihr Vertriebsmitarbeiter also, formulieren und Sie geben es mit Ihren Worten wieder und lassen sich bestätigen, dass Sie eine gemeinsame Vorstellung haben.

Schritt 2. Aktuelle Situation

Die Klärungsphase kann aus zwei Aktionen bestehen: Zum einen der Darstellung des Sachverhaltes aus der Perspektive des Vertriebsmitarbeiters, bei der Sie zum anderen Verständnisfragen stellen dürfen. Wenn Ihr Mitarbeiter zum Beispiel keine Lösung findet, wie er mit dem vermuteten Entscheider zusammenkommt, sollte er zuerst seine Wahrnehmung unbeeinflusst wiedergeben können. Dies ist umso wichtiger, als der Lerneffekt des Coachings schwächer wird, wenn Sie durch Implikationsfragen oder rhetorische Fragen bereits Ihre eigene Position vorgeben. Erst wenn Sie wirklich verstanden haben, was der Coachee meint, verstehen Sie auch, wo sein möglicher Denkfehler, seine falsche Annahme oder ein Verhaltensmuster vorliegt, das Sie besprechen sollten und für das der Coachee Alternativen entwickeln wird.

Schritt 3. Veränderungsalternativen
Wenn in der Klärungsphase die aktuelle Situation für Coach und Coachee auf dem Tisch liegt, können Sie Alternativen sammeln. Auch hier gilt, wenn beispielsweise die informellen Kriterien für eine Opportunity unklar sind und es schwierig erscheint, diese beim Kunden herauszubekommen, dass Ihr Vertriebsmitarbeiter zuerst erklärt, welche Schritte er bisher unternommen hat, um diese Kriterien zu ermitteln. Nicht selten hat er noch gar keine Anstrengungen dazu unternommen, weil ihm grundsätzlich mögliche Wege zur Lösung unbekannt sind oder er eine ganze Reihe an Ideen hat, die er aber immer wieder verworfen hat.

In dieser Phase können Sie eigene Vorschläge einbringen, die gleichberechtigt mit denen des Coachees gesammelt werden. Wichtig ist, dass die Ideen des Coachees Priorität behalten. Weil der Vertriebsmitarbeiter seine Vorschläge meist geringer einstuft als die des Chefs, greift er gerne auf Ihre Beiträge zurück. Dabei sind bei näherem Hinsehen die Ansätze des Coachees genauso erfolgreich und passen meist auch besser zu ihm.

Schritt 4: Konkrete Maßnahmen
Haben Sie die Sammlung möglicher Lösungen abgeschlossen, legt der Coachee fest, welche konkreten Schritte und Maßnahmen bis zum nächsten Coaching abgearbeitet werden. Je nach Reifegrad des Mitarbeiters können Sie den Handlungsplan federführend dokumentieren und gegebenenfalls sehr präzise beschreiben, wie vorzugehen ist und in welcher Reihenfolge die Schritte abgearbeitet werden sollen. Sie können hier auch als Experte Hinweise auf mögliche Stolpersteine geben nach dem Motto: „Hier gibt es folgende Gefahrenquelle." Oder bei von Ihnen eingebrachten Maßnahmen: „Ist das für Sie plausibel?"

Am Ende des Coachings steht eine Bestätigung, dass der Coachee die besprochenen Aufgaben tatsächlich umsetzen wird. Diese Bekräftigung, Kontrakt genannt, soll die Ernsthaftigkeit des eben Erarbeiteten nochmals betonen. Dazu gehört auch die Vereinbarung eines Checktermins sowie möglicherweise die Zusammenfassung der Aktivitäten, die Sie übernehmen wollen, wenn Sie zum Beispiel Checklisten oder andere Materialien zur Verfügung stellen. Wenn der Coachee es wünscht, können Sie die Befindlichkeit noch abfragen: „Was sind für Sie die wichtigsten Erkenntnisse aus dem heutigen Termin? Wie hoch ist Ihr Wohlfühlfaktor? Gibt es etwas, dass wir aus Ihrer Sicht beim nächsten Termin anders oder besser machen können?" Der Termin ist erst dann zu Ende, wenn Sie beide ihn für beendet erklären.

7.2.8 Kulturraum als Rahmenbedingung

Wie der einzelne Vertriebsmitarbeiter seine aktuelle Situation wahrnimmt, kann nur er alleine sagen. Verschieden Indikatoren im Gespräch, verbal und nonverbal, ermöglichen es Ihnen aber herauszufinden, wie sich der Vertriebsmitarbeiter fühlt und wo genau er

Abb. 7.6 Wissen, wo der Mitarbeiter steht. (Quelle: Jan Myskowski)

sich gedanklich gerade befindet (s. Abb. 7.6). Diesen imaginären Raum nennt man Zone. Dabei lässt sich unterscheiden zwischen Komfortzone, Abschiedszone, Stresszone, Panikzone und Depressionszone.

Komfortzone

Eine relativ große Gruppe macht seit Jahren erfolgreich Vertrieb. Die erfahrenen „alten Hasen" aus dem Produktvertrieb wollen in der Zukunft ebenso erfolgreich sein, wie sie es in der Vergangenheit immer schon waren. Sie sind rundum mit dem Leben und der Arbeit zufrieden. Ihre Handlungsweise speist sich aus den Erfahrungen der Vergangenheit. Meist fehlen die Bereitschaft und die Übung, die täglichen vertrieblichen Routinen und Verhaltensweisen zu hinterfragen. Im Unterschied zu den Veteranen der Abschiedszone läuft es bei ihnen oberflächlich betrachtet gar nicht schlecht.

Besonders in eingesessenen Familienunternehmen, wo Vertriebsmitarbeiter mit dem Unternehmen von Beginn an mitgewirkt haben, werden Anzeichen für Veränderungen im Markt und falsche vertriebliche Reaktion verdrängt. Zum Beispiel: Amazon und Ebay nutzt man selbst, diese neuen Vermarktungswege werden aber nicht als existenzbedrohend empfunden oder als Signal, dass eine neue Form der vertrieblichen Arbeit gefordert ist. Diese Menschen passen sich an, wo erforderlich, passiv, dem Gesetz des geringsten Widerstandes folgend. Es besteht kein Interesse, das eigene vertriebliche Verhalten grundsätzlich infrage zu stellen. Sie halten sich selbst für sehr offen, Angebote für Neues werden oft abgetan: „Das habe ich schon versucht, bringt aber nichts." Sie sind clever und sehr einsatzwillig.

Ohne aktive Betreuung laufen diese Vertriebsmitarbeiter Gefahr, bei stärker werdendem Druck in Panik zu verfallen oder sich bereits zu verabschieden. Dieser Vertriebstyp lässt sich aber bewegen, wenn Sie, ohne seine Arbeit generell infrage zu stellen, seine Neugier und Erwartungen seinen Befriedigungsmotiven entsprechend wecken. Diesen Menschen kann Coaching sehr viel bringen.

Abschiedszone

Vertriebsmitarbeiter in dieser Zone vermitteln den Eindruck, dass mit ihnen alle möglichen Dinge geschehen, auf die sie keinen Einfluss haben. Sie haben sich vom eigentlichen Geschehen verabschiedet. Sie fühlen sich als unschuldige Opfer unnötiger Veränderungen. Ihre Veteranengeschichten sind für junge oder neue Mitarbeiter gefährlich, da sie Erfolge glorifizieren, die heute nicht mehr relevant sind. Sie interessiert nur das, was einmal war und sie geben sich keine Mühe, über die Situation, die gegebenenfalls bereits bedrohlich ist, nachzudenken: keine Aufträge, geringe Abschlussrate, kaum Termine mit Neukunden.

Ihre Gleichgültigkeit kann in Fatalismus übergehen, sie entwickeln keine Ideen, was und wie sie künftig anders oder besser agieren könnten. Während Kollegen aus den anderen Zonen zu heftigen Debatten neigen, sitzen sie ruhig mit einem Schulterzucken und Augenaufschlag da und lassen alle möglichen Themen und Diskussionen an sich vorbeiziehen.

Diese Mitarbeiter sind in der heutigen wettbewerbsbezogenen Geschäftswelt ein Risiko. Das müssen Sie unmissverständlich äußern und dürfen ein solches Verhalten keinesfalls dulden. Vertriebsorganisationen können diese Menschen nicht akzeptieren. Aber Achtung: Diese Teilnahmslosigkeit kann auch ein Schutzwall eines frustrierten Menschen der Depressionszone sein, der gegebenenfalls hohe Qualitäten besitzt, die bisher aber niemand aufgedeckt hat. Wenn das gelingt, sind diese Mitarbeiter die treuesten und glühendsten Vertreter notweniger Veränderungen.

Spannungs- und Stresszone

Stress ist generell nichts Schlechtes. Er beweist, dass es dem Gestressten nicht gleichgültig ist, was er wie macht, allerdings führt er den Einzelnen auf Dauer in die Panikzone.

Wer von „Herausforderungen“ spricht, sieht den Anspruch, der an ihn gestellt wird, noch mit Gelassenheit und wohl wissend, dass eigenes Handeln erforderlich ist.

Wer sich in der Stresszone befindet, den sollten Sie von Zeit zu Zeit wieder in die Komfortzone bringen. Die Mitarbeiter der Spannungs- und Stresszone sind in aller Regel lernwillig und suchen die Auseinandersetzung mit schwierigen Themen, mit hohen Zielen und gehen auch an ihre persönlichen Leistungsgrenzen. Beispielsweise ist die Endphase des Vertriebszyklus einer Geschäftsidee meist sehr „stressig“. Die Versagensangst steigt, die Sorge, dass das eigene falsche Handeln verantwortlich ist für den Verlust eines Projekts, bei großen Projekten vielleicht sogar den Verlust von Arbeitsplätzen bedeutet, kann schlaflose Nächte bereiten. Viele Vertriebsmitarbeiter gestehen aber weder sich noch der Umwelt ein, welchen Stress sie aushalten müssen. Bei sehr zuverlässigen Mitarbeitern kann das ohne Rückzug in die Komfortzone Richtung Abschiedszone oder gar zum Burnout führen, mit oder ohne Übergang in die Panikzone.

Die Mitarbeiter dieser Zone brauchen dringend Coaching. Sie hören auf Feedback und sind lernwillig. Die Bereitschaft steigt und die Fähigkeit, selbst diesen Wechsel zwischen den Zonen auszutarieren, bringt im besten Fall neue Führungskräfte hervor. Wird die Erfahrung „zwischen den Welten“ mit Ihnen als Vertriebscoach gemeinsam durchdacht, erleben Sie Führung der allerfeinsten Form. Sie beide werden Ihre Wahrnehmungsfähigkeit stärken und mit wenigen Worten komplexe Situationen erfassen. Die Beziehung, an der Sie arbeiten, wird sich von der strukturierten Schrittfolge zu einer eigenen Dynamik entwickeln, durch die sich das Verhältnis zwischen Coach und Coachee im besten Fall zu einem Miteinander auf Augenhöhe entwickelt.

Panikzone

Man könnte sagen, dass Panik ein wichtiger Antrieb für Bewegung und Veränderung ist. Wenn die Vertriebsdurchsprache am Ende des Monats naht und die Zahlen weit unter den Erwartungen liegen, es tausend (selbstverschuldete) Gründe gibt, warum dies so eingetreten ist, wenn der Vertriebsmann aber keinen Ausweg aus dieser Bloßstellung vor dem Vertriebsleiter oder gar der Mannschaft sieht, wenn jeder weiß, dass „er es ist, der unseren Schnitt versaut hat“, „er erreicht seine Zahlen wieder nicht“, dann ist er in der Panikzone.

Das emotionale „Armageddon“ findet hinter verschlossenen Türen statt, privat. Panik schwächt alles: Die Konzentration bei der Vorbereitung von Kundenbesuchen, das konzeptionelle Denken, weil die Ruhe der Unrast weicht. Vertreter dieser bedauernswerten Gruppe erkennt man an zitternden Händen, unruhigem Blick, permanentem Wechsel in der Sitzhaltung. Wer im Vertrieb in Panik gerät, arbeitet nicht mehr rational, Entscheidungen werden oft falsch getroffen, zu schnell und unüberlegt. Vielleicht mag der Umsatz hoch sein, allerdings meist zulasten der Spanne und letztlich auch zulasten der Gesundheit der Betroffenen. Zweifellos gibt es Vertriebsmitarbeiter, die ihre beste Leistung im Oszillieren zwischen Stress und Panik bringen, das dient möglicherweise dem Einzelnen, sicher nicht dem Team.

Vertriebsmitarbeiter in der Panikzone wissen, dass sie sich zu lange in der Komfortzone sicher gewogen haben und spüren genau, dass nur sie selbst etwas ändern können.

Die Panik steigt, je klarer wird, dass sie das System nicht für ihre Situation verantwortlich machen können. Hier helfen nur Nähe, Ruhe und Verständnis. Ganz gleich, ob Sie den Mitarbeiter halten wollen oder nicht: Es gehört zur Ethik des Managers, zur Führungsverantwortung und Fürsorgepflicht, den Mitarbeiter in dieser Krise zu begleiten, ganz gleich wie der Ausgang ist.

Depressionszone
Wer in diese Zone gelangt, ist für das Unternehmen nahezu verloren., Diese Menschen zu revitalisieren, benötigt sehr viel Zeit. Meist ist eine Arbeit an der Depression ohne therapeutischen Ansatz nicht möglich. Wenn sich mehrere Mitarbeiter in der Depressionszone aufhalten, gibt es generell strukturelle Probleme in der Organisation. Dann geht es allerdings um grundsätzliche Überlegungen in der gesamten Organisation.

7.2.9 Beratung mit Lösungsvorschlägen

Bei Ihrer Aufgabe als Führungskraft werden Sie immer wieder in Versuchung geraten, im Detail mitzuwirken und mit Ihrer Expertise Mängel zu beheben. Das mag im Einzelfall sinnvoll erscheinen, ist jedoch generell fatal. Das ist nicht Ihre Aufgabe, und Sie haben dafür keine Zeit. Stellen Sie sich Ihre Autofahrt am Steuer bei 120 km pro Stunde vor: Ihnen fällt ein Stift unter das Gaspedal. Sie werden sich jetzt auf keinen Fall nach dem Gegenstand bücken, um ihn aufzuheben, das Risiko eines Unfalls wäre viel zu groß. Sie würden während der schnellen Fahrt auch nicht auf die neben Ihnen ausgebreitete Landkarte schauen und nach dem Zielort suchen. Genau hier liegt Ihre Entscheidung: lenken und führen oder maximales Risiko.

Coaching-Schlagloch
Sie werden es in vielen Fällen als einfacher empfinden, die aus Ihrer Sicht auf der Hand liegende Lösung Ihrem Mitarbeiter immer wieder zu präsentieren, als sich zurückzuhalten und nur korrigierend einzugreifen. Was für einen Einzelfall zeitlich theoretisch denkbar wäre, ist bei einem Team von zehn und mehr Mitarbeitern allein mengenmäßig gar nicht zu schaffen.

Da wir in der Schule erzogen wurden nach dem Motto: „Wenn alles schläft und einer spricht, dann nennen wir das Unterricht", werden sich Ihre Vertriebsmitarbeiter liebend gerne das Denken und die Überlegungen für Lösungen sparen und Sie alles machen lassen. Zweifellos ist es möglich, dass Sie Ihren Erfahrungsschatz den Mitarbeitern weitergeben – und wenn dies als Schulung deklariert ist, lässt sich dagegen nichts sagen. Auf alle Fälle gilt für Sie, solche schulischen Muster überhaupt nicht aufkommen zu lassen und bewusst Fehler zuzulassen, wider besseres Wissen.

Vermitteln und Erzählen von Fakten und Erfahrungen
Eine weitere Coaching-Falle liegt in der persönlichen Befriedigung Ihrer Eitelkeit. Wenn Sie ehrlich sind, ist es ein angenehmes Gefühl, einer weniger erfahrenen Zuhörerschaft

von den Erfolgen und Triumphen der eigenen Vertriebstätigkeit zu berichten, von den spannenden Verhandlungen, wo Sie heldengleich Vertriebsprojekte in Millionenhöhe Spitz auf Knopf zum Auftrag geführt haben, von den Vorgehensweisen, wie Sie an Persönlichkeiten des öffentlichen Lebens kamen, wen Sie kennen, wer Sie anruft und wer Sie um Rat fragt.

Wenn Sie für solche Aktivitäten ein besonderes Interesse hegen, sollten Sie Speaker der Vertriebstrainergilde werden und Ihre Vertriebsgeschichten in Buchform veröffentlichen. Wenn hingegen Ihre Erzählung eine konkrete Situation veranschaulichen soll, die Sache definitiv im Mittelpunkt steht und Sie am Ende mit dem Mitarbeiter Ihre Erfahrung aus Ihrer Karriere im konkreten Fall als Lerneinheit teilen wollen, ist das gut investierte Zeit und wird den gewünschten Effekt entfalten.

7.2.10 Fragen über Fragen

Im Coaching brauchen Sie dieselben Fähigkeiten wie im Vertrieb: Ihre Präsenz und Ausstrahlung, Ihre Fähigkeit eine Beziehung aufzubauen, Ihre Übung passende Fragen zu stellen und angemessen auf Antworten zu reagieren, das aktive Zuhören also mit der eigenen Positionierung und Rückmeldung.

Sie haben gelernt, dass es für unterschiedliche Sachverhalte sinnvollerweise unterschiedliche W-Fragen gibt, doch eine ist beim Coaching nicht ratsam: Warum? Die Frage nach dem Warum lässt sich nie erschöpfend beantworten und bringt nie eine gültige letzte Antwort, dafür aber Resignation. Die Warum-Frage ist die eines nichtwissenden Kindes an einen wissenden Erwachsenen. Der Vergleich mit Erwachsenem und Kind zeigt das Problem: Der Nichtwissende fragt, der Wissende antwortet. Das Warum macht alle Anstrengungen des Rapports, der Nähe, des Einvernehmens zunichte, weil es die Sachlage auf den Kopf stellt: Der Coachee ist nämlich nicht der Wissende oder der auszufragende Schüler. Der Coach sollte mit seinen Fragen Hilfe anbieten, deshalb ist ein Warum ignorant. Warum-Fragen sind entweder einfach zu beantworten, dann waren sie es in aller Regel nicht Wert, gestellt zu werden oder können nicht beantwortet werden, dann lassen sie den Coachee mit seinem Problem im Stich. Der Angesprochene wird mit der Warum-Frage zur Verteidigung oder zum Angriff gezwungen. Für ein partnerschaftliches Gespräch ist das ziemlich kontraproduktiv.

Fragen sollen helfen, Themen auszuwählen, zu fokussieren, zu differenzieren, zu vertiefen, aus der Nähe ebenso wie aus der Distanz. Die richtigen Fragen ermöglichen es dem Coachee, Lösungen eigenständig zu entwickeln. Wo, wie, wann und ähnliche Fragen sind die Hand, die Sie dem Coachee reichen, die er ergreifen kann, aber nicht muss. Stellen Sie sich ein Kind vor, das auf dem Wegbegrenzer aus Rundrohr balanciert: Es wird viel besser das Gleichgewicht halten, wenn Ihre Hand nur als Angebot ausgestreckt zur Verfügung steht, als wenn Sie seine Hand greifen und festhalten. Genauso ist Ihre Frage als Angebot zur Stütze gedacht und eine Option, die das Gegenüber nutzen kann oder nicht.

Die Redewendung, es gäbe keine dummen Fragen, sondern nur törichte Antworten, trifft dann nicht zu, wenn die vermeintliche Frage in Wirklichkeit keine ist. Beispielsweise die vielen Pseudofragen, die belehren sollen, mundtot machen, weil sie bei der Beantwortung keine andere Wahl lassen, als dem Fragenden genau die intendierte Antwort zu liefern, die er rhetorisch erzwungen hat. Diese Fragen demotivieren selbst den engagierten Wissbegierigen. Jede Frage ist „intelligent", sofern sie Klärung schafft und den weiteren Dialog ermöglicht. Aber dazu gehören nicht Antworten, die in Frageform verpackt werden, entlarvende, bloßstellende Fragen oder deplatzierte Fragen am falschen Ort zur falschen Zeit. Eigentlich sind das alles Banalitäten, doch leider zeigt die Realität ein anderes Bild: Viele haben verlernt, sachorientiert konstruktive Fragen zu stellen. Der Fragemodus ist zu einem strategischen Instrument der bewussten oder unbewussten Rhetorik verkommen.

Echte Fragen, die der Standortklärung der Sache, des Befragten oder des Fragenden dienen, müssen wieder erlernt werden. Fragen ermöglichen wie ein Zoom, Sachverhalte heranzuholen und zu fokussieren: Fragen ermöglichen Austausch, Erweiterung, Tilgung und Enttilgung. Bei Fragen ist es deshalb ein wichtiges Erfolgskriterium, sich auf einen konkreten Punkt zu konzentrieren, was Dave Lakhani (2009) „Fearsome Focus" nennt. Der Erfolg steigt mit der Fokussierung auf ein Thema und der Konzentration, dieses umzusetzen. Fragen sind ein Geschenk für den Befragten, sie sind die Grundlage aufrichtiger, erstgemeinter, konstruktiver Gespräche. Fragen sind die dritte Kraft in der Kommunikation neben Aussagen und Stille.

Wenn Sie über einen bestimmten Sachverhalt sprechen wollen, weil Sie zum Beispiel mit den technischen Spezifikationen eines Angebots nicht zufrieden sind, stellen Sie eine allgemeine Frage, die auf das Thema hindeutet und der detaillierten Untersuchung durch den Coachee Raum gewährt: „Was halten Sie von unserer Lösung bei dieser Ausschreibung?" „Wo, glauben Sie, sind in unserem Vorschlag die Vorteile gegenüber dem Wettbewerb?" Sie zerstören die Ernsthaftigkeit Ihrer Frage durch Betonung oder Füllwörter wie „wirklich". Natürlich können Sie direkter werden: „Wie haben Sie sich im Kundentermin gefühlt, wie fanden Sie Ihre Beteiligung?"

Wenn Vertriebsmitarbeiter nach ihrem Eindruck gefragt werden, speisen sie Sie oft mit einer kurzen, recht allgemeinen Antwort ab. Gehen Sie mit dem Coachee der Sache auf den Grund: Coachee: „Herr Fastbrock wird unser Angebot durchwinken, das ist nur noch der Einkäufer, aber das ist wohl kein Problem." Coach: „Das hört sich ja gut an, prima! Und was ist das Problem mit dem Einkäufer? Welche Schwierigkeiten könnte er machen, und aus welchem Grund glauben Sie, dass das kein Problem darstellt?"

In der Coaching-Literatur finden Sie – als inhaltliche Anregung – eine Vielzahl von Fragelisten zum Beispiel bei Salisbury oder in Keith Rosens *The Coaching Playbook* (2008). Effektive Fragen erzeugen Bewusstsein und schaffen Verantwortung beim Leistungsträger. Dabei spielt auch das ganzheitliche Zuhören eine Rolle: der Augenkontakt, ohne Argumentation, die Reflexion zum gemeinsamen Verständnis, Assertionen oder zustimmende Einwürfe.

7.2.11 Zuhören

Mit den folgenden Hörankern verbünden Sie sich mit dem Coachee und verankern den Kern des jeweiligen Themas zur Klärung. So schließen Sie das Dreieck Sender, Empfänger und Botschaft. Hier einige Beispiele:

„Mein Verständnis ist nun ...“
„Helfen Sie mir bitte, das genau zu verstehen.“
„Ich habe also verstanden ...“
„Wenn ich Sie richtig verstanden habe, heißt das ...“
„Können Sie das bitte noch etwas genauer ausführen?“
„Wie meinen Sie das genau?“
„Ich fasse einmal zusammen, wie ich das verstanden habe.“
„Das bedeutet also ...“
„Mit meinen Worten: ...“

Aktives Zuhören sichert praktisch ab, dass der Coach das Thema oder das Anliegen tatsächlich verstanden hat, dass die Intention des Coachees unverfälscht angekommen ist und dass Missverständnisse ausgeschlossen sind. Psychologisch intensiviert aktives Zuhören den Rapport und die Beziehung zum Coachee, steigert die Glaubwürdigkeit des Coachs und gibt dem Coachee Sicherheit und Zuversicht, nicht mehr alleine das jeweilige Thema bearbeiten zu müssen. Außerdem entsteht ein Klima des Vertrauens und der Ruhe, das auch bis dato nicht vorstellbare neue Lösungen ermöglicht.

7.2.12 Vertriebsprofile

Für verschiedene Phasen der Markt- und Kundenentwicklung sind unterschiedliche Fähigkeiten hilfreich. Anhand der in Tab. 7.2 aufgelisteten vierundzwanzig Profile lassen sich die entsprechenden Fähigkeiten ableiten.

Tab. 7.2 Grundelemente der Vertriebsprofile. (Quelle: eigene Darstellung)

Vorbereitungsphase	
Strategisches Denken	Analysiert und löst komplexe Sachverhalte, denkt in längeren Zeiträumen. Sein Vertriebsansatz ist durchdacht und logisch
Marktbewusstsein	Identifiziert Muster des Kaufverhaltens und konzipiert und antizipiert Marktentwicklungen
Unternehmerisches Handeln	Übernimmt Verantwortung und trägt Risiken, versteht sich als Geschäftsverantwortlicher, im weiteren Sinn ist der Vertrieb Teil eines kreativen Gesamtauftrags
Markterkunden	Entwickelt laufend neue Kontakte, stellt Referenzen und konzentriert sich auf das Identifizieren von Opportunities
Fachwissen	Hat jede Menge Detailwissen über den Leistungskatalog des Unternehmens und kauft auf Basis eigener Fachexpertise
Strukturiertes Arbeiten	Bedient mit hoher Akkuratesse die administrativen Systeme wie CRM und erarbeitet seinen Vertriebsbereich systematisch
Kontaktphase	*Prospect und Lead*
Kontaktfreude	Soft Skills sind besonders ausgeprägt, geht freundlich und informell auf Kunden zu
Verständnis	Ist geschickt, Zusammenhänge zu erkennen, einfühlsam in Situationen, leitet daraus Bedarfe ab und ermittelt Absatzchancen
Begeisterung	Besitzt hohe emotionale Energie, um bei sich selbst und bei anderen Enthusiasmus zu erzeugen. Lösungen anzubieten und zu verargumentieren
Gesprächsaffinität	Sucht den Dialog und die Nähe zu Gesprächspartnern, liefert Masse von Informationen, auch ungefragt
Optimismus	Vermittelt eine positive Einstellung für eine Zusammenarbeit, verbreitet Zuversicht und fröhliche Stimmung
Überzeugungsfähigkeit	Kann überzeugen und verhandelt geschickt, argumentiert mit intelligenten Erklärungen und strenger Beweisführung
Ergründungs- und Beweisphase	*Opportunity und Visionsbildung*
Steuerungskraft	Einsatz von Führungsfähigkeit, koordinierend und organisierend
Verkaufsorientierung	Vertriebsarbeit als Berufung, hohe Identifikation mit den Rollen des Verkaufs
Einsatzbereitschaft	Hohe persönliche Integrität und Ethik gegebenenfalls zulasten eines Deals, Einsatz im Sinne des Firmenimages
Materialistisch	Sach- und geldorientierte Handlungsweise, motiviert sich über wirtschaftlichen, persönlichen Erfolg
Stolz	Nutzt die Vertriebsrolle sowohl im Sinne des Unternehmens als auch für das eigene Image und persönliche Anerkennung
Kundenfokus	Nimmt Kundeninteressen wahr, ist Problemlöser und Projektbetreuer

Tab. 7.2 (Fortsetzung)

Implementierungs- und Abschlussphase	*Shortlist und Entscheidung*
Aggressivität	Treibt wettbewerbsorientiert den Sales-Zyklus mit Vehemenz und Nachdruck voran
Ausdauernd	Besitzt Ausdauer und Beharrlichkeit und Durchhaltevermögen, hat Geduld
Produktivität	Ergebnis- und abschlussorientiert, setzt sich immer hohe Ziele und dementsprechende Erwartungshaltung
Taktik	Durchdenkt die vertrieblichen Aktivitäten genau, praktisch ausgeprägt mit diplomatischem Geschick
Teamfähigkeit	Ist loyal gegenüber Firma und Team und besitzt Beobachtungsgabe, einen internen Bedarf zu erkennen und passende Beträge zu liefern
Einfühlsamkeit	Verfügt über Empfindungsstärke und Emotionalität, erkennt Neigungen und Gefühle anderer

7.2.13 Kommunikative Tretminen

Achten Sie bei Ihren Fragen auf folgende Mechanismen, welche die Kommunikation empfindlich stören können:

- *Verhör (inquisitorisches Abfragen):* „Was wären in der Verhandlung die richtigen Schritte gewesen? Und warum sind Sie nicht so vorgegangen?"
- *Entweder-oder-Fragen (Alternativfragen):* „War Ihnen die Frage beim Kunden nicht möglich, oder wollten Sie sie nicht stellen?"
- *An- und Ausschalten (geschlossene Frage):* „Haben Sie die Ausstiegsklausel im Angebot berücksichtigt?"
- *Ertappen (Suggestionsfrage):* „Haben Sie den nicht gesehen, dass …?"
- *„Flachpfeife" (Warum-Frage):* „Warum haben Sie so schnell den Preis genannt?"
- *Pingpong (Ja-aber-Spiel):* „Sie haben die Medizintechnik im Funnel berücksichtigt, es fehlen aber die Pharmafirmen."
- *Pistole (Du-Botschaft):* „Sie sind unvorsichtig!"
- *Verdächtig (Vermutung oder Annahme):* „Da hatten Sie wohl nicht mehr genügend Zeit!"
- *Lehren (Besserwisser oder Schulmeister):* „Überlegen Sie doch mal: Mit einer einfachen Internetrecherche hätten Sie uns jede Menge Zeit erspart!"
- *Angriff (Vorwurf oder Vorhaltung):* „Sie haben die Betreuung dieser Stammkunden einfach schleifen lassen, geben Sie es doch einfach zu!"

7.3 Profile: Maschinist, Bischof, Terminator und Dekan

7.3.1 Der Maschinist Johannes Mannsheim

Johannes hat bei dem großen Schweizer Energie- und Automatisierungstechnikkonzern Asia Brown Boveri (ABB) von der Pike auf gelernt, erzählt er immer wieder. Er kennt daher alle technischen Finessen. Das ist der Antrieb, andere zu unterstützen, er kann es einfach. Auch wenn er genau weiß, dass er es besser lassen sollte: Er hat immer eine Lösung parat und kann damit einfach nicht hinterm Berg halten. Das Terrain der Produkt- und Branchenkenntnisse verlässt er nur ungern, weil er sieht, dass seinen Mitarbeitern oft die technische und fachliche Exzellenz fehlt. In der nebenerwerblichen väterlichen Mikrobrauerei hat Johannes sein wertkonservatives Verständnis von Gehorsam ohne Konflikte gelernt.

Wenn er abends mit seinem schweren BMW-Bike vom Büro nach Hause fährt, schaltet er ab. Wenn er auf seiner Maschine durch die Dörfer fährt, durchströmt das Vibrieren seinen Körper und lässt ihn vergessen. Er genießt die Technik, die ihm Souveränität verleiht, wenn er für die letzten Meter zu seinem Landhaus auf den holprigen, steinigen Waldweg abbiegt: mit der Technik an die Grenze gehen, wenn man sie beherrscht (s. Abb. 7.7). Er liebt den Bordcomputer, wenn er abends die Routen für seine Spritztouren oder den Urlaub eingibt, denn dieser erlaubt ihm perfekte Navigation. Geschwindigkeit, Effizienz und Effektivität – sind für ihn die Grundregeln im Business.

In den Projektdurchsprachen geht es um fachlich vertriebliche Perfektion im Einzelfall, weil er sich hier auf seine Produkt- und Branchenkenntnisse verlassen kann. Er weiß, dass sein Stil, seine Vorgehensweisen und Entscheidungen immer zwischen Kollektiv und Individuum oszillieren zu lassen, Probleme erzeugen kann, die er eigentlich verhindern wollte, aber er kann einfach nicht aus seiner Haut. Konflikte sind ihm äußerst unangenehm, deshalb lässt er Diskussionen oft lange laufen.

Keine Frage: Andere haben großen Respekt vor ihm. Man geht gerne mit ihm in die Kantine, weil er – ehrlich und direkt – keine politischen Blabla-Gespräche führt, sondern zielgerichtet und offen aktuelle Themen anspricht. Er fühlt sich für Steam International verantwortlich und versteht seine Aufgabe als Pflicht. Johannes möchte gerne bisher fehlende Regeln und Vorschriften aufstellen, um einmal erkannte Fehler künftig zu vermei-

Abb. 7.7 Der Maschinist. (Quelle: Jan Myskowski)

den. Leider fehlt ihm, getrieben durch das Tagesgeschäft, die Zeit, dies zu Ende zu denken und umzusetzen. Er sucht nach dem besten neuesten Ansatz, verfehlt ihn aber, weil er – vollkommen überlastet – nur mit Mühe Ordnung hält. Er versteht sich als kollegialer Vorgesetzter und pflegt zu den Mitarbeitern einen sensiblen und menschlichen Umgang. Er findet Gefallen an Konzeption und Projektierung von Veränderungen und Innovationen, hat dann aber nach zahllosen „Feuerlöschaktionen" während der Projektanbahnung oder der Umsetzung durch sein Team dafür nicht mehr genügend Energie. Er klammert sich an die technischen Daten und Geschäftszahlen – seine sichere Plattform – damit die hergebrachte Ordnung eingehalten werden kann.

Im Kern wird er als beratungsresistent wahrgenommen, auch wenn seine Vorstellung von Management geprägt ist von Konsens und sozialer Integrität. Er ist der Vorgesetzte, das verlangt auch die Unternehmenshierarchie, der gewissenhaft hohe Qualität durch schlüssige Argumentation im technischen Fachkonzept sicherstellen soll. Doch dabei bleiben Machbarkeit und Kundenperspektive zeitweise auf der Strecke.

Analyse des gewissenhaften Problemlösers

- Er besitzt einen besonderen Antrieb, andere in der vertrieblichen Arbeit zu unterstützen, aber das artet oft in „Feuerlöschaktionen" aus, im Zuge derer er dann alles übernimmt. Die Mitarbeiter können sich nicht „wehren".
- Er ist stark aufgabenorientiert und hat immer eine Lösung parat, aber verhindert dadurch Eigenmotivation und dementsprechend individuelle Erfolge der Mitarbeiter.
- Er fokussiert sich auf die Zielerreichung, durch seine tolerante Art ist die aber oft nicht nachhaltig.
- Er ist qualitätsorientiert und von vielen unerwarteten oder zufälligen Aktivitäten getrieben.
- Er kann sich im System generell gut anpassen und ist geschätzt, dadurch jedoch immer überlastet und hat zu viel zu tun.
- Er kümmert sich ständig um Mitarbeiter und Kundenanfragen, bringt, weil er überall auch ungefragt mitmischt, das System durcheinander und sorgt für Chaos.
- Er ist sehr sorgfältig im Detail und erzeugt durch seine pingelige Art oft Probleme, die er (eigentlich) verhindern wollte.

Metaprogramm-Analyse (siehe Übersicht der Metaprogramme 3.2.5. S.115)
Johannes Mannsheim ist Themen mal zu- und mal abgewandt, arbeitet stark reaktiv, sucht das Team, fällt aber oft in den Modus, allein zu arbeiten. Seine Vorgehensweise ist prozedural, er bevorzugt, bereits Bestehendes zu bearbeiten beziehungsweise abzuarbeiten. Sein Zielverständnis bedeutet Optimierung, in der Regelstruktur ist er auf andere gerichtet. Er orientiert sich an dem, was von außen kommt. Er sucht immer das Detail. Ihm sind vor allem Sachen wichtig. Er ist geprägt von der Notwendigkeit zu handeln. Er muss die Ergebnisse sehen. In der Beziehung sucht er die Gleichheit. Seine Aufmerksamkeit ist auf das System gerichtet, er nimmt die Welt wahr und vergleicht sich mit dem Ideal.

Verbesserungspotenzial
Johannes Mannsheim sollte seine technischen „Tiefenbohrungen" unterlassen und lernen, besser mit Konflikten umzugehen. Wenn er sich auf ein diszipliniertes Zeitmanagement einlässt, gewinnt er Energie und zeitlichen Puffer. Hilfreich wäre eine konsequente Delegation von Kundenbelangen, die ihm ausreichend Zeit verschafft, sich um größere Probleme bei Kunden und Kollegen/Mitarbeitern zu kümmern. Je besser und klarer er seine individuelle Vorstellung herausarbeitet und kommuniziert, desto leichter kann er das Kollektiv daran arbeiten lassen. Moderationen sollte er vorerst unterlassen, sich für sein Konfliktmanagement einer Supervision unterziehen. Er wird lernen, Smalltalk als wichtigen Bestandteil des Aufbaus von Rapport zu nutzen. Er sollte Diskussionspartner für seine Ideen und Innovationen suchen, die diese dann zur Umsetzung vorbereiten. Mit Prioritätensetzung und Fokus auf wenige Themen wird es ihm leichter fallen, die erforderlichen Veränderungen umzusetzen.

7.3.2 Der Bischof Klaus de Yong

Auf den Fahrten ins Wochenende nach Groningen streift Klaus die Belastungen der Woche ab. Er freut sich darauf, mit seiner Frau am Samstag zum Public Viewing der Eredivisie, der „Bundesliga" der Niederlande, in die Innenstadt zu fahren. Als die selbstherrliche Art des vormaligen Geschäftsführers den neuen chinesischen Eignern zu viel wurde, bekam er den Job. Er war schon zuvor im Leitungskreis durch gute Arbeit aufgefallen. Was ihn vornehmlich aus Sicht des Konzerns auszeichnete, war seine Fähigkeit für strikte Zielorientierung einzutreten und dennoch sehr verbindlich mit allen auszukommen. Er hatte bereits in anderen asiatischen Firmen in verschiedenen Jobs im mittleren Management gelernt, wie man mit dieser aus europäischer Sicht überaus geduldigen, langfristigen Unternehmenskultur umgeht.

Dass er dem Handeln keine Strategie zugrunde gelegt hat, hat sich bisher als Vorteil erwiesen. So wirkt sein Führungsstil eher kollegial auf Konsens ausgerichtet, auch wenn dahinter hauptsächlich der Opportunismus steht, selbst keine Entscheidungen treffen zu müssen. Manche Kollegen im Leitungskreis glauben, sie könnten ihn steuern, weil er so schwach und ahnungslos wirkt und weil er Vorschläge oft indirekt aufgreift und die sich daraus ergebenden Ziele als seine eigenen ausgibt, nicht ohne sich ein Hintertürchen für den Rückzug offenzuhalten. Klaus braucht seine Führungsmitarbeiter, auch wenn er sie zeitweise abschätzig behandelt und ihnen jede Führungskompetenz abspricht (vgl. Abb. 7.8). Das ist seine Offensivtaktik, um Konflikten aus dem Weg zu gehen. Er möchte keinen Aufruhr, sondern „glückliche Mitarbeiter, die sich mit dem Unternehmen identifizieren".

Klaus de Yong wird wegen dieser Widersprüchlichkeit fachlich nicht ernst genommen. Die Ergebnisse von Fournier sind daher auch zufällig, der Kaufmann würde sagen: unberechenbar. Klaus versteht es aber immer wieder, sie als eine logische Konsequenz der bisherigen Aktivitäten zu verkaufen. Der Portfoliooffensive Powerbecks für die neuen Managed Print Services hat er sich angeschlossen, ohne diesem Rückendeckung zu geben.

Abb. 7.8 Der Bischof. (Quelle: Jan Myszowski)

Seine eigenen wenigen Annahmen stellt er nie infrage. In der letzten Wirtschaftskrise hatte Klaus erst auf Drängen der Konzernleitung eine Restrukturierung durchgeführt, nachdem er diese unangenehme Entscheidung lange vor sich hergeschoben hatte.

Eine Vertriebsstrategie versteht er nicht, da er sich bisher vornehmlich mit Organisation, Logistik und Personal beschäftigt hat. Der ehemalige Vertriebsleiter und langjährige Kollege praktizierte einen autokratischen Stil, der strategische Überlegungen nie zuließ, deshalb hat Klaus so etwas bisher auch nicht lernen können. Jetzt laviert er zwischen der kollegialen Diskussion in einem Kernteam, um Entscheidungen herbeizuführen und dem Durchdrücken von Zielen, von denen er annimmt, dass sie bei den Chinesen gut ankommen, hin und her. In der jetzigen Unternehmenssituation fehlen ihm die Mittel, kurzfristig Erfolge zu erzielen. Sein Lob für vertrieblich erfolgreich abgewickelte Arbeitsaufträge beziehungsweise generell Erreichtes wirkt hölzern und unecht. Für den Midterm-Plan muss er sich gewaltig ändern.

Analyse des mitfühlenden Friedefürsts

- Andere haben einen hohen formalen Respekt vor ihm. Echtes Feedback bekommt er, Kritik wird –wenn überhaupt – nur hinter vorgehaltener Hand geäußert.
- Individuell pflegt er Beziehungen mit hoher Sensibilität und Menschlichkeit, weniger in einer Gruppe oder im Team.
- Er möchte gerne die Menschen immer glücklich machen, doch mit Konfliktvermeidung allein wird das nicht gelingen. Konfrontationen geht er prinzipiell aus dem Weg.
- Er ist zweifellos charmant, aber für viele nicht wirklich greifbar.

- Er wirkt freundschaftlich und verbindlich, ignoriert aber unangenehme Entscheidungen oder schiebt sie vor sich her.
- Er kann ein guter Zuhörer sein, wirkt aber oft fachlich schwach oder gar ahnungslos.
- Er tritt gerne entgegenkommend auf, wird allerdings von den Mitarbeitern wegen seiner Widersprüchlichkeit fachlich nicht recht erst genommen.

Metaprogramm-Analyse (siehe Übersicht der Metaprogramme 3.2.5. S.115)
Klaus de Yong ist Themen zugewandt, arbeitet reaktiv, arbeitet im Team. Seine Vorgehensweise ist optional, er bevorzugt es, in der Mittelphase von Aufgaben zu stehen. Sein Zielverständnis bedeutet Perfektion, in der Regelstruktur ist er auf sich gerichtet. Er orientiert sich an dem, was von außen kommt. Steckt im Detail. Ihm sind Orte wichtig, also Rahmenbedingungen wie Standort der Firma, Ausstattung des Arbeitsplatzes, Reisemöglichkeiten etc. Es sieht vornehmlich Notwendigkeiten. Er überzeugt sich von der Richtigkeit von Informationen durch Lesen, er braucht alles Schwarz auf Weiss. In der Beziehung bevorzugt der die Gleichheit, auch wenn der Regelkreis ihn anders wirken lässt. Seine Aufmerksamkeit ist auf andere gerichtet, er bildet sich schnell eine Meinung über äußere Vorgänge und vergleicht andere mit anderen.

Verbesserungspotenzial
Klaus de Yong ist sich seiner Stärken, die er in den früheren Aufgaben erworben und erfolgreich eingesetzt hat, nicht bewusst. Seine konzeptionelle Schwäche entstammt mangelnder Erfahrung. Der Eindruck von Opportunismus entsteht dadurch, dass er in persönlichen Eins-zu-eins-Gesprächen nie klar Position bezieht. Bei den Projekten fielen seine Schwächen nicht auf. Durch den Geschäftsdruck hat er verlernt, mit seiner verbindlichen, freundlichen Art zu punkten; dies muss er wieder erlernen. Er ist zu Beginn des Coaching-Prozesses ein „Ablenker“, tut so, als hätte das alles mit seiner Person nichts zu tun. Er weiß augenblicklich nicht, wo er hingehört, auch weil er keinen vertrauensvollen Ansprechpartner hat. Dialoge können mit ihm erst stattfinden, wenn der Regelkreis „Er erfährt nichts, also erklärt er auch nichts“ abgestellt ist.

7.3.3 Der Terminator Głodny Wilk

Ein untersetzter Anfang-Vierziger, kleine flinke Augen: Aus seinem dialektreichen Bariton sprechen Selbstbewusstsein und Zuversicht. Die Jahre des Unternehmensaufbaus, die vielen langen Tage und Abende sind an ihm nicht spurlos vorübergegangen. Er sitzt sehr kontrolliert hinter seinem breiten Schreibtisch. Die vielen Stöße von Kopien, sauber nebeneinander aufgereiht, zeugen von einem Manager, der nie den Überblick verliert und genau weiß, was er will. Er lässt jeden ausreden, vermittelt aber mit seiner Körpersprache, wann er zu Wort kommen will. Seine Mitarbeiter wissen, woran sie bei ihm sind, unter den Führungskräften sind die meisten von der ersten Stunde dabei.

Dass der Umsatz und Ertrag in den letzten zwei Jahren stagniert, bekommt jeder zu spüren: noch mehr Kontrolle, noch häufiger bohrende Fragen, warum der Auftragsein-

Abb. 7.9 Der Terminator. (Quelle: Jan Myszowski)

gang sich verzögert, warum die Quote der Anrufe rückläufig ist (vgl. Abb. 7.9). Die plausiblen Antworten werden mit einem jovialen Nicken hingenommen, aber weiß Gott nicht akzeptiert. Głodny glaubt instinktiv erst einmal gar nichts, er braucht Transparenz über das, was in seiner Firma gerade läuft, das bietet ihm Sicherheit. Er greift sich einzelne Mitarbeiter heraus, auch an den Vorgesetzten vorbei, manche machen sich das für ihre eigene Sache zunutze. Er ist berechenbar.

Als Alleinherrscher im Vorstand hat er bei der Wahl der Aufsichtsräte die richtigen „Abnicker" gefunden. Sein Erfolg entsteht durch subtile Angst, denn die meisten haben außerhalb von PIP keine Perspektive. Als Unternehmer der Ära nach dem Kalten Krieg kennt er kein Risiko. Er übt offen Macht aus zum Erreichen seiner Ziele, auch wenn er das in einen weichen verständnisvollen Ton packt. Głodny hat kaum eigene Fehler, seine beiden Töchter haben aufgrund der strengen Erziehung durch ihn und seine Frau Basia erstklassige Schulabschlüsse geschafft. Die weitere Ausbildung ist bereits geplant.

Viele Formalismen durchziehen seinen Managementalltag. Abweichungen sind ihm ein Greul, deshalb hat er Leerzeiten eingeplant. Einzelgespräche werden in aller Regel in seinem geräumigen Chefzimmer am runden Vorstandstisch geführt – es sei denn, es gibt nichts zu verhandeln und es geht nur um das Abliefern des regelmäßigen Rechenschaftsberichts eines Mitarbeiters, der dann auf dem harten Holzstuhl vor dem Schreibtisch sitzen muss. Manchmal, wenn er die Räume des Inndienstvertriebs betritt, schmunzelt er beim Gedanken an eine Legehühnerbatterie.

Zu seinen persönlichen Zielen gehört das Handballnationalteam. Zu den nationalen Auftritten des Vereins mietet er einen Bus und fährt mit den Mitarbeitern zu Qualifikationsspielen, sogar nach Brüssel und Berlin. Wenn möglich, stellt er den einen oder anderen Athleten ein, so sponsert er den Sport indirekt, und das Unternehmen gewinnt eine billige Vertriebskraft. Die nötigen Investitionen für den Verein oder die Mitarbeit des Trainers als Co-Marketingleiter werden vom Managementteam fraglos durchgewinkt. Jedes Meeting hat einen Fahrplan – das ist sein Verständnis davon, was ein Kollektiv braucht.

Głodny scheint über den Punkt der Selbstverwirklichung bereits hinaus zu sein. Er möchte mit fünfzig den Vorsitz abgeben, privatisieren und vom Ertrag des Unternehmens leben. Bis dahin stehen einige Aufgaben ins Haus, um einer drohenden Rezession im Unternehmen zu entgehen. Die zweihundertfünfzig Mitarbeiter lassen sich nur mit Mühe zentral führen. Er bräuchte versierte, eigenständig denkende Mitarbeiter in der ersten Führungsebene, doch die würden mehr Freiraum erwarten – und damit tut sich Głodny schwer. Dabei hat er gerade einen zusätzlichen Aufenthaltsraum genehmigt und zehn Minuten unbezahlte Pause zwischendurch. Die monatliche Firmenzeitung wird von ihm als Chefredakteur betreut: Geburtstage aufgeführt, Firmenzugehörigkeit gezählt, Stand der verkauften Einheiten der Eigenmarke „Moc dwójka", Ertrag und Grad an Zielerfüllung, Woche für Woche, Monat für Monat, Jahr für Jahr. Alles hat seine Ordnung.

Analyse des dominanten „eisernen Rechens"

- Er ist äußerst authentisch in seiner Willensstärke, lässt jedoch das Gespür für die Belange der Mitarbeiter vermissen.
- Er ist berechenbar und beständig, aber das führt nicht selten zu sturer Uneinsichtigkeit.
- Seine betriebliche wie vertriebliche Selbstsicherheit bereiten Erfolg vor, doch wird dieser bei den Mitarbeitern vornehmlich durch Angst erzeugt.
- Er führt das Unternehmen entschlossen und fordert Rechenschaft über Fortschritte ein. Das Controlling entwickelt sich allerdings bei Geschäftsdruck zu reiner Kontrolle und beschädigt vorhandene Sympathien.
- Das aktuelle Unternehmensbild zeugt von vorbildlichem Fleiß des Gründers und Inhabers. Er ordnet dem alles unter, übt Druck aus und baut Drohkulissen auf mit Konsequenzen.
- Er hat eine „Null-Fehler-Kultur". Das macht Mitarbeiter und Unternehmen in hohem Grade von ihm abhängig.
- Er steht für die Firma und deren Außenwirkung, erkennt für „sein Baby" keine Grenzen und wird ohne Einhalt rücksichtslos.

Metaprogramm-Analyse (siehe Übersicht der Metaprogramme 3.2.5. S.115)
Głodny Wilk ist Themen zugewandt, arbeitet proaktiv, arbeitet im Team. Seine Vorgehensweise ist prozedural, er bevorzugt den Abschluss von Aufgaben. Sein Zielverständnis bedeutet Perfektion. In der Regelstruktur ist er auf sich und andere ausgerichtet. Er orientiert sich an dem, was von außen kommt. Er sucht die Übersicht. Ihm sind Aktivitäten wichtig. Es sieht vornehmlich Notwendigkeiten. Er überzeugt sich durch Handeln. In der Beziehung bevorzugt er den Unterschied. Seine Aufmerksamkeit ist auf andere gerichtet, er beurteilt die Weltsicht und vergleicht sich mit anderen.

Verbesserungspotenzial
Die hohe Selbstkontrolle unterbindet, dass Głodny Wilk selbstkritisch einige seiner Entscheidungen und Verhaltensweisen und deren Auswirkungen auf den Prüfstand stellt. Die kritisch vertrauensarme Führung führt zu einer „Lemminge-Organisation", bei der viel Potenzial auf der Strecke bleibt.

Mit einer neuen Zielformulierung, denn vor der ist Głodny stehengeblieben, als das „alte" Ziel erreicht war, könnte er sein Führungsverhalten leichter ändern. Als „Ankläger" zeigt er jedem, dass er Herr im Haus ist. Der negative Anker, die anderen verdienten kein

Vertrauen, die Qualität könnte immer noch besser sein, muss ihm mit allen Konsequenzen, die das erzeugt, bewusst gemacht werden. Zum Beispiel könnte die Arbeit am Strategieprozess und an der fehlenden (verschriftlichten) Zusammenfassung von Vision, Mission und Werten sowie der dazugehörigen Kommunikation im Unternehmen, bei Partnern und bei Kunden helfen, über die eigene neue Rolle im Unternehmen nachzudenken.

Wenn Głodny das Mitarbeiter-Coaching als Formalismus akzeptieren kann, gelingt es vielleicht, über die Praktiken und ihre Konsequenzen am Arbeitsplatz nachzudenken. Auch wäre eine Übertragung von Anforderungen an ein erfolgreiches Handballteam in Anforderungen an das Unternehmensteam eine mögliche Verbildlichung. Was geschieht, wenn der gegenwärtige Spielmacher geht? PIP braucht vielleicht genauso einen neuen Spielmacher wie das Handballteam.

7.3.4 Der Dekan Robert Ganges

Robert Ganges wird in Kürze fünfzig. Jetzt hat er es geschafft, nach mehreren Jobs im mittleren Management in der Industrie. Der große Wurf war ihm bislang noch nicht gelungen, auch wenn er seine Karriere heute als logisch und stringent verkauft. Die Bezeichnungen Vice President und Mitglied der Geschäftsführung kann heute – zum Glück – keiner mehr nachprüfen, sie klingen aber im Lebenslauf ziemlich gut. Jetzt fühlt er sich wichtig, höchste Instanz, er beurteilt alles, entscheidet alles, hat hohe Außenwirkung. Er stammt aus der hessischen Provinz, und es scheint, als wolle er sich mit offen zur Schau getragenem Wohlstand vom Mief der Kleinstadtherkunft befreien. Seine Frau hat er auf einem Managementkongress kennengelernt. Man ist stolz auf die Ausnahmekinder, die – in Ausnahmeschulen ausgebildet – eine tolle Karriere hinlegen sollen. Seine Erschöpfung zeigt er niemandem, auch nicht seiner Frau Helga, die ein eigenes Unternehmen aufgebaut hat.

Schwäche ist nicht sein Geschäft. Robert glaubt, als Führungskraft immer der Beste sein zu müssen: die meisten Kundenbesuche, die lukrativsten Abschlüsse, der höchste Rohertrag. Aber irgendwie funktioniert dieses Rezept nicht bei Erwachsenen: Seinen Kindern kann er mit Luxus und immensem Arbeitseinsatz vielleicht noch imponieren, seinen Mitarbeitern nicht. Robert ist smart und sehr gewinnend, wenn nötig tritt er sehr druckvoll und bestimmend bei Kunden auf. Der steht auch immer Mittelpunkt seines Denkens, dort holt er sich Anerkennung und Bewunderung für sein unternehmerisches Handeln. Er ist von seiner Dienstleistung so begeistert, dass er keinen Widerspruch duldet. Bei seinen Exkollegen ist die Meinung zweigeteilt: Die einen bewundern ihn, die anderen halten ihn für einen überheblichen Angeber.

In den monatlichen Partnermeetings kann er anregend und aufgeschlossen sein, aber oft versteht er nicht, dass nicht alle Mitarbeiter seine Vorstellungen von der Ausrichtung auf den Markt teilen. Er ist sprunghaft, mal kurz- mal langfristig ausgerichtet, trifft er Entscheidungen aus dem Bauch heraus, nach der inneren momentanen Überzeugung. Seine Partner befinden sich im Zwiespalt: Einerseits ist seine Unterstützung immer wieder absolut hilfreich, andererseits wird jedes Projekt zu seinem und läuft nach seinen Spielregeln.

Abb. 7.10 Der Dekan. (Quelle: Jan Myszowski)

Wird es verloren, war es das Verschulden des Mitarbeiters, wird es gewonnen zwingt Roberts Rhetorik den Mitarbeiter, ihn für seine brillante Mitarbeit zu loben.

Ebenso geht es mit seiner Kommunikation: Er hört sich bei jeder Gelegenheit gerne reden (s. Abb. 7.10), hält sich an keine Vereinbarung, seine Strategie kann, aber muss nicht bekannt oder verbindlich sein. Sein Handeln kommt von innen heraus und lässt sich immer begründen. Seine Position, alle Theorien des Managements zu verstehen, Scharfsinn für Markt, Kunden und Situationen zu besitzen und, getrieben vom eigenen eitlen Ich, Pläne als notwendig aufzustellen, die später wieder vernachlässigt werden, wirkt widersprüchlich. Aber wehe, die anderen würden es wagen, ihn darauf anzusprechen! Er stellt Spielregeln auf, missachtet sie, ist aber im Fall einer Kontroverse rhetorisch so brillant, dass er sein Gegenüber überzeugt oder zumindest mundtot macht.

Für Kunden ist er immer zu sprechen, kippt jeden Termin, um sich an der Quelle der Macht, dem Kunden, präsentieren zu können. Keine Frage: Er kann sehr gruppenorientiert auftreten, aber niemals in der zweiten Reihe. Selbstbewusstsein ist alles.

Analyse des innovativen Dozenten

- Robert wirkt charmant und gesellig, begeistert und vermittelt den Kunden Leidenschaft. Nicht geschäftsrelevante Themen vernachlässigt er.
- Er hat eine Strategie und weiß grundsätzlich genau, was er will. Seine Kommunikation dazu ist völlig unzureichend, er hat dann keinen Fahrplan und ist in der Regel unvorbereitet.

- Als Pioniergeist liefert er regelmäßig innovative Ideen, doch mit permanent neuen Ideen, die er nicht nachhaltig verfolgt, überfordert er seine Mitarbeiter und die gesamte Organisation.
- Seine attraktive Erscheinung und sein Enthusiasmus ziehen Mitarbeiter an, die er überzeugen kann. Er steht dadurch im Mittelpunkt, neben ihm ist kein Platz zur Entfaltung seiner Mitarbeiter.
- In Teilbereichen seines Handelns zeigt er Großzügigkeit, doch diese ist meist gepaart mit dem Hintergedanken des Paybacks, wodurch sie an Wert verliert.
- Sein kultivierter, umgänglicher Stil beeindruckt. Aber das verliert sich unter Druck, er wird dann unverträglich und streitbar.
- Er ist allen Themen gegenüber aufgeschlossen und sehr präsent. Diese extrovertierte Persönlichkeit führt dazu, dass er auch „aus der Hüfte schießt“. Auch verliert sich das positive Bild bei Belastung und dann, wenn seine Glaubenssätze infrage gestellt werden.
- Er ist ein leidenschaftlicher Redner, kann aber schlecht bis gar nicht zuhören und gibt immer ungefragt Hilfe.

Metaprogramm-Analyse (siehe Übersicht der Metaprogramme 3.2.5. S.115)
Robert Ganges ist Themen immer zugewandt, arbeitet proaktiv, schwankt dazwischen, allein oder im Team zu arbeiten. Seine Vorgehensweise ist optional, er bevorzugt, neue Dinge zu beginnen. Sein Zielverständnis bedeutet Perfektion, in der Regelstruktur ist er auf sich gerichtet. Er orientiert sich an dem, was von außen kommt. Er sucht immer den Überblick. Ihm sind die Menschen am wichtigsten. Er wählt vornehmlich Möglichkeiten aus und handelt. In der Beziehung schwankt er zwischen dem Wunsch nach Unterschied oder Gleichheit. Seine Aufmerksamkeit ist auf sich gerichtet, er beurteilt die Weltsicht und vergleicht sich mit anderen.

Verbesserungspotenzial
Robert Ganges sollte herausfinden, welche Defizite er mit seinem Verhalten zu kompensieren versucht. Seine Innnovationskraft käme besser zu Entfaltung, wenn er lernen würde, die Ergebnisse der delegierten Themen wertzuschätzen. Er sollte sich aus der operativen vertrieblichen Arbeit heraushalten und stattdessen seine Partner „betreuen“. Es wird einige Zeit des Coachings in Anspruch nehmen, ihn von seinem Glaubenssatz, der Beste sein zu müssen, zu „befreien“.

Die Regelkommunikation könnte ein beruhigender stabilisierender Faktor werden – immer eine einfache kurze Agenda. Wenn er sich für acht Wochen auf ein Thema konzentriert zum Beispiel Abschlussstärke und mit den Partnern daran arbeitet, wird sich der Erfolg bald einstellen. Eine stärkenbasierte Führung stärkt Robert in gleicher Weise.

7.4 Coaching-Leitfragen: Betreuung der Vertriebsarbeit

7.4.1 Führung

Zentrale Fähigkeiten:

- Was bedeutet für Sie Verantwortung?
- Wie kam es, dass Sie die Führung über die Vertriebsorganisation übernommen haben?
- Was sind Ihre Erwartungen an einen Coach?
- Skizzieren Sie bitte ein Bild „Ihrer" Kultur!
- Wie sehen Ihre Geschäftseinheiten aus? Wo würden sie passen?
- Haben Sie einen Coach, einen Paten, einen Mentor?
- Wo liegen Ihre Stärken und kennen die Ihre Mitarbeiter, Kollegen?

7.4.2 Mitarbeiter

Zusammenspiel von Führungskraft und Mitarbeiter:

- Was ist Ihre Erwartung an die Aufgabe?
- Welche konkreten Vorstellungen haben Sie davon, wie und wo ich Sie unterstützen kann?
- Welche Erfahrungen haben Sie mit Führungskräften beziehungsweise Vorgesetzten bisher gehabt?
- Wie stellen Sie sich die generelle Zusammenarbeit vor?
- Wie sollen die Eskalationsstufen meiner Beteiligung, meines Eingreifens, meiner Unterstützung aussehen?
- Was soll zwischen uns aus Ihrer Sicht vermieden werden?

7.4.3 Messgrößen

- Opportunity Management
  → Durchschnittliche Dauer vom Erstkontakt zum Vertragsabschluss
- Vertriebsentwicklung
  - Coaching
    → Anteil der Coaching-Zeit an der Gesamtleistung
- Vertriebsleistungsfähigkeit
  - Managementarbeit
    → Genauigkeit des Management-Forecasts in Prozent (Abweichung)
- Finanzen
  - Umsatz

→ Prozent der Vertriebsmitarbeitern, die ihr Ziel erreichen
- Profit
  → Profit pro Vertriebsmitarbeitern
- Pipeline und Forecast
  → Verhältnis des Pipeline-Volumens zu Hitrate und Forecast

- Marktanteil
  → Relation im Vergleich zum Wettbewerb in Prozent

7.4.4 Leistungskennzahl: Operating Expense Ratio

Leitfrage: „Gehen Sie mit dem Geld des Unternehmens sorgsam um?" Grundlage dieses Schlüsselindikators sind die Kosten, damit das Unternehmen laufen kann: Betriebskosten, Vertrieb und Marketing, Miete et cetera. Ihnen stehen die Erlöse aus Projekten gegenüber. Dieser Indikator ist nur im Vergleich mit ähnlichen Unternehmen zum Beispiel aus derselben Branche oder der gleichen Wertschöpfungstiefe sinnvoll.

$$\text{Operating Expense Ratio (OER)} = \frac{\text{Open Expenses pro Monat}}{\text{Umsatz pro Monat}} \times 100$$

7.5 Leadership: Vertriebsführungskraft als Coach

7.5.1 Perspektive Coaching

Sie haben viel nachgedacht über Unternehmensziele, Vertriebsziele und Individualziele und Ihre Mitarbeiter dabei eingebunden. Nun haben Sie einen Plan, eine Strategie. Ab jetzt gibt es zwei Dinge mit Priorität: Gespräche mit Kunden und Mitarbeitern. Die Betreuung Ihrer Mitarbeiter ist dabei das Wichtigste. Keine Sportveranstaltung läuft ab, ohne dass die Coaches der Athleten an der Seitenlinie stehen oder vom Rand der Tribüne das Geschehen beobachten. Es ist durch viele Studien und Unternehmensbeispiele belegt, dass Coaching im Vertrieb als Teil der Führungsarbeit die Leistungsfähigkeit und die Ergebnisse deutlich steigert. Ihr Unternehmen braucht kreative, innovative und leistungsfähige Mitarbeiter. Es sollte deshalb ab jetzt keinen Tag geben, an dem für Sie die unmittelbare Betreuung Ihrer Mitarbeiter, unter besonderer Berücksichtigung des Coachings, nicht zum selbstverständlichen Ablauf gehört.

Sie wissen, wie Sie ein Umfeld gestalten, in dem Kreativität, Innovationsfreude und Leistungsbereitschaft gefördert werden: ein Klima mit neuen Impulsen von außen, in dem die persönlichen Fähigkeiten Ihrer Mitarbeiter voll zur Geltung kommen. Es mag die Meinung herrschen, dass Sie als Führungskraft dazu keine Zeit hätten, da Ihre Messlatte Umsatz und nochmals Umsatz sei beziehungsweise diese Coaching-Rolle weit ab von der Führungs- und Entscheidungsgewalt angesiedelt sein sollte, da sonst dieser Konflikt vorprogrammiert sei (s. Kreuter 2008). Machen Sie das Coaching zu Ihrer wichtigsten

Aufgabe, und lassen Sie sich nicht von Aussagen irritieren, dass Sie als Vorgesetzter in der Coaching-Rolle nur verlieren können. Das wäre kurzsichtig, denn Vertriebscoaching ist eine strategische Langzeitaufgabe. Auf Dauer setzt sich die Bereitschaft, durch kompetente Mitarbeiter erfolgreich zu sein, nicht nur in Ihrem Unternehmen durch.

7.5.2 Aus dem Sales-Management-Werkzeugkasten

Schritt für Schritt

Ein Schlüsselerfolgsfaktor Ihres Coachings ist die Dosis (vgl. Abb. 7.11). Konzentrieren Sie sich auf ein Thema. Es mag Ihnen dort schwerfallen, wo vielleicht vieles im Argen liegt. Wenn Sie zum Beispiel über einen längeren Zeitraum sich mit dem Networking eines Mitarbeiters beschäftigen, wird sich der Erfolg sichtbar auf andere Bereiche ausbreiten. Ich weiß aus schmerzlicher Erfahrung, dass ein „Verbesserungsoverkill“ zu Kapazitätsengpässen führt, was die anfängliche Euphorie in Müdigkeit, Misserfolg und gar Ablehnung wandelt. Es wird schwierig, sich der Negativenergieschleife zu entziehen. Versuchen Sie auszuloten, wieviel Themen die Mitarbeiter vertragen.

Authentizitätsregeln:

- Sie können nur das coachen, was Sie selbst erfahren haben.
- Ein erstklassiger Coach sollte ein Modell dafür liefern, was erreichbar ist.
- Sales Coachees brauchen zeitweise eine Ansage, eine Antwort.
- Coaching kommt vom Herzen nicht vom Kopf.
- Entwickeln Sie Ihren eigenen Stil.

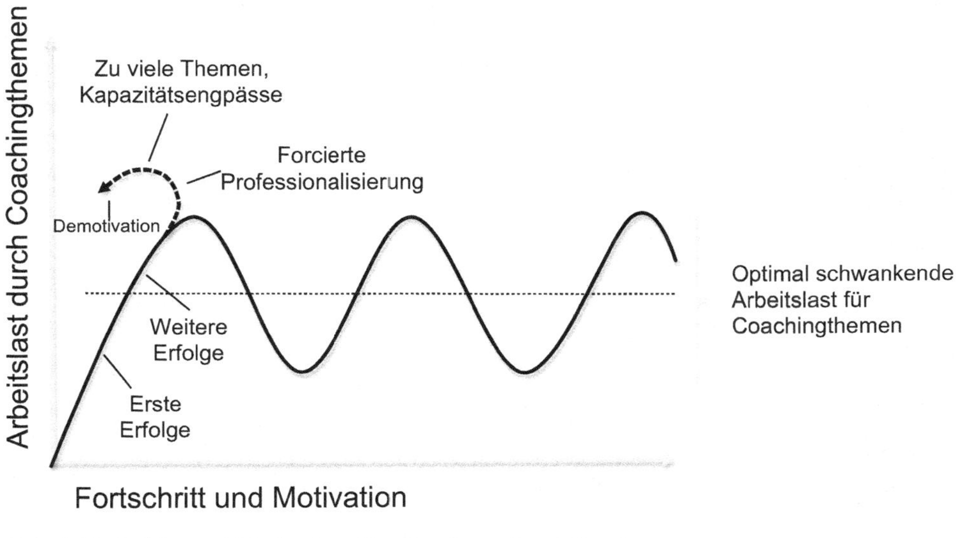

Abb. 7.11 Erfolge und Motivation. (Quelle: eigene Darstellung)

Geduld

Ein Junge findet ein Schmetterlingskokon und beobachtet, wie sehr der Schmetterling unter großen Kraftanstrengungen versucht, durch ein enges Loch aus dem Kokon zu schlüpfen. Nach einigen Stunden hört der Schmetterling auf, als hätte er den Kampf in die Freiheit aufgegeben. Da der Junge glaubt, dem Schmetterling helfen zu müssen, holt er ein kleines Messer und weitet vorsichtig das Loch im Kokon, damit sich der Schmetterling leichter befreien kann. Der Schmetterling entschlüpft zwar nun sehr schnell ohne jede Mühe, allerdings sind die Flügel geschrumpft und deformiert, und der Schmetterling kann nicht fliegen.

Was das Kind in seiner jugendlichen Naivität in dieser Parabel nicht verstehen kann, ist das Thema Evolution. Entwicklungen sind oft schmerzhaft und anstrengend. Für Entwicklung haben wir bei erwachsenen Menschen keine Geduld und Zeit. Oft haben wir den Eindruck, dass es nicht nur nicht vorwärtsgeht, sondern sogar zurück. Der Psychologe Jean Piaget beschreibt, dass Kinder Wörter falsch benutzen, obwohl sie zuvor schon in der Lage waren, sie korrekt zu verwenden. Das ist jedoch nicht als Rückschritt sondern als Zwischenschritt einer qualitativen Verbesserung der Grammatik des Kindes anzusehen.

Genauso ist das beim Thema Führung: Soweit es wirtschaftlich möglich ist, dürfen Sie Ihren Mitarbeitern Schmerz nicht ersparen. Sie brauchen manchmal den Schmerz, um sich richtig entfalten zu können, um die zu werden, die sie sein könnten – eine Entwicklungschance, die genutzt werden sollte.

Verantwortung

Autonomie ist ein Schlüsselfaktor für den Erfolg Ihrer Managementarbeit im Vertrieb. Es liegt immer am Coachee, Ihrem Mitarbeiter, ob er will oder nicht. Dessen Verantwortung können und sollen Sie keinesfalls übernehmen. Wer sich nicht ändern will, dem ist nicht zu helfen. Ihre Zeit ist zu kostbar und sollte nicht vergeudet werden, es gibt andere für die sich der Einsatz lohnt. Die Beratungsfirmen haben es drastisch formuliert: „Grow or go!"

Ihre Rolle besteht gerade darin, Ihren Mitarbeiter für sein Handeln verantwortlich zu halten. Es gibt am Schluss keine Ausrede, die es Ihrem Mitarbeiter erlaubt, sich aus seiner Verantwortung zu stehlen. Sie machen sich nur dann „schuldig", wenn Sie ihm diese Verantwortung abnehmen. Nüchtern gesagt wäre das die implizite Kündigung: „Ich mache es selbst, weil Sie es nicht können!" Dann können Sie ihn dafür aber auch nicht mehr zur Rechenschaft ziehen. Natürlich gibt es Fälle, in denen Ihr Mitarbeiter Vertriebssituationen nicht alleine meistern kann, in denen er vereinbarte Aktivitäten nicht schafft. Sie stehen ihm mit Fragen und gelegentlichen Hinweisen zur Seite.

Spiegel des Erfolgs

So wie Sie einen Vertriebsplan gemacht haben, gibt es auch einen Mitarbeiterbetreuungsplan. Auftragseingänge sind immer kurzfristig und morgen bereits vergessen. Langfristig gelangen Sie in die Unternehmensannalen allein über Ihr erfolgreiches Vertriebsteam. Über die Jahre gesehen sind die Vertriebserfolge immer das Ergebnis akribischer und disziplinierter Verfolgung des Coaching-Plans für jeden einzelnen Mitarbeiters. Kein Coach verlässt das Trainingslager! Die besten Teams in Unternehmen wie im Sport lieben die individuelle und gemeinsame Arbeit an ihrer Leistungsfähigkeit. Nur wer regelmäßig in den Spiegel schaut, kann aus sich auch etwas machen. Seien Sie der Spiegel Ihrer Mitarbeiter.

Rote Linien

Teil Ihrer Managementarbeit ist der Umgang mit roten Linien: Dinge zu tun, die Sie entweder erstmalig versuchen müssen, die Ihnen widerstreben oder die notgedrungen getan werden müssen, aber Ihrem Wertesystem, Ihrer individuellen Interpretation von Richtig und Falsch widersprechen. Nüchtern gesehen sind diese Handlungen unumgänglich. Dazu gehört, hohe Zielvorgaben umzusetzen, Unternehmensentscheidungen mitzutragen, Mitarbeiter zu entlassen, Einwände zu behandeln, Gehälter zu kürzen, Boni zu streichen, Vorgesetzte zu degradieren und vieles andere mehr. Um mit diesen roten Linien umgehen zu lernen, müssen Sie sie erst einmal kennen. Übung macht den Meister, nehmen Sie die roten Linien als sportliche Herausforderung. Vergessen Sie aber nie, dass Grenzenlosigkeit der größte Feind der Rücksicht ist (s. Herndl 2003).

Buy-in

Im Poker bedeutet der Begriff „Buy-in" eine Einmalzahlung, um am Turnier teilnehmen zu dürfen. Genauso sollten Sie sich das mit den Mitarbeitern vorstellen. Ihr Buy-in ist der Schlüssel zu Veränderung und Wachstum. Dieser Einsatz bedeutet, dass Ihre Mitarbeiter bereit sind, an ihren Fähigkeiten, Stärken und Schwächen planvoll zu arbeiten und dabei begleitet zu werden. Dabei geht es um die Haltung, nicht um eine Liste von zig Punkten der Verbesserung. Solche ausgefeilten Langzeitverbesserungskonzepte sind meist nur heiße Luft. Wenn Ihr Mitarbeiter von sich aus einen Punkt liefert, an dem er ernsthaft und erfolgreich arbeitet, ist das die Garantie für mehr Erfolg.

Einfluss und Interessenbereich

Bekanntlich ist das Autofahren im Rückwärtsgang anstrengend und langsam. Genauso ist das mit Interessen. Das Gefecht, in dem Sie Ihre Interessen durchzusetzen versuchen, bremst Sie, nimmt Ihnen viel von der Kraft, die Ihnen bei der erfolgreichen Arbeit mit dem Team abgeht. Die damit verbundene negative Energie verringert Ihren Wirkungsgrad, die positive Energie, Dinge zu beeinflussen, erhöht ihn. Für Steven Covey (1997) ist diese Erkenntnis eine der sieben Grundregeln effektiven Lebens. Oder wie Epiktet im *Handbüchlein der Moral* (2008) sagt:

> Einige Dinge stehen in unserer Macht, andere hingegen nicht. … Alsdann prüfe nach den von dir angenommenen Grundregeln …, ob es zu den in unserer Macht stehenden Dingen gehöre oder nicht. Gehört es zu den nicht in unserer Macht stehenden, so halte dies Wort bereit: Es berührt mich nicht.

Suchen Sie immer nach Ihren Stärken und dem damit verbundenen Einfluss. Viele Führungskräfte wollen ihren Erfolg und die damit verbundene Anerkennung erzwingen. Lassen Sie es, diesen Kampf gewinnen Sie nicht und machen sich dadurch schwach.

Feedback

Johannes will Jack aus einem anderen Unternehmensbereich von Steam Success für die Betreuung von Battersea Power Station anstellen. Als er seinen Kollegen, Frank in London anruft und nach Jack fragt, antwortet der nur: „Weißt du, Jack ist seit vier Jahren bei uns, er spricht ganz gut Deutsch." Jack wird danach nicht eingestellt, ausschlaggebend war Franks Antwort: Deren mangelnde Relevanz hat Johannes einen wichtigen Hinweis für das Bewerbungsgespräch gegeben.

Was hier geschehen ist, nennt man konversationelle Implikatur: Man sagt etwas, ohne es gesagt zu haben, was bewusst oder unbewusst geschehen kann. Der Sprachphilosoph Herbert P. Grice (1993) hat dazu Regeln, sogenannte Konversationsmaxime, aufgestellt, die helfen, viele Dialoge noch besser zu verstehen und versteckte Botschaften zu entschlüsseln: Die Botschaften sollten so informativ wie nötig sein (Maxime der Quantität), der Gesprächsbeitrag sollte wahr und begründet sein (Maxime der Qualität), das Gesagte sollte zum Thema gehören (Maxime der Relevanz), und schließlich sollten Unklarheiten oder Mehrdeutigkeiten vermieden werden (Maxime des Stils und der Modalität). Für jeden Dialog gilt, dass auch die Begleitumstände eine Bedeutung haben und die eigentlichen Aussagen stark beeinflussen oder gar beeinträchtigen können. So sind eine Rückmeldung zwischen Tür und Angel in letzter Minute, ein kurz angebundener Tonfall oder ein unpassender Ort kontraproduktiv und sollten vermieden werden.

Kriterien des Sales Performers

Für den Philosophen Friedrich Schleiermacher hat die praktische Theologie den Zweck, zwischen der Arbeit an den wissenschaftlichen Aspekten und der christlichen Praxis in Kirche und Gesellschaft zu vermitteln (D'Alberto 2013, S. 23–38) – also praktische bodenständige Arbeit mit Menschen und analytisches wissenschaftliches Erarbeiten von Thesen und Theorie. Genauso sollten Sie als vertriebliche Führungskraft aus der operativen Realität Ableitungen für die generelle strategische Ausrichtung machen, wie Sie auch umgekehrt aus Ihren strategischen Überlegungen das tägliche vertriebliche Handeln weiterentwickeln.

Dieser Wechsel zwischen Vogel- und Froschperspektive wird von erfolgreichen Managern regelmäßig angewendet. Viele Führungskräfte verlassen sich beim Rekrutieren, bei der Planung, bei der Begleitung von Vertriebsprojekten allein auf ihre Instinkte. Leider fällt das fehlende Zusammenspiel zwischen Handeln und Reflexion nicht sogleich auf. Sie können auf viele eigene Erfahrungswerte zurückgreifen, in der gängigen Literatur nachschlagen oder das Know-how der Manager in Ihrem Unternehmens zurate ziehen.

Mentale und körperliche Gesundheit

„Mens sana in corpore sano" – ein gesunder Geist in einem gesunden Körper: Vor allem in der Vertriebsorganisation trifft diese römische Weisheit für die Führungskraft zu. Ihre geistige und körperliche Fitness ist die Grundlage des Erfolgs der gesamten Mannschaft. Ihr Job erfordert Selbstkontrolle und Flexibilität im Denken, Entscheiden und Handeln. Thomas Alva Edison meinte, dass erfolgreiches Handeln 10% Inspiration und 90%

Transpiration bedeute. In beiden Begriffen steckt das lateinische Wort „spirare“, das leben sowie ein- oder ausatmen bedeutet. Deshalb sollten Sie das Gefühl vermeiden, an Arbeit zu ersticken. Die Arbeitsendlosschleife, in der viele Manager stecken, lässt gar kein Atmen mehr zu. Achten Sie auf sich selbst. Unterscheiden Sie ganz strikt zwischen Anspannung und Entspannung, zwischen Kraft und Motivation spenden und Energie durch Entspannung schöpfen. Suchen Sie Ihren eigenen Raum für Inspiration und Motivation.

Wer coacht Sie?
In vielen Firmen wird Coaching immer noch als Zeichen von Schwäche und Minderleistung angesehen. Gerade kürzlich hat mir ein Manager eines 400-Millionen-Euro-Konzernbereichs erklärt, dass jeder seine Aufgabe beherrschen müsse und ein Coach nur beweise, dass die falsche Person für einen Managementjob ausgewählt wurde. Konfrontiert mit der Tatsache, dass der Coach des Fußballklubs Bayern München ja sicher nicht zu einem schwachen Verein gegangen wäre, gestand er die Vielschichtigkeit des Einsatzes eines Coachs ein. Auch Sie sollten sich ein Team von Vertrauten zulegen, wie die meisten Leistungsträger in Sport und Wirtschaft. Nutzen Sie dieses Reservoir an Know-how, Erfahrung und Vernetzung. Das kann in ganz unterschiedlicher Form geschehen: als Coach, als Pate im Geschäftsleben, als Unterstützer oder Mentor in Ihrem Unternehmen. Engagieren Sie einen Coach, um Ihr Potenzial voll auszuschöpfen.

Literatur

Brevoort, K., und H. P. Marvel. 2004. Successful monopolization through predation: The National Cash Register Company. In *Antitrust law and economics (Research in law and economics, Bd. 21),* Hrsg. J. B. Kirkwood, 85 ff. Bingley: Emerald Group Publishing Limited.

Burns, J. M. 2003. *Transforming leadership.* New York: Atlantic Monthly.

Covey, S. R. 1997. *Die sieben Wege zur Effektivität. Ein Konzept zur Meisterung Ihres beruflichen und privaten Lebens.* Frankfurt a. M.: Campus.

D'Alberto, F. 2013. Dilteys zweites Hauptwerk. „Leben Schleiermachers“. In *Dilteys Werk und die Wissenschaft,* Hrsg. G. Scholtz, 23–38. Göttingen: Neue Aspekte.

Epictetus. 2008. *Epiktet Handbüchlein der Moral.* (Übersetzt Kurt Steinmann). Ditzingen: Reclam.

Finkelstein, P. 2013. The history of sales methologies. Why some work and others don't. *Barrett Research Whitepaper.* Barett, online, 6. Oktober 2013.

Friedman, W. A. 1998. The efficient pyramid: John H. Patterson and the sales and competition strategy of the National Cash Register Company, 1884 to 1922. Harvard Business School, Division of Research Working Paper 99-015, (1998).

Friedman, W. A. 1999. *John H. Patterson and the sales strategy of the National Cash Register Company 1884 to 1922. Business History Review* 11. Boston: Harvard Business School Press. http://hbswk.hbs.edu/item/1143.html#37. Zugegriffen: 13. Mai 2015.

Gordon, J., J. Perrey, und D. Spillecke. 2013. Big data, analytics, and the future of marketing & sales. Forbes, New York, 22. Juli 2013.

Grice, P. H. 1993. Logik und Konversation. In *Handlung, Kommunikation, Bedeutung,* Hrsg. G. Meggle. Frankfurt a. M.: Suhrkamp.

Herndl, K. 2003. *Führen im Vertrieb. So unterstützen Sie Ihre Mitarbeiter direkt und konsequent.* Wiesbaden: Springer.

Hersey, P., und K. Blanchard. 2005. *Management of organizational behavior leading human resources,* 8. Aufl. Upper Saddle River: Prentice Hall.

Kiwus, D. 2003. *Verkaufserfolg durch Selbstcoaching.* Wiesbaden: Gabler.

Koch, P. 2012. *Geschichte der Versicherungswirtschaft in Deutschland.* Karlsruhe: Versicherungswirtschaft.

Kocks, A., T. Segmüller, und A. Zegelin. 2012. Kollegiale Beratung in der Pflege. Ein praktischer Leitfaden zur Einführung und Implementierung. http://www.dg-pflegewissenschaft.de/2011DGP/wp-content/uploads/2011/09/LeitfadenBIS.pdf. Zugegriffen: 12. Mäi 2015.

Kotter, J. P. 1996b. *Acht Kardinalfehler bei der Transformation.* Harvard Business Manager 17:21 ff. (Hamburg).

Kreuter, D. 2008. Mythos Führungskraft als Coach (speziell am Beispiel Vertrieb). http://www.mittelstandscoach.de/mythos-fuehrungskraft-als-coach.html/. Zugegriffen: 12. Mai 2015.

Lakhani, D. 2009. *How to sell when nobody is buying and how to sell even more when they are.* Hoboken: Wiley.

Rand, A. 2012. *Der Streik (dt. Ausgabe von atlas shrugged).* München: Verlag John, Kai M.

Rosen, K. 2008. *The coaching playbook.* Bd. 1. Merrick: John Wiley and Sons.

Salisbury, F. 2011. *Coaching champions. How to build a winning sales team.* Cork: Oak Tree.

Strader, M., und A. Wysocki. 2013. *A brief history of the sales environment. IFAS Extension 3.* Gainessville: University of Florida.

Strong, E. K. 1922. *The psychology of selling life insurance.* New York: Harper & Brothers.

Thomson, R. H. (Thomson of Fleet). 1975. *After I was sixty: A chapter of autobiography.* London: Hamilton.

Tietze, K. 2003. *Kollegiale Beratung: Problemlösungen gemeinsam entwickeln. Reihe: Miteinander reden: Praxis.* Heraus- gegeben von Friedemann Schulz von Thun: Rowohlt Reinbeck.

Watson, T. J. Jr. 2003. A business and its beliefs. The ideas that helped build IBM (The 1962 McKinsey Lectures Graduate School of Business, Columbia University). IBM, New York, 2003. http://www-03.ibm.com/ibm/history/ibm100/us/en/icons/bizbeliefs. Zugegriffen: 13. Mai 2015.

Watson, T. J. Jr., und P. Petre. 1990. *Father, Son & Co. My life at IBM and beyond.* New York: Bantam Books.

Whitmore, J. 1996. *Coaching für die Praxis. Eine klare, prägnante und praktische Anleitung für Manager, Trainer, Eltern und Gruppenleiter,* 3. Aufl. Frankfurt a. M.: Campus.

Weiterführende Literatur

Koch, H., R. Hilgenstock, und H. Bröckmann. 1998. *Vertriebscoaching. Markterfolg im Team.* Düsseldorf: Metropolitan-Verl.

Peterson, D. B., und M. D. Hicks. 1996. *Leader as coach. Strategies for coaching and developing others.* Minneapolis: Personnel Decisions International.

Rosen, K. 2008. *Coaching salespeople into sales champions. A tactical playbook for managers and executives.* New York.

Epilog

Gute Ausbildung, eine lange Ahnenreihe und ein richtiges Maß an Intelligenz sind noch lange keine Garantie dafür, ein hervorragender Schachspieler zu werden.
(Henning Mankell)

Epilog steht bei einem Theaterstück für das Nachspiel. Man könnte sagen: Der Mehrwert dieses Buches besteht nur zum geringsten Teil im Lesen und zum größten Teil im Nachspiel, in dem Sie die Hauptrolle spielen. Sie haben gerade alle gängigen Vertriebsmethoden und -modelle in ihrer Anwendung kennengelernt, für sich bewertet, hinterfragt … eigene Strategien und Vorgehensweisen vordefiniert. Fokus mag Ihren Ehrgeiz leiten und Sie möchten die Verantwortung nicht an irgendwelche vorgefertigten Theorien delegieren, sondern bewusst Ihren eigenen Weg der kleinen aber konsequenten Schritte gehen.

Für den Ausbau Ihrer vertrieblichen Exzellenz soll dieses Buch Ihnen über die nächsten Jahre ein hilfreicher Begleiter sein, sei es als Nachlagewerk zu bestimmten Themen, sei es als Vergleich mit oder Erinnerung an konkrete Situationen. Wenn es gelungen ist, mehr Klarheit in die Vielfalt der Aufgabenstellungen der vertrieblichen Führung zu bringen, haben sich Schreiben und Lesen gelohnt.

Spätestens jetzt, da Sie sich der Lektüre unterzogen haben, sollten Sie Ausschau halten nach einem Sparringspartner, der Ihnen im täglichen Leben als Zuhörer und Fragesteller beiseite steht. Manchmal ist es gut, jemanden zu wählen, der nur genau diese beiden Fähigkeiten besitzt: nämlich geduldig und wohlwollend zuzuhören und interessiert und konstruktiv Fragen zu stellen. Mein Vorbild war mein Schwiegervater, selbst Autor mehrerer Bücher, dem ich viele Erkenntnisse zu diesen beiden Eigenschaften verdanke.

Ich wünsche Ihnen, dass es Sie nun „in den Fingern juckt", Ihre spezifische Form der Vertriebsführung auf der Grundlage der hier vermittelten Berufsethik zu praktizieren. Säen Sie Interesse bei anderen, und Sie werden Ideen und Ergebnisse ernten. Haben Sie

N. A. Rauch, *Die 7 Disziplinen im Sales-Management*,
DOI 10.1007/978-3-658-04232-5

vor allem Geduld, denn die menschliche Persönlichkeit ist variantenreich und nur längerfristig formbar.

Fangen Sie mit sich selbst jetzt an. Stellen Sie sich folgende Fragen für den Einsatz in Ihrem Umfeld:

- Welches Modell, welche Methoden haben Sie bisher eingesetzt? Was hat Ihnen daran gefallen, was nicht? Was hat funktioniert, und was würden Ihre Kunden und Ihre Mitarbeiter dazu sagen? Was würden Sie an den eingesetzten Methoden verbessern wollen? Wie zufrieden sind Sie mit dem Ergebnis? Was bei der Umsetzung stammt originär von Ihnen?
- Was ist für Sie das Wichtigste im Berufsleben: bezogen auf mögliche Ergebnisse, bezogen auf die Kultur und die Zusammenarbeit, bezogen auf Ihre Reputation und Ihr Image?
- Was sind Ihre Top-3-Themen, die Sie in Angriff genommen haben oder in Kürze nehmen wollen und zwar auf den Beziehungsebenen Vertriebsmanager – Vertriebsmitarbeiter, Vertriebsmitarbeiter – Kunde, Nicht-Vertrieb – Vertrieb?
- Was bedeutet für Sie heute Verantwortung? Wie definieren Sie jetzt Kultur? Welche Werte möchten Sie sicherstellen? Und was werden Sie tun, damit es bei den anderen so – ohne dass Sie es explizit aussprechen – ankommt?
- Vor allem warum wollen Sie all das machen? Was treibt Sie eigentlich an?

Nun sind Sie dran. Viel Erfolg und viel Freude auf dem Weg zum exzellenten Sales Management!

Anhang

Coaching-Themen und Beispiele

Coaching-Thema	Typ	Name	Kapitel
Arbeit am Kunden			
Kundenentwicklung und Marktbedarfe	Brancheninsider	Antoine	6.6.
Abschlussschwäche	Schrotflinte	Bailey	2.3.2.
Beziehung vs. Kundennutzen	Idealistin	Doreen	4.3.1.
Preiserhöhung beim Key Account	Engel	Günter	6.3.4.
Preisnachlass	Mannschaftsgeist	Marcin	6.3.3.
Neukundenkontakt, Kaltakquise	Ratgeber	Marcos	2.2.7.
Verhandlungsstrategie	Primus	Mikkel	5.6.
Schlüsselkundenbetreuung	./.	./.	6.2.6.
Umgang mit Kunden in der Verhandlung	Egoist	Noé	5.3.4.
Schlüsselkundenentwicklung	./.	./.	6.2.4.
Fach- vs. Kundennutzensicht	Wettkämpfer	Steve	4.3.2.
Einwandbehandlung	Techniker	Thomè	5.3.4.
Kaufmotiv	Steherin	Zuzanna	2.2.6.
Organisation			
Starre Strukturen vs. Eigenständigkeit	Unternehmerin	Agnieska	1.3.3.
Kundenentwicklungsstrategie	Versteher	Erik	6.6.
Beschwerde über mangelnden Plan	Stratege	Frank	1.3.1.
Aufbau des Funnels	Stratege, Enthusiast	Frank, Uwe	2.2.3.
Karriere und Nachhaltigkeit	Überredungskünstler	Guido	4.3.3.
Verhandlungsstrategie	./.	./.	5.6.
Delegation	Trommlerin	Janina	2.3.3.

N. A. Rauch, *Die 7 Disziplinen im Sales-Management*,
DOI 10.1007/978-3-658-04232-5

Coaching-Thema	Typ	Name	Kapitel
Kundenzuordnung	Ratgeber	Marcos	6.3.1.
Kundenentwicklung	Primus	Mikkel	6.6.
Aufträge durch Referenzmanagement	Ordentlicher	Roman	4.2.8.
Performance			
Zu kleine Pipeline	Brancheninsider	Antoine	1.3.2.
Effizienz von Terminen	Schrotflinte	Bailey	2.2.10.
Behandlung der Ressourcen	Primus	Mikkel	5.3.2.
Hitrate und Angebotskosten	Trüffelschwein	Owen	5.3.3.
Effizienz	Ordentlicher	Roman	4.3.4.
Leistungsrückgang	Manager	Tobiáš	1.3.4.
Kommunikation			
Disziplin und Kommunikation	Füchsin	Alicia Christiana	6.3.2.
Ökonomischer Umgang mit Wertargumenten	Schrotflinte	Bailey	5.2.1.
Elevator Pitch	Kommunikatorin	Elène	2.2.11.
Kommunikation im Team	Versteher	Erik	2.3.1.
Arbeit im Selling Center	Engel	Günter	6.2.4.
Lessons learned: Angebotsmanagement	Stratege	Frank	3.6.
Lessons learned: Projektverlauf	Egoist	Noé	3.6.
Lessons learned: Kundennetzwerke	./.	./.	3.6.
Lessons learned: Kundeneinwände und Fighting-Guide	Manager	Tobiáš	5.6.
Konfliktbereitschaft	Freund	Stefano	2.3.4.
Erfahrungen über Geschichten	./.	./.	3.2.4.
Telefongespräch zur Vereinbarung Ersttermin	Enthusiast	Uwe	2.2.8.
Lessons learned: Teamklima	./.	./.	3.6.
Teamarbeit	Steherin	Zuzanna	5.3.1.
Persönlichkeit			
Nutzen des Mitarbeiterpotenzials	Schrotflinte	Bailey	3.2.2.
Selbstreflexion	Frohnatur	Dariusz	3.3.4.
Vorbereitung und Auftreten bei Verhandlungen	Idealistin	Doreen	5.2.2.
Mangelnde Konzeption	Kommunikatorin	Elène	3.3.3.
Trusted Advisor	Engel	Günter	6.2.1.
Auflösen eines Reiz-Reaktionsmusters durch Rapport	Freund	Stefano	3.3.5.
Zusammenspiel Account Manager und Vertriebsmitarbeiter	Techniker	Thomé	3.3.1.
Integration ins Team	Enthusiast	Uwe	3.3.2.

Der Sales-Management-Werkzeugkasten: 72 Hinweise zur Exzellenz

Thema	Kapitel
Zur Planung	
Bei aller Planung, erst die Umsetzung bringt den Erfolg und die nötige Anerkennung	1.5.2 (Umsetzung)
Beherzigen Sie: Weniger ist meist mehr	1.5.2 (Fokus und Prioritäten)
Geben Sie bei Ihrer Planung und Überlegungen dem Übermorgen eine Chance	1.5.2 (Weitsicht)
Sprechen Sie mit Ihren Mitarbeitern regelmäßig über die gemeinsamen Ziele	1.5.2 (Kommunizieren ohne Ende)
Gemeinsam geklärte Ziele erhöhen die Motivation	1.5.2 (Gemeinsames Verständnis für Ziele)
Ihre eigene genaue Zielvorstellung macht Sie glaubwürdiger	1.5.2 (Kennen Sie Ihre persönlichen Ziele?)
Zur Beziehung	
Schenken Sie Vertrauen, und ahnden Sie Vertrauensbruch konsequent	1.5.2 (Regel und Regelübertretung)
Behandeln Sie Ihre Mitarbeiter, wie Sie von Ihrem Kunden behandelt werden wollen	2.5.2 (Was du nicht willst …)
Erkennen Sie die Arbeit Ihrer Mitarbeiter an, nicht nur das Ergebnis	2.5.2 (Respekt)
Jede Situation ist neu, führen Sie individuell	2.5.2 (Individualität zuerst)
Kleben Sie nicht an Ihren Vertriebsmitarbeitern, schaffen Sie Unabhängigkeit	2.5.2 (Abhängigkeit)
Ihr Mitarbeiter wünscht Anerkennung, anlassgerecht und ausreichend	4.5.2 (Lob und Anerkennung)
Der regelmäßige Feedback-Geber wird zum unverzichtbaren Taschenspiegel	4.5.2 (Spiegel und Rückmeldung)
Zahlen Sie in das emotionale Bankkonto ein, damit man Ihnen Vertrauen „schenkt"	6.5.2 (Ihr emotionales Bankkonto)
Zur Kommunikation	
Beseitigen Sie mit geeigneten Fragen die Selbstzweifel	2.5.2 (Das Glas halb leer)
Dinge schwarz auf weiß zu haben, sorgt für Klarheit auch auf Dauer	2.5.2 (Wer schreibt, der bleibt)
Sie können Ihre Mitarbeiter authentisch werden lassen	2.5.2 (Mache die Menschen wichtig)
Sorgen Sie für uneigennützige Vernetzung	2.5.2 (Geben und Nehmen)
Bemühen Sie sich, mehr Fragen zu stellen und besser zuzuhören	3.5.2 (Fragen und zuhören)
Sie können Ihre Philosophie, Ihre Ziele, Ihre Vision nicht oft genug wiederholen	3.5.2 (Wiederholung ist die Mutter aller Erfolge)

Thema	Kapitel
Loben Sie intelligent, Geld ist nicht alles	4.5.2 (Pay-back)
Vermitteln Sie eine positive Grundstimmung, sorgen Sie für Spaß an der Arbeit	4.5.2 (Think positive)
Mit Fragen steigern Sie die Selbstverantwortung	5.5.2 (Vorbild)
Respektieren Sie, dass jeder aus einer eigenen Kultur stammt	6.5.2 (Zwischen den Kulturen)
Überdenken Sie jedes Feedback hinsichtlich Ort, Zeit und Form	7.5.2 (Feedback)
Zur Betreuung	
Die Betreuung Ihrer Mitarbeiter bleibt immer eine individuelle Aufgabe	2.5.2 (Mitarbeiter als Kunde)
Pflegen Sie Ihre Mitarbeiter besser als Ihren wichtigsten Kunden	6.5.2 (Beziehung zu den Mitarbeitern)
Die Dosis macht es, überfordern Sie Ihre Mitarbeiter nicht	7.5.2 (Schritt für Schritt)
Gehen Sie mit Ihren Ressourcen sorgsam um	1.5.2 (Zeit und nochmals Zeit)
Zur Vorgehensweise	
Machen Sie die „Lessons learned" zum unerlässlichen Standardrepertoire	1.5.2 (Schauen Sie Hindernissen und Fehlern ins Gesicht)
Arbeiten sie nach und mit einem System	3.5.2 (Mit System arbeiten)
Stellen Sie in aller Ruhe ein, und „feuern" Sie schnell	3.5.2 (Ruhe des Zen-Bogenschützen und schnelle Entscheidungen)
Lernen Sie Ihre Organisation bestens kennen und „spielen" Sie mit ihr	3.5.2 (Mit der Organisation spielen)
Nutzen Sie Durchsprachen zur Motivation	4.5.2 (Die blaue und die rote Säule)
Nutzen Sie Fehler aktiv zur Verbesserung	5.5.2 (Fehlerbewusstsein)
Werden Sie Effizient mit der 80-20-Regel	5.5.2 (Aufwand und Nutzen)
Sammeln Sie Ihre Schlüsselerfolgsfaktoren	5.5.2 (Mit Fokus Erfolg)
Lernen heißt auch, Fehler als Chance zu nutzen	5.5.2 (Engpässe und Lerneinheiten)
Zerlegen Sie Probleme in kleine, besser verarbeitbare Einheiten	6.5.2 (Komplexität auflösen)
Zur Zeit	
Stellen Sie sich selektiv zur Verfügung, denn das schafft Attraktivität und Interesse	2.5.2 (Pull, nicht Push)
Qualität vor Quantität: Geben Sie sich und Ihren Mitarbeitern Zeit	5.5.2 (Leistungsphysik)
Bedenken Sie die Entwicklungszeit von Veränderungen	6.5.2 (Sales Performance auf der Zeitachse)
Geben Sie Ihren Mitarbeitern Raum und Zeit zu lernen	7.5.2 (Geduld)

Thema	Kapitel
Nehmen Sie sich ausreichend Zeit für Reflexion	7.5.2 (Kriterien des Sales Performers)
Zu den Fähigkeiten	
Wählen Sie bei der Einstellung neuer Mitarbeiter Motivation vor Talent	2.5.2 (Talent vs. Motivation)
Rekrutieren Sie Leute mit der richtigen Einstellung	3.5.2 (Einstellung vor Fertigkeit)
Jeder Mitarbeiter hat seine Begabung, finden Sie diese heraus	6.5.2 (Multiple Vertriebsintelligenz)
Zu der Perspektive	
Achten Sie bei allem Controlling auf die Zukunft, denn sie ist nur bedingt berechenbar	1.5.2 (Gestern, heute, morgen: Schauen Sie nach vorne)
Beachten Sie bei aller Bewertung die Selbst- und Fremdwahrnehmung	2.5.2 (Bewusstes und Unbewusstes)
Unterscheiden Sie genau zwischen Annahmen und Gewissheiten	5.5.2 (Wissen und Glauben)
Ein Teil der Alleinstellung ist die Einstellung, und das ist Ihre Sache	5.5.2 (Alleinstellung)
Bleiben Sie bei der Betrachtung flexibel: Nähe und Ferne sind gleichermaßen wichtig	6.5.2 (Zusammenhänge)
Aus unterschiedlichen Blickwinkeln wird Unbegreifliches begreifbar	6.5.2 (Perspektivenwechsel schafft Verständnis)
Beobachten Sie genau: Geredet ist nicht gehandelt	7.5.2 (Buy-in)
Zu Gefühlen	
Lassen Sie der Emotion, dem Herz Raum	3.5.2 (Über das Herz gewinnen)
Schauen Sie Ihrer Angst ins Auge	5.5.2 (Angst)
Erlauben Sie sich Bauchgefühle	5.5.2 (Gut-Feeling)
Verwandeln Sie Angst in Furcht: rationalisieren Sie Ihre Sorgen	6.5.2 (Keine Angst)
Zur Rolle	
Halten Sie sich an die Aufgabenverteilung	2.5.2 (Nehmen oder Geben)
Klären Sie Ihre Rolle, die Erwartungshaltung der Mitspieler hilft Ihnen dabei	2.5.2 (Kennen Sie Ihre Rolle genau?)
Definieren Sie Ihre Vorstellung von „Management"	4.5.2 (Die fünf essenziellen Eigenschaften „guten" Managements)
Beziehen Sie klar Position, und definieren Sie Freiräume	5.5.2 (Handlungsalterativen)
Differenzieren Sie zwischen Rolle und Funktion	6.5.2 (Rolle, Funktion, Fähigkeit)
Stehen Sie neben dem Spielfeld und bleiben Sie dort	7.5.2 (Spiegel des Erfolgs)

Thema	Kapitel
In Ihrer Verantwortung liegt es, Verantwortung abzugeben	7.5.2 (Verantwortung)
Zum Ich	
Richten Sie Ihre Ziele nach der Lebensbalance aus, nicht umgekehrt	1.5.2 (Life Balance and Risk Taking)
Praktizieren Sie die Regel „love it, change it oder leave it“	6.5.2 (Lieben oder Gehen)
Suchen Sie sich einen unabhängigen Vertrauten	7.5.2 (Wer coacht Sie?)
Trauen Sie sich mehr und Neues zu	7.5.2 (Rote Linien)
Konzentrieren Sie sich auf das, was Sie beeinflussen können	7.5.2 (Einfluss und Interessenbereich)
Kümmern Sie sich um Ihren Körper	7.5.2 (Mentale und körperliche Gesundheit)

Coaching-Spiegel: Intros für Gespräche

Im Coachingprozess mit Ihren Mitarbeitern werden Sie unterschiedliche Phasen durchlaufen. In jeder Situation können Sie Einfluss darauf nehmen, wie sich das Gespräch weiterentwickelt und welchen Erfolg Ihre Sitzung haben wird. Folgende fünf Eigenschaften helfen Ihnen dabei, den richtigen Ton zu finden:

Mit (1.) *Weitblick* erkennen Sie die Auswirkung Ihrer Frage, Ihrer Antwort. Sie können die Vor- und Nachteile sehr direkter oder eher indirekter Einflussnahme auf die Fortentwicklung des Dialogs abwägen. Soll ich mehr „angreifen“ oder eher zurückhaltend vorgehen?

Mit (2.) *Umsicht* werden Sie Fragen und Inhalte platzieren oder vermeiden, die zielgenau zu Ihrem Gedankenaustausch passen beziehungsweise überflüssig oder gar kontraproduktiv erscheinen.

(3.) *Vorsicht* lernen Sie von der Schachspielregel „Berührt – geführt“, erst Denken, dann Handeln: In Gesprächsfallen, in Regelkreise geraten wir vornehmlich ohne Vorbereitung oder durch unreflektierten Aktionismus.

Das Leben lehrt uns (4.) *Mäßigung:* Üben Sie Zurückhaltung, denn bei aller Expertise, sitzt Ihnen ein Mensch gegenüber, dem grundsätzlicher Respekt gebührt und der den Anspruch auf faire gleichberechtigte Behandlung hat. Übermut, Einbildung und Selbstgefälligkeit lassen sich sprachlich gut verpacken, dienen jedoch nicht der Sache.

Und letztlich (5.) *Ausdauer:* Meistens findet sich unter Beherzigung der zuvor genannten Eigenschaften auch in noch so hoffnungsloser Lage ein Ausweg. Ihr Coachee spürt, wenn Ihnen der Mut schwindet, wenn Sie an keine „Rettung“ mehr glauben. Er wird unterstützt und motiviert durch Ihre Zuversicht.

Für folgenden einundzwanzig beliebig erweiterbaren Coachingsituationen in Anlehnung an Salisbury (2011) gibt es jeweils drei Gesprächsvarianten. Je seltener Sie Variante (a) wählen, desto besser beherrschen Sie zumindest die Grundregeln und Prinzipien des

Vertriebscoachings. Je höher der Anteil von (a), desto dringender haben Sie Lernbedarf. Grundsätzlich sind die Varianten (b) und (c) in allen Fällen vorteilhaft. Mit Hilfe der kritischen Bewertung der Antworten beziehungsweise Fragen können Sie sich Ihr eigenes Bild verschaffen. Variante c setzt in einigen Fällen unbedingt Coachingerfahrung voraus.

	Situation und Einstieg des Coachs	Kritische Bewertung aus Coachingsicht
A	*Start in ein Coaching*	
1	**Situation: Terminvereinbarung** Sie haben Ihren Vertriebsmitarbeiter gebeten, Sie aufzusuchen um eine Coachingsitzung zu vereinbaren. Seine Besuchsfrequenz war in letzter Zeit unzureichend	
a	*Ich möchte mit Ihnen einen Termin vereinbaren um zu sehen, wie Sie vertrieblich vorgehen, Terminvereinbarungen und -umsetzung et cetera, damit ich weiß, wie ich Ihnen helfen kann, Ihre Leistung zu steigern*	Sie fallen mit der Tür ins Haus, beurteilend, oberlehrerhaft
b	*Ich habe mir überlegt, Sie ab jetzt regelmäßig bei Ihren Terminen zu begleiten, damit wir Ihre Gesamtleistung verbessern. Ich möchte morgen damit starten*	Wirkt als Ich-Botschaft und Angebot, dennoch sehr bestimmend, initiiert nicht unbedingt einen Dialog
c	*Warum glauben Sie, dass ich Sie gebeten habe, mich aufzusuchen?*	Sehr offen, bietet die Möglichkeit zum Dialog und Gespräch über die gegenseitige Wahrnehmung. Achtung, starkes Intro kann als rhetorische Frage verstanden werden!
2	**Situation: erste Coachingsitzung** Seit geraumer Zeit liefert einer Ihrer Mitarbeiter unzureichend Aufträge. Leider hatten Sie aufgrund sehr wichtiger Projekte bisher noch keine Zeit, sich mit ihm ausführlicher zu beschäftigen. Sie starten die erste Coachingsitzung wie folgt	
a	*Ich sehe meine Aufgabe als Vertriebsleiter darin, Ihnen dabei zu helfen, Ihre vertriebliche Leistung zum Beispiel Akquise und Angebotsmanagement zu verbessern. Was erwarten Sie heute von mir?*	Sie brauchen sich nicht für die Rolle zurechtfertigen. Auch hier fallen Sie mit der Tür ins Haus und setzen voraus, dass der Coachee a) den Handlungsbedarf auch sieht b) sich bereits Gedanken zu einem möglichen Coachingbedarf gemacht hat
b	*Ihre Pipeline und Ihre Abschlüsse sind nicht ausreichend. Ich komme heute mit Ihnen zusammen, um dieses Problem zu lösen und ich bin sicher, wir werden erfolgreich sein*	Wirkt wie ein Angebot, dass der Coachee nun nutzen kann. Die Erfolgszuversicht ist ein positiver Verstärker
c	*Es scheint, dass wir mit Ihrer vertrieblichen Leistung ein Problem haben. Wie sehen Sie das?*	Sie überlassen die Bewertung Ihrer Annahme dem Coachee und eröffnen den Dialog. Das „Wir" fördert die Gemeinsamkeit

	Situation und Einstieg des Coachs	Kritische Bewertung aus Coachingsicht
B	*Umgang mit Passivität und fehlender Alternative*	
3	**Situation: Mitarbeiter ist ohne Ideen, verhält sich passiv** Sie fragen den Vertriebsmitarbeiter, welche Hilfe er braucht. Ihm fällt nichts ein	
a	*Wenn Sie wollen, mache ich Ihnen ein paar Vorschläge ...*	Sie setzen voraus, dass der Mitarbeiter diese Vorschläge will. Auch setzen Sie sich den „Affen auf die Schulter" für den Mitarbeiter zu denken
b	*Heißt das, Sie können durchschnittliche Leistungen ohne Hilfe schaffen?*	Eigentlich ein Paradox, weil der Coachee ja weiß, dass etwas nicht stimmt, Sie lassen ihn jedoch nicht aus der Pflicht. Der Perspektivenwechsel bietet dem Coachee neue Sichtweisen
c	*Wie geht es Ihnen mit mir?*	Der Wechsel auf die Coaching- oder auch Führungsprozessebene impliziert auch, dass Sie die Schuld für die Initiativlosigkeit per se nicht sofort dem Coachee unterstellen. So locken Sie ihn aus der Reserve
4	**Situation: der Zustimmer** Wenn Sie den Vertriebsbeauftragten nach seinen Zielen fragen, antwortet er: „Ich muss die Vorgabe erreichen oder?"	
a	*Ist das Erreichen Ihrer Vorgabe wirklich Ihr Ziel?*	Diese rhetorische Frage ist ziemlich platt und bringt Sie keinen Schritt weiter. Sie lassen sich auf ein niedriges Gesprächsniveau ein
b	*Das liegt an Ihnen, oder?*	Rückdelegation ist immer eine Möglichkeit, den Coachee nicht aus der Pflicht zu lassen. Mit dem nachgeschobenen Oder „pacen" Sie die Satzstruktur des Coachees und eröffnen das Gespräch über die Inhalte
c	*Nicht wirklich. Sie müssen zwar die Vorgabe erreichen, aber das ist doch möglicherweise nicht Ihr Ziel*	Sie gehen auf die Antwort des Coachees ein und signalisieren Gesprächsbereitschaft. Mit dem Widerspruch „nicht wirklich" und „das müssen Sie erreichen" eröffnen Sie die Reflektion zur Zieldefinition
5	**Situation: die scheinbare Sackgasse** Wenn Sie den Vertriebsmitarbeiter fragen, ob er noch eigene Ideen hat, sagt er: „mir fällt wirklich nichts mehr ein"	
a	*Ich hätte schon ein paar Vorschläge. Die kann ich Ihnen gerne erläutern, wenn Sie wollen. Einzig, es kann sein, dass sie zwar bei mir funktionieren, aber nicht bei Ihnen*	Einen Schritt nach vorne und zwei zurück! Konjunktive und Modalverben („hätte", „kann") schwächen Ihr Angebot. Und dann auch noch die Aussicht, dass es nicht funktionieren könnte: Sie unterstellen dem Coachee, dass er unfähig ist die Vorschläge aufzugreifen, beziehungsweise umzusetzen oder/und verringern den Wert Ihrer Vorschlagsleistung. Warum bringen Sie das dann überhaupt?

	Situation und Einstieg des Coachs	Kritische Bewertung aus Coachingsicht
b	*Kommen Sie, versuchen Sie nochmals nachzudenken!*	Sie unterstellen dem Coachee, dass er bereits nachgedacht hat. Die direkte Aufforderung zum Nachdenken schwächen Sie durch das „Nochmals" ab
c	*Was machen wir nun?*	Sie sprechen aus, was der Coachee denkt und geben ihm so nicht die Möglichkeit, sich „aus der Affäre zu ziehen". Sie implizieren, nicht gewillt zu sein, für ihn den Ideen- oder Denkmotor zu betreiben
6	**Situation: mangelnde Reflektion und Konzeption** Die Vertriebsperson ist nicht in der Lage, irgendwelche persönlichen Verbesserungen zu planen, sei es Neukundenansprache, Bestandskundenpflege et cetera. Sie schwört „Stein und Bein", alles was möglich ist, unternommen zu haben	
a	*Was genau wollen Sie eigentlich wirklich machen?*	Mit Ihrer Aussage signalisieren Sie Hilflosigkeit. Sie stellen die (eigentlich) klare Aufgabenstellung der Vertriebsarbeit komplett in Frage. Dafür ist der Coachee doch da! So legen Sie ihm nun den Ball auf den Elfmeterpunkt: „Genau Chef, das erwarte ich von Ihnen, mir zu sagen". 0 zu 1 – Eigentor!
b	*Was haben Sie bisher gemacht und was ist aus Ihrer Sicht daraus geworden?*	Genau. Was ist das Bestmögliche? Lassen Sie sich erklären, was der Coachee genau gemacht hat, so finden Sie die Stärken und Schwächen seines Vorgehens gemeinsam heraus
c	*Ich glaube, Sie sind möglicherweise für diesen Job nicht geeignet*	Das ist eine sehr starke Intervention. Achtung, das kann auch schiefgehen! Sie sollten sich hier genau darüber im Klaren sein, was Sie wollen und einschätzen, wie Ihr Mitarbeiter darauf reagieren wird
C	*Die Entwicklung von Lösungen ...*	
7	**Situation: Verbesserungsvorschlag** **Sie haben einen Mitarbeiter identifiziert**, der unzureichende Leistungen bei Kundenbesuchen bringt. Er kommt mit einem Verbesserungsvorschlag	
a	*Das ist gut. Gibt es darüber hinaus etwas, das Sie tun könnten?*	Warum mit Zuckerbrot und Peitsche? Entweder, die Idee ist gut, dann soll er sie umsetzen oder das reicht nicht aus, dann sagen Sie das!
b	*Das hört sich ganz gut an. Gibt es Ihrer Meinung nach Alternativen?*	Anders ist es mit Alternativen. Sie implizieren, dass der Coachee sich Alternativen überlegt hat. Wenn nein, haben Sie ihm somit vermittelt, dass es immer sinnvoll ist, Alternativen zu suchen, um auch eine Wahl zu haben. Jedenfalls verlangen Sie durch diese Aussage eine Erklärung zum Vorgehen

	Situation und Einstieg des Coachs	Kritische Bewertung aus Coachingsicht
c	*Schön, das schaut im ersten Schritt (an der Oberfläche) ganz gut aus, (aber) ich glaube, Sie könnten Schwierigkeiten bei der Umsetzung bekommen*	Sie wechseln von der Bewerter- in die Expertenrolle, damit signalisieren Sie Diskussions- und Kooperationsbereitschaft, auch wenn Sie den Vorschlag kritisieren. Weitere sprachliche Merkmale, die Sie zur Verstärkung der Kritik einsetzen können, aber nicht müssen, sind „im ersten Schritt", „an der Oberfläche", das heißt „ein zweiter Schritt muss noch bedacht werden", „unter der Oberfläche sieht es wohl noch nicht so gut aus". Das adversative „Aber" verstärkt die Kritik und ist je nach Ihrer Intention nicht unbedingt erforderlich
8	**Situation: Skepsis zur Umsetzungsfähigkeit** Alles was der Vertriebsmitarbeiter sagt, ist soweit richtig, Sie fühlen sich aber dennoch unwohl, und seine Leistung wird auch nicht besser	
a	*Ich muss Ihnen sagen, dass mir Ihr Verhalten Unbehagen bereitet. Was Sie sagen, ist alles richtig. Nur es macht nicht den Eindruck, dass Sie einen der vereinbarten Wege einschlagen!*	Harter Tobak. Ist nun die Idee an sich gut oder nicht? Wenn ja, dann sagen Sie das oder lassen Sie das „alles" weg. Die Floskel „Ich muss sagen …" irritiert. Als Coachee würde ich mich fragen: „Was, wenn meine Aussagen richtig sind, dann zu der Unterstellung berechtigt, ich schlüge nicht den vereinbarten Weg ein?" Da vermischen Sie ganz schön die Ebenen
b	*Wenn Sie tatsächlich die richtigen Dinge tun, verstehe ich nicht, warum Ihre Leistung nicht besser wird.*	Sehr schön. Wieder der Perspektivenwechsel zur Draufsicht. Ohne Ich-Botschaft wird das Feedback, dass er die „richtigen Dinge tut" zusätzlich positiv aufgeladen. Der Kontrast zur nicht gebesserten Leistung könnte nicht größer sein. Gute Gesprächseröffnung
c	*Ich glaube Ihnen nicht!*	Sie haben einen scharfen Pfeil abgeschossen. Ein starker „Return". Der kann schiefgehen, je nach dem wer Ihnen gegenübersitzt
9	**Situation: Kritik am Vorschlag** Während der ersten Coachingsitzung erkennen Sie, dass der Coachee das falsche Thema angeht	
a	*Mir scheint Sie fokussieren sich auf das falsche Thema!*	Es fehlt hier komplett die Ich-Botschaft. So erwischen Sie den Coachee kalt. Es ist doch erst einmal positiv, dass er an einer Problemstellung arbeitet, das sollten Sie auch wertschätzen
b	*Wollen Sie wissen, was aus meiner Sicht das tatsächliche Problem ist?*	„Aus meiner Sicht" ermöglicht es dem Coachee Ihre Perspektive neben der seinen problemlos anzuerkennen. Mit „tatsächlich" gehen Sie in die Expertenrolle

	Situation und Einstieg des Coachs	Kritische Bewertung aus Coachingsicht
c	*Wie groß ist Ihrer Meinung nach auf einer Skala von 1-10 die Chance, dass Ihr Vorschlag erfolgreich wird?*	Sie greifen den Vorschlag des Coachees auf und delegieren die Bewertung wieder an ihn zurück. So bleiben Sie auf der Prozessebene: Nicht was getan wird, muss für Sie wichtig sein, sondern warum es ausgewählt wurde und wie der Coachee damit umgeht
D	*Erfolge bleiben aus*	
10	**Situation: Versuch ohne Erfolg** Ihr Vertriebsmitarbeiter hat versucht, die vereinbarten Schritte zur Verbesserung der Pipeline umzusetzen, leider hatte das bisher keine Leistungssteigerung zur Folge	
a	*Was haben wir vereinbart, was haben Sie getan und was ist genau passiert?*	Mehr Distanz können Sie nicht schaffen. Als Vorgesetzter, der sich für die Themen der Coachees interessiert und als versierter Gesprächspartner gefragt werden will, haben Sie nun das genaue Gegenteil erreicht: Keine Einbindung, keine Eröffnung eines Dialogs. So wird das nichts
b	*Gut, das hat nicht funktioniert. Was können wir sonst tun?*	Sie stellen sich mit den Coachee an die „Startlinie". Das „Gut" signalisiert, dass es keine weitere Kritik Ihrerseits mehr geben wird („abgehakt", „nach vorne schauen"). Mit „Wir" signalisieren Sie Diskussionsbereitschaft
c	*Sie haben möglicherweise nicht genug daran gearbeitet ...*	Diese Antwort ist situationsabhängig die beste. Sie unterstellen, dass die Maßnahmen absolut richtig sind, nicht zu diskutieren und es ausschließlich um Einsatzbereitschaft und Fleiß geht, also eine disziplinare Frage
11	**Situation: wiederholter Misserfolg** Sie treffen sich heute zum sechsten Mal und jedes Mal ist der Vertriebsmann mit den vereinbarten Maßnahmen gescheitert	
a	*Wenn unser Verhältnis funktionieren soll, müssen Sie (schon) Ihren Teil der Vereinbarung einhalten!*	Kein Entgegenkommen, keine Kooperation. Wer so coached, braucht sich nicht wundern, dass kein Vertrauen aufkommt
b	*Warum haben Sie nicht getan, was Sie tun wollten?*	Sie gehen wieder auf die Prozessebene. Auch hier wieder eine Unterstellung, nämlich dass es nicht an den falschen Maßnahmen liegt oder an der „Unfähigkeit", im Gegenteil, es fehlt nur die Disziplin
c	*Ich habe mein Bestes versucht, aber das ist ein hoffnungsloser Fall!*	Harter Tobak, aber eine absolut legitime Variante. Sie ziehen sich aus dem Coachingprozess zurück und locken den Coachee aus der Reserve. Gefährlich, kann das Ende des Coachings bedeuten

	Situation und Einstieg des Coachs	Kritische Bewertung aus Coachingsicht
12	**Situation: Erfolglosigkeit führt zur Demotivation** Der Vertriebsmitarbeiter hat sich offensichtlich sehr bemüht, den besprochenen Plan umzusetzen, er macht dennoch scheinbar keine Fortschritte. Er sagt Ihnen: „Das ist unmöglich, ich sollte das Handtuch werfen, ich glaube ich gebe auf!“	
a	*Was bedeutet das jetzt für Sie?*	Sie lassen Ihren Coachee im Regen stehen. Das „ich gebe auf“ ist doch ein offensichtlicher Hilferuf. Auch ist Ihre Frage rein rhetorisch. Denn für den Coachee bedeutet das, vor dem Nichts zu stehen
b	*Nun, das liegt ganz bei Ihnen ...*	Sie lassen sich die Verantwortung nicht indirekt unterjubeln. Nehmen Sie den Coachee als Erwachsenen ernst. Alles andere wäre kindisch
c	*Sie kneifen! Ich habe gedacht, Sie wären aus einem härteren Holz!*	Pfeile werfen ist manchmal die Ultima Ratio. Bei emotionalen Feststellungen des Coachees jedoch ein heilsames Mittel
13	**Situation: Anleitung wird nötig** Der Vertriebsmitarbeiter scheint nicht fähig zu sein, die besprochenen Themen umzusetzen. Die einzige Alternative scheint für Sie zu sein, ihm zu zeigen, wie es zu tun ist	
a	*Worin liegt Ihrer Meinung nach die größte Schwierigkeit, diese Maßnahme umzusetzen?*	Ja, wenn der Coachee das wüsste, bräuchte er Sie nicht oder er würde zumindest diese Schwierigkeit erwähnen. Eine ziemlich überflüssige Frage
a	*Wollen Sie, dass ich Ihnen zeige, wie man es machen kann?*	Manchmal ist es nützlich, dem Coachee die Wahl zu lassen, ob er eine Hilfestellungen haben will oder nicht
c	*Schauen Sie, ich zeige Ihnen, wie es zu tun ist*	Sie schlüpfen in die Expertenrolle und signalisieren damit, dass Sie verstanden haben, dass der Coachee selbst keine Lösung finden wird. „Teaching“ ist ab und zu erlaubt
14	**Situation: Umsetzungsgeschwindigkeit** Ihr Geschäftsführer fragt Sie, warum die Leistungsverbesserung eines Vertriebsmitarbeiters so lange dauert. Sie zweifeln auch schon daran, dass es gelingen kann	
a	*Er hatte lange genug Zeit. Ich überlege mir, ihm nahezulegen, das Unternehmen zu verlassen. Was ist Ihre Meinung?*	An dieser Stelle ist Ihre Führungspersönlichkeit gefragt: Zum Beispiel dass Sie einen klaren Plan haben, wie lange es Ihrer Meinung nach dauern wird, bis die Coachingarbeit Früchte trägt. Es ist offensichtlich, dass Ihre Überlegung („ich überlege mir“ ist ein kleiner, aber feiner Unterschied zu „ich habe mir überlegt“) noch gar nicht richtig stattgefunden hat. Sie stellen sich selbst damit ein schlechtes Zeugnis aus
b	*Ich habe den Eindruck, es wird niemals besser!*	Das „Pfeilewerfen“ signalisiert Handlungsbereitschaft und eröffnet das Führungsgespräch. Sie sollten allerdings noch ein wenig Material im „Köcher“ haben

	Situation und Einstieg des Coachs	Kritische Bewertung aus Coachingsicht
c	*Es liegt jetzt an ihm. Wir müssen jetzt nur Geduld haben*	Eine starke Aussage. Sie stellen sich, wie man das von Ihnen als Chef erwarten kann, vor Ihren Mitarbeiter und signalisieren, dass Sie einen Plan haben
15	**Situation: Ultimatum** Ihr Vorgesetzter hat Ihnen einen letzten Termin gesetzt, die Leistung eines Vertriebmitarbeiters zu verbessern oder ihn zu entlassen. Die letzte Chance! Während der Coachingsitzung schlägt der Vertriebsmitarbeiter ein bestimmtes Vorgehen vor. Bisher hat er sich jedoch nie daran gehalten	
a	*Schauen Sie, das ist Ihre letzte Chance. Wenn es diesmal nicht klappt, fliegen Sie raus*	Der Ansatz ist reichlich sinnlos. Wenn der Mitarbeiter demotiviert ist, wenn er das Know-how (noch) nicht hat oder schlicht nicht für diesen Job geeignet ist, was hilft dann diese Drohung? Ihre mangelnde Konstruktivität mag eine Berechtigung haben, führt aber niemals zum Ziel. Entlassen Sie den Vertriebsmitarbeiter lieber gleich
b	*Was ist passiert, als wir uns genau auf dieses Vorgehen letztes Mal verständigt haben?*	Sie bewegen sich auf der Prozessebene der Umsetzung. Durch die Erwähnung der „Verständigung" vermitteln Sie Kooperationsbereitschaft auch für diesen Fall. Allerdings sollte etwas mehr Druck dabei aufgebaut werden, denn indirekt sind ja auch Sie angezählt worden
c	*Ich stehe unter Druck von meinem Chef, Sie los zu werden, es sollte diesmal klappen*	Das ist fair und direkt. Warum verheimlichen, dass Sie genauso Ziele zu erfüllen haben? Sie können den Druck schon erwähnen, allerdings nicht als Drohung, sondern als organisatorisch und betriebswirtschaftlich logische Konsequenz!
E	*Hintergründe*	
16	**Situation: Ursache für den mangelnden Erfolg** Unmittelbar vor einem Coachinggespräch mit einem Ihrer Vertriebsbeauftragten erfahren Sie von einem anderen Vertriebsteammitglied, dass die tatsächliche Ursache für die zu geringen Kundenbesuche in der privaten Situation des Coachees liegen könnte	
a	*Was passiert bei Ihnen privat augenblicklich?*	Kaltstart. Natürlich können, sollten Sie die persönliche Situation des Mitarbeiters berücksichtigen und ihm Ihre Einschätzung auch vermitteln. Auch hier fallen Sie unmotiviert ins Haus. Sie verschrecken ggf. oder erzeugen dadurch nur unnötig subjektive Deutungen beim Coachee: „Was weiß der?", „Reden jetzt schon alle über mich?", „Was geht den mein Privatleben an …?"

	Situation und Einstieg des Coachs	Kritische Bewertung aus Coachingsicht
b	*Beschäftigt Sie etwas, wovon Sie mir bisher nichts erzählt haben?*	Diese offene Frage bietet dem Coachee die Möglichkeit auf Rückzug, das ist einerseits fein, weil Sie ihn dadurch eher zum Gespräch über seine Themen anregen, andererseits, wenn nichts kommt, bleibt die Situation ungeklärt
c	*Ich habe den Eindruck, dass bei Ihnen zu Hause etwas nicht stimmt*	Sie haben nun 1 und 1 zusammengezählt, „schlechte Leistung“ und „Erzählen von privaten Problemen“. So wirkt Ihre Frage „Stimmt etwas nicht?“ diskret, behutsam und freundlich. Die Chance auf ein erfolgreiches Problemgespräch ist deutlich gestiegen
17	**Situation: Argumentation des Mitarbeiters** Während einer besonders unerquicklichen Coachingsitzung erklärt Ihnen der Vertriebsmitarbeiter, dass der Grund für seine unzureichende Leistung seine private Situation sei, die seine Konzentration beeinträchtige	
a	*Was möchten Sie nun tun?*	Genauso ist jede Coachingsitzung ohne Sinn. Gerade wo der Mitarbeiter ihnen etwas anvertraut, schaffen Sie Distanz. Es kann sein, dass die privaten Probleme nur ein Vorwand sind, aber das wissen Sie ja noch nicht. So erfahren Sie es jedenfalls nicht.
b	*Ich denke, das Beste wird sein, Sie gehen jetzt nach Hause und lösen das Problem*	Verständnis für die Situation ist sicherlich hilfreich, allerdings wäre es besser, dies in eine Frage zu kleiden wie „Denken Sie es ist hilfreich, wenn Sie jetzt nach Hause gehen und ihr Problem lösen?“ Guter Gedanke, die Umsetzung könnte besser sein
c	*Wir haben alle Probleme. Wichtig ist, dass das nicht unsere Arbeit beeinflusst*	Am besten ist es zweifellos, zwischen der privaten und beruflichen Welt zu unterscheiden. Das mag dem Mitarbeiter gerade schwer fallen und das haben Sie jetzt auch zum Ausdruck gebracht. Mit „Wir haben alle unsere Probleme“ zollen Sie Respekt für die Privatsphäre und stellen gleichzeitig die Regel der Trennung privat-beruflich auf. Den billigen Entschuldigungsversuch schreckt das ab, der wirklich Notleidende wird sich klarer zum Thema äußern
F	*Rückdelegationen*	
18	**Situation: Passivität** Wenn Sie den Vertriebsmitarbeiter bitten, Ihnen zu sagen, was er vorhat zu tun, antwortete er: „Was Sie wollen … Sie sind hier der Chef!“	

	Situation und Einstieg des Coachs	Kritische Bewertung aus Coachingsicht
a	*Was wollen Sie?*	Das ist eine billige Replik und Sie sind nicht einen Schritt weiter. Eigentlich fordert diese Äußerung des Coachees Sie heraus und Sie lassen es unkommentiert im Raum stehen
b	*Was glauben Sie, was ich will?*	Indem Sie rückdelegieren, verhindern Sie, auf das platte Niveau des Coachees abzugleiten. Ihre Frage ist sehr präzise und lässt keinen Ausweg zu. Ein „Ich weiß es nicht" kontern Sie mit „Na, dann überlegen Sie doch mal …"
c	*Ich möchte, dass Sie anfangen, Ihren Job zu machen! Das ist alles, was ich will*	Auf einen groben Klotz gehört ein grober Keil. Sie spiegeln das „Sie sind der Chef" mit „anfangen, Ihren Job zu machen". So platt wird dieser Mitarbeiter Ihnen nicht mehr kommen
19	**Situation: Aggressivität** Der Vertriebsmitarbeiter hat Schwierigkeiten, die Verbesserungsvorschläge umzusetzen. Er sagt: „Schauen Sie, jedes Mal wenn ich ein Problem habe, stellen Sie eine Frage. Sie sind doch der Manager und wissen wie es geht. Sagen Sie mir doch was ich zu tun habe."	
a	*Was wollen Sie? Dass ich Ihnen immer erzähle, was Sie zu tun haben oder es selbst herausfinden?*	Warum lassen Sie sich in eine aggressive Gesprächsschleife ziehen? So machen Sie sich und Ihre Rolle schwach und erschweren sich die Aufgabe. Sie sagen ja mehr oder weniger im Klartext: „Eine Kooperation gibt es nicht, entweder ich tu es oder Sie." Er denkt: „Wie ohnmächtig muss der sein?"
b	*Wenn ich Ihnen meine Lösung liefere und es funktioniert doch nicht, wohin führt das?*	Wieder auf der Prozessebene. Sie machen die fiktive Rückschau auf ein mögliches Ergebnis, damit signalisieren Sie die Bereitschaft zu einem Gespräch, um Lösungen zu finden
c	*Gut. Ich möchte, dass Sie sich bewegen und tun, wofür Sie bezahlt werden!*	Der Vertriebsmitarbeiter hat Sie herausgefordert, und mit dieser Antwort muss er rechnen. Sie machen unmissverständlich klar, dass Sie über seine Redeweise ungehalten sind
G	*Umsetzung*	
20	**Situation: Einfordern der Umsetzung** Nach einer Coachingsitzung haben Sie mit dem Vertriebsmitarbeiter vereinbart, dass er bei einem Kunden mehrere Ansprechpartner identifiziert und kontaktiert. Nun wollen Sie die Umsetzung sehen!	
a	*Ich will jetzt schon sehen, wie Sie den Plan umsetzen, auch damit ich Ihnen dazu Feedback geben kann. Wann haben Sie vor, damit zu starten?*	Sie argumentieren viel zu nah dran und laufen Gefahr, sich die Lösungsentwicklung und Umsetzung „ans Bein zu binden". So spricht keine souveräne Führungskraft

	Situation und Einstieg des Coachs	Kritische Bewertung aus Coachingsicht
b	*Wann haben Sie vor, den Plan umzusetzen?*	Mit dieser Frage habe Sie genügend Distanz zum Coachee, denn er verantwortet den Umsetzungsprozess zur Gänze
c	*Ich schlage vor, dass Sie Ihren Vorschlag ausprobieren und mir nächste Woche berichten, wie es gelaufen ist!*	In einer verfeinerten, abgeschwächten Form zu Variante b bieten Sie Unterstützung an. Außerdem führen Sie eine Regeln ein: Test vor Umsetzung
H	*Fortsetzung*	
21	**Situation: neues Thema, neues Coaching** Sie starten eine neue Coachingsitzung	
a	*Wir sollten uns heute mit der komplexen Kundensituation bei X beschäftigen!*	Wieder muss Ihr Coachee ins kalte Wasser springen. Für eine Coachingsitzung keiner guter Start. Wenn Sie schon zu Beginn das Heft in der Hand halten, wie soll der Coachee dann die Initiative ergreifen?
b	*Haben Sie ein konkretes Thema über das wir sprechen sollen, oder darf ich Ihnen einen konkreten Vorschlag machen?*	Im Coachingprozess obliegt es immer dem Coachee, Thema und Ziel zu definieren, auch wenn Sie natürlich Mitspracherecht haben. Das Angebot mit dem konkreten Vorschlag birgt die Gefahr, die Eigeninitiative im Keim zu ersticken
c	*Welches Thema wäre heute für Sie wichtig zu besprechen? Für wie wichtig halten Sie es, über X zu sprechen?*	Die Sicht der Wichtigkeit und Dringlichkeit des Coachees weicht von der Ihren stark ab. Schön, wenn Sie seine Prioritäten im ersten Schritt zulassen. Die Ergänzung in Klammern gilt nur bei äußerster Dringlichkeit, dann im Kontrast zum priorisierten Thema des Coachees

Weiterführende Literatur

Acquisa. 2005. „Vertriebsmethoden im Überblick". *Acquisa* 7. Freiburg.

Ahlfeld, B. 2012. *Manipulations Methoden. Mittel der Rhetorik. Erfolgreiche Gesprächsführung. Schutz vor gezielter Beeinflussung.* Success Books, BoD, ohne Angabe.

Anderson, M. 2010. *The leadership book.* Edinburgh.

Arndt, R. 2003. *Menschen gewinnen per Telefon. Start frei für Gewinn-Gewinn-Geschäftsbeziehungen.* Berlin.

Bartick, G. A., und P. Bartick. 2009. *Silver bullet selling. Six critical steps to opening more relationships and closing more sales.* New Jersey.

Blanchard, K., J. Britt, J. Hoekstra, und P. Zigarmi. 2010. *Wer hat Mr. Change gekillt? Warum Veränderungen so oft scheitern – und wie wir sie erfolgreich durchsetzen.* München.

Brauner, C., R. Seidel, und J. Wacha. 2012. *Change Management im Vertrieb. Das Praxishandbuch für Entscheider.* Freiburg.

Brent, M., und F. E. Dent. 2010. *The leader's guide to influence. How to use soft skills to get hard results.* Harlow: Financial Times.

Bruch, H., und B. Vogel. 2005. *Organisationale Energie. Wie Sie das Potenzial Ihres Unternehmens ausschöpfen.* Wiesbaden.

Carter, T. 2003. *Customer advisory boards. A strategic tool for customer relationship building.* New York.

Chandler Jr., A. D. 1990. *Stategy and structure: Chapters in the history of the American Industrial Enterprise.* Cambridge.

Curtis, J. C., und B. Giamanco. 2010 *The new handshake. Sales meets social media.* Santa Barbara.

Dall, M. 2011. *Der Verhandlungsprofi. Besser verhandeln – mehr erreichen.* Wien.

Detroy, E.-N., und Peter Schreiber. 1999. *Die 199 besten Checklisten und Kontrollpunkte für den Verkaufsleiter. Führung, Motivation, Organisation.* Landsberg am Lech.

Doppler, K., und C. Lauterburg. 2008. *Change Management: Den Unternehmenswandel gestalten.* Frankfurt a. M.

Drucker, P. F. 1993. *Management: Tasks, responsibilities, practices.* New York.

Duc de Levis, P.-M.-G. 1808. *Maximes et réflexions sur différents sujets de morale et de politique.* Paris.

Durinkowitz, H. S. 2012. *Crash-Kurs für Verkaufsleiter. Vom Start weg auf der Gewinnerseite.* Wiesbaden.

N. A. Rauch, *Die 7 Disziplinen im Sales-Management*,
DOI 10.1007/978-3-658-04232-5

Eades, K. M. 2003. *The new solution selling. The revolutionary sales process that is changing the way people sell.* New York.

Festinger, L. 1964. Behavioural support for opinion change. *Public Opinion Quarterly* 28:404–407 (Oxford).

Fisher, C. L. 2012. *The sales coach's playbook. Super sales coaching = super sales results.* Leipzig.

Fisher, R., und W. Ury. 1991. *Getting to yes. Negotiating an agreement without giving in.* New York.

Fisher, R., W. Ury, und B. Patton. 2004. *Das Harvard-Konzept. Der Klassiker der Verhandlungstechnik.* Frankfurt a. M.

Fontaine, Jean de La. 2001. *Fabeln.* Gütersloh.

Fornahl, R. 2000. *Abschlusstechniken im Verkauf. Die erfolgreichsten Vorgehensweisen. Übertragbar auf alle Branchen.* Düsseldorf.

Freese, T. A. 2003. *Secrets of question based selling. How the most powerful tool in business can double your sales results.* Naperville.

Friedman, W. A. 2004. *Birth of a salesman. The transformation of selling in America.* Cambridge.

Friesen, M. E. 1998. *The internal sell. Encouraging executive influence and accomplishment.* Westport.

Gallwey, W. T. 1986. *The inner game of tennis.* London: Pan.

Geffroy, E. K. 1997. *Abschied vom Verkaufen. Wie Kunden endlich wieder von alleine den Weg zu Ihnen finden.* Frankfurt a. M.

Goleman, D. 2013. *EQ. Emotionale Intelligenz.* München.

Goulston, M. 2010. *Just listen. Discover the secret to getting through to absolutely anyone.* New York.

Hauser, J. 2008. *Networking für Verkäufer. Mehr Umsatz durch neue und wertvolle Kontakte.* Wiesbaden.

Heinrich, S. 2008. *Verkaufen an Top-Entscheider. Wie Sie mit Vision Selling gewinnbringende Geschäfte in der Chefetage abschließen.* Wiesbaden.

Heinrich, S. 2009. *Forecast. Sinn oder Unsinn der Umsatzvorhersage.* Trier: Stephan Heinrich. http://stephanheinrich.com/2009/02/05/forecast-sinn-oder-unsinn-der-umsatzvorhersage/.

Helsing, J., B. Geraghty, und L. Napolitano. 2004. *Impact without authority. How to leverage internal resources to create customer value.* Chicago.

Hildebrandt, T., und M. Nass. 2007. „Null Toleranz für Grauzonen Ein Gespräch mit Josef Ackermann, Vorstandsvorsitzender der Deutschen Bank, über seine Moral, Luxusprobleme und Belcanto im Badezimmer". *Zeitmagazin online,* 22. Mai (Hamburg).

Homburg, C., H. Schäfer, und J. Schneider. 2010. *Sales Excellence. Vertriebsmanagement mit System.* Wiesbaden.

Hopkins, T. 2005. *How to master the art of selling. Business plus.* New York: Hachette.

House, R. J. 1976. A 1976 theory of charismatic leadership. *Leadership Symposium* 76 (Carbondale).

House, R. J., P. J. Hanges, M. Javidan, P. W. Dorman, und V. Gupta. 2004. *Culture, leadership, and organizations: The globe study of 62 societies.* Thousand Oaks.

Hunt, P. 2008. Borrowed desire & blame the office. A new way of understanding office politics paper for the spirituality, leadership and management conference. *Unwords.com,* 18. Oktober 2008. http://www.unwords.com/unword.

James, G. 2013. The challenger sale: Not very challenging. *Inc. Magazine Online,* 1. Juni (New York).

Jolles, R. L. 2000. *Customer centered selling. Eight steps to success from the world's best sales force.* New York.

Jordan, J. 2011. *Cracking the sales-management code. The secrets to measuring and managing sales performance.* New York.

Kahneman, D. 2012. *Schnelles Denken, langsames Denken.* München.

Kaplan, R. S., und D. P. Norton. 1996 *The balanced scorecards. Transatlantic strategy into action.* Boston.

Kintish, W. 2014. *Business networking. The survival guide.* Harlow.

Kissel, K., und U. Reusche. 2012. *Sales Coaching: Wirksam führen im Vertrieb. Den Weg in die Zukunft gestalten.* Hamburg.

König, E., und G. Volmer. 2005. *Systemisch denken und handeln. Personale Systemtheorie in Erwachsenenbildung und Organisationsberatung.* Weinheim.

König, E., und G. Volmer. 2009. *Handbuch Systemisches Coaching. Für Führungskräfte, Berater und Trainer.* Weinheim.

Konrath, J. 2006. *Selling to big companies.* Chicago.

Lakoff, G. 2004. *Don't think of an elephant! Know your values and frame the debate.* Vermont.

Lasko, W. 1996. *Dream Teams. 110 Stories für erfolgreiches Team-Coaching.* Wiesbaden.

Lasko, W., und P. Busch. 2012. *Professionelle Neukundengewinnung. Die 8 Erfolgsstrategien Kreativer Verkäufer.* Wiesbaden.

Leavitt, H. J. 1986. *Der Manager als Pionier im Unternehmen.* Landsberg am Lech.

Lenchioni, P. 2002. *The five disfunctions of a team. A leadership fable.* San Francisco.

Liebermeister, B. 2012. *Effizientes Networking. Wie Sie aus einem Kontakt eine werthaltige Geschäftsbeziehung entwickeln.* Frankfurt a. M.

Loebbert, M. 2005. *The Art of Change. Von der Kunst, Veränderungen in Unternehmen und Organisationen zu führen.* 1. Aufl. Leonberg.

Lytle, C. 2011. *The accidental sales manager. How to take control and lead your sales team to record profits.* New Jersey.

Maister, D. H. 2003. *„Presentation Handouts Clients".* Boston.

Mankell, H. 2005. *Die weiße Löwin.* München.

Maslow, A. H. 1966. *The psychology of science. A reconnaissance.* Chapel Hill.

Miller, R. B., S. E. Heiman, und T. Tuleja. 2011. *The new conceptional selling. The consultative communication process for solution-led selling.* London.

Miller, W. „Skip". 2009. *ProActive sales management. How to lead, motivate, and stay ahead of the game.* New York.

Mohl, A. 2011. *Das Metaphern-Lernbuch. Geschichten und Anleitungen aus der Zauberwerkstatt.* Paderborn.

Mohr, N. 1997. *Kommunikation und Organisatorischer Wandel. Ein Ansatz für effizientes Kommunikationsmanagement im Veränderungsprozess.* Wiesbaden.

Moore, G. A. 2008. *Dealing with Darwin. How great companies innovate at every phase of their evolution.* New York.

Mussweiler, T., und A. D. Galinsky. 2002. Strategien der Verhandlungsführung: Der einfluss des ersten Gebotes. *Wirtschaftspsychologie* (Berlin).

von Oetinger, B., T. von Ghyczy, und C. Bassford. 2003. *Clausewitz. Strategie denken.* München.

Ohai, T. 2008. *Sales coaching. Tips, tools, and intelligence for trainers (*Info Line). San Ramon (25).

Oppel, K. 2012. *Business Knigge International. Der Schnellkurs.* Freiburg.

Parinello, A. 2011. *Part one: VITO selling: The new generation. Ohne Angabe Online,* 21. Juli.

Parmenter, D. 2010. *Key performance indicators. Developing, implementing, and using winning KPIs.* 2. Aufl. New Jersey: Wiley.

Pervin, L. A. 1993. *Persönlichkeitstheorien.* München: Reinhardt.

Porter, M. E. 1985. *Competitive advantage. Greating and sustaining superior performance.* New York.

Porter, M. E. 2011. The five competitive forces that shape strategy. HBR's 10 must reads. On strategy. *Harvard Business Review* 1 (Boston).

Pufahl, M. 2012. *Vertriebscontrolling. So Steuern Sie Absatz, Umsatz und Gewinn.* Wiesbaden.

Pufahl, M., D. Laux, und J. Gruhler. 2006. *Vertriebsstrategien für den Mittelstand: Die Vitaminkur für Absatz, Umsatz und Ertrag*. Wiesbaden.

Rauch, N. A. 2006. Integration und Wissensmanagement: Wissensmanagement-Workshops im Vertrieb. In *Wissensmanagement in sozialen Systemen. Systemische Organisationsberatung in Wissensorganisationen*, Hrsg. E. König und S. Meinsen. Weinheim.

Reilly, T. 2010. *Value-added selling. How to sell more profitably, confidently, and professionally by competing on value not price*. New York.

Richardson, L. 2008. *Perfect selling. Open the door. Close the deal*. New York.

Richardson, L. 2009. *Sales coaching. Making the great leap from sales manager to sales coach*. New York.

Rosen, S. 2012. 52 *Sales management tips. The sales manager's succes guide*. Richmond Hill.

Scheerer, H., und H. Kohlmann-Scheerer. 2001. *Erfolgreiche Verkaufsgespräche. Kundenlust statt Kundenfrust*. Offenbach.

Schein, E. H. 1987. *Process consultation. Lessons for managers and consultants*. Reading.

Schein, E. H. 1992. *Organizational culture and leadership*. San Francisco: Jossey-Bass.

Schein, E. H. 1997. The concept of client from a process consultation. Perspective. A guide for change agents. *Working Paper* 3946. MIT Sloan School of Management, Boston. http://dspace.mit.edu/bitstream/handle/1721.1/2647/SWP-3946-36987393.pdf?.

Schranner, M. 2008. *Costly mistakes. The biggest errors in negotiations*. Tübingen.

Schultz, M. 2013. *Thoughts on the five seller profiles in the challenger sale*. Framingham: Rain. http://www.rainsalestraining.com/blog/thoughts-on-the-five-seller-profiles-in-the-challenger-sales.

Seeley, J. 2012. *Challenging the challenger: Understanding the risks and limitations of this „new" sales approach*. Cincinnati. http://www.trainingindustry.com/media/15114367/carew_challenging_the_challenger.pdf.

von Senger, H. 2004. *36 Strategeme für Manager*. München.

Seßler, H. 2011. *Limbic Sales. Spitzenverkäufe durch Emotionen*. Freiburg.

Sherratt, S., und R. Delves. 2014. *The top 50 management dilemmas. Fast solutions to everyday challenges*. Harlow.

Sickel, C. 2009. *Mehr Umsatz mit Kaltacquise und Direktbesuch. Ein Survival-Training für Verkäufer im Außendienst*. Wiesbaden.

Siebenbrock, H. 2013. *Führen Sie schon oder herrschen Sie noch? Eine Anleitung zum fairen Management*. Marburg.

Simmons, A. 2001. *The story factor. Inspiration, influence, and persuasion through the art of storytelling*. New York.

Steil, L. K., L. Summerfield, und G. deMare. 1985. *Listening. It can change your life*. New York.

Steinbacher, E., C. Schmitz, und D. Zupancic. 2011. Entscheidet allein der Preis? Die Rolle des persönlichen Verkaufs in der Ausschreibungspraxis. Marketingforum St. Gallen. *Marke* 41 (St. Gallen).

Thull, J. 2006. *Exceptional selling: How the best connect and win in high stakes sales*. New Jersey.

Thull, J. 2010. *Mastering the complex sale: How to compete and win when the stakes are high!* New Jersey.

Tracy, B. 2004. *The psychology of selling. Increase your sales faster and easier than you ever thought possible*. Nashville.

Trompenaars, F. 1996. Resolving international conflict: Culture and business strategy. *Business Strategy Review* 7 (Boston).

Trompenaars, F., und C. Charles Hampden-Turner. 1999. *Riding the waves of culture: Understanding cultural diversity in business*. London: Nicholas Brealey.

von Troschke, B., und B. Haas. 2009. *Vertriebscoaching. Von der Führungskraft zum Coach*. Wiesbaden.

Ursiny, T., G. DeMos, und J. Morel. 2006. *Coaching the sale. Discover the issues, discuss solutions and decide an outcome!* Naperville: Sourcebooks.

Venzin, M., C. Rasner, und V. Mahnke. 2010. *Der Strategie-Prozess. Praxishandbuch zur Umsetzung im Unternehmen.* Frankfurt a. M.

Vogel, I. 2011. *Top Emotional Selling: Die 7 Geheimnisse der Spitzenverkäufer.* Offenbach.

Waterman Jr., R. H., T. J. Peters, und J. R. Phillips. 1980. Structure is not organization. *Business Horizons* 23 (Des Moines).

Wikipedia. 2015. „Trusted advisor". Wikipedia, Berlin. http://de.wikipedia.org/wiki/Trusted_Asset_Advisor. Zugegriffen: 15. Mai 2015.

Wilson, J. 2012. *Revolutionen auf dem Rasen. Eine Geschichte der Fussballtaktik.* Göttingen.

Zarges, D. 2013. The challenge with the challenger sale. *Sales Benchmark Index*, 23. November (Cumming). http://www.salesbenchmarkindex.com/bid/103538/The-Challenge-with-The-Challenger-Sale.

Ziglar, Z. 2002. *Der totale Verkaufserfolg. Verkaufen kann man alles: Strategie, Situation und Ausstrahlung entscheiden.* München.

Zupancic, D. 2013. Was der Vertrieb vom Sport lernen kann. *Harvard Business Manager,* 27. März (Hamburg). http://www.harvardbusinessmanager.de/blogs/artikel/a-890995.html.

Zupancic, D., und W. Bußmann. 2004. *The European KAM survey: Status and trends in key account management from a European perspective.* St. Gallen.

Zupancic, D., C. Belz, und W. F. Bußmann. 2005. *Best practice im key account management.* Landsberg am Lech.

Sachverzeichnis

N. A. Rauch, *Die 7 Disziplinen im Sales-Management,*
DOI 10.1007/978-3-658-04232-5

Ihr Bonus als Käufer dieses Buches

Als Käufer dieses Buches können Sie kostenlos das eBook zum Buch nutzen. Sie können es dauerhaft in Ihrem persönlichen, digitalen Bücherregal auf **springer.com** speichern oder auf Ihren PC/Tablet/eReader downloaden.

Gehen Sie bitte wie folgt vor:

1. Gehen Sie zu **springer.com/shop** und suchen Sie das vorliegende Buch (am schnellsten über die Eingabe der eISBN).
2. Legen Sie es in den Warenkorb und klicken Sie dann auf: **zum Einkaufswagen / zur Kasse**.
3. Geben Sie den untenstehenden Coupon ein. In der Bestellübersicht wird damit das eBook mit 0 Euro ausgewiesen, ist also kostenlos für Sie.
4. Gehen Sie weiter **zur Kasse** und schließen den Vorgang ab.
5. Sie können das eBook nun downloaden und auf einem Gerät Ihrer Wahl lesen. Das eBook bleibt dauerhaft in Ihrem digitalen Bücherregal gespeichert.

EBOOK INSIDE

Ihr persönlicher Coupon

ZmEfzBWh38Mr4HS

Sollte der Coupon fehlen oder nicht funktionieren, senden Sie uns bitte eine E-Mail mit dem Betreff: eBook inside an customerservice@springer.com.

Printed by Printforce, the Netherlands